前沿技术系列丛书

大数据算法

ALGORITHMS FOR BIG DATA

[以] Moran Feldman 著

祝全亮 孙 琳 译

北京航空航天大学出版社

图书在版编目(CIP)数据

大数据算法 / (以)莫兰·费尔德曼
(Moran Feldman)著;祝全亮,孙琳译. --北京:北
京航空航天大学出版社,2024.1
书名原文:Algorithms For Big Data
ISBN 978-7-5124-4290-0

Ⅰ.①大… Ⅱ.①莫… ②祝… ③孙… Ⅲ.①数据处
理-算法分析 Ⅳ.①TP274

中国国家版本馆 CIP 数据核字(2024)第 022108 号

本书中文简体字版由 World Scientific Publishing Co. Pte. Ltd. 授权北京航空航天大学出版社
在中华人民共和国境内独家出版发行。

北京市版权局著作权合同登记号 图字:01-2022-2061 号

大数据算法
Algorithms For Big Data
[以] Moran Feldman 著
祝全亮 孙 琳 译
策划编辑 董宜斌 责任编辑 孙兴芳 孔亚萍
*
北京航空航天大学出版社出版发行
北京市海淀区学院路 37 号(邮编 100191) http://www.buaapress.com.cn
发行部电话:(010)82317024 传真:(010)82328026
读者信箱:copyrights@buaacm.com.cn 邮购电话:(010)82316936
涿州市新华印刷有限公司印装 各地书店经销
*
开本:710×1 000 1/16 印张:19.25 字数:410 千字
2024 年 4 月第 1 版 2024 年 4 月第 1 次印刷
ISBN 978-7-5124-4290-0 定价:129.00 元

若本书有倒页、脱页、缺页等印装质量问题,请与本社发行部联系调换。 联系电话:(010)82317024

前　言

互联网的出现使人们第一次能够访问大量的数据。比如，社交网络 Facebook 中的友谊图和互联网网站之间的链接图。这两幅图都包含超过 10 亿个节点，代表巨大的数据集。如果要使用这些数据集，就必须对其进行处理和分析。然而，仅仅是它们的大小就使得这种处理非常具有挑战性。特别是，为处理中等规模的数据集而开发的经典算法和技术，在面对如此大的数据集时往往需要超出常规的时间和空间。此外，在某些情况下，存储整个数据集甚至是不可行的，因此，必须在数据集的各个部分对其进行处理，然后很快丢弃每部分。

上述挑战推动了加工处理"大数据"（海量数据）的新工具和新技术的发展。在本书中，我们对这项工作采取了计算机科学理论的观点。特别是，我们将研究旨在捕捉"大数据"计算带来的挑战的计算模型，以及为应对这些挑战而开发的实际解决方案的特性。我们将通过调查一些经典的算法结果，包括许多最先进的结果，来了解这些计算模型中的每一个模型。

本书的设计有两个相互矛盾的目标，如下所示：

（1）试图在大数据背景下，给出计算机科学理论工作的一个大概的工作原理。

（2）力求做到有足够的细节，使读者能够参与所涵盖主题的研究工作。

虽然我们希望尽最大努力去实现这两个目标，但我们不得不在某些方面做出妥协。特别是，我们不得不忽略一些重要的"大数据"主题，如降维和压缩感知。为了使本书能被更广泛的人群阅读，我们还省略了一些涉及繁琐计算和需要非常高级数学知识的经典算法结果。在大多数情况下，这些结果的重要方面可以通过其他更容易获得的结果来证明。

Moran Feldman

目　录

第1章　数据流算法简介 ··· 1

　　1.1　数据流模型 ··· 1

　　1.2　评估数据流算法 ··· 5

　　1.3　文献说明(Bibliographic Notes) ································· 6

　　练习解析 ··· 6

第2章　基本概率与尾界 ··· 9

　　2.1　离散概率空间 ··· 9

　　2.2　随机变量 ··· 13

　　2.3　指标与二项分布 ··· 19

　　2.4　尾　界 ·· 20

　　练习解析 ·· 25

第3章　估计算法 ··· 35

　　3.1　估计流长度的莫里斯算法 ·· 35

　　3.2　改进估计 ··· 39

　　3.3　结束语 ·· 44

　　3.4　文献说明 ··· 44

　　练习解析 ·· 45

第4章　蓄水池采样算法 ·· 51

　　4.1　均匀抽样 ··· 51

　　4.2　近似中值和分位数 ··· 53

　　4.3　加权抽样 ··· 56

　　4.4　文献说明 ··· 58

　　练习解析 ·· 59

第5章　成对独立的哈希函数 ·· 65

　　5.1　成对哈希函数族 ··· 65

　　5.2　成对独立哈希族的简单构造 ··· 66

　　5.3　成对独立哈希族和 k 向独立哈希族的高级构造 ············ 68

　　5.4　文献说明 ··· 71

　　练习解析 ·· 71

第6章　计算不同令牌的数量 ·· 75

　　6.1　AMS算法 ··· 75

6.2 一种改进的算法 ··· 78

6.3 不可能的结果 ··· 82

6.4 文献说明 ··· 84

练习解析 ·· 85

第 7 章 Sketches ··· 92

7.1 数据流模型的一般化 ··· 92

7.2 最小计数 Sketches ·· 95

7.3 计算 Sketches ·· 100

7.4 线性 Sketches ·· 105

7.5 文献说明 ·· 106

练习解析 ··· 107

第 8 章 图形数据流算法 ··· 114

8.1 概 述 ··· 114

8.2 最大权匹配 ·· 117

8.3 三角形计数 ·· 125

8.4 文献说明 ·· 128

练习解析 ··· 129

第 9 章 滑动窗口模型 ··· 135

9.1 概 述 ··· 135

9.2 滑动窗口模型中的图连通性 ·· 137

9.3 平滑直方图 ·· 141

9.4 文献说明 ·· 147

练习解析 ··· 148

第 10 章 次线性时间算法简介 ·· 154

10.1 简单的例子 ··· 154

10.2 估计直径 ··· 156

10.3 查询复杂性 ··· 158

10.4 文献说明 ··· 158

练习解析 ··· 159

第 11 章 性能测试 ·· 161

11.1 属性测试算法 ··· 161

11.2 测试 n 个数字的列表是否有重复 ····································· 163

11.3 列表模型和被排序列表的测试 ··· 166

11.4 半平面的像素模型及其检验 ··· 169

11.5 结束语 ··· 173

11.6 文献说明 ··· 174

练习解析 ⋯⋯⋯⋯⋯⋯⋯⋯⋯⋯⋯⋯⋯⋯⋯⋯⋯⋯⋯⋯⋯⋯⋯⋯⋯⋯⋯⋯⋯ 175

第 12 章　有界度图的算法 ⋯⋯⋯⋯⋯⋯⋯⋯⋯⋯⋯⋯⋯⋯⋯⋯⋯⋯⋯⋯ 182

　12.1　计算连接组件数量 ⋯⋯⋯⋯⋯⋯⋯⋯⋯⋯⋯⋯⋯⋯⋯⋯⋯⋯⋯⋯⋯ 182

　12.2　最小权生成树 ⋯⋯⋯⋯⋯⋯⋯⋯⋯⋯⋯⋯⋯⋯⋯⋯⋯⋯⋯⋯⋯⋯⋯ 186

　12.3　最小顶点覆盖 ⋯⋯⋯⋯⋯⋯⋯⋯⋯⋯⋯⋯⋯⋯⋯⋯⋯⋯⋯⋯⋯⋯⋯ 188

　12.4　测试图形是否连通 ⋯⋯⋯⋯⋯⋯⋯⋯⋯⋯⋯⋯⋯⋯⋯⋯⋯⋯⋯⋯⋯ 196

　12.5　文献说明 ⋯⋯⋯⋯⋯⋯⋯⋯⋯⋯⋯⋯⋯⋯⋯⋯⋯⋯⋯⋯⋯⋯⋯⋯⋯ 200

　练习解析 ⋯⋯⋯⋯⋯⋯⋯⋯⋯⋯⋯⋯⋯⋯⋯⋯⋯⋯⋯⋯⋯⋯⋯⋯⋯⋯⋯⋯ 201

第 13 章　稠密图的一种算法 ⋯⋯⋯⋯⋯⋯⋯⋯⋯⋯⋯⋯⋯⋯⋯⋯⋯⋯ 211

　13.1　模　型 ⋯⋯⋯⋯⋯⋯⋯⋯⋯⋯⋯⋯⋯⋯⋯⋯⋯⋯⋯⋯⋯⋯⋯⋯⋯⋯ 211

　13.2　二部性检验算法 ⋯⋯⋯⋯⋯⋯⋯⋯⋯⋯⋯⋯⋯⋯⋯⋯⋯⋯⋯⋯⋯⋯ 212

　13.3　减少要检查的分区数 ⋯⋯⋯⋯⋯⋯⋯⋯⋯⋯⋯⋯⋯⋯⋯⋯⋯⋯⋯⋯ 214

　13.4　取消假设 ⋯⋯⋯⋯⋯⋯⋯⋯⋯⋯⋯⋯⋯⋯⋯⋯⋯⋯⋯⋯⋯⋯⋯⋯⋯ 217

　13.5　文献说明 ⋯⋯⋯⋯⋯⋯⋯⋯⋯⋯⋯⋯⋯⋯⋯⋯⋯⋯⋯⋯⋯⋯⋯⋯⋯ 222

　练习解析 ⋯⋯⋯⋯⋯⋯⋯⋯⋯⋯⋯⋯⋯⋯⋯⋯⋯⋯⋯⋯⋯⋯⋯⋯⋯⋯⋯⋯ 222

第 14 章　布尔函数的算法 ⋯⋯⋯⋯⋯⋯⋯⋯⋯⋯⋯⋯⋯⋯⋯⋯⋯⋯⋯ 227

　14.1　模　型 ⋯⋯⋯⋯⋯⋯⋯⋯⋯⋯⋯⋯⋯⋯⋯⋯⋯⋯⋯⋯⋯⋯⋯⋯⋯⋯ 227

　14.2　测试线性度 ⋯⋯⋯⋯⋯⋯⋯⋯⋯⋯⋯⋯⋯⋯⋯⋯⋯⋯⋯⋯⋯⋯⋯⋯ 228

　14.3　单调性检验 ⋯⋯⋯⋯⋯⋯⋯⋯⋯⋯⋯⋯⋯⋯⋯⋯⋯⋯⋯⋯⋯⋯⋯⋯ 232

　14.4　文献说明 ⋯⋯⋯⋯⋯⋯⋯⋯⋯⋯⋯⋯⋯⋯⋯⋯⋯⋯⋯⋯⋯⋯⋯⋯⋯ 238

　练习解析 ⋯⋯⋯⋯⋯⋯⋯⋯⋯⋯⋯⋯⋯⋯⋯⋯⋯⋯⋯⋯⋯⋯⋯⋯⋯⋯⋯⋯ 239

第 15 章　Map-Reduce 概述 ⋯⋯⋯⋯⋯⋯⋯⋯⋯⋯⋯⋯⋯⋯⋯⋯⋯⋯ 243

　15.1　关于 Map-Reduce 的一些细节 ⋯⋯⋯⋯⋯⋯⋯⋯⋯⋯⋯⋯⋯⋯⋯ 244

　15.2　Map-Reduce 的理论模型 ⋯⋯⋯⋯⋯⋯⋯⋯⋯⋯⋯⋯⋯⋯⋯⋯⋯ 247

　15.3　绩效指标 ⋯⋯⋯⋯⋯⋯⋯⋯⋯⋯⋯⋯⋯⋯⋯⋯⋯⋯⋯⋯⋯⋯⋯⋯⋯ 249

　15.4　不同的理论模型 ⋯⋯⋯⋯⋯⋯⋯⋯⋯⋯⋯⋯⋯⋯⋯⋯⋯⋯⋯⋯⋯⋯ 251

　15.5　文献说明 ⋯⋯⋯⋯⋯⋯⋯⋯⋯⋯⋯⋯⋯⋯⋯⋯⋯⋯⋯⋯⋯⋯⋯⋯⋯ 252

　练习解析 ⋯⋯⋯⋯⋯⋯⋯⋯⋯⋯⋯⋯⋯⋯⋯⋯⋯⋯⋯⋯⋯⋯⋯⋯⋯⋯⋯⋯ 253

第 16 章　列表的算法 ⋯⋯⋯⋯⋯⋯⋯⋯⋯⋯⋯⋯⋯⋯⋯⋯⋯⋯⋯⋯⋯⋯ 256

　16.1　计算 Word 频率 ⋯⋯⋯⋯⋯⋯⋯⋯⋯⋯⋯⋯⋯⋯⋯⋯⋯⋯⋯⋯⋯⋯ 256

　16.2　前缀和 ⋯⋯⋯⋯⋯⋯⋯⋯⋯⋯⋯⋯⋯⋯⋯⋯⋯⋯⋯⋯⋯⋯⋯⋯⋯⋯ 259

　16.3　索　引 ⋯⋯⋯⋯⋯⋯⋯⋯⋯⋯⋯⋯⋯⋯⋯⋯⋯⋯⋯⋯⋯⋯⋯⋯⋯⋯ 263

　16.4　文献说明 ⋯⋯⋯⋯⋯⋯⋯⋯⋯⋯⋯⋯⋯⋯⋯⋯⋯⋯⋯⋯⋯⋯⋯⋯⋯ 264

　练习解析 ⋯⋯⋯⋯⋯⋯⋯⋯⋯⋯⋯⋯⋯⋯⋯⋯⋯⋯⋯⋯⋯⋯⋯⋯⋯⋯⋯⋯ 264

第 17 章　图算法 ⋯⋯⋯⋯⋯⋯⋯⋯⋯⋯⋯⋯⋯⋯⋯⋯⋯⋯⋯⋯⋯⋯⋯⋯ 273

　17.1　最小权重生成树 ⋯⋯⋯⋯⋯⋯⋯⋯⋯⋯⋯⋯⋯⋯⋯⋯⋯⋯⋯⋯⋯⋯ 273

17.2 三角形列表 ·· 279

17.3 文献说明 ·· 282

练习解析 ·· 283

第 18 章 局部敏感哈希 ······································ 289

18.1 主　旨 ·· 289

18.2 局部敏感哈希函数族的示例 ································ 291

18.3 放大局部敏感哈希函数族 ·································· 293

18.4 文献说明 ·· 295

练习解析 ·· 296

第 1 章　数据流算法简介

现代计算机网络通常包括不断分析网络流量的监控元件。这些监控元件可用于各种目的,如研究网络使用随时间的变化或检测恶意网络活动。监控元件采用的算法必须处理它们接收到的所有网络流量,然后从这些流量中提取它们正在寻找的信息。由于监控元件通常会接收到大量的流量,并且只可能存储这些流量的一小部分,所以这些算法所面临的任务将会变得更加复杂。换句话说,监控元件使用的算法逐个分组查看元件接收的通信量。然后,该算法可以将其中一些数据包存储在内存中,以备将来参考;然而,该算法可用的内存相对较小,因此,在每个给定的时间内,它只能在内存中保存它所查看的数据包的一小部分。直观地说,这种内存限制意味着为了产生有意义的输出,算法必须找到一种方法来"猜测"应该保存在内存中的重要数据包,并将它们从其余的流量中过滤出来。

现在考虑一个非常不同的场景,它会导致类似的算法障碍。磁带被大多数人视为一种过去的技术。然而,事实并非如此。尽管目前有多种类型的存储设备可用,但在不需要快速访问这些信息的情况下,存储大量数据的组织仍然经常使用磁带(主要示例是归档和冷备份)。磁带是一种有吸引力的存储选择,因为它们非常经济划算,并且允许以相对低廉的价格存储大量数据。不幸的是,从磁带上读取数据时只有按顺序读取才有效,也就是说,数据是按写入磁带的顺序读取的。如果用户需要的信息在物理上不靠近之前从磁带上读取的信息,则必须将磁带重新绕到请求信息的位置,这是一个非常缓慢的操作(大约几秒钟)。鉴于这个问题,处理磁带数据的算法通常按顺序读取磁带数据。就像在网络监控场景中一样,该算法可以将从磁带中获取的一些信息存储在计算机的主内存中。但是,通常该内存足够大,只包含磁带数据的一小部分,因此,算法必须"猜测"应保存在内存中的数据的重要部分。

1.1　数据流模型

上述两个场景,以及涉及大数据系统的其他类似场景,激发了一个名为数据流模型的计算模型,该模型试图捕捉这些场景展示的算法问题。数据流模型的算法接收"令牌(token)"流作为其输入。为了使事情具体化,根据上述场景,可以将这些令牌想象成网络数据包或磁带上的记录。与非数据流算法一样,数据流算法的目标是根据令牌的输入流计算一些输出。然而,数据流算法只允许对其输入流进行顺序访问。换句话说,算法必须按照在输入流中出现的顺序一个接一个地读取其输入,并且不能再次读取以前已读取的令牌。

数据流算法的模拟示例如算法 1-1 所示。该算法只计算其输入流的长度(以令牌为单位)。通常用 n 来表示这个长度,在考虑数据流模型时,我们将在本书中使用这种表示法(除非另有明确说明)。

算法 1-1:统计流长度

1. $n \leftarrow 0$。

2. 当有更多的令牌这样做:

3.   读取下一个令牌。

4. $n \leftarrow n+1$。

5. 返回 n。

练习 1-1 要求您编写第一个数据流算法。在这一点上,我们的目标只是让您习惯于数据流模型,因此不必太担心您编写的算法的质量。事实上,在 1.1.2 小节之前都是这样的,在该小节中,我们将详细讨论评估数据流算法的方法和我们所期望的从一个好的数据流算法中得到的属性。

练习 1-1:编写一个数据流算法,检查输入流中的所有符号是否相同,如果全部相同,则算法应输出 TRUE;如果输入流包含至少两个不同的符号,则应输出 FALSE。

如上所述,数据流算法只允许读取其输入流一次。这非常适合上面的网络监控场景,其中监控元素只能看到每个数据包一次。但是,处理磁带的算法可以通过在每次完全读取后将磁带倒回其开头来多次读取磁带。当然,多次读磁带要比只读一次慢;然而,执行少量磁带读取的算法通常仍然是实用的。根据这一观察结果,通常允许数据流算法对其输入流进行多次遍历。在每次遍历中,算法按照输入流中出现的顺序逐个读取输入流的令牌。

算法 1-3 给出了一个 2 次遍历数据流算法的示例。该算法的目标是找到经常出现在其输入流中的令牌。更具体地说,该算法有一个参数 k,它会查找在流中出现次数超过 n/k 次的令牌(回想一下,n 是以令牌表示的流的长度)。例如,给定输入流"ababcbca",参数 $k=3$,算法将输出在该输入流中出现次数超过 $8/3 \approx 2.666$ 次的令牌"a"和"b"。

在讨论算法 1-3 的伪代码之前,我们先来看下面的简单数据流算法(算法 1-2),它使用一次遍历来实现相同的目标。

算法 1-2:频繁元素算法——1 次遍历(k)

1. $n \leftarrow 0$。

2. 当有更多的令牌这样做:

3.   让 t 成为下一个令牌。

4. $n \leftarrow n+1$。

5.   将 t 的计数器增加 1。

6. 返回计数器大于 n/k 的令牌列表。

该算法为它查看的每个令牌保留一个计数器,并且隐式地假设这些计数器最初为零。每个令牌的计数器统计该令牌的出现次数,然后该算法可以通过简单地检查所有计数器的值来检查哪些令牌的出现次数超过 n/k。

虽然该算法非常简单,但在实践中并不十分有用,因为如果流中有许多不同的令牌,那么它可能需要保留很多计数器。我们的 2 次遍历算法(算法 1-3)通过使用一次遍历来过滤掉流中没有多次出现的大部分令牌,从而避免了这个问题。更具体地说,在第一次遍历中,算法 1-3 生成一个小的令牌集合 F,其中包括所有可能在流中出现多次的令牌。然后在第二次遍历中算法 1-3 模拟算法 1-2,但只针对令牌 F。因此,只要 F 很小,即使流中有许多独特的令牌,计数器的数量由于算法 1-3 的存在将保持很小(从技术上说,每个在流中的令牌在算法 1-3 中仍然保留着一个计数器,但是,大多数计数器在每个给定的时间点都是 0,所以一个好的实现不需要太多的空间来存储它们)。

现在让我们更详细地解释算法 1-3 的伪代码。与算法 1-2 类似,算法 1-3 也隐式假设每个令牌的计数器最初为零。在该算法对输入流的第一次遍历期间,它通过做以下两件事来处理每个令牌 t:

- t 的计数器增加 1。
- 如果在增加后,至少有 k 个计数器具有非零值,则每个这种计数器减少 1。

为了更具体地说明这一点,让我们考虑算法 1-3 在给出上述输入示例(即输入流"ababcbca"和 $k=3$)时的第一次遍历行为。在读取输入流的前 4 个令牌时,该算法将"a"和"b"的计数器都增加到 2。然后算法在令牌"c"第一次出现时,将"c"的计数器暂时增加到 1。但是,由于非零计数器的数量现在等于 k,所有这些计数器都减少了 1,所以以此时将"c"的计数器设置为 0,并将"a"和"b"的计数器减少为 1。

算法 1-3:频繁元素算法(k)

1. 当有更多的令牌这样做:
2.   让 t 成为下一个令牌。
3.   把 t 的计数器增加 1。
4.   如果至少有 k 个非零计数器,那么,
5.   将所有非零计数器减少 1。
6. 设 F 是当前具有非零计数器的令牌集合。
7. 重置所有计数器为零。
8. 开始对输入流进行第二次遍历。
9. $n \leftarrow 0$。
10. 当有更多的令牌这样做:
11.   让 t 成为下一个令牌。
12. $n \leftarrow n+1$。
13.   如果 $t \in F$,则 t 的计数器增加 1。
14. 返回计数器大于 n/k 的令牌列表。

练习 1-2: 在输入示例上手动模拟算法 1-3 第一次遍历的剩余部分。在算法处理输入流的每个令牌之后,立即写下计数器的值。

在算法 1-3 完成第一次遍历之后,它将一组令牌存储在 F 中,这些令牌的计数器在第一次遍历结束时以一个非零值结束。回想一下,在对算法 1-3 的直观描述中,我们说过 F 是一个小集合,它包含了在流中可能出现很多次的所有令牌。引理 1-1 表明确实如此。我们很快就会证明这个引理。

引理 1-1: 在算法 1-3 的第一次遍历中,对于每个给定的时间,最多有 k 个计数器具有非零值,因此集合 F 的大小最多为 k。此外,F 包含了在输入流中出现次数超过 n/k 次的所有元素。

在第二次遍历期间,算法 1-3 确定输入流的总长度,并计算 F 的每个令牌出现的次数。然后,输出 F 中在输入流中出现次数超过 n/k 次的令牌列表。给定引理 1-1,从这个描述中很容易看出,算法 1-3 实现了它的目标,即它精确地输出在输入流中出现次数超过 n/k 次的令牌。因此,引理 1-1 还有待证明。

引理 1-1 的证明: 在算法 1-3 的第一次遍历过程中,对每个到达令牌的处理分为两个步骤:增加令牌的计数器,然后如果非零计数器的数量达到 k,则减少所有计数器。当到达令牌的计数器从 0 增加到 1 时,第一步可能会增加非零计数器的数量。然而,如果计数器的数量在此增加后达到 k,那么第二步会将到达令牌的计数器减少为零,这将使非零计数器的数量再次小于 k。因此,在处理每个输入令牌之后,计数器的数量仍然小于 k,并且在任何给定时间都不大于 k。(**注:** 这可以通过归纳已处理令牌的数量来更正式地证明。)

为了证明引理的第二部分,我们观察到在算法 1-3 第一次遍历期间,计数器总数的增加等于输入流中的令牌数量,即 n。另外,每次算法减少计数器(即执行第 5 行),它就减少 k 个不同的计数器。由于没有计数器变为负数,意味着算法最多减少 n/k 次计数器。特别是,每个给定的计数器在整个第一次遍历过程中最多减少 n/k。因此,在输入流中出现次数超过 n/k 的令牌的计数器将在第一次遍历结束时保持为正,从而将在 F 中结束。

练习 1-3: 算法 1-3 的第二次遍历用来区分 F 在输入流中实际出现次数超过 n/k 次的令牌和 F 在输入流中实际出现次数不超过 n/k 次的令牌。为了避免第二次遍历,一个学生建议在第一次遍历结束时使用计数器的值来确定哪些 F 令牌在输入流中出现超过 n/k 次。通过为算法 1-3 找到一个输入流和 k 值,使算法产生一个集合 F 来证明这是不可能的:

1. F 正好包含两个令牌。
2. F 中的一个令牌在输入流中出现超过 n/k 次,而另一个则没有。
3. 在第一次遍历结束时,两个令牌的计数器具有相同的值。

1.2　评估数据流算法

有许多不同的标准用于评估数据流算法的质量。通常,最重要的标准是算法的空间复杂度(算法使用的内存量)。空间复杂度通常根据输入流的长度 n(以令牌为单位)和可能的不同令牌数量 m 给出。例如,算法 1 - 1 维护一个变量,该变量统计到目前为止算法查看的令牌数。由于该变量从不超过 n,因此需要 $O(\log n)$ 位,这也是算法的空间复杂度。

练习 1 - 4:回想一下 m 是可能的不同令牌的数量。结果表明,算法 1 - 3 的空间复杂度为 $O(k(\log n + \log m))$。提示:引理 1 - 1 意味着算法 1 - 3 使用的计数器中只有少数是在任何给定时间都不为零。利用这一观察结果,实现算法 1 - 3。

请注意,可以使用 $O(n \log m)$ 的空间复杂度来存储整个输入流。因此,只有当数据流的空间复杂度小于此值时,数据流算法才有意义。特别是,人们对空间复杂度为 n 和 m 的多对数的数据流算法特别感兴趣(即它是 $\log n$ 和 $\log m$ 的多项式),这种算法称为流算法。它们的有趣之处在于,即使在输入流非常大的情况下,它们的内存需求仍然相对较小。可以看到,当 k 为常数时,算法 1 - 1 和算法 1 - 3 均为流算法。

除空间复杂度外,用于评估数据流算法的其他一些标准如下所示:

• 遍历次数——数据流算法遍历次数越少越好。特别是,只有一次遍历的算法是特别重要的,由于许多真实场景,例如遍历次数在上述网络监控场景中,不允许多次遍历。因此,我们将看到在本书中大多数数据流算法只使用一次遍历。使用更多过程的算法也被认为是有趣的,但前提是过程的数量相对较少(通常在 n 和 m 的对数范围内)。

• 时间复杂性和令牌处理时间——数据流算法的时间复杂度越小越好,即运行速度越快。除了整个算法的时间复杂度外,算法处理每个给定令牌所需的时间相对较短也很重要。该要求通过算法的令牌处理时间进行量化,该时间定义为算法从读取流的令牌(不是最后一个令牌)到读取下一个令牌可能执行的最大基本操作数。要了解为什么算法具有较短的令牌处理时间很重要,请回想上面的网络监控场景。在这种情况下,监控元素接收数据包,并在数据包到达时对其进行处理。由于监控元素不控制数据包的到达时间,因此它必须快速处理每个数据包,并在下一个数据包到达时做好准备。

• 解决方案的质量——本章中介绍的数据流算法产生了准确的答案。然而,这类算法在本书中并不多见,我们将看到在后续章节中大多数算法只能给出近似的答案。对于这类算法,它产生的答案的质量(即它与真实答案的近似程度)是评估算法质量的一个重要标准。

为了说明令牌处理时间准则,让我们考虑算法 1 - 1。该算法读取每个令牌后,只进行一次操作,即增加其变量 n,因此其令牌处理时间为 $O(1)$。(**注**:这里假设是对数字进行标准操作,如加法和乘法,可以使用一个简单的基本操作来完成。对令牌处理时间的更精确分析应该考虑到这些操作所需时间(通常是表示数字所需位数的对数)。然而,在本书中,为了简单起见,我们忽略了这种额外的复杂性,并假定数字的标准操作只需要一个简单的基本操作。)

练习 1-5:确定算法 3 的令牌处理时间。

1.3 文献说明(Bibliographic Notes)

20 世纪 70 年代和 80 年代已经有各种工作通过不同形式来研究数据流模型(例如,Flajolet 和 Martin,1985;Morris,1978;Munro 和 Paterson,1980)。然而,直到 Alon 等人(1999)的一篇论文发表后,它才开始流行起来,该论文介绍了许多现代数据流算法中经常使用的重要技术。这篇论文的作者获得了 2005 年的戈德尔奖。

算法 1-3 的第一步称为 Misra-Gries 算法(Misra 和 Gries,1982),用于估计频率向量。该算法为每个令牌 t 输出其在数据流中出现次数的估算 $\tilde{f}_t$。估算 $\tilde{f}_t$ 永远不会大于出现的真实数量 f_t,最多可以小于 n/k。更正式地说,

$$f_t - \frac{n}{k} \leqslant \tilde{f}_t \leqslant f_t$$

[1] Alon N,Matias Y,Szegedy M. The Space Complexity of Approximating the Frequency Moments. Journal of Computer and System Sciences,1999,58(1):137-147.

[2] Flajolet P,Martin G N. Probabilistic Counting Algorithms for Data Base Aplications. Journal of Computer and System Sciences,1985,31(2):182-209.

[3] Misra J,Gries D. Finding Repeated Elements. Science of Computer Programming,1982,2(2):143-152.

[4] Morris R. Counting Large Number of Events in Small Registers. Communications of the ACM,1978,21(10):840-842.

[5] Munro J I,Paterson M S. Selection and Sorting with Limited Storage. Theoretical Computer Science,1980,12:315-323.

练习解析

练习 1-1 解析

算法 1-4 给出了一种可能的解决方案。

算法 1-4:输入统一流

1. 如果没有令牌,则返回 TRUE。

2. 设 t_1 是第一个令牌。

3. 当有更多的令牌：

4.　设 t 是下一个令牌。

5.　如果 $t \neq t_1$ 则返回 FALSE。

6. 返回 TRUE。

算法的第一行处理输入流为空的情况（在这种情况下输出 TRUE）。算法的其余部分将流的所有令牌与第一个令牌进行比较。如果算法在流中发现任何与第一个令牌不同的令牌，那么它将输出 FALSE，否则就是流的所有标记必须相同，因此，算法输出 TRUE。

练习 1-2 解析

回想一下，在读取输入流的前 5 个令牌之后，算法 1-3 中令牌 a、b 和 c 的计数器的值分别为 1、1 和 0。算法读取的下一个令牌是 b，这导致算法将 b 的计数器增加到 2。然后，算法读取第二次出现的令牌 c，暂时将 c 的计数器增加到 1。然而，现在非零计数器的数量再次等于 k，这使得算法将所有非零计数器减少 1。这将把计数器 c 的值设置回零，并将计数器 a 和 b 分别减少到 0 和 1。算法读取的最后一个令牌是 a，它将 a 的计数器增加到 1。

下表总结了算法处理每个输入流令牌后计数器的值。表的每一列对应于输入流的一个令牌，并给出算法处理该令牌后的计数器值。请注意，该表最右边的一列对应于输入流的最后一个令牌，因此给出了算法第一次遍历结束时的计数器值。

令牌处理	a	b	a	b	c	b	c	a
计数器 a	1	1	2	2	1	1	0	1
计数器 b	0	1	1	2	1	2	1	1
计数器 c	0	0	0	0	0	0	0	0

练习 1-3 解析

考虑输入流"$abcabcad$"和 $k = 3$。我们可以通过模拟算法来验证，当算法 1-3 得到这个输入流和 k 的值时，它产生了集合 $F = \{a, d\}$。此外，在算法第一次遍历结束时，a 和 d 的计数器的值都是 1。还可以观察到，a 在上述输入流中出现了 $3 > n/k$ 次，而 d 在该输入流中只出现一次。

练习 1-4 解析

算法 1-3 为每个令牌保留一个计数器。然而，根据引理 1-1，在每个给定时间只有 k 个计数器可以是非零的。因此，内存中只保留（最多）k 个非零计数器就足够了。对于每个这样的计数器，我们需要保留与之关联的令牌及其值。因为有 m 个可能的令牌，所以每个令牌都可以用 $O(\log m)$ 位指定。类似地，由于每个计数器的值的上限是流的长度 n，它只需要 $O(\log n)$ 位。结合这些界限，我们得到维持算法 1-3

的计数器只需要 $O(k(\log n + \log m))$ 位。

除了计数器之外,算法 1-3 还使用两个附加变量:n——计算输入令牌的数量,因此,可以使用 $O(\log n)$ 表示。F——一组最多含 k 个令牌的集合,因此,可以使用 $O(k \log m)$ 表示。但是,我们可以观察到,这两个变量的空间需求是由计数器的空间需求 $O(k(\log n + \log m))$ 决定的,因此可以忽略。

练习 1-5 解析

在整个解决方案中,我们假设算法 1-3 只显式保留其非零计数器的值。注意,引理 1-1 保证在算法 1-3 的第一次遍历中最多有 k 个非零计数器。此外,引理 1-1 也保证了 $|F| \leqslant k$,这意味着算法 1-3 在第二次遍历中也最多有 k 个非零计数器。由于算法 1-3 只显式保留非零计数器,因此这些观察结果意味着算法 1-3 可以在 $O(k)$ 时间内找到每个给定令牌的计数器。

算法 1-3 在第一次遍历时,读取每个令牌后执行三个步骤。首先,它找到读取令牌的计数器;然后,增加这个计数器;最后,如果至少有 k 个非零计数器,它就减少所有的非零计数器。通过以上讨论,可以在 $O(k)$ 时间内完成第一步和第二步。类似地,第三步可以通过扫描非零计数器列表并减少每个计数器来实现(必要时),因此也只需要 $O(k)$ 时间。

算法 1-3 在第二次遍历时,读取每个令牌后执行两个步骤。首先,它增加了用于确定输入流长度的变量 n;然后,如果读取令牌属于 F,就找到它的计数器并增加它的值。上述讨论再次表明,这些步骤可以在 $O(k)$ 时间内完成。

总之,算法 1-3 读取每个令牌后,在两次遍历中都执行 $O(k)$ 个操作,因此,这是它的令牌处理时间。

第 2 章　基本概率与尾界

本章将学习概率论中的一些工具,本书中的其他章节将使用这些工具。本章将首先回顾基本概率理论,这部分的内容会讲解得很快,因为我们假设读者在某个阶段已经学习了一门基本的概率课程,因此,对所评论的材料很熟悉。复习后,我们将学习的主题是尾界,这是我们将在本书中看到的许多结果的一个基本工具,但在大多数基本的概率课程中没有很好地涵盖。

2.1　离散概率空间

概率论研究抛硬币或掷骰子等随机过程。本书中,我们只对离散随机过程感兴趣。这类过程在概率论中用概率论建模。形式上,一个离散概率空间是一对(Ω, P),其中 Ω 是我们想要建模的随机过程的所有可能结果的集合,P 是一个从 Ω 到 $[0,1]$的函数,为 Ω 中的每个结果分配该结果实现的概率。设置的 Ω 和函数 P 还应该具有以下性质:

- 结果集应具有可计数的大小。
- 分配给结果的概率 P 总和应为 1。

为了举例说明上面的定义,考虑硬币的投掷。这个随机过程有两种可能的结果:"正面"和"反面"。因为这两种结果实现的概率相等(对于一枚正常的硬币),每一种结果实现的概率均为 1/2。因此,对应于该随机过程的离散概率空间为(Ω, P),其中 $\Omega = \{$正面,反面$\}$和 $P(x) = 1/2, \forall x \in \Omega$。

练习 2-1:定义离散概率空间对应于

(a) 掷一个公平的骰子,

(b) 掷一个有偏差的硬币以 2/3 的概率落在"正面"上,

(c) 掷一个公平的骰子和(b)中所用的硬币。

在本书中我们将研究的大多数情况下,集合 Ω 不仅是可数的,而且是有限的。因此,虽然我们在本章中提到的所有结果都适用于一般可数 Ω,但我们对其中一些结果给出的证明仅适用于有限 Ω 的情况。

现在考虑掷一个公平的骰子。这样的掷骰子有 6 种可能的结果:$\{1,2,3,4,5,6\}$,与掷骰子对应的离散概率空间为每一种结果分配一个概率。然而,我们通常对不是这 6 种结果的可能性感兴趣。例如,我们可能对结果为偶数或大于 4 的概率感兴趣。为了正式研究这种可能性,我们需要定义事件的概念。$E \subseteq \Omega$ 的每个子集被称为一个事件,一个事件的概率是其中结果的概率的和。

为了举例说明事件的概念,假设我们想要确定骰子显示偶数的概率。为了计算这个概率,我们首先注意到骰子显示偶数的事件是偶数可能结果的集合,即{2,4,6}。这一事件发生的概率为

$$\Pr[\{骰子显示偶数\}] = \Pr[\{2,4,6\}]$$

$$= P(2) + P(4) + P(6) = 3 \times \frac{1}{6} = \frac{1}{2}$$

其中,倒数第二个等式成立,因为结果 2、4 和 6 均以 1/6 的概率实现。(**注**:函数 P 被定义为对结果的函数,因此,我们只在涉及单个结果的概率时使用它。对于事件的概率,我们使用符号 $\Pr[\cdot]$。)

练习 2-2:考虑一个有偏差的骰子,它显示每一面的概率由下表给出。这个骰子显示大于或等于 4 的数字的概率是多少?

显示的数字	1	2	3	4	5	6
可能性	0.05	0.2	0.15	0.25	0.25	0.1

在许多随机过程中,所有结果的概率都是相等的。我们不难验证,对于此类过程,事件 E 的概率等于 $|E|/|\Omega|$,即属于 E 的可能结果的分数。它也会让人很困惑,因为人们通常会把它直观地应用在结果不相等的情况下。练习 2-2 的解决方案演示了一个事件 E 的例子,其概率不等于 $|E|/|\Omega|$。

给定两个事件 $E_1, E_2 \subseteq \Omega$,用表达式 $\Pr[E_1|E_2]$ 表示 E_1 给定 E_2 的条件概率,即事件 E_2 发生的条件下 E_1 事件发生的概率。直观地说,$\Pr[E_1|E_2]$ 不一定等于 $\Pr[E_1]$,因为 E_2 发生的事实给了我们一些关于已经实现的结果的信息。$\Pr[E_1|E_2]$ 的值由下面的公式给出

$$\Pr[E_1|E_2] = \frac{\Pr[E_1 \bigcap E_2]}{\Pr[E_2]}$$

为了更好地理解这个公式,观察 E_1 是在 E_2 已经发生的情况下仍然可能发生的结果的集合,E_2 是同样属于 E_1 的结果的集合。因此,$\Pr[E_1|E_2]$ 是属于 E_1 的仍然可能发生的结果的总概率与所有仍然可能发生的结果的总概率之间的比值。需要注意的是,定义 $\Pr[E_1|E_2]$ 的公式只能在事件 E_2 具有非零概率时使用,否则会导致除 0。因此,条件概率 $\Pr[E_1|E_2]$ 仅在事件 E_2 具有非零概率时才被定义。

现在让我们考虑一个例子。E_1 是一个均匀骰子显示偶数的事件,E_2 是一个不大于 3 的事件。在练习 2-2 之前的讨论中我们已经知道 $\Pr[E_1]=1/2$,现在让我们计算条件概率 $\Pr[E_1|E_2]$。注意到 $E_1=\{2,4,6\}$,$E_2=\{1,2,3\}$。因此,使用上面给出的公式,我们得到

$$\Pr[E_1|E_2] = \frac{\Pr[E_1 \bigcap E_2]}{\Pr[E_2]} = \frac{\Pr[\{2,4,6\} \bigcap \{1,2,3\}]}{\Pr[\{1,2,3\}]}$$

$$= \frac{\Pr[\{2\}]}{\Pr[\{1,2,3\}]} = \frac{1/6}{3/6} = \frac{1}{3}$$

换句话说,最后一系列等式表明,骰子显示的数字在不大于 3 的条件下是偶数的概率为 1/3,这从直觉上讲是有意义的,因为在骰子上值不超过 3 的三个数字中只有一个是偶数。

有些事件对不传递任何关于彼此的信息。例如,如果我们投掷一枚硬币两次,那么一次投掷的结果不会影响另一次投掷的结果。因此,第一次掷硬币时硬币落在"正面"上的事件并不能告诉我们第二次掷硬币时硬币落在"正面"上的事件,反之亦然。这样的事件对称为独立事件,从数学上讲,如果两个事件 E_1、E_2 满足

$$\Pr[E_1] \cdot \Pr[E_2] = \Pr[E_1 \bigcap E_2]$$

我们就说 E_1 与 E_2 是相互独立的。

为了理解上述定义,如果 E_1 和 E_2 的概率都是非零的,那么对于两个独立事件 E_1 和 E_2,我们有

$$\Pr[E_1 | E_2] = \frac{\Pr[E_1 \bigcap E_2]}{\Pr[E_2]} = \Pr[E_1]$$

$$\Pr[E_2 | E_1] = \frac{\Pr[E_1 \bigcap E_2]}{\Pr[E_1]} = \Pr[E_2]$$

因此,当以 E_2 为条件时,E_1 发生的概率不变,反之亦然。这正是我们从一对互不相关的独立事件中所期望的直观行为。

事件对之间可能存在的另一种关系是不连续性。如果两个事件 E_1、E_2 的交集为空,我们说两个事件 E_1 和 E_2 是不相交的(形式上,$E_1 \bigcap E_2 = \varnothing$)。我们可以观察到,对于这样的事件:

$$\Pr[E_1 \bigcup E_2] = \sum_{o \in E_1 \bigcup E_2} P(o) = \sum_{o \in E_1} P(o) + \sum_{o \in E_2} P(o) = \Pr[E_1] + \Pr[E_2]$$

有时,人们会混淆不连续性和独立性。因此,记住这是两个不同的概念是很重要的。事实上,两个事件几乎不可能既独立又不相交,因为对于两个不相交的事件 E_1 和 E_2,其中一个事件发生的事实必然意味着另一个事件没有发生。下面的练习要求正式证明这种不连续性和独立性之间的(几乎是)矛盾。

练习 2 - 3:证明如果 E_1 和 E_2 是一对不相交且独立的事件,则其中至少一个事件必须有概率为 0 的可能。

在这一点上,我们已经有足够的工具来计算一些非平凡事件的概率。以下为您提供了练习一些此类计算的机会。

练习 2 - 4:考虑两次抛硬币,以概率 2/3 落在"正面"上。计算两次抛硬币产生相同输出的概率(即在两次抛掷中要么落在"正面"上,要么落在"反面"上)。

练习 2-5：假设掷一个正常的骰子两次。计算骰子至少一次掷出 5 或 6 的概率。如果骰子被掷 k 次（对于某个正整数 k）而不是两次，答案将会是多少？

上述工具还可以用来证明以下非常有用的引理，即**全概率定律**。

引理 2-1（全概率定律）：让 A_1，A_2，$\cdots$，A_k 是 k 个不相交事件的集合，使它们的并集包括所有可能的结果，并且每个单个事件 A_i 的概率非零。对于每一个事件 E，它都满足

$$\Pr[E] = \sum_{i=1}^{k} \Pr[A_i] \cdot \Pr[E \mid A_i]$$

练习 2-6：证明全概率定律（引理 2-1）。

当必须通过区分多个不相交事件来计算事件 E 的概率时，全概率定律非常有用。练习 2-7 要求读者应用此技巧。

练习 2-7：提示：考虑两个均匀的骰子。计算两个骰子显示的数字之和为偶数的概率。提示：对于 1 到 6 之间的每个整数 i，设 A_i 表示第一个骰子显示值为 i 的事件。对于不相交的事件 A_1，A_2，$\cdots$，A_6 使用全概率定律。

在上面的讨论中，我们定义了成对事件的独立性。我们现在想把这个概念扩展到更大的事件集合中。给定一组事件，如果知道其中一些事件已经发生或没有发生并没有给我们关于其他事件的任何信息，那么我们说它们是独立的。（注：这种独立在形式上被称为相互独立。然而，"相互"这个词经常被省略，在本书中，我们遵循这种省略的做法。）形式上，E_1，E_2，$\cdots$，E_h 是相互独立的只需要满足

$$\Pr\left[\bigcap_{i \in I} E_i\right] = \prod_{i \in I} \Pr[E_i], \quad \forall I \subseteq \{1, 2, \cdots, h\}$$

独立性是一种很强的属性，但是我们有时不得不接受较弱的属性。如果 E_1，E_2，$\cdots$，E_h 每一对都是独立的，即

$$\Pr[E_i \bigcap E_j] = \Pr[E_i] \cdot \Pr[E_j], \quad \forall 1 \leqslant i < j \leqslant k$$

那么就说，它们是成对独立的。

练习 2-8 通过给出一组成对独立但不独立的事件的示例，说明成对独立性严格弱于独立性。

练习 2-8：考虑投掷一枚均匀硬币三次。对于每两个不同的值 i，$j \in \{1,2,3\}$，设 E_{ij} 为投掷第 i 次和第 j 次有相同结果的事件。

（a）证明事件 E_{12}、E_{23} 和 E_{13} 是成对独立的。

（b）证明上述三个事件不是独立的。

现在让我们介绍第三个独立概念，它概括了成对独立。我们说，对于整数 $k \geqslant 2$，如果 E_1，E_2，$\cdots$，E_h 中任意 k 个事件都是独立的，即

$$\Pr\left[\bigcap_{i \in I} E_i\right] = \prod_{i \in I} \Pr[E_i], \quad \forall I \subseteq \{1, 2, \cdots, h\}, |I| \leqslant k$$

那么就说事件 $E_1, E_2, \cdots, E_h$ 是 k 个之间相互独立的。

在理解为什么 k 个之间的独立是成对独立的推广之前,请注意,当 $k=2$ 时,这两个概念是相同的。观察 2-1 给出了上述不同独立概念之间的附加关系。你需要确保自己能理解为什么这个观察结果是正确的。

观察 2-1:给定 h 个事件 $E_1, E_2, \cdots, E_h$,

1. 如果这些事件是 k 个之间独立的,那么,当 $2 \leqslant k' < k$ 时,它们也是 k' 个之间独立的。因此,对于较大的 k 值,它独立的性质更强,并且它的强度无论如何不低于成对独立。

2. 如果这些事件是独立的,那么对于每个 $k \geqslant 2$,它们都是 k 个之间独立的。因此,独立性比 k 个之间独立性(以及两两独立)更强。

在本书的其余章节中,我们将分析许多随机算法。这类算法经常会遇到糟糕的情况,因此有必要对这些糟糕情况发生的概率设置一个上限。更正式的说法是,有事件 $B_1, B_2, \cdots, B_k$ 对算法不利,需要对它们并集的概率给一个上界。我们已经知道如果事件 $B_1, B_2, \cdots, B_k$ 是不相交的,那么有

$$\Pr \left[\bigcup_{i=1}^{k} B_i \right] = \sum_{i=1}^{k} \Pr[B_i]$$

然而,事实证明,如果我们只需要联合概率的上界,而不是联合概率的精确表达式,则对事件 $B_1, B_2, \cdots, B_k$ 不相交的要求可以取消。引理 2-2 也就是我们所知的并集界,使它更正式。

引理 2-2(并集界):对于任意两个事件 E_1 和 E_2, $\Pr[E_1 \bigcup E_2] \leqslant \Pr[E_1] + \Pr[E_2]$。

证明:因为每个事件结果的概率都是非负的,因此

$$\Pr[E_1 \bigcup E_2] = \sum_{o \in E_1 \bigcup E_2} P(o) \leqslant \sum_{o \in E_1} P(o) + \sum_{o \in E_2} P(o) = \Pr[E_1] + \Pr[E_2]$$

使用并集界(引理 2-2)和归纳法,不难证明对于任意 k 个(不一定是不相交的)坏事件 $B_1, B_2, \cdots, B_k$,都有

$$\Pr \left[\bigcup_{i=1}^{k} B_i \right] \leqslant \sum_{i=1}^{k} \Pr[B_i]$$

2.2 随机变量

一个随机变量是一个值(通常是数值),它可以根据一个随机过程的结果来计算(形式上,它是一个函数,来自 Ω 到某一定范围内)。例如,如果我们考虑掷两个骰子,那么它们所显示的数字的和就是一个随机变量,取 2 到 12 之间的整数值。

数值随机变量最重要的性质之一是它的期望。给定一个数值随机变量 X,取值

13

范围为 R，X 的期望 $E[X]$ 的定义为

$$E[X] = \sum_{r \in R} r \cdot \Pr[X = r]$$

（注：当 Ω 是无穷时，它可能是无穷级数的和，在这种情况下，期望只有在级数绝对收敛时才有定义。）

换句话说，期望 $E[X]$ 是 X 可以取的值的加权平均值，其中，每个可能值 $r \in R$ 的权重是 X 取这个值的概率。

练习 2-9：考虑掷出两个均匀的骰子，设 X 为它们所显示的数值的和，计算 X。

从练习 2-9 的解决方案可以明显看出，直接通过它们的定义计算期望通常是一项乏味的工作。引理 2-3，被称为期望的线性性，有时可以使这些计算变得更简单。应该注意的是，这个引理涉及到对涉及随机变量的数学表达式的期望。这样的期望是有意义的，因为任何涉及随机变量的数学表达式都可以被视为一个随机变量。

引理 2-3：设 X 和 Y 是两个期望值有限的数值变量，c 是实数。那么
(1) $E[X+Y] = E[X] + E[Y]$；
(2) $E[c \cdot X] = c \cdot E[X]$。

证明：

(1) 设 R 是 X，Y 或 $X+Y$ 可以取的值集合。对于每个 $r \in R$，我们有

$$\Pr[X+Y=r] = \sum_{\substack{r_X, r_Y \in R \\ r_X + r_Y = r}} \Pr[X=r_X \wedge Y=r_Y]$$

由于事件 $\{X=r_X$ 和 $Y=r_Y\}$ 对于 r_X 和 r_Y 的不同值是不相交的，所以对于 $r_X \in R$ 的每个值，我们有

$$\Pr[X=r_X] = \sum_{r_Y \in R} \Pr[X=r_X \wedge Y=r_Y]$$

并且对于每个值 $r_Y \in R$，我们有

$$\Pr[Y=r_Y] = \sum_{r_X \in R} \Pr[X=r_X \wedge Y=r_Y]$$

利用上述三个等式和期望的定义，我们得到

$$\begin{aligned}
E[X+Y] &= \sum_{r \in R} r \cdot \Pr[X+Y=r] \\
&= \sum_{r_X \in R} \sum_{r_Y \in R} (r_X + r_Y) \cdot \Pr[X=r_X \wedge Y=r_Y] \\
&= \sum_{r_X \in R} \sum_{r_Y \in R} r_X \cdot \Pr[X=r_X \wedge Y=r_Y] + \\
&\quad \sum_{r_X \in R} \sum_{r_Y \in R} r_Y \cdot \Pr[X=r_X \wedge Y=r_Y] \\
&= \sum_{r_X \in R} r_X \cdot \Pr[X=r_X] + \sum_{r_Y \in R} r_Y \cdot \Pr[Y=r_Y] = E[X] + E[Y]
\end{aligned}$$

(2)当 $c=0$ 时,不难验证 $\mathrm{E}[c \cdot X]=c \cdot \mathrm{E}[X]=0$。因此,在接下来的证明中,我们假设 $c=0$。设 R 是 X 或 $c \cdot X$ 的值的集合。然后,根据期望的定义,我们有

$$\mathrm{E}[c \cdot X]=\sum_{r \in R} r \cdot \mathrm{Pr}[c \cdot X=r]=c \cdot \sum_{r \in R} \frac{r}{c} \cdot \mathrm{Pr}\left[X=\frac{r}{c}\right]$$

$$=c \cdot \sum_{r \in R} r \cdot \mathrm{Pr}[X=r]=c \cdot \mathrm{E}[X]$$

练习 2-10:使用期望的线性性为练习 2-9 获得更简单的解决方案。

给定一个数值随机变量 X,当 f 是一个线性函数时,期望的线性性允许我们给出 $\mathrm{E}[f(X)]$ 的表达式。这自然提出了一个问题,对于更一般的函数 f,关于 $\mathrm{E}[f(x)]$ 可以说些什么。下面的引理给出了这个问题的一个答案,它被称为 Jensen 不等式。

引理 2-4(Jensen 不等式):设 X 是一个具有有限期望值的数值随机变量,其值总是在 C 范围内,设 f 是一个从实数到其本身的函数。那么

(1)如果 f 在 C 内是凸的,则 $f(\mathrm{E}[X]) \leqslant \mathrm{E}[f(X)]$;

(2)如果 f 在 C 内是凹的,则 $f(\mathrm{E}[X]) \geqslant \mathrm{E}[f(X)]$。

证明:我们只在 f 是 C 内凸的情况下证明了这个引理。另一种情况的证明是类似的。首先,我们用 k 上的归纳证明,对于每一组非负数 $\lambda_1, \lambda_2, \cdots, \lambda_k$,其和为 1,任意数 $y_1, y_2, \cdots, y_k \in C$,我们有

$$f\left(\sum_{i=1}^{k} \lambda_i y_i\right) \leqslant \sum_{i=1}^{k} \lambda_i \cdot f(y_i) \tag{2.1}$$

当 $k=1$ 时,λ_1 必须等于 1,因此不等式(2.1)此时为等式。假设不等式(2.1)对于 $k-1 \geqslant 1$ 成立,我们再证明它对于 k 成立。如果 $\lambda_1=1$,则不等式(2.1)同样成立,因此我们可以假设 $\lambda_1<1$。由于 f 在 C 内是凸的,这意味着

$$f\left(\sum_{i=1}^{k} \lambda_i y_i\right) \leqslant \lambda_1 \cdot f(y_1)+(1-\lambda_1) \cdot f\left(\sum_{i=2}^{k} \frac{\lambda_i}{1-\lambda_1} \cdot y_i\right)$$

$$\leqslant \lambda_1 \cdot f(y_1)+(1-\lambda_1) \cdot \sum_{i=2}^{k} \frac{\lambda_i}{1-\lambda_1} \cdot f(y_i)=\sum_{i=1}^{k} \lambda_i \cdot f(y_i)$$

其中第二个不等式由归纳假设成立。这就完成了不等式(2.1)的归纳证明。利用不等式(2.1),我们现在可以证明这个引理。设 R 是 X 取正概率值的集合。那么

$$\mathrm{E}[f(X)]=\sum_{r \in R} f(r) \cdot \mathrm{Pr}[X=r] \geqslant f\left(\sum_{r \in R} r \cdot \mathrm{Pr}[X=r]\right)=f(\mathrm{E}[X])$$

Jensen 不等式(引理 2-4)的一个推论是,如果 X 是一个只取正数值的随机变量,其期望值是有限的,那么

$$\mathrm{E}\left[\frac{1}{X}\right] \geqslant \frac{1}{\mathrm{E}[X]} \tag{2.2}$$

大数据算法

练习 2-11:分别找出一个满足不等式(2.2)取等式的随机变量和取不等式的随机变量的例子。

给定一个数字随机变量 X 和一个非零概率事件 A,我们用 $\mathrm{E}[X|A]$ 表示 X 在条件 A 发生的情况下的期望。直观地说,$\mathrm{E}[X|A]$ 是在假设只有来自事件 A 的结果可以实现的情况下 X 的期望值;形式上,$\mathrm{E}[X|A]$ 的取值由下式给出。设 R 是 X 可以取的值的集合,那么我们有

$$\mathrm{E}[X|A]=\sum_{r\in R} r\cdot \Pr[X=r|A]$$

练习 2-12:设 X 是掷一个均匀的骰子得到的值,设 O 是这个数为奇数的事件,E 是这个数为偶数的事件。

(a)计算 $\mathrm{E}[X|O]$ 和 $\mathrm{E}[X|E]$;

(b)直观地解释为什么 $\mathrm{E}[X|O]<\mathrm{E}[X|E]$。

使用条件期望的表示法,我们现在可以给出总期望定律,它类似于我们以前看到的全概率定律(引理 2-1)。

引理 2-5(总期望定律):假设 $A_1,A_2,\cdots,A_k$ 是 k 个不相交事件的集合,使它们的并集包括所有可能的结果,并且每个单个事件 A_i 的概率非零。然后,对于每个随机变量 X,我们有

$$\mathrm{E}[X]=\sum_{i=1}^{k} \Pr[A_i]\cdot \mathrm{E}[X|A_i]$$

证明:让我们用 R 来表示 X 可以取的值的集合,有

$$\sum_{i=1}^{k} \Pr[A_i]\cdot \mathrm{E}[X|A_i]=\sum_{i=1}^{k} \Pr[A_i]\cdot \sum_{r\in R} (r\cdot \Pr[X=r|A_i])$$
$$=\sum_{r\in R}\left(r\cdot \sum_{i=1}^{k} \Pr[A_i]\cdot \Pr[X=r|A_i]\right)$$
$$=\sum_{r\in R} r\cdot \Pr[X=r]=\mathrm{E}[X]$$

其中,第二个等式通过改变求和的顺序,倒数第二个等式通过全概率定律成立。

回想一下,全概率定律对于使用案例分析计算概率非常有用。总期望定律可以以类似的方式用于计算期望。

练习 2-13:考虑以下游戏。玩家掷骰子得到数字 d,然后再掷 d 次骰子。这 d 次掷骰子所显示的数值之和就是玩家在游戏中所获得的点数。计算这个和的期望。

如果对于任意 X 可以取的值 r_X,任意 Y 可以取的值 r_Y,事件 $X=r_X$ 和 $Y=r_Y$ 是独立的,我们就说两个随机变量 X 和 Y 是独立的。直观地说,两个随机变量是独立的,当且仅当只知道其中一个变量的值时,我们无法得知另一个变量的值。引理 2-6 给出了独立数值随机变量的一个有用的性质。

16

引理 2-6：如果 X 和 Y 是两个独立的有限期望数值随机变量,则 $\mathrm{E}[X \cdot Y] = \mathrm{E}[X] \cdot \mathrm{E}[Y]$。

证明：设 R 是 X，Y 或 $X \cdot Y$ 可以取的值的集合,那么,

$$\mathrm{E}[X \cdot Y] = \sum_{r \in R} r \cdot \mathrm{Pr}[X \cdot Y = r] = \sum_{\substack{r_X \in R \\ r_Y \in R}} (r_X r_Y) \cdot \mathrm{Pr}[X = r_X \wedge Y = r_Y]$$

$$= \sum_{\substack{r_X \in R \\ r_Y \in R}} (r_X r_Y) \cdot \mathrm{Pr}[X = r_X] \cdot \mathrm{Pr}[Y = r_Y]$$

$$= \left(\sum_{r_X \in R} r_X \cdot \mathrm{Pr}[X = r_X] \right) \cdot \left(\sum_{r_Y \in R} r_Y \cdot \mathrm{Pr}[X = r_Y] \right)$$

$$= \mathrm{E}[X] \cdot \mathrm{E}[Y]$$

其中,第二个等式成立,因为事件 $\{X = r_X \wedge Y = r_Y\}$ 对于 r_X 和 r_Y 的不同值是不相交的;第三个等式成立,因为 X 和 Y 是独立的。

练习 2-14：证明当 X 和 Y 不独立时引理 2-6 不一定成立。

独立性的概念可以扩展到许多随机变量对。有多种方法可以做到这一点,与上面描述的不同方法并行,为两个以上事件的集合定义独立性。

定义 2-1：考虑 h 个随机变量 X_1，X_2，$\cdots$，X_h，R_i 是 X_i 可以取的值的集合。

(1)如果对于任何取值 $r_1 \in R_1, r_2 \in R_2, \cdots, r_h \in R_h$，事件 $X_1 = r_1, X_2 = r_2, \cdots, X_h = r_h$ 相互独立,那么以上变量是独立的。

(2)如果对于任何取值 $r_1 \in R_1, r_2 \in R_2, \cdots, r_h \in R_h$，事件 $X_1 = r_1, X_2 = r_2, \cdots, X_h = r_h$ 在 k 值上独立,那么以上变量是 k 值独立的。

(3)如果上述变量每一对都是独立的,则以上变量是成对独立的。可以验证这个定义等价于成对独立。

在这一点上,我们要介绍数值随机变量的另一个重要性质,即方差。随机变量的方差用于衡量其偏离预期的趋势。在形式上,数值随机变量 X 的方差由以下公式给出,即

$$\mathrm{Var}[X] = \mathrm{E}[(X - \mathrm{E}[X])^2]$$

也就是说,方差是 X 值到期望距离的平方的期望。引理 2-7 给出了另一个方差公式,这个公式通常比上面的定义更容易使用。

引理 2-7：对于每个变量 X，当其方差存在时,有方差 $\mathrm{Var}[X] = \mathrm{E}[X^2] - (\mathrm{E}[X])^2$。（**注**：在本书中,我们没有遇到任何不存在方差的随机变量的例子(这种变量只能在无限概率空间的背景下定义,我们很少考虑这个问题)。然而,为了完整性,我们在必要的地方包含了方差存在的技术需求。）

证明：注意到

$$\mathrm{Var}[X] = \mathrm{E}[(X - \mathrm{E}[X])^2] = \mathrm{E}[X^2 - 2X \cdot \mathrm{E}[X] + (\mathrm{E}[X])^2]$$
$$= \mathrm{E}[X^2] - 2\mathrm{E}[X] \cdot \mathrm{E}[X] + (\mathrm{E}[X])^2 = \mathrm{E}[X^2] - (\mathrm{E}[X])^2$$

其中,倒数第二个等式由期望的线性性质决定(特别注意,$\mathrm{E}[X]$ 是一个常数,因此,期望的线性性质意味着 $\mathrm{E}[X \cdot \mathrm{E}[X]] = \mathrm{E}[X] \cdot \mathrm{E}[X]$)。

一般来说,方差不像期望值那样具有良好的线性特性,但它确实有一些类似于线性的特性。引理2-8中就列出了两个这样的性质。

引理 2-8: 给定两个数值随机变量 X 和 Y,其方差存在且为两个常数 c 和 c',我们有

(1) $\mathrm{Var}[c \cdot X + c'] = c^2 \cdot \mathrm{Var}[X]$;

(2) 如果 X 和 Y 是独立的,那么有 $\mathrm{Var}[X+Y] = \mathrm{Var}[X] + \mathrm{Var}[Y]$。

引理2-8的证明是基于期望的线性性质,我们把它作为练习。

练习 2-15: 证明引理2-8。

引理2-8的一个推论是,如果 $X_1, X_2, \cdots, X_h$ 为 h 个独立的数值随机变量,其方差存在,则

$$\mathrm{Var}\left[\sum_{i=1}^{h} X_i\right] = \sum_{i=1}^{h} \mathrm{Var}[X_i]$$

引理2-9中,我们只保证变量 $X_1, X_2, \cdots, X_h$ 是两两独立的(与独立相反),证明了同样的等式成立,加强了这一观察。

引理 2-9: 让 $X_1, X_2, \cdots, X_h$ 为 h 个成对独立的数值随机变量,其方差存在。那么,我们有

$$\mathrm{Var}\left[\sum_{i=1}^{h} X_i\right] = \sum_{i=1}^{h} \mathrm{Var}[X_i]$$

证明: 因为变量 $X_1, X_2, \cdots, X_h$ 是两两独立的,对于每两个不同的值 $1 \leqslant i, j \leqslant h$,我们通过引理2-6得到 $\mathrm{E}[X_i X_j] = \mathrm{E}[X_i] \cdot \mathrm{E}[X_j]$。因此,

$$\mathrm{Var}\left[\sum_{i=1}^{h} X_i\right] = \mathrm{E}\left[\left(\sum_{i=1}^{h} X_i\right)^2\right] - \left(\mathrm{E}\left[\sum_{i=1}^{h} X_i\right]\right)^2$$
$$= \mathrm{E}\left[\sum_{i=1}^{h} X_i^2 + 2\sum_{i=1}^{h}\sum_{j=i+1}^{h} X_i X_j\right] - \left(\sum_{i=1}^{h} \mathrm{E}[X_i]\right)^2$$
$$= \sum_{i=1}^{h} \mathrm{E}[X_i^2] + 2\sum_{i=1}^{h}\sum_{j=i+1}^{h} \mathrm{E}[X_i] \cdot \mathrm{E}[X_j] -$$
$$\sum_{i=1}^{h} (\mathrm{E}[X_i])^2 - 2\sum_{i=1}^{h}\sum_{j=i+1}^{h} \mathrm{E}[X_i] \cdot \mathrm{E}[X_j]$$
$$= \sum_{i=1}^{h} \{\mathrm{E}[X_i^2] - (\mathrm{E}[X_i])^2\} = \sum_{i=1}^{h} \mathrm{Var}[X_i]$$

其中,第二个和第三个等式成立是由于期望的线性性质。

2.3　指标与二项分布

在概率论的每一门基础课程中,都有许多标准类型的随机变量被定义和分析。本节将回顾其中一些类型,这些将会在本书后面部分使用。

给定事件 E,该事件的指标是一个随机变量,当事件 E 发生时,该变量的值为 1,否则为 0。观察 2 - 2 说明了指标的一些有用的性质。

观察 2 - 2:给定事件 E 和它的指示符 X,

(1) $E[X]=\Pr[E]$;

(2) $\text{Var}[X]=\Pr[E]\cdot(1-\Pr[E])$。

证明:根据期望的定义,因为 X 只取 0 和 1 的值,所以

$$E[X]=0\cdot\Pr[X=0]+1\cdot\Pr[X=1]=\Pr[X=1]=\Pr[E]$$

现在我们观察到,X 只取 0 和 1 的值,$X=X^2$。因此,

$$\text{Var}[X]=E[X^2]-(E[X])^2=E[X]-(E[X])^2=\Pr[E]-(\Pr[E])^2$$
$$=\Pr[E]\cdot(1-\Pr[E])$$

指标常与期望的线性度相结合来计算所涉及的随机变量的期望。练习 2 - 16 为读者提供了练习这种方法的机会。

练习 2 - 16:考虑整数 $1,2,\cdots,n$ 的一致随机排列 π(即 π 与 $n!$ 中整数的可能的任一排列相等的概率)。对于一对不同的数 $i,j\in\{1,2,\cdots,n\}$,如果在 π 中 $\min\{i,j\}$ 出现在 $\max\{i,j\}$ 之后,则将 i,j 对调。让 X 是一个随机变量,表示在 π 中发生对调的数对 $i,j\in\{1,2,\cdots,n\}$。计算 X 的期望。

提示:定义对于任意不同的数 $i,j\in\{1,2,\cdots,n\}$ 的一个指标 X_{ij},表示这对数字在 π 中被颠倒的事件。

伯努利试验是一种成功概率为 p 和失败概率为 $q=1-p$ 的实验。伯努利随机变量是伯努利试验成功的一个指标,也就是说,一个随机变量的概率 p 值为 1 和概率 q 值为 0。通过观察 2 - 2,我们可以注意到,一个伯努利随机变量的期望和方差分别是 p 和 pq。

现在考虑 n 个独立的伯努利试验,每次试验的成功概率是 p。这些试验中总成功次数的分布用 $B(n,p)$ 表示,我们称为二项分布。

引理 2 - 10:考虑变量 X 具有二项分布 $B(n,p)$,对于正整数 n 和 $p\in[0,1]$。然后,我们有

(1) $E[X]=np$;

(2) $\text{Var}[X]=npq$。

证明:根据定义,X 是 n 个独立的伯努利试验成功的次数。让我们用 X_i 表示第 i 次试验成功的标志。注意,X_i 是一个伯努利变量,而且

$$X = \sum_{i=1}^{n} X_i$$

利用期望的线性性得到

$$E[X] = \sum_{i=1}^{n} E[X_i] = \sum_{i=1}^{n} p = np$$

为了确定 X 的方差,我们回忆一下定义 X 的 n 个伯努利试验是独立的。因此,变量 $X_1, X_2, \cdots, X_n$ 也是独立的,可得(通过引理 2-8 或引理 2-9)

$$Var[X] = \sum_{i=1}^{n} Var[X_i] = \sum_{i=1}^{n} pq = npq$$

2.4 尾 界

通常需要证明一个随机变量集中在它的期望周围,也就是说,它很可能取一个接近它的期望的值。本节将研究一些不等式,这些不等式能够证明一些随机变量具有这样的集中度。这样的不等式通常称为尾界,图 2.1 给出了这个名称的直观解释。

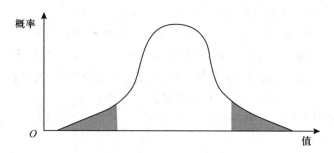

图 2.1 特征随机变量分布的示意图

x 轴对应于随机变量可以取的值,曲线在每个这样的值上方的高度表示随机变量取该值的概率。对于许多有用的随机变量,用这种方法得到的曲线为一个钟形,在随机变量的期望值附近有一个凸起。在凸起的两边,曲线都有尾巴,当数值越来越远离期望值时,概率逐渐接近 0。尾巴在图 2.1 中是灰色的。为了表明随机变量集中在它的期望周围,我们应该限制尾部的大小,并表明它们比凸起的部分要小。这就是显示集中的不等式被称为尾界的原因。

我们以一个例子开始这一节,这个例子说明一般的随机变量不需要完全集中在它的期望上。假设随机变量 X 取 $M>0$ 的概率为 $1/2$,取 $-M$ 的概率为 $1/2$。显然,

X 的期望值是 0。然而,如果 M 很大,那么 X 总是离它的期望很远并且在它周围不表现出任何形式的集中。根据这个例子,很明显,我们需要假设一些关于随机变量的东西来得到任何尾界。一个最简单的假设是随机变量取非负的值,这一假设导致了一个非常基本的尾界,即马尔可夫不等式。

引理 2 - 11(马尔可夫不等式):如果 X 是一个具有有限期望且仅取非负值的数值随机变量,则对于 $t>0$,$\Pr[X \geqslant t] \leqslant E[X]/t$。

证明:回顾上面没有浓度的随机变量的例子,我们可以观察到,这个例子中的随机变量可以将极值与期望值 0 结合起来,因为正极值抵消了负极值。因为我们在这个证明中假设 X 是非负的,所以这不可能发生在 X 上。换句话说,如果经常取较大的值,那么这将导致较大的期望值,因为这些较大的值不能被负值抵消。如果我们认为值至少与 t 同样大,那么我们可以使用这个逻辑来获得 X 期望值的下限。设 r 是 X 可以取的值的集合。那么,我们有

$$E[X] = \sum_{r \in R} r \cdot \Pr[X=r] \geqslant \sum_{\substack{r \in R \\ r \geqslant t}} r \cdot \Pr[X=r] \geqslant \sum_{\substack{r \in R \\ r \geqslant t}} t \cdot \Pr[X=r]$$
$$= t \cdot \Pr[X \geqslant t]$$

将上述不等式除以 t,就完成了引理 2 - 11 的证明。

下面是马尔可夫不等式的另一种形式,它被使用得更频繁。只要 $E[X]>0$(因为 $E[X]$ 只是一个常量),就不难验证这两种形式是等价的。

推论 2 - 1:如果 X 是一个具有有限正期望且仅取非负值的数值随机变量,则对于 $t>0$,$\Pr[X \geqslant t \cdot E[X]] \leqslant 1/t$。

正如在证明中提到的,马尔可夫不等式允许我们限定出现非常高的值的可能性,因为我们假设 X 不取非常低的值,因此,在计算 X 的期望值中,非常高的值不能被抵消。马尔可夫不等式将这一原理与 X 上的一个更低的下界 0 结合起来,但一般来说,这一原理可以与 X 上的任意上界或下界结合起来。在练习 2 - 17 中,将指导读者确定可以通过这种方式获得的尾界。

练习 2 - 17:设 X 是一个期望有限的数值随机变量。

(a)用马尔可夫不等式证明如果 X 总是以 a 为下界,对于每个 $t>a$,则

$$\Pr[X \geqslant t] \leqslant (E[X]-a)/(t-a)$$

(b)用马尔可夫不等式证明如果 X 总是以 b 为上界,对于每个 $t<b$,则

$$\Pr[X \leqslant t] \leqslant (b-E[X])/(b-t)$$

(c)在不使用马尔可夫不等式的情况下再次证明(a)和(b)。

马尔可夫不等式(及其在练习 2 - 17 中讨论的变体)给出的界限仅取决于随机变量取值范围和随机变量的期望值。在界中使用如此少的关于随机变量的信息既是优点也是缺点,优点是马尔可夫不等式甚至可以用于我们所知甚少的随机变量,缺点是

这个不等式给出的界往往很弱。

一般来说，拥有更多关于随机变量的信息应该使我们能够获得更强的尾界，因为边界可以使用额外的信息来产生更好的为手头的特定随机变量定制的保证。为了达到这个目的，一个很自然使用的信息就是随机变量的方差。引理 2-12 提出了一个尾界，即切比雪夫不等式，它利用了这个信息。

引理 2-12(切比雪夫不等式)：如果 X 是一个有方差的数值型随机变量，则对于每个 $t > 0$，$\Pr[|X - E[X]| \geqslant t] \leqslant \mathrm{Var}[X]/t^2$。

证明：考虑随机变量 $(X - E[X])^2$，由于这个随机变量是非负的，通过马尔可夫不等式可得到

$$\Pr[(X - E[X])^2 \geqslant t^2] \leqslant \frac{E[(X - E[X])^2]}{t^2}$$

现在回想 $\mathrm{Var}[X]$ 被定义为 $E[(X - E[X])^2]$，得到

$$\Pr[(X - E[X])^2 \geqslant t^2] \leqslant \frac{\mathrm{Var}[X]}{t^2}$$

这与我们想要证明的不等式是等价的。

与马尔可夫不等式一样，切比雪夫不等式在推论 2-2 中也有另一种形式。除非 X 的方差为零，否则这两种形式是相等的。

推论 2-2：如果 X 是一个数值型随机变量，其方差存在且非零，那么对于每个值 $t > 0$，我们都有

$$\Pr[|X - E[X]| \geqslant t \cdot \sqrt{\mathrm{Var}[X]}] \leqslant \frac{1}{t^2}$$

表达式 $\sqrt{\mathrm{Var}[X]}$ 被称为 X 的标准差。为了更好地理解马尔可夫不等式和切比雪夫不等式，练习 2-18 鼓励读者使用它们来约束二项分布的集中度。

练习 2-18：考虑一个随机变量 X 的二项分布 $B(n, p)$ 对于某个正整数 n 和概率 $p \in (0, 1)$。回想一下，二项分布的期望是 np。我们想找出 X 的值远大于这个值的概率的上限。

(a)利用马尔可夫不等式证明 $\Pr[X \geqslant 2np] \leqslant 1/2$；

(b)利用切比雪夫不等式证明 $\Pr[X \geqslant 2np] \leqslant 1/(np)$。

我们可以观察到，在练习 2-18 中通过切比雪夫不等式得到的界远强于通过马尔可夫不等式得到的界，除非期望值很小。这与我们的直觉预期一致，即通过切比雪夫不等式获得的边界通常优于通过马尔可夫不等式获得的边界，因为前者使用了更多关于变量 X 的信息。然而，事实证明切比雪夫不等式仍然不够强大，无法完全捕捉二项分布的强集中特性。为了更好地捕获这些属性，我们现在提供另一个尾界，称为切尔诺夫界。

引理 2 - 13(切尔诺夫界)：设 $X_1, X_2, \cdots, X_n$ 是 n 个独立的数字随机变量，取值范围为 $[0,1]$，那么随机变量 $X = \sum\limits_{i=1}^{n} X_i$ 遵循：

对于每个 $\delta > 0$，

$$\Pr[X \geqslant (1+\delta) \cdot E[X]] \leqslant \left[\frac{e^{\delta}}{(1+\delta)^{1+\delta}} \right]^{E[X]}$$

对于每个 $\delta \in (0,1)$，

$$\Pr[X \geqslant (1-\delta) \cdot E[X]] \leqslant \left[\frac{e^{-\delta}}{(1-\delta)^{1-\delta}} \right]^{E[X]}$$

证明：注意，当 $E[X] = 0$ 时，引理是显而易见的。因此，在证明的其余部分，我们可以假设情况并非如此。对于 $1 \leqslant i \leqslant n$，我们用 p_i 表示 X_i 的期望，用 R_i 表示 X_i 可以取的值的集合。给 t 赋予一个任意非 0 的值，考虑随机变量 e^{tX}。因为变量 X_1, $X_2, \cdots, X_n$ 是独立的，我们有

$$E[e^{tX}] = E\left[e^{t \cdot \sum\limits_{i=1}^{n} X_i} \right] = E\left[\prod\limits_{i=1}^{n} e^{tX_i} \right]$$

$$= \prod\limits_{i=1}^{n} E[e^{tX_i}] = \prod\limits_{i=1}^{n} \sum\limits_{r \in R_i} e^{tr} \cdot \Pr[X_i = r]$$

$$\leqslant \prod\limits_{i=1}^{n} \left\{ \sum\limits_{r \in R_i} [r \cdot e^{t} + (1-r) \cdot e^{0}] \cdot \Pr[X_i = r] \right\}$$

$$= \prod\limits_{i=1}^{n} [E[X_i] \cdot e^{t} + (1 - E[X_i]) \cdot e^{0}]$$

$$= \prod\limits_{i=1}^{n} [p_i e^{t} + (1 - p_i) e^{0}] = \prod\limits_{i=1}^{n} [p_i (e^{t} - 1) + 1]$$

$$\leqslant \prod\limits_{i=1}^{n} e^{p_i (e^{t} - 1)} = e^{(e^{t} - 1) \cdot E[X]}$$

其中，第一个不等式源于函数 e^{x} 的凸性，最后一个不等式成立是因为对于每个实值 x，都有 $e^{x} \geqslant x + 1$。

现在观察到 e^{tX} 是一个非负函数，因此可以利用马尔可夫不等式得到对于每一个 $t > 0$，

$$\Pr[X \geqslant (1+\delta) \cdot E[X]] = \Pr[e^{tX} \geqslant e^{(1+\delta)t \cdot E[X]}] \leqslant \frac{E[e^{tx}]}{e^{(1+\delta)t \cdot E[X]}}$$

$$\leqslant \frac{e^{(e^{t} - 1) \cdot E[X]}}{e^{(1+\delta)t \cdot E[X]}} = \left[\frac{e^{e^{t} - 1}}{e^{(1+\delta)t}} \right]^{E[X]}$$

现在需要找到正确的 t 值,代入上面的不等式。我们可以观察到,对于 $\delta>0$,可以选择 $t=\ln(1+\delta)$,因为这个值是正的,而且,把这个值代入上面的不等式就得到了引理的第一部分。为了证明引理的另一部分,再次使用马尔可夫不等式,对于每个 $t<0$,得到下面的方程:

$$\Pr[X\leqslant(1-\delta)\cdot E[X]]=\Pr[e^{tX}\geqslant e^{(1-\delta)\cdot t\cdot E[X]}]\leqslant\frac{E[e^{tx}]}{e^{(1-\delta)t\cdot E[X]}}$$

$$\leqslant\frac{e^{(e^t-1)\cdot E[X]}}{e^{(1-\delta)t\cdot E[X]}}=\left[\frac{e^{e^t-1}}{e^{(1-\delta)t}}\right]^{E[X]}$$

对于 $\delta\in(0,1)$,我们可以将 $t=\ln(1-\delta)<0$ 代入上述不等式,这样就完成了引理的证明。

引理 2-13 给出的界是相当复杂的表达式,因此,切尔诺夫界在这个引理给出的基本形式中很少使用。相反,人们通常使用推论 2-3 给出更简单,但更弱的界限。这个推论的证明和后面练习的解决方案(练习 2-19)主要是技术性的,想要跳过它们的读者可以随意跳过。这些证明中的任何细节都不是本书的其他部分所必需的。

推论 2-3(切尔诺夫界的有用形式):设 $X_1,X_2,\cdots,X_n$ 是 n 个独立的数字随机变量,取值范围为 $[0,1]$,则随机变量 $X=\sum_{i=1}^{n}X_i$ 遵循:

对于 $\delta>0$,

$$\Pr[X\geqslant(1+\delta)\cdot E[X]]\leqslant e^{-\frac{\delta^2\cdot E[X]}{2+\delta}}\leqslant e^{-\frac{\min\{\delta,\delta^2\}\cdot E[X]}{3}}$$

对于 $\delta\in(0,1)$,

$$\Pr[X\geqslant(1-\delta)\cdot E[X]]\leqslant e^{-\frac{\delta^2\cdot E[X]}{2}}$$

证明:为了证明推论的第一部分,根据引理 2-13,对于每个 $\delta>0$,我们有

$$\left[\frac{e^\delta}{(1+\delta)^{1+\delta}}\right]^{E[X]}\leqslant e^{-\frac{\delta^2\cdot E[X]}{2+\delta}}$$

因为 X 的期望是非负的,要证明这个不等式是正确的,只要证明

$$\frac{e^\delta}{(1+\delta)^{1+\delta}}\leqslant e^{-\frac{\delta^2}{2+\delta}}\Leftrightarrow\delta-(1+\delta)\ln(1+\delta)\leqslant-\frac{\delta^2}{2+\delta}$$

$$\Leftrightarrow\frac{2\delta+2\delta^2}{2+\delta}\leqslant(1+\delta)\ln(1+\delta)\Leftrightarrow\frac{2\delta}{2+\delta}\leqslant\ln(1+\delta)$$

其中,第一个等价性可以通过取第一个不等式两边的 ln 来表示。使用基本微积分不难验证,上面的最后一个不等式对于每个 $\delta>0$ 都成立,这就完成了推论第一部分的证明。同样,为了证明推论的第二部分,我们需要证明

$$\left[\frac{e^{-\delta}}{(1-\delta)^{1-\delta}}\right]^{E[X]} \leqslant e^{-\frac{\delta^2 \cdot E[X]}{2}}$$

因为 X 的期望是非负的,要证明这个不等式是正确的,只要证明

$$\frac{e^{-\delta}}{(1-\delta)^{1-\delta}} \leqslant e^{-\frac{\delta^2}{2}} \Leftrightarrow -\delta - (1-\delta)\ln(1-\delta) \leqslant -\frac{\delta^2}{2}$$

$$\Leftrightarrow \frac{\delta^2 - 2\delta}{2} \leqslant (1-\delta)\ln(1-\delta) \Leftrightarrow \frac{\delta^2 - 2\delta}{2-2\delta} \leqslant \ln(1-\delta)$$

对每个 $\delta \in (0,1)$,这些不等式中最右边的可以再次用基本微积分证明。

练习 2 - 19:证明推论 2 - 3 的证明所使用的不等式。

具体证明:

(a)对于 $\delta > 0$,

$$\frac{2\delta}{2+\delta} \leqslant \ln(1+\delta)$$

(b)对于 $\delta \in (0,1)$,

$$\frac{\delta^2 - 2\delta}{2-2\delta} \leqslant \ln(1-\delta)$$

在提出切尔诺夫界之前,我们声称它可以用来得到二项分布较好的浓度结果。为了看一个例子,让我们再次考虑练习 2 - 18 中的变量 X。由于这个变量具有二项分布,使用切尔诺夫界,我们得到

$$\Pr[X \geqslant 2np] = \Pr[X \geqslant 2 \cdot E[X]] \leqslant e^{-\frac{E[X]}{3}} = e^{-np/3}$$

$\Pr[X \geqslant 2np]$ 的上界在 np 中呈指数递减,这比练习 2 - 18 中通过切比雪夫不等式得到的 $1/(np)$ 的上界递减快得多,$1/(np)$ 在 np 中仅线性递减。

我们以下面的练习来结束这一章,它给出了切尔诺夫界分量的另一个证明。

练习 2 - 20:设 X 为服从二项分布的随机变量 $B(n, 1/2)$ 对于整数 $n > 100$,用切尔诺夫界限来证明

$$\Pr\left[\left|X - \frac{n}{2}\right| \geqslant 5\sqrt{n}\right] \leqslant 10^{-7}$$

练习解析

练习 2 - 1 解析

(a)掷骰子有 6 种可能的结果:1、2、3、4、5 和 6。在一个均匀的骰子中,每一个结果都有相等的概率,因此,实现的概率是 1/6。因此,掷出均匀骰子对应的离散概率

空间为 $\Omega_1=\{1,2,3,4,5,6\}$，并且 $P_1(x)=1/6,\forall x\in\Omega_1$。

（b）就像抛一枚均匀的硬币一样，抛一枚有偏倚的硬币（就像我们在这里考虑的那样）有两种可能的结果："正面"和"反面"。在习题中，指定 $P(正面)=2/3$。因为 $P(正面)$ 与 $P(反面)$ 的和应该是 1，这意味着 $P(反面)=1/3$。因此，对应于这个有偏倚硬币的抛投的离散概率空间是

$$\Omega_2=\{正面，反面\}\quad 且 \quad P_2(x)=\begin{cases}2/3,& x=正面\\1/3,& x=反面\end{cases}$$

（c）练习中指定的随机过程的每个结果都包含一个骰子的结果和一个硬币的结果。因此，该随机过程对应的离散概率空间集合 Ω_3 为

$$\Omega_3=\Omega_1\times\Omega_2=\{(i,j)\,|\,i\in\{1,2,3,4,5,6\}且j\in\{正面，反面\}\}$$

为了确定 Ω_3 中每个结果的概率，我们注意到，无论硬币的行为如何，均匀的骰子在其 6 个面中的每个面都有相同的概率。因此，结果 (1,正面)，(2,正面)，(3,正面)，(4,正面)，(5,正面) 和 (6,正面) 应该平均分配有偏倚的硬币落在"正面"上的概率，这意味着它们应该有 $(2/3)/6=1/9$ 的概率。类似地，Ω_3 的其他 6 个结果应该平均分配有偏差的硬币落在"反面"上的 1/3 的概率，因此，每个结果都有 $(1/3)/6=1/18$ 的概率。

练习 2-2 解析

我们需要确定有偏倚的骰子落在一个数字至少为 4 的概率。这个事件正式地用集合表示为 $\{4,5,6\}$，因为这三个是至少为 4 的可能结果。这个事件的概率为

$$\Pr[\{4,5,6\}]=P(4)+P(5)+P(6)=0.25+0.25+0.1=0.6$$

练习 2-3 解析

根据并集-交集原理得

$$\Pr[E_1\cup E_2]+\Pr[E_1\cap E_2]=\sum_{o\in E_1\cup E_2}P(o)+\sum_{o\in E_1\cap E_2}P(o)$$
$$=\sum_{o\in E_1}P(o)+\sum_{o\in E_2}P(o)=\Pr[E_1]+\Pr[E_2]$$

另外，由于 E_1 和 E_2 都是不相交且独立的，我们得到

$$\Pr[E_1\cup E_2]=\Pr[E_1]+\Pr[E_2],\Pr[E_1\cap E_2]=\Pr[E_1]\cdot\Pr[E_2]$$

结合以上所有等式，我们得到

$$\Pr[E_1]+\Pr[E_2]+\Pr[E_1]\cdot\Pr[E_2]=\Pr[E_1]+\Pr[E_2]\Rightarrow\Pr[E_1]\cdot\Pr[E_2]=0$$

这只可能发生在 $\Pr[E_1]$ 或 $\Pr[E_2]$ 至少有一个概率是零的情况下。

练习 2-4 解析

设 H_i 是抛掷次数为 i 时硬币正面朝上的事件，T_i 是抛掷次数为 i 时硬币反面

朝上的事件。使用这种符号，我们可以将练习中需要计算的概率写为

$$\Pr[(H_1\cap H_2)\cup(T_1\cap T_2)]=\Pr[H_1\cap H_2]+\Pr[T_1\cap T_2]$$

其中，等式成立，因为事件 $H_1\cap H_2$（硬币两次落在"正面"上的事件）与事件 $T_1\cap T_2$（硬币两次落在"反面"上的事件）是不相交的。我们现在看到，事件 H_1 只包含关于第一次投掷硬币的信息，事件 H_2 只包含关于第二次投掷硬币的信息。由于两次投掷是独立的，所以事件 H_1 和 H_2 也是独立的，这意味着

$$\Pr[H_1\cap H_2]=\Pr[H_1]\cdot\Pr[H_2]=\left(\frac{2}{3}\right)^2=\frac{4}{9}$$

同理有

$$\Pr[T_1\cap T_2]=\Pr[T_1]\cdot\Pr[T_2]=\left(\frac{1}{3}\right)^2=\frac{1}{9}$$

综合以上所有等式，得到需要计算的概率为

$$\Pr[(H_1\cap H_2)\cup(T_1\cap T_2)]=\Pr[H_1\cap H_2]+\Pr[T_1\cap T_2]=\frac{4}{9}+\frac{1}{9}=\frac{5}{9}$$

练习 2-5 解析

设 E_i 是第 i 次掷出的骰子显示的数字不是 5 或 6 的事件，因为骰子显示每个数字的概率都是一样的，$\Pr[E_i]=|\{1,2,3,4\}|/6=2/3$。另外，由于两次掷骰子是独立的，所以 $\Pr[E_1\cap E_2]=\Pr[E_1]\cdot\Pr[E_2]=(2/3)^2=4/9$。

在这一点上，观察事件 $E_1\cap E_2$ 是很重要的，因为它是我们想要计算概率的事件的补充。换句话说，我们想计算在两次掷骰子中至少一次显示 5 或 6 的概率，$E_1\cap E_2$ 是两次掷骰子都没有显示 5 或 6 的事件。这个观察结果意味着我们想要计算的概率为

$$\Pr[\Omega\backslash(E_1\cap E_2)]=\Pr[\Omega]-\Pr[E_1\cap E_2]=1-\frac{4}{9}$$

其中，第一个等式成立，因为 $E_1\cap E_2$ 和 $\Omega\backslash(E_1\cap E_2)$ 是不相交的。

现在让我们考虑一下，如果掷骰子次数是 k 而不是 2，会发生什么变化呢？在这种情况下，我们需要计算事件互补的概率，即

$$\Pr\left[\Omega\backslash\left(\bigcap_{i=1}^{k}E_i\right)\right]=1-\Pr\left[\bigcap_{i=1}^{k}E_i\right]=1-\prod_{i=1}^{k}\Pr[E_i]=1-\left(\frac{2}{3}\right)^k$$

第二个等式成立，因为每次掷骰子都独立于其他次掷骰子。

练习 2-6 解析

代入条件概率的定义，我们得到

$$\sum_{i=1}^{k} \Pr[A_i] \cdot \Pr[E \mid A_i] = \sum_{i=1}^{k} \Pr[A_i] \cdot \frac{\Pr[E \cap A_i]}{\Pr[A_i]} = \sum_{i=1}^{k} \Pr[E \cap A_i]$$

$$= \Pr\left[E \cap \left(\bigcup_{i=1}^{k} A_i\right)\right] = \Pr[E]$$

其中,倒数第二个等式成立,因为 $A_1, A_2, \cdots, A_k$ 是不相交的,这表示事件 $E \cap A_1$, $E \cap A_2, \cdots, E \cap A_k$ 也是不相交的;最后一个等式成立,因为所有集合 $A_1, A_2, \cdots, A_k$ 的并集是 Ω,它是任何事件(包括 E)的超集。

练习 2-7 解析

设 A_i 为第一个骰子显示数字 i 的事件,设 E 为两个骰子显示的数字之和为偶数的事件。我们观察到,如果第一个骰子显示偶数 i,那么当且仅当第二个骰子显示数字 2、4 或 6 中的一个时,两个数字的和是偶数。因此,对于任意偶数 i,我们有

$$\Pr[E \mid A_i] = \frac{|\{2, 4, 6\}|}{6} = \frac{1}{2}$$

类似地,如果第一个骰子显示奇数,则两个数字之和为偶数,当且仅当第二个骰子显示数字 1、3 或 5 中的一个时。因此,对于任何奇数,我们都有

$$\Pr[E \mid A_i] = \frac{|\{1, 3, 5\}|}{6} = \frac{1}{2}$$

因为 $A_1, A_2, \cdots, A_6$ 是不相交的,它们的并集包含了所有可能的结果,由全概率定律得到

$$\Pr[E] = \sum_{i=1}^{6} \Pr[A_i] \cdot \Pr[E \mid A_i] = \sum_{i=1}^{6} \frac{\Pr[A_i]}{2} = \frac{1}{2} \cdot \sum_{i=1}^{6} \Pr[A_i] = \frac{1}{2}$$

练习 2-8 解析

(a)由于对称性,要证明 E_{12}、E_{23} 和 E_{13} 是两两独立的,只要证明 E_{12} 和 E_{23} 是独立的就足够了。事件 E_{12} 是抛硬币 1 和 2,要么都是正面,要么都是反面。因为这是两次投掷的 4 种可能结果中的两种,我们得到 $\Pr[E_{12}] = 2/4 = 1/2$,同样得到 $\Pr[E_{23}] = 1/2$ 和 $\Pr[E_{13}] = 1/2$。

现在让我们考虑事件 $E_{12} \cap E_{23}$。我们可以看到,这是 3 次投掷硬币都有相同结果的事件,也就是说,要么都是正面,要么都是反面。因为这是投掷 3 次硬币的 8 种可能结果中的两种,我们得到 $\Pr[E_{12} \cap E_{23}] = 2/8 = 1/4$。为了验证 E_{12} 和 E_{23} 是否独立,还有待观察

$$\Pr[E_{12}] \cdot \Pr[E_{23}] = \frac{1}{2} \cdot \frac{1}{2} = \frac{1}{4} = \Pr[E_{12} \cap E_{23}]$$

(b)考虑事件 $E_{12} \cap E_{23} \cap E_{13}$。我们可以证明这个事件再次是 3 次投掷硬币都

得到相同结果的事件,因此,等于事件 $E_{12} \bigcap E_{23}$。因此,我们得到

$$\Pr[E_{12}] \cdot \Pr[E_{23}] \cdot \Pr[E_{13}] = \frac{1}{2} \cdot \frac{1}{2} \cdot \frac{1}{2} = \frac{1}{8} \neq \frac{1}{4} = \Pr[E_{12} \bigcap E_{23} \bigcap E_{13}]$$

这意味着 3 个事件 E_{12}、E_{23} 和 E_{13} 不是独立的。为了更直观地理解为什么会出现这种情况,请注意,知道其中任何两个事件的发生意味着所有 3 次投掷硬币都会产生相同的结果,因此,可以保证第 3 个事件也会发生。

练习 2-9 解析

我们用 (i, j) 表示第一个骰子显示数字 i,第二个骰子显示数字 j 的结果。有 36 种可能的结果,每一种的概率是 1/36。我们注意到只有一个结果(即 $(1,1)$)$X = 2$,因此 $\Pr[X = 2] = 1/36$。同样,对于 $X = 3$,有两种结果($(2,1)$ 和 $(1,2)$),因此 $\Pr[X = 3] = 2/36 = 1/18$。继续用同样的方法,我们将得到下列所有 X 可能值的概率。

X	2	3	4	5	6	7	8	9	10	11	12
概　率	1/36	1/18	1/12	1/9	5/36	1/6	5/36	1/9	1/12	1/18	1/36

使用期望的定义,得到

$$E[X] = \sum_{i=2}^{12} i \cdot \Pr[X = i]$$

$$= 2 \cdot \frac{1}{36} + 3 \cdot \frac{1}{18} + 4 \cdot \frac{1}{12} + 5 \cdot \frac{1}{9} + 6 \cdot \frac{5}{36} + 7 \cdot \frac{1}{6} + 8 \cdot \frac{5}{36} + 9 \cdot \frac{1}{9} +$$

$$10 \cdot \frac{1}{12} + 11 \cdot \frac{1}{18} + 12 \cdot \frac{1}{36}$$

$$= \frac{1}{18} + \frac{1}{6} + \frac{1}{3} + \frac{5}{9} + \frac{5}{6} + \frac{7}{6} + \frac{10}{9} + 1 + \frac{5}{6} + \frac{11}{18} + \frac{1}{3} = 7$$

练习 2-10 解析

设 X 和 Y 分别是第一个和第二个骰子显示的值。因为骰子以相同的概率显示 1 到 6 之间的每个值,X 和 Y 的期望是

$$\frac{1+2+3+4+5+6}{6} = 3.5$$

练习 2-9 要求 $X + Y$ 的期望,根据期望的线性性,$E[X + Y] = E[X] + E[Y] = 3.5 + 3.5 = 7$。

练习 2-11 解析

如果 X 只取一个概率为正的 c 值,那么

$$E\left[\frac{1}{X}\right] = \frac{1}{c} = \frac{1}{E[X]}$$

可以证明,这是不等式(2.2)作为等式成立的唯一情况。因此,为了给出一个它不等于等式的例子,我们可以取一个任意的非常数随机变量。特别地,如果选择一个随机变量 X,其值为 2,概率为 1/2,否则值为 4,那么

$$E[X] = \frac{1}{2} \cdot 2 + \frac{1}{2} \cdot 4 = 1 + 2 = 3$$

$$E\left[\frac{1}{X}\right] = \frac{1}{2} \cdot \frac{1}{2} + \frac{1}{2} \cdot \frac{1}{4} = \frac{1}{4} + \frac{1}{8} = \frac{3}{8}$$

这意味着

$$E\left[\frac{1}{X}\right] = \frac{3}{8} > \frac{1}{3} = \frac{1}{E[X]}$$

练习 2 - 12 解析

(a)考虑数字 $r \in \{1,2,3,4,5,6\}$。如果 r 是偶数,那么 $\Pr[X=r|O]=0$,因为事件 O 意味着 X 取奇数,而 $\Pr[X=r|E]=1/3$,因为在事件 E 下,变量 X 取 3 个偶数 2、4 或 6 的概率相等。同理,如果 r 是奇数,那么 $\Pr[X=r|O]=1/3$,$\Pr[X=r|E]=0$。通过这些观察,我们得到

$$E[X \mid O] = \sum_{r=1}^{6} r \cdot \Pr[X=r \mid O] = \frac{1+3+5}{3} = 3$$

$$E[X \mid E] = \sum_{r=1}^{6} r \cdot \Pr[X=r \mid E] = \frac{2+4+6}{3} = 4$$

(b)由于 X 是集合 $\{1,2,3,4,5,6\}$ 中的一致随机数,$E[X]$ 是这组数字的平均值。同样,$E[X|O]$ 和 $E[X|E]$ 分别是该集合中偶数和奇数的平均值。因此,不等式 $E[X|O]<E[X|E]$ 成立,仅仅是因为在 $\{1,2,3,4,5,6\}$ 中的偶数的平均值大于这个集合中奇数的平均值。

练习 2 - 13 解析

设 X 是玩家所获得点数的随机变量,D 为代表第一次掷骰子结果的随机变量(即 d 的值)。由于掷一次骰子所显示的数字的期望值是 3.5(见练习 2 - 10 的解),通过期望的线性性,我们得到掷 d 次骰子所显示的数值的期望值和是 $3.5d$。因此,$E[X|D=d]=3.5d$。利用总期望定律,我们得到

$$E[X] = \sum_{d=1}^{6} \Pr[D=d] \cdot E[X \mid D=d] = \frac{\sum_{d=1}^{6} 3.5d}{6} = \frac{3.5 \cdot 21}{6} = 12.25$$

练习 2 - 14 解析

设 X 是一个随机变量,取 1 和 3 的概率值各为 1/2,设 $Y=X+1$。显然,X 和 Y 不是独立的,因为知道其中一个的值就足以计算另一个的值。现在注意到,

$$E[X]=1 \cdot \Pr[X=1]+3 \cdot \Pr[X=3]=\frac{1+3}{2}=2$$

$$E[Y]=2 \cdot \Pr[Y=2]+4 \cdot \Pr[Y=4]=\frac{2+4}{2}=3$$

$$E[X \cdot Y]=2 \cdot \Pr[X=1,Y=2]+12 \cdot \Pr[X=3,Y=4]=\frac{2+12}{2}=7$$

因此,引理 2-6 不适用于这些 X 和 Y,因为

$$E[X \cdot Y]=7 \neq 2 \cdot 3=E[X] \cdot E[Y]$$

练习 2-15 解析

利用期望的线性性,我们得到

$$\mathrm{Var}[c \cdot X+c']=E[(c \cdot X+c'-E[c \cdot X+c'])^2]=E[(c \cdot X-c \cdot E[X])^2]$$
$$=E[c^2 \cdot (X-E[X])^2]=c^2 \cdot E[(X-E[X])^2]=c^2 \cdot \mathrm{Var}[X]$$

如果 X 和 Y 是独立的(因此 $E[XY]=E[X] \cdot E[Y]$),则也得到

$$\mathrm{Var}[X+Y]=E[(X+Y)^2]-(E[X+Y])^2$$
$$=E[X^2+2XY+Y^2]-(E[X]+E[Y])^2$$
$$=(E[X^2]+2E[X] \cdot E[Y]+E[Y^2])-$$
$$[(E[X])^2+2E[X] \cdot E[Y]+(E[Y])^2]$$
$$=E[X^2]-(E[X])^2+E[Y^2]-(E[Y])^2=\mathrm{Var}[X]+\mathrm{Var}[Y]$$

练习 2-16 解析

让我们为每一对不同的数字 $i,j \in \{1,2,\cdots,n\}$ 定义一个指示符 X_{ij},表示这一数对在 π 中发生反转的事件。因为 X 是 π 中发生反转的个数,我们得到

$$X=\sum_{i=1}^{n} \sum_{j=i+1}^{n} X_{ij}$$

现在使用期望的线性性,最后一个等式意味着

$$E[X]=\sum_{i=1}^{n} \sum_{j=i+1}^{n} E[X_{ij}]=\sum_{i=1}^{n} \sum_{j=i+1}^{n} \Pr[\text{颠倒 } i \text{ 和 } j \text{ 的组合}]$$

现在仍然可以观察到,由于对称性,π 中 $\min\{i,j\}$ 出现在 $\max\{i,j\}$ 之前的概率与倒序出现的概率相同。因此,两种可能性都等于一半。把这个代入之前的等式,即

$$E[X]=\sum_{i=1}^{n} \sum_{j=i+1}^{n} \Pr[\text{颠倒 } i \text{ 和 } j \text{ 的组合}]$$

$$=\sum_{i=1}^{n} \sum_{j=i+1}^{n} \frac{1}{2}=\frac{n(n-1)/2}{2}=\frac{n(n-1)}{4}$$

练习 2 - 17 解析

(a)考虑随机变量 $Y=X-a$。由于 Y 总是非负的,利用马尔可夫不等式,我们得到

$$\Pr[X \geqslant t] = \Pr[Y \geqslant t-a] \leqslant \frac{\mathrm{E}[Y]}{t-a} = \frac{\mathrm{E}[X]-a}{t-a}$$

(b)考虑随机变量 $Z=b-X$。由于 Z 总是非负的,利用马尔可夫不等式,我们得到

$$\Pr[X \leqslant t] = \Pr[Z \geqslant b-t] \leqslant \frac{\mathrm{E}[Z]}{b-t} = \frac{b-\mathrm{E}[X]}{b-t}$$

(c)为了不使用马尔可夫不等式来证明(a),我们将降低 X 的期望值的界限。像在马尔可夫不等式的证明中,我们需要区分 X 的高值和低值。X 的高值是大于 t 的,我们将这些值的下界设为 t。X 的低值是小于 t 的,我们将其下界设为 a。设 R 是 X 可以取的值的集合,即

$$\mathrm{E}[X] = \sum_{r \in R} r \cdot \Pr[X=r] = \sum_{\substack{r \in R \\ r \geqslant t}} r \cdot \Pr[X=r] + \sum_{\substack{r \in R \\ r < t}} r \cdot \Pr[X=r]$$

$$\geqslant \sum_{\substack{r \in R \\ r \geqslant t}} t \cdot \Pr[X=r] + \sum_{\substack{r \in R \\ r < t}} a \cdot \Pr[X=r]$$

$$= t \cdot \Pr[X \geqslant t] + a \cdot \Pr[X < t]$$

我们现在注意到最后一个不等式最右边的两个概率加起来是 1。利用这一观察,我们从上一个不等式得到

$$\mathrm{E}[X] \geqslant a + (t-a) \cdot \Pr[X \geqslant t]$$

需要证明的不等式是通过重新排列上述不等式得到的。

我们省略了对(b)的证明,因为它非常相似,只是现在我们需要 X 的期望值下界,而不是上界。

练习 2 - 18 解析

(a)由于 X 计算了 n 次独立伯努利试验的成功次数,它只取非负值,因此,我们可以将马尔可夫不等式应用于它。在推论 2 - 1 给出的马尔科夫不等式的另一种形式中选择 $t=2$,我们得到

$$\Pr[X \geqslant 2np] = \Pr[X \geqslant t \cdot \mathrm{E}[X]] \leqslant \frac{1}{t} = \frac{1}{2}$$

(b)回想一下,根据二项分布 $\mathrm{B}(n,p)$ 分布的变量 X 的方差是 npq,其中 $q = 1-p$。因此,通过切比雪夫不等式可得

$$\Pr[X \geqslant 2np] \leqslant \Pr[|X-np| \geqslant np] \leqslant \frac{\mathrm{Var}[X]}{(np)^2} = \frac{q}{np} \leqslant \frac{1}{np}$$

练习 2－19 解析

（a）对于 $\dfrac{2\delta}{2+\delta}\leqslant\ln(1+\delta)$，当 $\delta=0$ 时，不等式的两边等于 0。因此，为了证明该不等式对 $\delta\geqslant0$ 成立，对于每一个 $\delta\geqslant0$，不等式左边对 δ 的导数是受右边对 δ 的导数的上界限制的。左边的导数为

$$\frac{2(2+\delta)-2\delta\cdot1}{(2+\delta)^2}=\frac{4}{(2+\delta)^2}$$

右边的导数为 $\dfrac{1}{1+\delta}$。

左边的导数确实是右边导数的上界，因为

$$\frac{4}{(2+\delta)^2}\leqslant\frac{1}{1+\delta}\Leftrightarrow4+4\delta\leqslant4+4\delta+\delta^2\Leftrightarrow0\leqslant\delta^2$$

（b）对于 $\dfrac{\delta^2-2\delta}{2-2\delta}\leqslant\ln(1-\delta)$，当 $\delta=0$ 时，不等式的两边等于 0。因此，为了证明该不等式对 $\delta\in[0,1)$ 成立，对于这个范围内的每一个 δ，不等式左边对 δ 的导数的上界是右边对 δ 的导数。左边的导数为

$$\frac{(2\delta-2)(2-2\delta)+2(\delta^2-2\delta)}{(2-2\delta)^2}=\frac{(8\delta-4\delta^2-4)+(2\delta^2-4\delta)}{(2-2\delta)^2}$$

$$=\frac{4\delta-2\delta^2-4}{(2-2\delta)^2}$$

右边的导数为 $-\dfrac{1}{1-\delta}$。

当 $\delta\in[0,1]$ 时，第一个导数实际上是第二个导数的上界，因为

$$\frac{4\delta-2\delta^2-4}{(2-2\delta)^2}\leqslant-\frac{1}{1-\delta}\Leftrightarrow(4\delta-2\delta^2-4)(1-\delta)\leqslant-(2-2\delta)^2$$

$$\Leftrightarrow8\delta-2\delta^3-6\delta^2-4\leqslant-4+8\delta-4\delta^2\Leftrightarrow0\leqslant2\delta^2+2\delta^3$$

练习 2－20 解析

观察练习 2－20 中关于 n 的假设意味着 $10/\sqrt{n}\in(0,1)$。利用这一观测结果和 $E[X]=n/2$ 的事实，我们用切尔诺夫的界限得到

$$\Pr\left[X\geqslant\frac{n}{2}+5\sqrt{n}\right]=\Pr\left[X\geqslant\left(1+\frac{10}{\sqrt{n}}\right)\cdot E[X]\right]$$

$$\leqslant e^{-\left(\frac{10}{\sqrt{n}}\right)^2\cdot\frac{E[X]}{3}}=e^{-\frac{100}{n}\cdot\frac{n}{6}}=e^{-\frac{50}{3}}\leqslant6\cdot10^{-8}$$

$$\Pr\left[X \geqslant \frac{n}{2} - 5\sqrt{n}\right] = \Pr\left[X \geqslant \left(1 - \frac{10}{\sqrt{n}}\right) \cdot E[X]\right]$$

$$\leqslant e^{-\left(\frac{10}{\sqrt{n}}\right)^2 \cdot \frac{E[X]}{2}} = e^{-\frac{100}{n} \cdot \frac{n}{4}} = e^{-25} \leqslant 2 \cdot 10^{-11}$$

我们可以用并集界限把上面两个界限结合起来,得到

$$\Pr\left[\left|X - \frac{n}{2}\right| \geqslant 5\sqrt{n}\right] \leqslant \Pr\left[X \geqslant \frac{n}{2} + 5\sqrt{n}\right] + \Pr\left[X \leqslant \frac{n}{2} - 5\sqrt{n}\right]$$

$$\leqslant 6 \cdot 10^{-8} + 2 \cdot 10^{-11} \leqslant 10^{-7}$$

第 3 章　估计算法

在第 1 章中,我们看到了数据流模型,并研究了该模型的几种算法,所有这些都能得到精确解。不幸的是,生成精确的解决方案通常需要很大的空间复杂度,因此,我们在本书中看到的大多数算法都是估计算法和近似算法。估计算法是一种对某个值(例如流的长度)产生估计的算法。类似地,近似算法是一种给定一个优化问题,找到一个近似优化问题目标函数解的算法。例如,最小权值生成树问题的近似算法会生成权值近似最小的生成树。

在本章中,我们将看到数据流模型估计算法的第一个示例,并将学习如何量化这些算法产生的估计质量。有关近似算法的进一步讨论和示例请参见第 8 章。

3.1　估计流长度的莫里斯算法

在第 1 章中,我们看到了一个简单的流算法,它使用空间复杂度 $O(\log n)$ 精确计算流的长度 n。练习 3 - 1 证明,只要算法需要输出准确的答案,这一点就无法显著改善。

练习 3 - 1:证明每个输出其输入流确切长度的算法必须具有 $\Omega(\log n)$ 的空间复杂度。提示:考虑算法的内部状态,并说明它必须编码算法能够读取的令牌数量。

练习 3 - 1 表明,如果我们想要一个计算流长度的算法,其空间复杂度为 $O(\log n)$,那么我们必须求助于估计算法。实际上,我们在下面给出了一个名为 Morris 算法的估计算法,该算法使用大约 $O(\log \log n)$ 比特的预期空间复杂度来估计流的长度。

在正式介绍这个算法之前,先描述一下它背后的直观思想。

把这个算法想象成一个正在爬梯子的工人。工人从梯子的 0 条横杠开始,一个接一个地读取流的令牌。每当他从流中读取到一个令牌,他就会试图爬到梯子的下一个横杠,并以 0.01 的概率成功。直观地说,我们预计在读取整个流后,工人的结果将在 0.01n 条横杠左右。因此,如果我们用 X 表示随机变量,表示工人结束时的横杠,那么 $100 \cdot X$ 可以用来估计流的长度 n。现在的重要观察结果是,与迄今为止看到的令牌数量相比,X 往往要小 100,因此,存储它需要更少的位。

不幸的是,上述想法有两个主要缺点。第一个缺点是,用于估计 n 的随机变量 X 只比 n 小一个常数(100),因此,存储它而不是存储 n 只会减少一个常数位数的空间复杂度。第二个缺点是阶梯的每条表示大约 100 个流令牌,因此,无论 n 的值是多少,我们预计算法的估计误差都在 100 的数量级上。(**注**:事实上,所描述的算法的期望估计误差随着 n 的增大而增大,因为 X 与期望的偏差随着 n 的增大而增大。然而,这个增长与 n 本身的增长相比是非常缓慢的。)这是有问题的,因为估计算法的估计误差通常比它估计的实际值小。例如,考虑两种情况:在一种情况下,流包含 10 个令牌,算法声明它只包含一个令牌;而在另一种情况下,流包含 1 000 个令牌,算法声明它包含 991 个令牌。在这两种情况下,算法的估计误差都是 9 个令牌,但通常认为第二种情况的估计要比第一种情况的估计好得多。

图 3.1 所示为工人爬上的梯子的图形表示。工人爬上梯子的过程中,每个横杠上方的空间代表了该横杠"代表"的流令牌数量,这与从该横杠爬到下一个横杠的概率成反比(空间越大,概率越低)。梯子(a)表示基本设置,其中从每个横杠移动到下一个横杠的概率相同。梯子(b)表示更高级的设置,在这种设置中,随着我们在梯子上爬得越高,这个概率会减小。可以观察到,在梯子(b)中,每个横杠上方的空间与梯子中该横杠的高度成比例,这直观地意味着估计误差大致与 n 成比例增加。

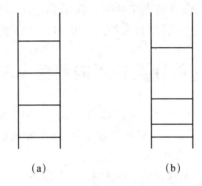

(a)   (b)

图 3.1　工人爬上梯子的图形表示

针对上述缺点的一种解决方案是,对于不同的条,使工人从一个横杠移动到下一横杠的概率不同。具体来说,我们希望这个概率在第一个横杠中很大,然后随着横杠越来越高,概率逐渐减小。由于低条与相对较高的概率相关联,每个这样的横杠仅代表少量的流令牌,因此,我们期望在 n 较小时估计误差较小,这就解决了上面提到的第二个缺点。此外,随着工人的提高,他通过每个令牌爬到下一个横杠的概率降低,这也降低了他的预期爬升速度。因此,即使 n 很大,工人也不会爬得很高,这应该可以让我们使用相对较小的空间复杂度来跟踪工人当前所在的横杠(解决第一个缺点)。图 3.1 给出了对这种方法的图解说明。

Morris 的算法,也就是我们上面提到的算法,是基于上述思想的,如算法 3-1 所示。我们可以把这个算法使用的变量 X 看作是工人的当前横杠。

练习 3-2:要了解算法 3-1,请使用长度为 10 的流手动运行几次。由于人类在模拟随机性方面非常差,我们建议在手动运行期间使用抛硬币的方法对算法进行随机决策。提示:执行算法 3-1 需要实现一个随机变量,其值为 1 的概率为 2^{-X},否则为 0。解决方案部分描述了一种使用均匀硬币的方法。

36

算法 3-1:Morris 算法

1. $X \leftarrow 0$。

2. 当有更多的令牌执行,

3.   读取下一个令牌。

4.   有 2^{-X} 的概率执行,

5. $X \leftarrow X+1$。

6. 返回 $2^X - 1$。

为了分析算法 3-1,我们需要定义一些符号。对于每个 $0 \leqslant i \leqslant n$,我们用 X_i 表示算法 3-1 从其输入流中读取 i 个令牌后的 X 值。另外,设 $Y_i = 2^{X_i}$,可以看到算法 1 的输出可以写成 $Y_n - 1$。引理 3-1 表明,该表达式的期望值为 n,即算法 3-1 输出的随机值在期望值中等于它试图估计的值。

引理 3-1:对于每个 $0 \leqslant i \leqslant n$,$\mathrm{E}[Y_i] = i+1$。

证明:我们通过对 i 的归纳证明引理。首先,观察到 X_0 恒为 0,这证明了归纳法的基本情况,因为

$$\mathrm{E}[Y_0] = \mathrm{E}[2^{X_0}] = 1 = 0+1$$

接下来,假设这个引理对某个 $i \geqslant 0$ 成立,现在证明它对 $i+1$ 也成立。根据总概率定律,对于每个 $2 \leqslant j \leqslant i$,我们得到

$$\begin{aligned}
\Pr[X_{i+1} = j] &= \Pr[X_i = j] \cdot \Pr[X_{i+1} = j \mid X_i = j] + \\
&\quad \Pr[X_i = j-1] \cdot \Pr[X_{i+1} = j \mid X_i = j-1] \\
&= \Pr[X_i = j] \cdot (1 - 2^{-j}) + \Pr[X_i = j-1] \cdot 2^{-(j-1)} \\
&= \Pr[X_i = j] + 2^{-j}(2\Pr[X_i = j-1] - \Pr[X_i = j])
\end{aligned}$$

此外,还可以验证

$$\Pr[X_{i+1} = j] = \Pr[X_i = j] + 2^{-j}(2\Pr[X_i = j-1] - \Pr[X_i = j])$$

当 $j=0$、$j=1$ 或 $j=i+1$ 时,该式仍然成立。(**注**:这些情况需要稍微有所不同的证明。对于 $j=0$ 和 $j=1$ 的情况,需要这样的证明,是因为条件概率 $\Pr[X_{i+1} = j \mid X_i = j-1]$ 可能未定义,因为它所设定的事件可能有零概率。同样,在 $j=i+1$ 的情况下,由于相同的原因,条件概率 $\Pr[X_{i+1} = j \mid X_i = j]$ 也未定义。)利用最后一个等式,我们可以计算 Y_{i+1} 的期望。

$$\mathrm{E}[Y_{i+1}] = \mathrm{E}[2^{X_{i+1}}] = \sum_{j=0}^{i+1} 2^j \cdot \Pr[X_{i+1} = j] = \sum_{j=0}^{i+1} 2^j \cdot \Pr[X_i = j] + \\
\sum_{j=0}^{i+1} (2\Pr[X_i = j-1] - \Pr[X_i = j])$$

考虑最后一个等式最右边的两个和。通过观察可知 X_i 只取 $0 \sim i$ 范围内的正

概率值,第一个和就变成了

$$\sum_{j=0}^{i+1} 2^j \cdot \Pr[X_i=j] = \sum_{j=0}^{i} 2^j \cdot \Pr[X_i=j] = E[2^{X_i}] = E[Y_i]$$

第二个和就变成了

$$\sum_{j=0}^{i+1}(2\Pr[X_i=j-1]-\Pr[X_i=j]) = 2 \cdot \sum_{j=1}^{i+1}\Pr[X_i=j-1] - \sum_{j=0}^{i+1}\Pr[X_i=j]$$
$$= \sum_{j=0}^{i}\Pr[X_i=j] = 1$$

综上所述有

$$E[Y_{i+1}] = \sum_{j=0}^{i+1} 2^j \cdot \Pr[X_i=j] + \sum_{j=0}^{i+1}(2\Pr[X_i=j-1]-\Pr[X_i=j])$$
$$= E[Y_i] + 1 = i + 2$$

其中,最后一个等式由归纳假设成立。

算法 3-1 的期望输出等于流的长度,这一事实已经可以用来证明以下关于该值给出的估计质量的弱保证。

推论 3-1:对于每个 $\varepsilon \geqslant 1$,

$$\Pr[|(Y_n-1)-n|>\varepsilon n] \leqslant \frac{1}{1+\varepsilon}$$

证明:注意到 Y_n-1 总是正的。因为 $\varepsilon \geqslant 1$,这意味着 $(Y_n-1)-n \geqslant -n \geqslant -\varepsilon n$。因此,

$$\Pr[|(Y_n-1)-n|>\varepsilon n] = \Pr[(Y_n-1)-n>\varepsilon n]$$
$$= \Pr[Y_n-1>(1+\varepsilon)n] \leqslant \frac{1}{1+\varepsilon}$$

由马尔可夫不等式可知不等式成立。

本书中经常出现与推论 3-1 给出的形式相似的保证。定义 3-1 可以让我们更清楚地表述它们。

定义 3-1:在给定 $\varepsilon>0$ 的条件下,如果算法产生的 V 服从 $|V-A| \leqslant \varepsilon A$,则算法估计 A 的相对误差为 ε。

使用定义 3-1,推论 3-1 可以重述如下:

推论 3-1(重述):对于每个 $\varepsilon \geqslant 1$,当相对误差达到 ε 时,算法 3-1 以至少 $1-(1+\varepsilon)^{-1}$ 的概率估计流的长度。

显然,推论 3-1 的保证是很弱的。特别是,当 $\varepsilon<1$ 时,即当人们对算法 3-1 的误差小于它试图估计的值的概率感兴趣时,推论 3-1 不能保证。不幸的是,如练习 3-3

所示,证明 $\varepsilon<1$ 的保证需要算法输出的期望值之外更多的信息。

练习 3-3:找一个非负随机变量 X 的例子,它的值总是在 $(0,2E[X])$ 范围之外。换句话说,如果一个人用 X 来估计 $E[X]$,那么他总是会得到一个估计误差,这个误差至少与他试图估计的值一样大。

在 3.2 节中,我们将看到可以用来绕过上述问题并得到对于 $\varepsilon<1$ 的估计保证的技术。然而,在此之前,我们先证明引理 3-2,它分析了算法 3-1 的空间复杂度。

引理 3-2:算法 3-1 的期望空间复杂度为 $O(\log\log n)$。

证明:算法 3-1 保留一个变量 X,它的值只能随时间增加。因此,它可以使用 $O(\log X_n)$ 的空间复杂度来实现。在最坏的情况下,X_n 可能达到 n,这导致空间复杂度为 $O(\log n)$。然而,通常 X_n 要比 n 小得多。更具体地说,通过 Jensen 不等式和引理 3-1,我们得到

$$E[\log_2 X_n]=E[\log_2 \log_2 Y_n]\leqslant \log_2 \log_2 E[Y_n]=\log_2 \log_2(n+1)$$

(注:在大 O 符号中,对数函数的底数是没有规定的(只要它是常数),因为从一个常数到另一个常数的底数的改变相当于将对数乘以一个常数。为了简单起见,可以假设对数的底数是 2。)

3.2 改进估计

在 3.1 节中,我们已经看到当 $\varepsilon\geqslant 1$,相对误差达到 ε 时,算法 3-1 以至少 $1-(1+\varepsilon)^{-1}$ 的概率估计流的长度。在本节中,我们将了解如何获得更好的估计保证。特别是,我们对得到较小 ε 值的估计保证感兴趣。

实现上述目标的第一步是给算法 3-1 输出的方差一个界,这可以由引理 3-3 做到。

引理 3-3:$\mathrm{Var}[Y_n]=n(n-1)/2$.

证明:回想一下 $\mathrm{Var}[Y_n]=E[Y_n^2]-E[Y_n]^2$。我们已经从引理 3-1 中知道了 $E[Y_n]=n+1$,因此,要证明引理 3-3,只要证明 $E[Y_n^2]=\dfrac{3}{2}n^2+\dfrac{3}{2}n+1$ 就足够了。

我们将通过归纳法证明一个更强的结论,即 $E[Y_i^2]=\dfrac{3}{2}i^2+\dfrac{3}{2}i+1$,对于 $0\leqslant i\leqslant n$。

首先,观察到 X_0 是确定性的 0,这就证明了归纳的基本情况:

$$E[Y_0^2]=E[2^{2X_0}]=1=\frac{3}{2}\cdot 0^2+\frac{3}{2}\cdot 0+1$$

接下来,假设这个引理对某个 $i\geqslant 0$ 成立,证明它对 $i+1$ 也成立。从引理 3-1 的证明已经知道,对于每一个 $0\leqslant j\leqslant i+1$,有

$$\Pr[X_{i+1}=j]=\Pr[X_i=j]+2^{-j}(2\Pr[X_i=j-1]-\Pr[X_i=j])$$

使用上述等式,我们现在可以计算 Y_{i+1}^2 的期望值,即

$$E[Y_{i+1}^2] = E[2^{2X_{i+1}}] = \sum_{j=0}^{i+1} 2^{2j} \cdot \Pr[X_{i+1} = j]$$

$$= \sum_{j=0}^{i+1} 2^{2j} \cdot \Pr[X_i = j] + \sum_{j=0}^{i+1} (2^j \cdot 2\Pr[X_i = j-1] - 2^j \cdot \Pr[X_i = j])$$

考虑最后一个方程最右边的两个和。因为 X_i 取 0 到 i 范围内的值的概率是正的,所以第一个和等于

$$\sum_{j=0}^{i+1} 2^{2j} \cdot \Pr[X_i = j] = \sum_{j=0}^{i} 2^{2j} \cdot \Pr[X_i = j] = E[2^{2X_i}] = E[Y_i^2]$$

第二个和等于

$$\sum_{j=0}^{i+1} (2^j \cdot 2\Pr[X_i = j-1] - 2^j \cdot \Pr[X_i = j])$$

$$= 4 \cdot \sum_{j=1}^{i+1} 2^{j-1} \cdot \Pr[X_i = j-1] - \sum_{j=0}^{i} 2^j \cdot \Pr[X_i = j]$$

$$= 3 \cdot \sum_{j=0}^{i} 2^j \cdot \Pr[X_i = j] = 3 \cdot E[Y_i]$$

结合后三个等式就得到

$$E[Y_{i+1}^2] = \sum_{j=0}^{i+1} 2^{2j} \cdot \Pr[X_i = j] + \sum_{j=0}^{i+1} (2^j \cdot 2\Pr[X_i = j-1] -$$

$$2^j \cdot \Pr[X_i = j]) = E[Y_i^2] + 3 \cdot E[Y_i]$$

$$= \left(\frac{3}{2}i^2 + \frac{3}{2}i + 1\right) + 3(i+1) = \frac{3}{2}(i+1)^2 + \frac{3}{2}(i+1) + 1$$

其中,倒数第二个等式由归纳假设成立。

引理 3 - 3 给出的方差表达式可用于推导算法 3 - 1 的估计保证,该保证略优于推论 3 - 1 给出的保证。

练习 3 - 4:用切比雪夫不等式和引理 3 - 3 来证明,对于每个 $\varepsilon > 0$,当相对误差达到 ε 时,算法 3 - 1 以至少 $1 - \varepsilon^{-2}/2$ 的概率估计流的长度。

不幸的是,练习 3 - 4 给出的改进估计保证并不比推论 3 - 1 证明的保证好多少。特别注意,当 $\varepsilon \leqslant 1/\sqrt{2}$ 时,新的保证是没有意义的(因为在这种情况下,保证只表明获得一个好的估计的概率大于一些非正值,这是微不足道的)。为了得到更强的估计保证,我们需要考虑对算法 3 - 1 进行修改。

考虑这样一个算法,它在算法 3 - 1 中保持 $h = \lceil 2/\varepsilon^2 \rceil$ 个副本,在输入流上并行运行它们,然后对这些副本产生的估计取平均值。该算法的伪代码为算法 3 - 2。直

观地说,如果算法 3-1 的不同副本是独立的,那么我们期望它们输出的平均值比输出本身更接近它的期望值。因此,这可能是对流长度的一个更好的估计。

算法 3-2:平均算法 3-1(ε)的多个副本

1. 初始化算法 3-1 的 $h = \lceil 2/\varepsilon^2 \rceil$ 个副本,每个副本使用独立的随机性。

2. 每当输入流的一个令牌到达时,就将其转发给算法 3-1 所有的副本。

3. 对于 $1 \leqslant i \leqslant h$,设 Z_i 是第 i 个副本的输出(即 $Z_i = Y_n - 1$,其中 Y_n 是第 i 个副本中的变量 Y_n)。

4. 返回 $\overline{Z} = \dfrac{1}{h} \sum\limits_{i=1}^{h} Z_i$。

我们首先分析算法 3-2,计算其输出的期望值和方差。

引理 3-4: $E[\overline{Z}] = E[Y_n - 1] = n$ 和 $\mathrm{Var}(\overline{Z}) = \mathrm{Var}(Y_n)/h = n(n-1)/(2h)$。

证明: 对于每一个 $1 \leqslant i \leqslant h$,随机变量 Z_i 的分布与 $Y_n - 1$ 的分布类似。因此,通过期望的线性性,我们得到

$$E[\overline{Z}] = E\left[\frac{1}{h}\sum_{i=1}^{h} Z_i\right] = \frac{1}{h}\sum_{i=1}^{h} E[Z_i] = \frac{1}{h}\sum_{i=1}^{h} E[Y_n - 1] = E[Y_n - 1] = n$$

由引理 3-1 可知最后一个等式成立。

接下来,我们回想一下,算法 3-2 使用的算法 3-1 的每个副本都使用了独立随机性,因此,$\sum\limits_{i=1}^{h} Z_i$ 的方差等于各个变量的方差之和。因此,我们得到

$$\mathrm{Var}[\overline{Z}] = \mathrm{Var}\left[\frac{1}{h}\sum_{i=1}^{h} Z_i\right] = \frac{1}{h^2} \cdot \mathrm{Var}\left[\sum_{i=1}^{h} Z_i\right] = \frac{1}{h^2}\sum_{i=1}^{h} \mathrm{Var}[Z_i]$$

其中第二个等式成立,因为 $1/h$ 是常数。由于向随机变量中添加常数不会改变其方差,我们也有

$$\frac{1}{h^2}\sum_{i=1}^{h} \mathrm{Var}[Z_i] = \frac{1}{h^2}\sum_{i=1}^{h} \mathrm{Var}[Y_n - 1] = \frac{1}{h^2}\sum_{i=1}^{h} \mathrm{Var}[Y_n]$$

$$= \frac{\mathrm{Var}[Y_n]}{h} = \frac{n(n-1)}{2h}$$

由引理 3-3 可知最后一个等式成立。现在,引理 3-4 通过组合上述等式来实现。

利用切比雪夫不等式,我们现在可以得到算法 3-2 的估计保证,它比算法 3-1 的估计保证强得多。

推论 3-2: 对于每个 $\varepsilon > 0$,算法 3-2 以至少 3/4 的概率估计流的长度达到 ε 的相对误差。

证明: 根据切比雪夫不等式,有

$$\Pr[|\bar{Z}-n|\geqslant\varepsilon n]\leqslant\frac{\mathrm{Var}[\bar{Z}]}{(\varepsilon n)^2}=\frac{n(n-1)/(2h)}{(\varepsilon n)^2}<\frac{1}{2h\varepsilon^2}\leqslant\frac{1}{4}$$

推论 3-2 表明，算法 3-2 相对误差为 ε，以恒定的概率估计 n。然而，我们通常希望算法产生的估计差（即相对误差大于 ε）的概率非常小。练习 3-5 表明，这可以通过对算法 3-1 的多个副本的输出求平均来实现。

练习 3-5：证明，对于每个 $\varepsilon,\delta>0$，将算法 3-2 使用的算法 3-1 的副本数 h 改为 $h=\lceil\varepsilon^{-2}\delta^{-1}/2\rceil$，使算法 3-2 估计流的长度上升到相对误差为 ε 的概率至少为 $1-\delta$。

回想一下，我们在引理 3-2 中讲过算法 3-1 的单个副本的期望空间复杂度是 $O(\log\log n)$。根据期望的线性性，算法 3-1 的 h 个副本需要 $O(h\log\log n)$ 的期望空间。因此，练习 3-5 提出的估计算法具有预期的空间复杂度 $O(\varepsilon^{-2}\delta^{-1},\log\log n)$。然而，也有可能得到具有相同估计保证的估计算法，其空间复杂度对 δ 有更好的依赖性。接下来，我们将解释如何实现这种更好的依赖性。

图 3.2 所示为算法 3-2 多次执行输出的典型分布，其大部分输出在 $[n-\varepsilon n,n+\varepsilon n]$ 范围内，少数为"坏"输出在这个范围之外。然而，请注意，"坏"输出可能有极端值，即它们可能落在离上述范围相当远的地方。

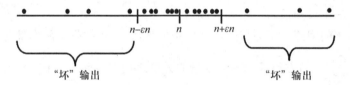

图 3.2 算法 3-2 多次执行输出的典型分布

算法 3-2 采用平均技术，将估计误差大于 εn 的概率降至小于 $1/2$ 的常数。这意味着，如果我们多次执行算法 3-2，那么我们可以预期这些执行中的大部分都会产生对流长度的良好估计。换句话说，大多数这些执行的输出应该很相似（并且与真实值 n 很接近），而其余输出可能是"坏"的，这些值远小于或远大于 n（见图 3.2）。直观地说，这些"坏"输出的极端值是得到 ε 的相对误差的原因，其概率至少为 $1-\delta$，仅使用平均技术需要在 δ^{-1} 的线性空间复杂度。

减少"坏"输出对空间复杂度的影响的一种方法是用中值代替平均值，中值对极端值不太敏感。算法 3-3 采用了这种思想。（注：回忆一下，一个数字列表的中位数是小于或等于列表中数字的 50% 并且大于或等于其他 50% 的任何数字。）

定理 3-1：算法 3-3 估计流长度的相对误差为 ε，其概率至少为 $1-\delta$，其期望空间复杂度为 $O(\varepsilon^{-2}\cdot\log\delta^{-1}\cdot\log\log n)$。

算法 3-3：算法 3-2 (ε,δ) 的多副本中位数

1. 初始化 $k=\lceil12\cdot\ln\delta^{-1}\rceil$ 个算法 3-2 的副本，每个副本使用独立的随机性。

2. 每当输入流的令牌到达时，将其转发给算法 3-2 的所有副本。

3. 对于每个 $1 \leqslant i \leqslant k$，设 W_i 是第 i 个副本的输出（即 $W_i = \overline{Z}$，其中 $\overline{Z}$ 是变量 $\overline{Z}$ 对应的第 i 个副本）。

4. 返回 $W_1, W_2, \cdots, W_k$ 的中值（**注**：如果 k 是偶数，可能有多个可能的中值。我们允许算法 3-2 返回这些值中的任何一个）。

证明：算法 3-3 使用算法 3-2 的 $k = \lceil 12 \cdot \ln \delta^{-1} \rceil$ 个副本，而算法 3-2 反过来使用算法 3-1 的 $h = \lceil 2/\varepsilon^2 \rceil$ 个副本。此外，算法 3-1 的每个副本的期望空间复杂度为 $O(\log \log n)$，因此，根据期望的线性性，算法 3-3 的期望空间复杂度为

$$O(hk \cdot \log \log n) = O(\varepsilon^{-2} \cdot \log \delta^{-1} \cdot \log \log n)$$

可以看到，在概率至少为 $1 - \delta$ 的情况下，由算法 3-3 产生的估计的相对误差最多为 ε。换句话说，我们需要表明算法 3-3 输出的值在 $[n - \varepsilon n, n + \varepsilon n]$ 范围之外的最大概率为 δ。注意，如果超过一半的 $W_1, W_2, \cdots, W_k$ 在这个范围内，那么它们的中值也一定在这个范围内。因此，只需要证明 $W_1, W_2, \cdots, W_k$ 中至少有 $k/2$ 个落在上述范围之外的概率不超过 δ 即可。

为了使最后一个声明更正式，我们需要一些符号。对于 $1 \leqslant i \leqslant k$，设 Q_i 为 W_i 落在 $[n - \varepsilon n, n + \varepsilon n]$ 范围外事件的指标。另外，设 $Q = \sum_{i=1}^{k} Q_i$。基于以上讨论，我们需要证明

$$\Pr[Q \geqslant k/2] \leqslant \delta$$

观察指标 $Q_1, Q_2, \cdots, Q_k$ 是具有相同分布的独立指标（即它们都以相同的概率取值 1）。此外，根据推论 3-2，这些指标中每一个值为 1 的概率最多为 1/4。因此，Q 是一个随机变量，服从二项分布 $B(k, p)$，其值 $p \in [0, 1/4]$。通过切尔诺夫边界，我们得到

$$\begin{aligned}
\Pr[Q \geqslant k/2] &= \Pr\left[Q \geqslant \left(1 + \frac{1-2p}{2p}\right) \cdot pk\right] \\
&= \Pr\left[Q \geqslant \left(1 + \frac{1-2p}{2p}\right) \cdot E[Q]\right] \\
&\leqslant e^{-\frac{1-2p}{2p} \cdot E[Q]/3} = e^{-\frac{2p-1}{6} \cdot k} \leqslant e^{-k/12} \leqslant e^{-\ln \delta^{-1}} = \delta
\end{aligned}$$

注意，算法 3-3 同时使用了中值技术和平均技术。算法 3-3 直接使用中值技术，算法 3-2 使用平均技术，而算法 3-2 又被算法 3-3 使用。定理 3-1 表明，这些技术的组合允许我们改善 δ^{-1} 中预期空间复杂度的对数依赖性。相反，单独使用平均技术，我们无法得到比在 δ^{-1} 上的线性依赖更好的结果。这可能会给人一种印象，即中值技术比平均技术更好，因此可以完全取代平均技术，然而练习 3-6 所表明情况并非如此。

练习 3-6：我们在分析算法 3-2 和算法 3-3 时使用的关于算法 3-1 的唯一信

息是，它的输出 Y_n-1 的期望为 n，方差为 $n(n-1)/2$。对于 $n\geqslant3$，描述一个随机变量 X 具有这些期望和方差，使得 X 的 k 个独立副本的中位数永远不在任意 k 个副本的 $[n/2,3n/2]$ 范围内。

算法 3-3 在估计质量和空间复杂度之间进行了权衡，即为了得到更好的估计保证，算法需要更多的空间。练习 3-7 研究了算法 3-3 的估计质量与其令牌处理时间之间的权衡。

练习 3-7：回想一下，数据流算法的令牌处理时间是该算法可能执行的基本操作的最大数量，从它读取其输入流的令牌（不是流中的最后一个令牌）开始，直到它读取下一个令牌为止。确定算法 3-3 的令牌处理时间。在令牌处理时间和令牌保证的估计质量之间是否存在折中算法？

3.3　结束语

在本节中，我们看到了本书中估算算法的第一个示例。我们研究的第一个算法（算法 3-1）得到的估计质量相当差。然而，通过在算法中应用平均值和中值技术，我们能够以增加算法的空间复杂度为代价来提高估计的质量。

平均值技术和中值技术可应用于许多随机估计算法。（**注**：这些技术永远不能用于改进确定性算法，因为并行运行一个确定性算法的多个副本是没有用的——所有副本的输出总是相同的。）练习 3-8 描述了一种替代方法，用空间复杂度换取改进的估计保证，该方法是针对 Morris 算法定制的。注意，通过使用这种定制方式，我们能够获得比使用一般平均值技术和中值技术更好的折中。

练习 3-8：证明算法 3-4 估计流长度的相对误差为 ε，概率至少为 $1-\delta$，其期望空间复杂度为 $O(\log\log n+\log\varepsilon^{-1}+\log\delta^{-1})$。提示：计算算法 3-4 的期望空间复杂度，使用不等式 $\ln(1+x)\geqslant\dfrac{2x}{2+x}$，对每个 $x\geqslant0$ 都成立。

> **算法 3-4：Morris 算法的改进算法（ε,δ）**
> 1. 设 $X\leftarrow0,a\leftarrow1+2\varepsilon^2\delta$。
> 2. 当有更多的令牌这样做：
> 3. 　概率为 a^{-X}，
> 4. 　　$X\leftarrow X+1$。
> 5. 返回 $(a^X-1)/(a-1)$。

3.4　文献说明

Morris 算法及其类似于算法 3-4 的推广最初由 Morris(1978) 提出。有趣的是，Morris 的动机是一个现实世界的问题。在这个问题中，计算机接收到各种类型的事件流,并且需要(近似的)跟踪每种类型的事件数。不幸的是,计算机的内存太小了,每个事件类型只允许一个字节计数器。Morris 的算法允许上述计算机正确处理每种类型的多于 255 个的事件。后来 Flajolet(1985)对 Morris 算法进行了更详细的数学分析。

[1] Flajolet P. Approximate Counting: A Detailed Analysis. BIT Numerical Math. , 1985, 25(1): 113 - 134.

[2] Morris R. Counting Large Number of Events in Small Registers. Communications of the ACM, 1978, 21(10): 840 - 842.

练习解析

练习 3 - 1 解析

考虑一种能够输出输入流的精确长度的算法。该算法按顺序读取流的令牌,并在每次读取后更新其内部状态。注意,从算法的角度来看,每个令牌可能是流的最后一个令牌,因此,算法必须在每个给定点准备好根据其内部状态输出到目前为止读取的令牌数。换句话说,算法的内部状态必须以某种方式编码算法迄今为止读取的令牌数。这意味着内部状态必须能够编码至少 n 个不同的值,因此不能使用 $O(\log n)$ 位表示。

练习 3 - 2 解析

在这里,我们解释了一种使用公平硬币实现随机变量的方法,该随机变量的值为 1 的概率为 2^{-x},否则值为 0。让我们投掷一枚均匀硬币 X 次,并考虑一个随机变量 Z,当且仅当所有硬币投掷的结果都是"正面"时,Z 的值为 1,否则为 0。

现在证明 Z 是像我们想要实现的随机变量一样分布的。投掷硬币得到"正面"的概率是 1/2。由于硬币投掷是相互独立的,所以它们都得到"正面"的概率就是单个硬币投掷得到"正面"的概率的乘积。因此,

$$\Pr[Z=1]=\Pr[\text{所有投掷硬币的结果都是"正面"}]$$
$$=\prod_{i=1}^{X}\Pr[\text{投掷硬币 }i\text{ 的结果是"正面"}]=\prod_{i=1}^{X}\frac{1}{2}=2^{-x}$$

练习 3 - 3 解析

假设随机变量 X 取 0 的概率为 1/2,否则取值 2。X 的期望值为 $\frac{1}{2}\cdot 0+\frac{1}{2}\cdot 2=1$。因此,$X$ 只取 0 和 2 的值,永远不会在 $(0,2E[X])=(0,2)$ 这个范围内。

练习 3 - 4 解析

回想一下,给随机变量加一个常数并不会改变它的方差。因此,根据切比雪夫不等式,可得

$$\Pr[|(Y_n-1)-n|\geqslant\varepsilon n]\leqslant\frac{\mathrm{Var}[Y_n-1]}{(\varepsilon n)^2}=\frac{\mathrm{Var}[Y_n]}{(\varepsilon n)^2}=\frac{n(n-1)/2}{(\varepsilon n)^2}<\frac{1}{2\varepsilon^2}$$

练习 3 - 5 解析

观察引理 3 - 4 对任何 h 值都成立,因此,通过选择 $h=\lceil\varepsilon^{-2}\delta^{-1}/2\rceil$,由切比雪夫不等式得到

$$\Pr[|\bar{Z}-n|\geqslant\varepsilon n]\leqslant\frac{\mathrm{Var}[\bar{Z}]}{(\varepsilon n)^2}=\frac{n(n-1)/(2h)}{(\varepsilon n)^2}<\frac{1}{2h\varepsilon^2}\leqslant\delta$$

练习 3 - 6 解析

要保证 X 的 k 个独立副本的中位数不落在 $[n/2,3n/2]$ 的范围内,唯一的方法是构造一个变量 X,它的值永远不在这个范围内。因此,我们的目标是构造一个期望为 n 和方差为 $n(n-1)/2$ 的随机变量 X,该变量的值永远不会在上述范围内。

为了简化 X 的构造,我们允许它只取非零概率的两个值 a 和 b。而且,我们把这两个值的概率都设为 $1/2$。给定这些选项,X 的期望和方差由下式给出:

$$\mathrm{E}[X]=\frac{a+b}{2},\quad \mathrm{Var}[X]=\frac{(a-\mathrm{E}[X])^2+(b-\mathrm{E}[X])^2}{2}$$

将 X 的期望和方差的值代入上述公式,我们得到如下两个方程:

$$n=\frac{a+b}{2},\quad \frac{n(n-1)}{2}=\frac{(a-n)^2+(b-n)^2}{2}$$

解得上述方程的结果是

$$a=n-\sqrt{\frac{n(n-1)}{2}},\quad b=n+\sqrt{\frac{n(n-1)}{2}}$$

或者反过来,a 和 b 不在 $[n/2,3n/2]$ 范围内,还有待证明,这与证明下式是等价的:

$$\sqrt{\frac{n(n-1)}{2}}>\frac{n}{2}$$

最后一个不等式对于 $n\geqslant3$ 是成立的,因为

$$\sqrt{\frac{n(n-1)}{2}}>\frac{n}{2}\Leftrightarrow\frac{n(n-1)}{2}>\frac{n^2}{4}\Leftrightarrow n(n-2)>0$$

练习 3 - 7 解析

算法 3 - 3 从其输入流中读取一个令牌(不是最后一个令牌)到读取下一个令牌为止所做的唯一事情就是将该令牌传递给算法 3 - 2 的 k 个副本。类似地,算法 3 - 2 从其输入流中读取一个令牌(不是最后一个令牌)直到读取下一个令牌为止所做的唯

一事情就是将该令牌传递给算法 3-1 的 h 个副本。因此,算法 3-3 的令牌处理时间为算法 3-1 的 $k \cdot h$ 倍。

现在考虑算法 3-1。在从输入流读取非最后一个令牌后,算法 3-1 在从输入流读取下一个令牌之前只做两件事。首先,它做出一个随机的决定;其次,根据随机决策的结果,X 可能会增加 1。因此,算法 3-1 的令牌处理时间为 $O(1)$。

上述讨论表明,算法 3-3 的令牌处理时间为

$$k \cdot h \cdot O(1) = O(k \cdot h) = O(\varepsilon^{-2} \cdot \log \delta^{-1})$$

注意,在算法 3-3 的令牌处理时间和它的估计保证之间确实存在一个权衡,更具体地说,即令牌处理时间随着估计保证的提高而增加(即 ε 和 δ 变小)。

练习 3-8 解析

我们用与算法 3-1 分析中相同的方法定义随机变量 X_i。特别是,我们为每个 $0 \leqslant i \leqslant n$ 定义了随机变量 X_i,与算法 3-1 分析中的定义方式相同。回想一下,这意味着 X_i 是算法 3-4 从其输入流中读取 i 个令牌后 X 的值。另外,设 $Y_i = a^{X_i}$。可以看到,算法 3-4 的输出可以写成 $(Y_n - 1)/(a - 1)$。引理 3-5 与引理 3-1 类似。特别地,引理 3-5 表明算法 3-4 的期望输出等于流的长度 n。

引理 3-5:对于每个 $0 \leqslant i \leqslant n$, $E[Y_i] = (a-1)i + 1$。

证明:我们用 i 的归纳法证明引理。首先,观察到 X_0 的确定性为 0,这证明了归纳法的基本情况,因为

$$E[Y_0] = E[a^{X_0}] = 1 = (a-1) \cdot 0 + 1$$

接下来,假设这个引理对某个 $i \geqslant 0$ 成立,证明它对 $i+1$ 也成立。根据总概率定律,对于 $2 \leqslant j \leqslant i$,我们得到

$$\begin{aligned}
\Pr[X_{i+1} = j] &= \Pr[X_i = j] \cdot \Pr[X_{i+1} = j \mid X_i = j] + \\
&\quad \Pr[X_i = j-1] \cdot \Pr[X_{i+1} = j \mid X_i = j-1] \\
&= \Pr[X_i = j] \cdot (1 - a^{-j}) + \Pr[X_i = j-1] \cdot a^{-(j-1)} \\
&= \Pr[X_i = j] + a^{-j}(a \cdot \Pr[X_i = j-1] - \Pr[X_i = j])
\end{aligned}$$

此外,还可以证明其平等性,即

$$\Pr[X_{i+1} = j] = \Pr[X_i = j] + a^{-j}(a \cdot \Pr[X_i = j-1] - \Pr[X_i = j])$$

当 $j=0, j=1$ 或 $j=i+1$ 时也成立。利用最后一个等式,我们可以计算 Y_{i+1} 的期望,即

$$\begin{aligned}
E[Y_{i+1}] = E[a^{X_{i+1}}] &= \sum_{j=0}^{i+1} a^j \cdot \Pr[X_{i+1} = j] = \sum_{j=0}^{i+1} a^j \cdot \Pr[X_i = j] + \\
&\quad \sum_{j=0}^{i+1} (a \cdot \Pr[X_i = j-1] - \Pr[X_i = j])
\end{aligned}$$

考虑最后一个等式最右边的两个和。通过观察可知 X_i 只取 0 到 i 范围内的正概率值,第一个和就变成了

$$\sum_{j=0}^{i+1} a^j \cdot \Pr[X_i = j] = \sum_{j=0}^{i} a^j \cdot \Pr[X_i = j] = \mathrm{E}[a^{X_i}] = \mathrm{E}[Y_i]$$

第二个和就变成了

$$\sum_{j=0}^{i+1}(a\Pr[X_i = j-1] - \Pr[X_i = j]) = a \cdot \sum_{j=0}^{i+1}\Pr[X_i = j-1] - \sum_{j=0}^{i}\Pr[X_i = j]$$

$$= (a-1) \cdot \sum_{j=0}^{i}\Pr[X_i = j] = a-1$$

综上所述,有

$$\mathrm{E}[Y_{i+1}] = \sum_{j=0}^{i+1} a^j \cdot \Pr[X_i = j] + \sum_{j=0}^{i+1}(a \cdot \Pr[X_i = j-1] - \Pr[X_i = j])$$

$$= \mathrm{E}[Y_i] + (a-1)$$

$$= [(a-1)i + 1] + (a-1) = (a-1)(i+1) + 1$$

其中,倒数第二个等式由归纳假设成立。

使用引理 3-5,我们现在可以分析算法 3-4 的期望空间复杂度。

推论 3-3:算法 3-4 的期望空间复杂度为 $O(\log \log n + \log \varepsilon^{-1} + \log \delta^{-1})$。

证明:算法 3-4 的空间复杂度为 $O(\log X_n)$。对于 $n \geqslant 1$,通过 Jensen 不等式和引理 3-5,我们得到

$$\mathrm{E}[\log_2 X_n] = \mathrm{E}[\log_2 \log_a Y_n] \leqslant \log_2 \log_a \mathrm{E}[Y_n] = \log_2 \log_a[(a-1) \cdot n + 1]$$

$$= \log_2 \log_a(2\varepsilon^2\delta \cdot n + 1)$$

$$= \log_2 \frac{\log_2(2\varepsilon^2\delta \cdot n + 1)}{\log_2 a} \leqslant \log_2 \frac{\log_2(3n)}{\log_2 a}$$

$$= \log_2 \log_2(3n) - \log_2 \log_2 a$$

根据练习的提示,$\ln(1+x) \geqslant \dfrac{2x}{2+x}$,因此,

$$-\log_2 \log_2 a = -\log_2 \log_2(1 + 2\varepsilon^2\delta) \leqslant -\log_2 \frac{4\varepsilon^2\delta}{2 + 2\varepsilon^2\delta} \leqslant -\log_2(\varepsilon^2\delta)$$

$$= 2\log_2 \varepsilon^{-1} + \log_2 \delta^{-1}$$

现在把上述所有不等式结合起来,就得到了推论。

接下来,我们将证明引理 3-3 的类似性质,它给出了 Y_n 的方差的表达式。

引理 3-6:$\mathrm{Var}[Y_n] = (a-1)^3 n(n-1)/2 = (a-1)^3 n^2/2 - (a-1)^3 n/2$。

证明:回想一下 $\mathrm{Var}[Y_n] = \mathrm{E}[Y_n^2] - \mathrm{E}[Y_n]^2$。我们从引理 3-5 已知 $\mathrm{E}[Y_n] =$

$(a-1)n+1$,因此,要证明引理 $3-6$,只要证明

$$E[Y_n^2] = \left[\frac{(a-1)^3 n^2}{2} - \frac{(a-1)^3 n}{2}\right] + [(a-1)n+1]^2$$

$$= \frac{[(a-1)^3 + 2(a-1)^2] \cdot n^2}{2} + \frac{[-(a-1)^3 + 4(a-1)] \cdot n}{2} + 1$$

$$= \frac{(a^2-1)(a-1)}{2} \cdot n^2 + \frac{(a^2-1)(3-a)}{2} \cdot n + 1$$

我们将用归纳法证明更有力的结论,对于每一个 $0 \leqslant i \leqslant n$,

$$E[Y_i^2] = \frac{(a^2-1)(a-1)}{2} \cdot i^2 + \frac{(a^2-1)(3-a)}{2} \cdot i + 1$$

首先,观察 X_0 是确定性的 0,这就证明了归纳的基本情况,因为

$$E[Y_0^2] = E[a^{2X_0}] = 1 = \frac{(a^2-1)(a-1)}{2} \cdot 0^2 + \frac{(a^2-1)(3-a)}{2} \cdot 0 + 1$$

接下来,假设这个引理对某个 $i \geqslant 0$ 成立,证明它对 $i+1$ 也成立。根据引理 $3-5$ 的证明,我们已经知道,对于每一个 $0 \leqslant j \leqslant i+1$,有

$$\Pr[X_{i+1}=j] = \Pr[X_i=j] + a^{-j}(a \cdot \Pr[X_i=j-1] - \Pr[X_i=j])$$

使用最后一个等式,我们现在可以计算 Y_{i+1}^2 的期望值。

$$E[Y_{i+1}^2] = E[2^{2X_{i+1}}] = \sum_{j=0}^{i+1} a^{2j} \cdot \Pr[X_{i+1}=j]$$

$$= \sum_{j=0}^{i+1} a^{2j} \cdot \Pr[X_i=j] + \sum_{j=0}^{i+1} (a^j \cdot a \cdot \Pr[X_i=j-1] - a^j \cdot \Pr[X_i=j])$$

考虑最后一个方程最右边的两个和。因为 X_i 取 0 到 i 范围内的值的概率是正的,所以第一个和等于

$$\sum_{j=0}^{i+1} a^{2j} \cdot \Pr[X_i=j] = \sum_{j=0}^{i} a^{2j} \cdot \Pr[X_i=j] = E[a^{2X_i}] = E[Y_i^2]$$

第二个和等于

$$\sum_{j=0}^{i+1} (a^j \cdot a \cdot \Pr[X_i=j-1] - a^j \cdot \Pr[X_i=j])$$

$$= a^2 \cdot \sum_{j=0}^{i+1} a^{j-1} \cdot \Pr[X_i=j-1] - \sum_{j=0}^{i} a^j \cdot \Pr[X_i=j]$$

$$= (a^2-1) \cdot \sum_{j=0}^{i} a^j \cdot \Pr[X_i=j] = (a^2-1) \cdot E[Y_i]$$

大数据算法

结合后三个等式就得到

$$
\begin{aligned}
E[Y_{i+1}^2] &= \sum_{j=0}^{i+1} a^{2j} \cdot \Pr[X_i = j] + \sum_{j=0}^{i+1}(a^j \cdot a \cdot \Pr[X_i = j-1] - \\
&\quad a^j \cdot \Pr[X_i = j]) = E[Y_i^2] + (a^2 - 1) \cdot E[Y_i] \\
&= \left[\frac{(a^2-1)(a-1)}{2}i^2 + \frac{(a^2-1)(3-a)}{2}i + 1\right] + \\
&\quad (a^2-1) \cdot [(a-1)i + 1] \\
&= \frac{(a^2-1)(a-1)}{2}(i+1)^2 + \frac{(a^2-1)(3-a)}{2}(i+1) + 1
\end{aligned}
$$

其中,倒数第二个等式由归纳假设成立。

我们现在准备证明算法 3-4 的估计保证。

推论 3-4:对于任意 $\varepsilon, \delta > 0$,算法 3-4 以至少 $1-\delta$ 的概率估计流的长度,使得相对误差不超过 ε。

证明:通过切比雪夫不等式,我们得到

$$
\begin{aligned}
\Pr\left[\left|\frac{Y_n-1}{a-1} - n\right| \geqslant \varepsilon n\right] &= \Pr[|Y_n - 1 - (a-1)n| \geqslant (a-1)\varepsilon n] \\
&= \Pr[|Y_n - E[Y_n]| \geqslant (a-1)\varepsilon n] \\
&\leqslant \frac{\mathrm{Var}[Y_n]}{[(a-1)\varepsilon n]^2} = \frac{(a-1)^3 n(n-1)/2}{(a-1)^2 \varepsilon^2 n^2} < \frac{a-1}{2\varepsilon^2} \\
&= \frac{2\varepsilon^2 \delta}{2\varepsilon^2} = \delta
\end{aligned}
$$

第4章 蓄水池采样算法

许多数据流算法分两步工作:第一步,算法读取其输入流并生成该流的摘要;第二步,算法处理摘要并生成输出。这种算法使用的摘要应该满足两个看似矛盾的要求。一方面,它应该很短,以保持算法的空间复杂度小;另一方面,摘要应该从原始流中捕获足够的信息,以允许算法仅基于摘要生成(近似)正确的答案。但是,结果表明,在许多情况下,只要从算法的输入流中随机抽取令牌样本,就可以生成在这些需求之间实现良好平衡的摘要。在本章中,我们研究了从数据流中提取随机令牌样本的数据流算法,并给出了这些算法的一个应用。

4.1 均匀抽样

从流中进行的最简单的随机抽样是对单个令牌进行均匀随机抽样。换句话说,我们希望从流中选择一个令牌,并且希望流中的每个令牌被选中的概率为 $1/n$(回想一下,n 是流的长度)。双通道数据流算法可以使用以下简单策略生成这种样本。在第一轮中,算法确定流的长度 n,并在 1 到 n 之间选择一个均匀随机的位置。然后,在它的第二轮中,算法从流中挑选出现在这个随机选择的位置上的令牌。然而,不幸的是,单次数据流算法不能使用这个简单的策略,因为它不能在查看流的最后一个令牌之前推断出 n。一种更复杂的从流中采样均匀随机单个令牌的策略,可以通过单次数据流算法实现,如算法 4−1 所示。

算法 4−1:对令牌进行均匀随机抽样

1. $n \leftarrow 0$。

2. 当有更多的令牌这样做:

3. $n \leftarrow n+1$。

4.   让 t_n 成为下一个令牌。

5.   概率是 $1/n$,

6.   更新 $c \leftarrow t_n$。

7. 返回 c。

算法 4−1 维护一个随时间更新的候选输出令牌 c。更具体地说,每当算法读取一个新令牌时,它都会用新令牌替换当前候选令牌,其概率为到目前为止读取的令牌数分之1(并保持现有候选令牌的剩余概率)。当算法到达其输入流的末尾时,最终候选令牌成为算法的输出。

练习 4−1:证明算法 4−1 从其输入流中输出一个一致随机令牌。**提示**:通过归纳证明算法 4-1 在读取 n' 个令牌后，它所读取的每个令牌都是候选令牌 c，概率为 $1/n'$。

现在让我们考虑上述抽样问题的一般化，我们希望从流中均匀抽样 k 个令牌。有两种自然的方法来理解 k 个记号的均匀抽样。第一种方法是将这样一个样本定义为一个包含 k 个令牌的列表，其中列表中的每个令牌都是来自输入流的一个独立的、一致随机的令牌。这种均匀抽样的标准名称是带替换的均匀抽样。(注：让我们来解释这个名字背后的原理。假设有一个装有 n 个球的帽子，我们执行以下步骤：从帽子中随机抽取一个球，注意它是哪个球，然后替换帽子中的球。我们可以观察到，通过重复 k 次这个过程，我们得到了 k 个有替换的均匀样本。)注意到来自替换流中统一的 k 个样本中的 k 个令牌的独立性，这意味着只要运行 k 个算法 4-1 的副本并结合它们的输出，就可以得到这样一个样本。

另一种理解是从输入流中均匀采样 k 个令牌的自然方法是不替换的均匀采样(注：同样，这个名字来源于一个有 n 个球的帽子。有了这样一项帽子，人们可以通过从帽子中反复抽出一个球，记下它是哪个球，然后把它扔掉(这样它就不会再被抽出来)，从而得到一个均匀的 k 个球的样本，而不需要更换)。在这里，我们想要从输入流中选择一组 k 个不同的令牌，并且我们希望每个这样的集合被选择的概率都是相等的。重要的是要注意，在不替换的均匀采样的情况下，我们将流的 n 个令牌视为唯一的。这意味着，如果一个令牌出现在输入流中的多个位置，那么这些出现的令牌被认为是彼此不同的，因此其可以在无重复采样中一起出现，而不会被替换。为了更容易处理这个技术点，每当我们讨论从这一点开始的采样时，都会隐式地假设输入流的令牌都是不同的。

练习 4-2 表明，在某些情况下，不替换的采样可以简化为替换的采样(我们已经知道如何做)。

练习 4-2：设 S 是 n 个替换令牌流中 k 个令牌的统一样本，设 E 是 S 不包含任何重复令牌的事件(即每个令牌在 S 中最多出现一次)：

(a)证明 $\Pr[E] \geqslant 1 - k^2/n$。注意，这意味着当 $k = O(\sqrt{n})$ 时，E 发生的概率很高(当 n 趋于无穷时，概率接近 1)。

(b)回想一下，S 是一个令牌的列表，令 $\hat{S}$ 是出现在 S 中的令牌的集合。证明在 E 的条件下，$\hat{S}$ 的分布与无替换流中 k 个令牌的均匀样本的分布相同。

(c)解释如何使用上述观察结果来获得一个数据流算法，该算法给定一个值 $k = O(\sqrt{n})$，以高概率输出其无替换数据流中的 k 个令牌的均匀样本。

算法 4-2 演示了一种在不替换令牌的情况下采样令牌的不同方法。注意，算法 4-2 隐式地假定 $k \leqslant n$。如有必要，可以向该算法添加代码以适当的方式处理 $k > n$ 的情况(例如，在本例中通过返回由输入流的所有令牌组成的示例)。

算法 4-2：不替换均匀采样(k)

1. 设 R 是前 k 个令牌的集合。

2. $n \leftarrow k$。

3. 当有更多的令牌这样做：

4. $n \leftarrow n+1$。

5. 让 t_n 成为下一个令牌。

6. 概率是 k/n，

7. 设 t'_n 是来自 R 的一致随机令牌。

8. 通过从 R 中删除 t'_n 并添加 t_n 来更新 R。

9. 返回 R。

算法 4-2 维护来自流的令牌库 R。最初，存储库包含输入流的前 k 个令牌。然后，算法一个接一个地读取流中剩余的 $n-k$ 个令牌，并在这样做时偶尔更新存储库。具体来说，在读取这 $n-k$ 个令牌后，算法做出随机决策，并以一定的概率将当前出现在存储库中的令牌替换为新读取的令牌。当算法 4-2 最终到达其输入流的末端时，库的最终内容成为算法的输出。

算法 4-2 属于一类采样算法，称为储层采样算法。该类中的任何算法都维护一个令牌库。每当算法读取一个新的令牌时，它可以将这个令牌添加到存储库中，也可以从存储库中删除当前出现的一些令牌。最后，当储层采样算法到达其输入流的末端时，该算法的输出是此时储层中存在的令牌的子集。

事实证明，不仅是算法 4-2，而且本章介绍的所有采样算法都是储层采样算法。例如，算法 4-1 是储层采样算法，因为它维护的候选令牌可以被视为大小始终等于 1 的存储库。

练习 4-3：证明当 $k \leqslant n$ 时，算法 4-2 从其无替换输入流输出 k 个令牌的统一样本。**提示**：通过归纳证明，算法 4-2 读取了 $n' \geqslant k$ 个令牌后，存储库 R 是 k 个令牌的统一样本，不需要替换输入流的前 n' 个令牌集合。

4.2　近似中值和分位数

在本节中，我们假设输入流的令牌来自一个元素具有某种自然顺序的集合。例如，输入流的令牌可以是自然数。注意，在此假设下，可以对输入流的令牌进行排序。让我们将每个令牌的秩定义为它在这个假设的排序流中的位置。例如，如果输入流由令牌 5、100、3 和 2 组成，那么令牌 5 的秩为 3，因为在对这些令牌进行排序时，5 出现在第三位。为了唯一地定义秩，我们在本节中假设输入流的令牌都是不同的。

用 rank(t) 表示令牌 t 的秩是很方便的。另外，我们还使用 t 的相对秩，定义为

$$\text{relrank}(t) = \frac{\text{rank}(t)-1}{n-1}$$

注意，相对秩总是 0 到 1 之间的数字，它等于排好序的输入流中出现在 t 之前的其

他令牌占总数的分数。例如,如果 n 是奇数,则其相对秩为 $1/2$,是输入流的中位数。

找到具有给定相对排序的令牌有很多应用(例如在数据库编程中)。但是,对于大多数这样的应用程序,找到一个相对级别接近给定相对级别的令牌就足够了。例如,对于某个小常数 $\varepsilon > 0$,许多使用中值的应用程序实际上可以处理任何其相对秩在 $[1/2 - \varepsilon, 1/2 + \varepsilon]$ 范围内的令牌。这样的令牌称为近似中值。更一般地,给定一个令牌 t,如果 $relrank(t) \in [r - \varepsilon, r + \varepsilon]$,则我们说 t 的相对秩与 r 相差 ε,称 t 为近似 r 中位数。

在本节中,我们将介绍基于采样的算法,给定一个相对秩 r 和一个精度参数 $\varepsilon > 0$,找到一个相对秩与 r 相差 ε 的令牌。这类算法的第一个算法是算法 4-3。除 r 和 ε 外,这类算法还得到一个附加参数 $\delta \in (0,1]$,该参数控制了算法成功找到一个相对秩与 r 相差 ε 的令牌的概率。

注意到算法 4-3 的空间复杂度与 n 无关,因此,当 ε 和 δ 被认为是常数时,算法 4-3 是一个流算法。接下来,我们将分析算法 4-3。然而,在这之前需要注意的是,想要为算法 4-3 证明的保证类型与在第 3 章中看到的估计保证非常不同。具体来说,第 3 章中的算法输出的值在某种程度上接近于精确解的值。而且,算法 4-3 试图输出一个相对秩与 r 相差 ε 的令牌,但令牌本身可能与相对秩为 r 的令牌有很大的不同。为了说明这一点,考虑如下(排序后的)令牌列表:

$$1, 2, 3, 4, 5, 1\,000, 1\,001, 1\,002, 1\,003, 1\,004, 1\,005$$

算法 4-3:近似中位数 (r, ε, δ)

1. 并行运行 $k = \lceil 24\varepsilon^{-2} \cdot \ln(2/\delta) \rceil$ 个算法 4-1 的独立副本,从具有替换的输入流中获得 k 个令牌的均匀样本 S。

2. 设 S' 为 S 的排序副本,即 S' 包含与 S 相同的令牌,但它们在 S' 中是按顺序出现的。

3. 返回 S' 中位于 $\lceil rk \rceil$ 位置的令牌。

当 $\varepsilon = 0.1$ 时,令牌 5 的 ε-相对秩接近 $1/2$,但其值与真正的中值($1\,000$)相差很大。

现在通过确定算法 4-3 选择相对秩小于 $r - \varepsilon$ 的令牌的概率的上界开始对算法 4-3 进行分析。需要注意的是,由于算法 4-3 选取 S 的排序版本 S' 中的令牌号 $\lceil rk \rceil$,相当于确定 S 中至少包含 $\lceil rk \rceil$ 个相对秩小于 $r - \varepsilon$ 的令牌的概率上界(见图 4.1 的图示说明)。

引理 4-1:假设 $\varepsilon \geqslant 2/n$,$S$ 中至少包含 $\lceil rk \rceil$ 个相对秩小于 $r - \varepsilon$ 的概率最多为 $\delta/2$。

证明:如果 $r < \varepsilon$,则引理是显而易见的,因为每个令牌的相对秩都是非负的。因此,我们可以假定证明的其余部分是 $r \geqslant \varepsilon$。

对于 $1 \leqslant i \leqslant k$,设 X_i 是 S 中第 i 个令牌的相对秩小于 $r - \varepsilon$ 的事件的指示符。回想一下,S 是一个具有替换的统一样本,因此,S 的每个令牌都是来自流的独立的统一令牌。因此,指标 $X_1, X_2, \cdots, X_k$ 是独立的。此外,由于流中相对秩小于 $r-\varepsilon$ 的令牌数量为 $\lceil (r-\varepsilon) \cdot (n-1) \rceil$,所以每个指标 X_i 取 1 的概率为

$$\frac{\lceil (r-\varepsilon) \cdot (n-1) \rceil}{n} \leqslant \frac{(r-\varepsilon) \cdot (n-1)+1}{n} = r-\varepsilon+\frac{\varepsilon-r+1}{n} \leqslant r-\frac{\varepsilon}{2}$$

对算法 4-3 的分析如图 4.1 所示。图中的点表示 S 的 k 个符号,每个点出现在表示其相对秩的位置上。该算法的目标是在令牌为 $r-\varepsilon$ 和 $r+\varepsilon$ 的直线之间选择一个点。当从左数时,算法尝试通过选择点号 $\lceil rk \rceil$ 来做到这一点。注意,当且仅当由 $r-\varepsilon$ 令牌的直线左侧的点的数量小于 $\lceil rk \rceil$ 时,所选的点具有至少 $r-\varepsilon$ 的相对秩。同样,当且仅当以 $r+\varepsilon$ 令牌的直线右侧的点的数量最多为 $k-\lceil rk \rceil$ 时,所选的点的相对秩最大为 $r+\varepsilon$。

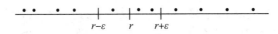

图 4.1　算法 4-3 的分析说明

现在让我们定义 X 为指标 $X_1, X_2, \cdots, X_k$ 的和。用这个符号,我们需要证明的命题可以改写为

$$\Pr[X \geqslant \lceil rk \rceil] \leqslant \frac{\delta}{2}$$

显然,$\Pr[X \geqslant \lceil rk \rceil]$ 是计算单个指标 $X_1, X_2, \cdots, X_k$ 取值为 1 的概率的一个函数,并且当指标 $X_1, X_2, \cdots, X_k$ 取值为 1 的概率最大时,上述概率函数取最大值。因此,为了证明,从现在开始,假设每一个指标取值为 1 的概率恰好是 $r-\varepsilon/2$。由于指标 $X_1, X_2, \cdots, X_k$ 是独立的,根据切尔诺夫界限,我们得到

$$\Pr[X \geqslant \lceil rk \rceil] \leqslant \Pr\left[X \geqslant rk-\frac{k\varepsilon^2}{4r}\right] = \Pr\left[X \geqslant \left(r-\frac{\varepsilon}{2}\right) \cdot k \cdot \left(1+\frac{\varepsilon}{2r}\right)\right]$$

$$\leqslant e^{-\frac{(\varepsilon/2r)^2}{3} \cdot \mathrm{E}[X]} = e^{-\frac{\varepsilon^2}{12r^2} \cdot k \cdot \left(r-\frac{\varepsilon}{2}\right)} \leqslant e^{-\frac{\varepsilon^2}{12r^2} \cdot [24\varepsilon^{-2} \cdot \ln(2/\delta)] \cdot \frac{r}{2}}$$

$$\leqslant e^{-\ln(2/\delta)} = \frac{\delta}{2}$$

算法 4-3 分析的下一步是它所选择的令牌具有大于 $r+\varepsilon$ 的相对秩的概率的上界。由于算法 4-3 在 S 的排序版本 S' 中选取令牌号 $\lceil rk \rceil$,这等价于 S 包含大于 $k-\lceil rk \rceil$ 个相对秩大于 $r+\varepsilon$ 的令牌的概率取上界(同样参见图 4.1)。

引理 4-2: 假设 $\varepsilon \geqslant 2/n$,$S$ 中包含相对秩大于 $r+\varepsilon$ 的 $k-\lceil rk \rceil$ 的令牌的概率最多为 $\delta/2$。

引理 4-2 的证明和引理 4-1 的证明非常相似,因此,我们把它留作练习。

练习 4-4: 证明引理 4-2。

引理 4-1 和引理 4-2 包含定理 4-1。

定理 4-1：假设 $\varepsilon \geqslant 2/n$，算法 4-1 输出一个令牌，其相对秩为 ε-接近 r，概率至少为 $1-\delta$。

证明：如上所述，引理 4-1 证明了算法 4-1 输出的令牌的相对秩小于 $r-\varepsilon$ 的概率最多为 $\delta/2$。此外，引理 4-2 证明了算法 4-1 输出的令牌相对秩大于 $r+\varepsilon$ 的概率最多为 $\delta/2$。通过联合界得到，算法 4-1 输出的令牌具有小于 $r-\varepsilon$ 或大于 $r+\varepsilon$ 相对秩的概率最多为 δ。

练习 4-5：定理 4-1 证明了算法 4-1 的输出保证，其成立只需要 $\varepsilon \geqslant 2/n$。证明不能显著改进这一点，即没有一种算法能够输出一个相对秩与 r 相差 ε 的令牌，且 $\varepsilon \leqslant 1/(2n)$ 的概率为常数。

算法 4-3 有一个有趣的性质。它构造不涉及 r 的 S'，然后在第 3 行用 r 和 S' 得到一个相对秩为 ε-接近 r 的令牌。也就是说，S' 可以看作是算法 4-3 读取数据流时所创建的摘要。然后利用这个摘要来为给定的 r 值产生答案。这就引出了下面的问题。假设已知 h 个相对秩 $r_1, r_2, \cdots, r_h$，想找到 h 个令牌 $t_1, t_2, \cdots, t_h$，使得 t_i 的相对秩为 ε-接近 r_i，其中 $1 \leqslant i \leqslant h$。我们可以使用总结 S' 得到所有的符号 $t_1, t_2, \cdots, t_h$ 吗？

在某种意义上，对上述问题的回答是肯定的。定理 4-1 保证，对于给定的 $1 \leqslant i \leqslant h$，如果 t_i 被选为 S' 中位置为 $\lceil r_i k \rceil$ 的令牌，则 t_i 的相对秩与 r_i 相差 ε，且概率至少为 $1-\delta$。然而，我们通常想要一个更强的性质，即对于 $1 \leqslant i \leqslant h$，想要令牌 t_i 的相对秩与 r_i 相差 ε，同时，概率至少为 $1-\delta$。练习 4-6 表明，通过使 S' 的大小依赖于 h 可以实现这个性质。

算法 4-4：多个近似分位数 $(r_1, r_2, \cdots, r_h, \varepsilon, \delta)$

1. 独立运行 $k = \lceil 24\varepsilon^{-2} \cdot \ln(2h/\delta) \rceil$ 次算法 4-1，从有替换的输入流中获得 k 个令牌的均匀样本 S。

2. 设 S' 为 S 的排序副本，即 S' 包含与 S 相同的令牌，但它们在 S 中是按顺序出现的。

3. 对于 $i=1$ 到 h，

4. 设 t_i 为 S' 中 $\lceil r_i k \rceil$ 位置的令牌。

5. 返回 $(t_1, t_2, \cdots, t_h)$。

练习 4-6：算法 4-4 是算法 4-3 的一个变体，它使用更大的样本 S，得到 h 个数字 $r_1, r_2, \cdots, r_h \in [0,1]$，而不像算法 4-3，只有一个这样的数字，并且算法 4-4 输出 h 个令牌 $t_1, t_2, \cdots, t_h$。证明在概率至少为 $1-\delta$ 的情况下，当 $1 \leqslant i \leqslant h$ 时，该算法找到的令牌 t_i 的相对秩与 r_i 的相对秩相差 ε。

4.3　加权抽样

在 4.1 节中，我们研究了流中的令牌的均匀采样，即行为相对于流中的所有令牌是对称的采样过程。例如,在流中单个令牌的统一样本中,被采样的令牌的概率与流中的每个令牌被采样的概率相等。有时,如果采样过程不对称地处理流的所有令牌,那么考虑采样过程也是很有趣的。在本节中,我们将特别考虑加权抽样。

在加权抽样中,我们假设流的每个令牌 t 都伴随着一个加权值 $w(t)$,而具有更大加权值的令牌应该(在某种意义上)更有可能在样本中。加权抽样最简单的形式是对流中的单个令牌进行加权抽样。在这种抽样中,我们希望从流中选取一个令牌,每个令牌成为这个选中令牌的概率应该与其权重成正比。换句话说,如果 W 是流中所有令牌的总权重,那么令牌 t 被选中的概率应为 $w(t)/W$。

练习 4-7:如果令牌的权重都是整数,则可以将流中单个令牌的加权采样简化为单个令牌的均匀采样。这种方法的一个简单解释就是,一个对单个令牌进行均匀采样的算法,例如算法 4-1,在所有权重都是整数的情况下,如何对单个令牌进行加权采样。

练习 4-7 中描述的缩减仅在令牌的权重为整数时有效,而且速度相当慢(它导致算法具有准多项式时间复杂度,即时间复杂度在权重上是多项式的,而不是在其表示的大小上)。因此,找到一种直接实现单个令牌加权采样的算法是很有趣的。算法 4-5 就是这样一种算法。

算法 4-5:单个令牌加权采样

1. $n \leftarrow 0, W \leftarrow 0$。

2. 当有更多的令牌这样做:

3. 　$n \leftarrow n+1$。

4. 　让 t_n 成为下一个令牌。

5. 　$W \leftarrow W + w(t_n)$。

6. 　概率为 $w(t_n)/W$,

7. 　更新 $c \leftarrow t_n$。

8. 返回 c。

与算法 4-1 类似,算法 4-5 还保留候选输出令牌 c,该令牌偶尔更新,一旦算法到达其输入流的末尾,就成为算法的输出。算法 4-1 和算法 4-5 之间的主要区别在于,它们决定新到达的令牌是否应替换现有候选令牌的方式。在算法 4-1 中,新到达的令牌以 1 除以到目前为止查看的令牌数的概率成为候选令牌,而在算法 4-5 中,新到达的令牌以其权重除以到目前为止查看的所有令牌的权重之和的概率成为候选令牌。

定理 4-2:算法 4-5 从输入流生成单个令牌的加权样本。

证明:设 $W(i)$ 为输入流的前 i 个令牌的总权重。我们通过归纳证明算法 4-1 在读取 n' 个令牌后,它读取的每个令牌 t 都是候选令牌 c,概率为 $w(t)/W(n')$。注意,这意味着算法读取流的所有 n 个令牌后,流的每个令牌 t 都是候选令牌 c,概率为 $w(t)/W$,这就是我们想要证明的。

归纳法的基本情况是 $n'=1$。为了了解为什么我们想要证明的声明在这种情况下成立,观察当算法 4-5 读取第一个令牌 t_1 时,它更新候选 c 为 t_1 的概率为 $w(t_1)/W(1)=1$。换句话说,算法 4-1 读取一个令牌后,它的候选 c 总是等于这个令牌。现在假设我们想要证明的声明在算法 4-5 读取 $n-1$ 个令牌后成立(对于某些 $n'>1$),让我们证明在算法读取下一个令牌后它也是成立的。注意,当算法 4-5 读取令牌 $t_{n'}$ 时,它以 $w(t_{n'})/W(n')$ 的概率更新候选 c 为该令牌。因此,只需要证明在这一点上每一个前一个令牌 t 是候选 c 的概率为 $w(t)/W(n')$。

修复某个令牌 t,它是流的前 $n'-1$ 令牌中的一个令牌。为了让 t 在算法 4-5 读取 n' 个令牌后成为候选 c,必须发生两个事件。首先,算法读取 $n'-1$ 令牌后,t 必须是候选 c;其次,算法 4-5 在查看 $t_{n'}$ 后不能改变其候选。因为这些事件是独立的,所以

$$
\begin{aligned}
\mathrm{Pr} &= \begin{bmatrix} \text{在读取了 } n' \text{个令牌后,} \\ t \text{ 是候选} \end{bmatrix} \\
&= \mathrm{Pr}\begin{bmatrix} \text{在读取了 } n'-1 \text{ 个令牌后,} \\ t \text{ 是候选} \end{bmatrix} \cdot \mathrm{Pr}\begin{bmatrix} \text{读取令牌 } t_{n'} \text{不会使} \\ \text{算法更改候选} \end{bmatrix} \\
&= \frac{w(t)}{W(n'-1)} \cdot \left(1-\frac{w(t_{n'})}{W(n')}\right) = \frac{w(t)}{W(n')-w(t_{n'})} \cdot \left(1-\frac{w(t_{n'})}{W(n')}\right) \\
&= \frac{w(t)}{W(n')}
\end{aligned}
$$

其中,第二个等式由归纳假设成立,且上述观察结果表明,算法 4-5 读取 $t_{n'}$ 后改变候选项的概率为 $w(t_{n'})/W(n')$。

与均匀抽样一样,加权抽样也可以从流中推广到 k 个令牌的样本。有多种方法可以做到这一点,然而,实现这些方法的采样算法往往相当复杂。因此,本书将不研究多个令牌的加权抽样。有兴趣的读者可以在 4.4 节中找到研究这种抽样的参考文献。

4.4 文献说明

术语"蓄水池采样"最早由 Vitter(1985)提出,他研究了使用单道从文件中均匀采样的算法,并描述了算法 4-2。我们可以观察到,算法 4-2 具有一个有趣的特性,即它通常在读取令牌后立即将其丢弃,即大多数令牌永远不会成为算法的候选令牌。Vitter 观察到,与流式算法不同,在文件上下文中,可以使用此属性来加速算法。具体地说,如果算法检测到文件的一部分,其令牌将立即被消除(无论其身份如何),那么算法的实现可以简单地假装该部分已被读取,并跳过从文件中实际读取,这是一个缓慢的操作。因此,Vitter(1985)的主要关注点是确定可以安全跳过的文件部分的有效方法。

Min – Te Chao(1982)以及 Efraimidis 和 Spirakis(2006)研究了流中 k 个令牌加权抽样的两种解释。Min – Te Chao(1982)研究了加权抽样,其中每个令牌在样本的 k 个令牌中出现的概率与该令牌的权重成正比(除了具有较大权重的元素的一个小技术问题)。Efraimidis 和 Spirakis(2006)研究了一种不同的加权抽样,它在精神上类似于没有替代的均匀抽样。在这种加权抽样中,我们可以把代币想象成帽子里的球。为了得到一个样本,在 k 轮中从帽子中抽取 k 个球。在每一轮中,从帽子中抽出一个球,不重复抽取,并且帽子中每个球减为此抽取球的概率等于该球的重量除以仍在帽子中的球的总重量(即,在以前的回合中未被抽中的球的总重量)。

接近于给定相对秩的 ε-代币的寻找问题以及与之相关的给定代币秩的估计问题。感兴趣的读者可以参考 Karnin 等人(2016)的工作(以及其中的参考文献)来获得关于这些问题的更多信息。

［1］Efraimidis P S,Spirakis P G. Weighted Random Sampling with a Reservoir. Information Processing Letters,2006,97(5):181 – 185.

［2］Min – Te Chao. A General Purpose Unequal Probability Sampling Plan. Biometrika,1982,69(3):653－656.

［3］Karnin Z S, Lang K, Liberty E. Optimal Quantile Approximation in streams. In Proceedings of the IEEE 57th Annual Symposium on Foundations of Computer Science (FOCS),2016,71 – 78.

［4］Vitter J S. Random Sampling with a Reservoir. ACM Transactions on Mathe matical Software,1985,11(1):37 – 57.

练习解析

练习 4 – 1 解析

根据提示,我们通过归纳证明算法 4 – 1 在读取 n' 个记号后,它所读取的每个记号都是概率为 $1/n'$ 的候选 c。注意,这意味着算法读取流的所有 n 个令牌后,候选 c 是流的 n 个令牌中的一个均匀随机令牌,这就是我们想要证明的。

归纳法的基本情况是 $n'=1$。为了了解为什么我们想要证明的声明在这种情况下成立,观察当算法 4 – 1 读取第一个令牌 t_1 时,它以 $1/n'=1$ 的概率更新候选 c 为 t_1。换句话说,算法 4 – 1 读取一个令牌后,它的候选 c 总是等于这个令牌。现在假设我们想要证明的声明在算法 4 – 1 读取 $n'-1$ 个令牌后成立(对于某些 $n'>1$),让我们在算法读取下一个令牌后证明它也是成立的。注意,当算法 4 – 1 读取令牌 $t_{n'}$ 时,它以 $1/n'$ 的概率更新候选 c 为该令牌。因此,只需要证明的是,此时之前的每个令牌都是候选 c 的概率也是 $1/n'$。

固定 $1 \leqslant i < n'$。为了让 t_i 在算法 4 – 1 读取 n' 个令牌后成为候选 c,必须发生两个事件。首先,在算法读取 $n'-1$ 个令牌后,t_i 必须是候选 c;其次,算法 4 – 1 在查看

$t_{n'}$ 后不能改变其候选,因为这些事件是独立的,所以

$$
\begin{aligned}
\mathrm{Pr} &= \begin{bmatrix} 读取了\ n'\ 个令牌后, \\ t_i\ 是候选 \end{bmatrix} \\
&= \mathrm{Pr}\begin{bmatrix} 读取了\ n'-1\ 个令牌后, \\ t_i\ 是候选 \end{bmatrix} \cdot \mathrm{Pr}\begin{bmatrix} 读取令牌\ t_{n'}\ 不会使 \\ 算法更改候选 \end{bmatrix} \\
&= \frac{1}{n'-1} \cdot \left(1-\frac{1}{n'}\right) = \frac{1}{n'}
\end{aligned}
$$

其中,第二个等式符合归纳假设,并且上面观察到算法 4 - 1 在读取 $t_{n'}$ 后改变候选项的概率为 $1/n'$。

练习 4 - 2 解析

(a)让我们用 $s_1, s_2, \cdots, s_k$ 来命名样本 S 的 k 个令牌,对于 $1 \leqslant i \leqslant k$,我们用 E_i 表示令牌 $s_1, s_2, \cdots, s_i$ 都是不同的。显然,$\mathrm{Pr}[E_1]=1$。此外,由于每一个令牌 $s_1, s_2, \cdots, s_k$ 是来自流的一个一致随机令牌,因此它独立于样本 S 的其他令牌,我们得到,对于 $1 < i \leqslant k$,

$$
\mathrm{Pr}[E_i \mid E_{i-1}] = 1 - \frac{i-1}{n}
$$

注意,对于 $1 < i \leqslant k$,如果事件 E_i 发生,则意味着事件 E_{i-1} 也会发生。因此,可以将上面计算的条件概率组合,得到

$$
\begin{aligned}
\mathrm{Pr}[E_k] &= \mathrm{Pr}[E_1] \cdot \prod_{i=2}^{k} \frac{\mathrm{Pr}[E_i]}{\mathrm{Pr}[E_{i-1}]} = \mathrm{Pr}[E_1] \cdot \prod_{i=2}^{k} \frac{\mathrm{Pr}[E_{i-1} \bigcap E_i]}{\mathrm{Pr}[E_{i-1}]} \\
&= \mathrm{Pr}[E_1] \cdot \prod_{i=2}^{k} \mathrm{Pr}[E_i \mid E_{i-1}] \\
&= \prod_{i=2}^{k} \left(1 - \frac{i-1}{n}\right) \geqslant \prod_{i=2}^{k} \left(1 - \frac{k}{n}\right) \geqslant 1 - \frac{k^2}{n}
\end{aligned}
$$

现在还需要观察事件 E,我们想要它的概率下界,E 实际上等于事件 E_k。

(b)我们需要证明在 E 条件下,集合 $\hat{S}$ 与流中 k 个令牌的均匀随机样本具有相同的分布,且不需要替换。换句话说,如果 K 是流中 k 个不同令牌集合的集合,那么我们需要证明 E 的条件是集合 $\hat{S}$ 是 K 的一致随机集合。有两种方法可以证明这一点。

让我们从第一种方法开始,它基于一个对称性论证。E 的定义以 E 为条件,保证集合 $\hat{S}$ 包含 k 个与流不同的令牌,因此属于 k。此外,$\hat{S}, E$ 和 k 的定义是完全对称的不同令牌流,因此,$\hat{S}$ 必须与 K 的每一个集合有相等的概率。

另一种证明 $\hat{S}$ 是 K 的一致随机集合的方法更现实。固定某个集合 $S' \in K$,因为 S 是有替换的流中 k 个令牌的统一样本,我们得到

$$\Pr[\hat{S} = S'] = \frac{k!}{n^k}$$

观察事件 $\hat{S} = S'$ 意味着事件 E 的发生,因此,

$$\Pr[S = S' \mid E] = \frac{\Pr[S = S' \wedge E]}{\Pr[E]} = \frac{k!/n^k}{\prod\limits_{i=2}^{k}\left(1 - \dfrac{i-1}{n}\right)}$$

$$= \frac{k!}{n \cdot \prod\limits_{i=2}^{k}(n-i+1)} = \frac{k! \cdot (n-k)!}{n!} = \binom{n}{k}^{-1}$$

综上所述,我们得到的条件是 $\hat{S}$ 等于集合 S' 的概率等于 1 除以 K 的集合数,因为 S' 是 K 的任意集合,我们得到 $\hat{S}$ 是 K 的一个均匀随机集合。

(c)考虑算法 4-6 给出的数据流算法。

算法 4-6:高概率不替换均匀抽样(k)

1. 并行运行算法 4-1 的 k 个独立副本,从替换后的输入流中获得 k 个令牌的统一样本 S。

2. 如果 S 包含重复,则

3. 　宣布失败。

4. 否则

5. 　返回 S 中的令牌集合。

练习的(a)部分保证算法 4-6 在 $k = O(\sqrt{n})$ 时返回一个高概率的输出。此外,练习的(b)部分保证在不声明失败的条件下,算法 4-6 生成一个输出集,该输出集具有与输入流中 k 个令牌的均匀随机样本相同的分布,且不需要替换。

练习 4-3 解析

根据提示,我们通过归纳证明算法 4-2 读取了 $n' \geqslant k$ 个令牌后,存储库 R 是 k 个令牌的统一样本,不需要替换输入流的前 n' 个令牌集合。请注意,这意味着算法读取流的所有 n 个令牌后,存储库是 k 个令牌的统一样本,不需要从算法的输入流中替换,这就是我们想要证明的。

归纳的基本情况是 $n' = k$。在这种情况下,算法 4-2 读取 n' 个令牌后,它的存储库包含输入流的前 k 个令牌。这与我们想要证明的结论是一致的,因为一个 k 个符号的统一样本,没有从一个大小为 k 的集合中替换,总是包含集合中的所有符号。现在假设我们想要证明的声明在算法 4-2 中读取了 $n'-1$ 个令牌(对于某些 $n' > k$),让我们在算法读取下一个令牌后证明它也是成立的。

设 N' 是流的前 n' 个令牌的集合(即 $N' = \{t_1, t_2, \cdots, t_n\}$),设 $R(i)$ 表示算法 4-2 读入 i 令牌后的储层 R。我们需要证明对于每个给定的集合 $S \subseteq N'$(k 个令牌),我们得到

$$\Pr[S = R(n')] = \binom{n'}{k}^{-1}$$

有两种情况需要考虑。第一种情况是 $t_{n'}$ 不属于 S。在这种情况下，只有当算法 4-2 在读取 $t_{n'}$ 后不改变其存储库时，才有 $R(n') = S$。由于在读取 $t_{n'}$ 之后对储层进行更改的决定与储层的内容无关，这意味着

$$\Pr[S = R(n')] = \Pr[S = R(n'-1)] \cdot \Pr\begin{bmatrix} \text{The algorithm does not make a change} \\ \text{in its reservoir after reading } t_{n'} \end{bmatrix}$$

$$= \binom{n'-1}{k}^{-1} \cdot \left(1 - \frac{k}{n'}\right)$$

$$= \frac{k! \cdot (n'-k-1)!}{(n'-1)!} \cdot \frac{n'-k}{n'} = \binom{n'}{k}^{-1}$$

其中，第二个等式由归纳假设成立。

另一种需要考虑的情况是当 $t_{n'} \in S$ 时，当且仅当下述条件成立时，可得 $R(n') = S$：

- 对于令牌 $t \in N' \backslash S$，$R(n'-1)$ 等于 $(S \cup \{t\}) \backslash \{t_{n'}\}$。

由于 $|N' \backslash S| = n' - k$，归纳假设保证了这个条件有如下的概率成立：

$$(n'-k) \cdot \binom{n'-1}{k}^{-1}$$

- 假设前面的条件成立，算法 4-2 决定将 $t_{n'}$ 而不是令牌 t 加入到它的存储库中。假设前面的条件成立，这个条件成立的概率为

$$\frac{k}{n'} \cdot \frac{1}{k} = \frac{1}{n'}$$

现在仍需观察两种情况同时存在的概率是

$$\left[(n'-k) \cdot \binom{n'-1}{k}^{-1}\right] \cdot \frac{1}{n'} = \frac{n'-k}{n'} \cdot \frac{k! \cdot (n-k-1)!}{(n'-1)!} = \binom{n'}{k}^{-1}$$

练习 4-4 解析

如果 $r + \varepsilon > 1$，那么引理 4-2 是显而易见的，因为每个令牌的相对秩最多为 1。因此，我们可以假设在其余的证明中 $r + \varepsilon \leqslant 1$。

对于 $1 \leqslant i \leqslant k$，设 X_i 是 S 中第 i 个令牌相对秩大于 $r + \varepsilon$ 的事件的指示符。回想一下，S 是一个具有替换的统一样本，因此，S 的每个令牌都是来自流的独立的统一令牌。因此，指标 $X_1, X_2, \cdots, X_k$ 是独立的。此外，由于流中相对秩大于 $r + \varepsilon$ 的令牌数量为 $\lceil (1-r-\varepsilon) \cdot (n-1) \rceil$，每个指标 X_i 取值 1 的概率为

$$\frac{\lceil (1-r-\varepsilon) \cdot (n-1) \rceil}{n} \leqslant \frac{(1-r-\varepsilon) \cdot (n-1) + 1}{n}$$

$$= 1 - r - \varepsilon + \frac{1-(1-r-\varepsilon)}{n} \leqslant 1 - r - \frac{\varepsilon}{2}$$

现在让我们定义 X 为指标 $X_1, X_2, \cdots, X_k$ 的和。用这个表示法，我们需要证明的命题可以重写为

$$\Pr[X > k - \lceil rk \rceil] \leqslant \frac{\delta}{2}$$

显然，概率 $\Pr[X > k - \lceil rk \rceil]$ 只能在指标 $X_1, X_2, \cdots, X_k$ 取值 1 的概率增加的情况下增加。因此，为了证明起见，我们从现在起假定，每一个指标取值 1 的概率恰好是 $1 - r - \epsilon/2$。由于指标 $X_1, X_2, \cdots, X_k$ 是独立的，根据切尔诺夫界限，我们得到

$$\Pr[X > k - \lceil rk \rceil] \leqslant \Pr[X \geqslant k - rk] \leqslant \Pr\left[X \geqslant k - rk - \frac{\epsilon^2 k}{4(1-r)}\right]$$

$$= \Pr\left[X \geqslant \left(1 - r - \frac{\epsilon}{2}\right) \cdot k \cdot \left(1 + \frac{\epsilon}{2(1-r)}\right)\right]$$

$$\leqslant e^{-\frac{(\epsilon/2(1-r))^2}{3} \cdot E[X]}$$

$$= e^{-\frac{\epsilon^2}{12(1-r)^2} \cdot k \cdot \left(1 - r - \frac{\epsilon}{2}\right)} \leqslant e^{-\frac{\epsilon^2}{12(1-r)^2} \cdot [24\epsilon^{-2} \cdot \ln(2/\delta)] \cdot \frac{1-r}{2}}$$

$$\leqslant e^{-\ln(2/\delta)} = \frac{\delta}{2}$$

其中，第一个不等式成立，因为 X 只取整数值。

练习 4-5 解析

直观地说，ϵ 的值变小减少了相对秩与 r 相差 ϵ 的令牌的数量，因此，对于需要找到这样一个令牌的算法来说，实现变得更加困难。我们将证明当 ϵ 变得太小（即 $\epsilon \leqslant 1/(2n)$ 时），可能根本就没有与 r 的相对秩相差 ϵ 的令牌，这意味着算法找不到这样的令牌。

对于某个整数 $0 \leqslant i < n$，每个令牌的相对秩为 $i/(n-1)$。这意味着对于每个 $1 \leqslant i < n$，范围 $\left(\frac{i-1}{n-1}, \frac{i}{n-1}\right)$ 并不包含任何令牌的相对秩。因为这个范围的大小是 $(n-1)^{-1} > 1/n$，这意味着范围 $\left[\frac{i-1/2}{n-1} - \frac{1}{2n}, \frac{i-1/2}{n-1} + \frac{1}{2n}\right]$ 也不包含任何令牌的相对秩。因此，对于 $\epsilon \leqslant 1/(2n)$，没有令牌相对秩 ϵ-接近于 $(i-1/2)/(n-1)$。

练习 4-6 解析

假设算法 4-4 执行时，参数 ϵ 和 δ 分别为 ϵ' 和 δ'。采用的样本 S 的尺寸为 $\lceil 24\epsilon'^2 \cdot \ln(2h/\delta) \rceil$。注意，当算法 4-3 的参数 ϵ 和 δ 分别设置为 ϵ' 和 δ'/h 时，它使用了这样大小的样本 S。因此，我们可以重复定理 4-1 的证明，得到，对于 $1 \leqslant i \leqslant h$，$t_i'$ 的相对秩是 ϵ-接近 r_i 的概率至少为 $1 - \delta'/h$。也就是说，t_i 在 r_i 附近的相对秩不为 ϵ-接近 r_i 的概率最多为 δ'/h。对于 $1 \leqslant i \leqslant h$，我们现在得到令牌 t_i 的相对秩不是 ϵ-接近 r_i 的概率至多为 δ'，这是我们想要证明的。

练习 4 - 7 解析

设 ALG 是对流中的单个令牌进行均匀采样的任意算法,例如算法 4 - 1,同时考虑算法 4 - 7。该算法将 ALG 应用于包含算法 4 - 7 流中每个令牌 t 的 $w(t)$ 副本的流,然后返回 ALG 的输出。注意,这是可能的,因为根据练习的假设,$w(t)$ 是整数。

算法 4 - 7:通过均匀抽样的加权抽样

1. 创建 ALG 实例。

2. 当有更多的令牌这样做:

3. 让 t 成为下一个令牌。

4. 将令牌 t 的副本添加到 ALG $w(t)$ 流中。

5. 返回 ALG 的输出。

考虑算法 4 - 7 流中的任意令牌 t。显然,ALG 面对的流的长度等于算法 4 - 7 中所有令牌的总权值,即等于 W。因此,ALG 流中的每一个 t 副本都会被 ALG 以 W^{-1} 的概率选中(因此也会被算法 4 - 7 选中)。由于 ALG 流中有 $w(t)$ 个 t 的副本,每个副本的被选取是不相干的事件,我们得到任意 t 的一个副本被 ALG 选中的概率是 $w(t)/W$。

回想一下,t 是从算法 4 - 7 的流中选择的任意令牌。因此,我们已经证明了算法 4 - 7 使用算法 ALG 对单个令牌进行均匀采样,从其流中对单个令牌进行加权采样。

第5章 成对独立的哈希函数

在许多情况下,机器需要访问随机函数。不幸的是,要存储这样一个函数,必须保持一个表,将每个可能的元素映射到它的映像,这通常是不可行的。解决这个问题的一个常用方法是使用哈希函数。哈希函数在某种意义上表现为随机函数,但可以使用少量空间进行存储。这种变通方法对于数据流算法尤其重要,因为数据流算法通常要求具有非常低的空间复杂度。在本章中,我们将介绍一种特别有用的哈希函数。这些哈希函数将用于在以下章节中看到的许多数据流算法中。

5.1 成对哈希函数族

为了发挥作用,哈希函数的行为应该像随机函数一样。然而,每个特定的函数都是确定的,因此,不能表现出随机性。因此,要得到可证明的随机性,必须考虑一个函数从一些可能的选项集合中随机选择。更正式地,给定一个域 D 和一个范围 R,哈希函数族 F 是从 D 映射到 R 的一组函数。这样的一个族被认为是有用的,当从 F 中随机选择一个函数 f 时,如果该函数表现出我们期望随机函数具有的属性,如对于任意两个不同的 $d_1, d_2 \in D$,有

$$\Pr[f(d_1) = f(d_2)] = \frac{1}{|R|}$$

具有上述属性的哈希族称为全域族。

练习 5-1:考虑下表中从 $\{a, b, c, d\}$ 域到 $\{0, 1\}$ 范围的 4 个函数,设 F 为这些表中所表示的 4 个函数的集合。验证 F 是一个全域哈希函数族。

域	范围
a	0
b	0
c	0
d	0

域	范围
a	1
b	0
c	1
d	0

域	范围
a	0
b	1
c	1
d	0

域	范围
a	1
b	1
c	0
d	0

全域哈希函数族的定义是非常弱的。例如,练习 5-1 中的所有泛族 F 函数都将元素 d 映射到值 0,这显然不是人们从随机函数中所期望的。为了解决这个问题,人们提出了更强类型的哈希函数族。在本章中,我们感兴趣的是两种这样的函数,即

成对独立族和 k 向独立族。

定义 5-1：从定义域 D 到范围 R 的哈希函数族 F 称为两两独立(或二个之间独立)，如果对于一个一致随机函数 F 以及任意两个不同的固定选择 $d_1,d_2 \in D$ 和两个 $r_1, r_2 \in R$，则

$$\Pr[f(d_1) = r_1, f(d_2) = r_2] = \frac{1}{|R|^2}$$

更一般地说，如果对于一致均匀随机函数 $f \in F$ 和任意固定的 k 个不同的 d_1，$d_2, \cdots, d_k \in D$ 和 k 个元素 $r_1, r_2, \cdots, r_k \in R$ 的选择，它满足以下条件，则称为 k-独立

$$\Pr[\forall_{1 \leqslant i \leqslant k} f(d_i) = r_i] = \frac{1}{|R|^k}$$

练习 5-2：设 F 为练习 5-1 中 4 个定义域 $\{a, b, c\}$ 的函数的集合(换句话说，我们在练习 4-1 的 4 个表中删除 d 行，去掉后的表对应的函数为 F 的函数)，验证 F 是一个两两独立的哈希函数族。

练习 5-3 提出了 k 向独立族的另一种等效定义。这个定义明确地说明了使 k 向独立族在应用程序中有用的属性。

练习 5-3：考虑一个哈希函数族 F，它的定域 D 的大小至少为 k，范围为 R，设 f 是 F 的一个一致随机函数。证明 F 是 k 向独立的，当且仅当以下两点成立：

(1)对于 $d \in D$，表达式 $f(d)$ 有 $1/|R|$ 的概率等于范围 R 中的每个元素。

(2)集合 $\{f(d) | d \in D\}$ 中的随机变量是 k 向独立的(注意，对于任意固定的 $d \in D$，表达式 $f(d)$ 是一个从 R 取值的随机变量)。

本章的其余部分将专门介绍成对独立和 k 向独立的哈希函数族的各种结构。

5.2 成对独立哈希族的简单构造

回想一下，$\{0,1\}^m$ 是所有 m 位字符串的集合。给定一个字符串 $x \in \{0,1\}^m$，我们用 $x^{(i)}$ 表示它的第 i 位。使用这种表示法，我们现在可以定义，对于每个正整数 m，一个从域 $\{0,1\}^m$ 到范围 $\{0,1\}$ 的哈希函数族 F_X。F_X 族包含一个函数 $f_{b,s}$，对于每个字符 $b \in \{0,1\}$，设置 $S \subseteq \{1, 2, \cdots, m\}$，$f_{b,s}$ 定义为

$$f_{b,s}(x) = b \oplus (\oplus_{i \in s} x^{(i)}) \quad \forall x \in \{0,1\}^m$$

这里算子 $\oplus$ 表示异或运算。换句话说，$f_{b,s}(x)$ 的值是 b 与 x 的所有位在 S 指定位置的异或。

练习 5-4：对于 $m = 2$，每个函数 $f_{b,s} \in F_X$，根据 $f_{b,s}$ 写出每个输入对应的图像的表。

引理 5-1 证明了 F_X 哈希函数族是成对独立的。

引理 5-1:对于两个不同的字符串 $x, y \in \{0,1\}^m$,两个字符 $b_x, b_y \in \{0,1\}$ 和从 F_X 均匀随机抽取的哈希函数 f,有

$$\Pr[f(x) = b_x \wedge f(y) = b_y] = 1/4$$

证明:因为 x 和 y 是不同的,所以一定存在一个它们不一致的位置。换句话说,存在一个整数 $1 \leqslant i \leqslant m$ 使 $x^{(i)}$ 不等于 $y^{(i)}$。不失一般性地,我们假设 $x^{(i)} = 0, y^{(i)} = 1$。现在考虑任意集合 $S\{1,2,\cdots,m\}\backslash\{i\}$,那么

$$f_{0,S}(x) = \oplus_{j\in S} x^{(j)}$$
$$f_{0,S\cup\{i\}}(x) = x^{(i)} \oplus (\oplus_{j\in S} x^{(j)})$$
$$= \oplus_{j\in S} x^{(j)}$$
$$f_{1,S}(x) = 1 \oplus (\oplus_{j\in S} x^{(j)})$$
$$f_{1,S\cup\{i\}}(x) = 1 \oplus x^{(i)} \oplus (\oplus_{j\in S} x^{(j)})$$
$$= 1 \oplus (\oplus_{j\in S} x^{(j)})$$

$$f_{0,S}(y) = \oplus_{j\in S} y^{(i)}$$
$$f_{0,S\cup\{i\}}(y) = y^{(i)} \oplus (\oplus_{j\in S} y^{(j)})$$
$$= 1 \oplus (\oplus_{j\in S} y^{(j)})$$
$$f_{1,S}(y) = 1 \oplus (\oplus_{j\in S} y^{(j)})$$
$$f_{1,S\cup\{i\}}(y) = 1 \oplus y^{(i)} \oplus (\oplus_{j\in S} y^{(j)})$$
$$= \oplus_{j\in S} y^{(j)}$$

观察这些方程,我们可以看到,无论 $\oplus_{j\in S} x^{(j)}$ 和 $\oplus_{j\in S} y^{(j)}$ 的值是多少,4 对 $(f_{0,S}(x), f_{0,S}(y)), (f_{0,S\cup\{i\}}(x), f_{0,S\cup\{i\}}(y)), (f_{1,S}(x), f_{1,S}(y))$,或 $(f_{1,S\cup\{i\}}(x), f_{1,S\cup\{i\}}(y))$ 中恰好有一个等于 (b_x, b_y)。因此,在 4 个函数 $f_{0,S}, f_{0,S\cup\{i\}}, f_{1,S}$ 和 $f_{1,S\cup\{i\}}$ 中,只有一个是 f 的选项,使事件 $\{f(x) = b_x \wedge f(y) = b_y\}$ 保持不变,这意味着

$$\Pr[f(x) = b_x \wedge f(y) = b_y \mid f \in \{f_{0,S}, f_{0,S\cup\{i\}}, f_{1,S}, f_{1,S\cup\{i\}}\}] = \frac{1}{4}$$

为了完成引理的证明,还需要观察,对于 $S\{1,2,\cdots,r\}\backslash\{i\}$,$\{f_{0,S}, f_{0,S\cup\{i\}}, f_{1,S}$ 和 $f_{1,S\cup\{i\}}\}$ 是不相交的,它们的并集是整个族 F_X。因此,根据全概率定律

$$\Pr[f(x) = b_x \wedge f(y) = b_y]$$
$$= \sum_{S\subseteq\{1,2,\cdots,m\}\backslash\{i\}} \Pr[f \in \{f_{0,S}, f_{0,S\cup\{i\}}, f_{1,S}, f_{1,S\cup\{i\}}\}] \cdot \frac{1}{4} = \frac{1}{4}$$

哈希函数族 F_X 是我们拥有的第一个两两独立的函数族的构造。回忆一下,我们研究哈希函数的动机是寻找行为类似于随机函数但表示量较小的函数。因此,要确定 F_X 系列是否良好,我们需要确定表示该系列中的哈希函数所需的比特数。每个函数 $f_{s,b} \in F_X$ 由字符 b 和可以用 m 位表示(以自然方式)的集合 $S \subseteq \{1,2,\cdots,m\}$ 决定。因此,$m+1$ 位就足以表示 $f_{s,b}$。我们可以观察到,这个位数比表示从域 $\{0,1\}^m$ 到范围 $\{0,1\}$ 的一般函数所需的 2^m 位要小得多,而这正是我们从一个好的哈希函数族中所期望的。定理 5-1 总结了我们证明的哈希函数族 F_X 的性质。

定理 5-1:对于每一个正整数 m,存在一个从 $\{0,1\}^m$ 到 $\{0,1\}$ 的两两独立的哈希函数族 F_X,其函数可以用 $m+1$ 位表示。

通过增加参数 m,可以使 F_X 的域尽可能大。相反,如果 F_X 的范围大小是 2,那

么没有直接的参数可以修改使其更大,这在某些应用中是有问题的。练习5-5探索了一种可以解决这个问题的简单技术,更普遍地,它可以用于扩展任何成对独立的哈希函数族的范围。

练习5-5:考虑一个两两独立的哈希函数族 F,从域 D 到范围 R。对于每一个正整数 n,可以构造一个新的从 D 到 R^n 的哈希函数族 G,如下所示。对于每 n 个(不一定是不同的)哈希函数 $f_1,f_2,\cdots,f_n\in F$,族 G 包括函数 $g_{f_1,f_2,\cdots,f_n}$ 定义为

$$g_{f_1,f_2,\cdots,f_n}(d)=(f_1(d),f_2(d),\cdots,f_n(d)) \quad \forall d\in D$$

非正式地,$g_{f_1,f_2,\cdots,f_n}$ 将域的每个元素 d 映射为一个元组,其中包含每个函数 $f_1,f_2,\cdots,f_n$ 自变量取 d 时的函数值。

(a)证明 G 从 D 到 R^n 是一个两两独立的哈希函数族。

(b)证明 G 的函数可以用 nb_F 位表示,其中 b_F 是表示 F 的函数所需的位数。

把定理5-1和练习5-5结合起来,我们立即得到推论5-1。

推论5-1:对于每两个正整数 m 和 n,存在一个从 $\{0,1\}^m$ 到 $\{0,1\}^n$ 的两两独立的哈希函数族 F,其函数可以用 $n(m+1)$ 位表示。

推论5-1改进了定理5-1,它允许哈希函数的范围尽可能大。然而,我们希望通过减少表示哈希函数族的函数所需的位数来进一步改进推论5-1。注意到(在推论5-1的表示大小涉及到 n 和 m 的产品的原因)是这个推论派生了一个两步的过程(例如,首先得到了一个哈希函数族大小不变的范围,然后使用练习5-5中的一般技巧来增加范围的大小)。因此,要显著减小表示位数的大小,似乎有必要避免这两步过程。在5.3节中,我们就是这么做的。换句话说,我们在这里提出了一个双独立(和 k 向独立)的哈希函数族的构造,它天生支持大范围,然后我们表明,这允许的表示大小明显小于推论5-1所保证的大小。

5.3 成对独立哈希族和 k 向独立哈希族的高级构造

本节的目的是证明定理5-2。

定理5-2:对于任意3个正整数 m,n 和 $k\geqslant 2$,存在一个 k 向独立的从 $\{0,1\}^m$ 到 $\{0,1\}^n$ 的哈希函数族 F,其函数可以用 $k\cdot\max\{m,n\}=O(k(m+n))$ 位表示。

由于"两两独立哈希函数族"只是"2-wise独立哈希函数族"的另一个名称,定理5-2暗示了 $k=2$ 时的下列推论5-2。

推论5-2:对于每两个正整数 m 和 n,存在一个从 $\{0,1\}^m$ 到 $\{0,1\}^n$ 的两两独立的哈希函数族 F,其函数可以用 $2\cdot\max\{m,n\}=O(m+n)$ 位表示。

需要注意的是,根据推论5-2的构造可以将任何大小为2的幂次方的定义域 D 到范围 R 的映射转换为成对独立的哈希函数族,只要有一种有效的方法将 D 和 R

的元素分别映射到 $\{0,1\}^{\log|D|}$ 和 $\{0,1\}^{\log|R|}$ 的位串。找到这样的映射通常很容易,因此,在接下来的章节中,我们将引用推论 5-2 的保证,假设它适用于任何大小为 2 的幂次的域和范围。

定理 5-2 的证明并不难,但它需要先验知识,而这在本书中一般未涉及。由于本书的其余部分不使用这个证明中提出的思想,所以缺乏必要的先验知识的读者可以自由地跳过本部分(专门用于这个证明)。然而,大多数读者应该熟悉从他们的学士学位学习必要的先验知识,对于那些读者,我们建议阅读证明,因为它是相当优雅的。

作为证明定理 5-2 的第一步,让我们考虑下面的声明。

引理 5-2:对于每两个正整数 r 和 $k \geqslant 2$,存在一个 k 向独立的哈希函数族 F_P,从 $\{0,1\}^r$ 到 $\{0,1\}^r$,其函数可以用 kr 位表示。

通过设置 $m=n=r$,不难看出引理 5-2 是由定理 5-2 隐含的。然而,更令人惊讶的是,反过来也是正确的。练习 5-6 要求证明这一点。

练习 5-6:在引理 5-2 为真的前提下证明定理 5-2。提示:从引理 5-2 所保证的关于 $r=\max\{m,n\}$ 的哈希函数族开始,向该哈希函数族中的每个哈希函数添加预处理或后处理。

练习 5-5 证明了引理 5-2 和定理 5-2 之间的等价性,这意味着要证明定理,只要证明引理就足够了,这是我们接下来要关注的。作为热身,我们首先证明 $k=2$ 的引理。

$k=2$ 时引理 5-2 的证明。在这个证明中,我们将 $\{0,1\}^r$ 与某个大小为 2^r 的字段统一起来($\{0,1\}^r$ 的字符串与字段元素之间的匹配可以用任意方式完成)。使用这种统一,我们可以为每两个字符串 $a,b \in \{0,1\}^r$ 定义一个函数 $f_{a,b}(x)=ax+b$,从 $\{0,1\}^r$ 到 $\{0,1\}^r$。此外,我们定义了一个哈希函数族 $F_p=\{f_{a,b}|a,b\in\{0,1\}^r\}$。在余下的证明中,我们证明了这个族服从引理 5-2 所保证的所有性质。

F_p 中的每个函数 $f_{a,b}$ 都是由字符串 a 和 b 定义的。因为这两个字符串各由 r 位组成,所以使用这些字符串表示函数 $f_{a,b}$ 需要 $2r$ 位。现在让我们证明 F_p 是两两独立的。考虑两个不同的字符串 $d_1,d_2\in\{0,1\}^r$ 和两个任意字符串 $r_1,r_2\in\{0,1\}^r$。我们感兴趣的是确定 (a,b) 对的数量,它满足 $f_{a,b}(d_1)=r_1$ 和 $f_{a,b}(d_2)=r_2$。为此,我们观察到最后两个等式等价于下面两个等式:$ad_1+b=r_1,ad_2+b=r_2$。

因为我们固定 r_1,r_2,d_1,d_2 的值,上述两个方程是一对 a 和 b 两个变量的线性方程组。此外,这些线性方程必须只有一个解,因为事实上 d_1 不等于 d_2 意味着对应于这些方程的系数矩阵是非奇异的。因此,有一对 (a,b),其中 $f_{a,b}(d_1)=r_1$ 和 $f_{a,b}(d_2)=r_2$,这意味着对于一致随机函数 $f_{a,b}\in F_p$,我们有

$$\Pr[f_{a,b}(d_1)=r_1 \wedge f_{a,b}(d_2)=r_2] = \frac{1}{|\{(a,b)\,|\,a,b\in\{0,1\}^r\}|} = \frac{1}{|\{0,1\}^r|^2}$$

引理 5-2 对于一般 k 值的证明与 $k=2$ 情况的证明遵循大致相同的论证路线，但调用了众所周知的多项式的性质，而不是众所周知的线性方程的性质。

一般 k 的引理 5-2 的证明：与 $k=2$ 的证明一样，我们将 $\{0,1\}^r$ 与一个大小为 2^r 的域 F 统一起来。使用这种统一，我们可以为每 k 个字符串定义 $a_0,a_1,\cdots,a_{k-1}\in\{0,1\}^r$，函数 $f_{a_0,a_1,\cdots,a_{k-1}}(x)=\sum_{i=0}^{k-1}a_ix^i$，从 $\{0,1\}^r$ 到 $\{0,1\}^r$。此外，我们定义了一个哈希函数族 $F_P=\{f_{a_0,a_1,\cdots,a_{k-1}}\,|\,a_0,a_1,\cdots,a_{k-1}\in\{0,1\}^r\}$。在余下的证明中，我们证明了这个族服从引理 5-2 所保证的所有性质。

F_P 中的每个函数 $f_{a_0,a_1,\cdots,a_{k-1}}$ 由字符串 $a_0,a_1,\cdots,a_{k-1}$ 定义。因为这 k 个字符串都由 r 位组成，所以函数 $f_{a_0,a_1,\cdots,a_{k-1}}$ 使用它们需要 kr 位，引理 5-2 保证了这一点。现在我们证明 F_P 是 k 向独立的。考虑 k 个不同的字符串 $d_1,d_2,\cdots,d_k\in\{0,1\}^r$ 和 k 个任意字符串 $r_1,r_2,\cdots,r_k\in\{0,1\}^r$。我们感兴趣的是确定 k 元组 $(a_0,a_1,\cdots,a_{k-1})$ 的数量，对于每个整数 $1\leqslant i\leqslant k$，它使 $f_{a_0,a_1,\cdots,a_{k-1}}(d_i)=r_i$ 成立。为了达到这个目标，考虑多项式

$$P(x)=\sum_{i=1}^{k}\left[r_i\cdot\frac{\prod\limits_{\substack{1\leqslant j\leqslant k\\i\neq j}}(x-d_j)}{\prod\limits_{\substack{1\leqslant j\leqslant k\\i\neq j}}(d_i-d_j)}\right]$$

注意到 $P(x)$ 的定义不涉及被 0 除，因为字符串 $d_1,d_2,\cdots,d_k$ 根据定义都是不同的。此外，$P(x)$ 是在域 F 上最多是 $k-1$ 次的多项式，因此，它等于 $f_{a_0,a_1,\cdots,a_{k-1}}$ 对于 k 元组 $(a_0,a_1,\cdots,a_{k-1})$。对于每个整数 $1\leqslant i\leqslant k$，我们可以观察到 $P(d_i)=r_i$，因此，函数 $f_{a_0,a_1,\cdots,a_{k-1}}=P(x)$ 也必须服从 $f_{a_0,a_1,\cdots,a_{k-1}}(d_i)=r_i$。因此，至少存在一个 k 元组 $(a_0,a_1,\cdots,a_{k-1})$，使得这些等式成立。

现在假设存在一个矛盾，即存在不同的 k 元组 $(a_0,a_1,\cdots,a_{k-1})$ 和 $(b_0,b_1,\cdots,b_{k-1})$，对于每个整数 $1\leqslant i\leqslant k$，$f_{a_0,a_1,\cdots,a_{k-1}}(d_i)=f_{b_0,b_1,\cdots,b_{k-1}}(d_i)=r_i$。这个假设意味着多项式

$$Q(x)=f_{a_0,a_1,\cdots,a_{k-1}}(x)-f_{b_0,b_1,\cdots,b_{k-1}}(x)=\sum_{i=1}^{k-1}(a_i-b_i)x^i$$

是一个不小于 $k-1$ 次的非零多项式，至少有 k 个根 $r_1,r_2,\cdots,r_k$，这是一个矛盾。因此，必须有一个 k 元组 $(a_0,a_1,\cdots,a_{k-1})$，对于每个整数 $1\leqslant i\leqslant k$，它使 $f_{a_0,a_1,\cdots,a_{k-1}}(d_i)=r_i$ 成立。

利用这个结果，我们得到对于一个均匀随机函数 $f_{a_0,a_1,\cdots,a_{k-1}}\in F_P$，

$$\Pr[\forall_{1 \leqslant i \leqslant k} f_{a_0, a_1, \cdots, a_{k-1}}(d_i) = r_i]$$

$$= \frac{1}{|\{(a_0, a_1, \cdots, a_{k-1}) \mid a_0, a_1, \cdots, a_{k-1} \in \{0,1\}^r\}|} = \frac{1}{|\{0,1\}^r|^k}$$

这就证明了 F_P 是 k 向独立的。

5.4　文献说明

全域哈希的概念是由 Carter 和 Wegman(1979)提出的,几年后,这两位作者以强全域 k 的名字引入了 k - wise 独立哈希的更强的概念(Wegman 和 Carter,1981)。这两篇论文还介绍了上面用来证明定理 $5-1$ 和定理 $5-2$ 的哈希函数族的构造。

[1] Carter J L, Wegman M N. Universal Classes of Hash Functions. Journal of Computer and System Sciences,1979,18(2):143 - 154.

[2] Wegman M N, Carter J L. New Hash Functions and Their Use in Authentication and Set Equality. Journal of Computer and System Sciences,1981,22(3): 265 - 279.

练习解析

练习 5 - 1 解析

为了解决这个问题,我们应验证对于每对不同的元素 $x, y \in \{a, b, c, d\}$,4 个表中恰好有两个将 x 和 y 映射到相同的数字。在这里只对两对这样做,但要验证对所有的对都是这样的并不困难。

- 元素 b 和 c 通过第一个和第三个表映射到相同的图像,通过另外两个表映射到不同的图像。
- 元素 b 和 d 通过前两个表映射到相同的图像,通过其他两个表映射到不同的图像。

练习 5 - 2 解析

我们需要确认每一对截然不同的元素 $x, y \in \{a, b, c\}$,从 F 中均匀随机选择的一个 f 函数有相等的概率($1/|R|^2 = 1/4$)将 x 和 y 映射到 R 的每一个可能的数对 $r_1, r_2 \in R$。x 和 y 有 6 种可能的分配,然而,为了验证这个观点,我们只需要考虑其中 3 种分配,因为 x 和 y 是对称的。换句话说,我们只需要验证赋值$(x, y) = (a, b)$,$(x, y) = (a, c)$ 和 $(x, y) = (b, c)$ 的声明,这意味着该声明也适用于其他 3 种可能的赋值。此外,在这个解决方案中,我们只验证赋值$(x, y) = (a, b)$ 的声明,因为需要考虑的另外两个赋值的验证非常相似,我们把它留给读者作为练习。

现在考虑练习 $5-1$ 中限制在 $x = a$ 和 $y = b$ 行的 4 个表。这些限制表如下:

区 域	范 围		区 域	范 围		区 域	范 围		区 域	范 围
a	0		a	1		a	0		a	1
b	0		b	0		b	1		b	1

观察现在的每一个这些表都包含一个独特的组合元素 a 和 b 的像。因此,如果我们选择一个均匀随机表(或等价,均匀随机函数 F),我们将得到 a 和 b 的图像的均匀随机组合,其中组合数量为 $|R|^2 = 4$ 个,这就是我们想要证明的。

练习 5-3 解析

首先证明,如果 F 是一个 k 向独立的族,那么练习 5-3 中所述的性质成立。第一个性质成立,因为对于每 k 个不同的 $d, d_1, d_2, \cdots, d_{k-1} \in D$ 和元素 $r \in R$,我们有

$$\Pr[f(d)=r] = \sum_{r_1 \in R} \sum_{r_2 \in R} \cdots \sum_{r_{k-1} \in R} \Pr[f(d)=r, \forall_{1 \leqslant i \leqslant k-1} f(d_i)=r_i]$$

$$= \sum_{r_1 \in R} \sum_{r_2 \in R} \cdots \sum_{r_{k-1} \in R} \frac{1}{|R|^k} = \frac{1}{|R|}$$

其中,第一个等式成立,因为事件 $\{\forall_{1 \leqslant i \leqslant k-1} f(d_i)=r_i\}$ 对于 $r_1, r_2, \cdots, r_{k-1}$ 的每个固定选项是不相交的。我们已经证明了这个性质的一个结论,对于每 k 个不同的 $d_1, d_2, \cdots, d_k \in D$ 和 k 个元素 $r_1, r_2, \cdots, r_k \in R$,有

$$\Pr[\forall_{1 \leqslant i \leqslant k} f(d_i)=r_i] = \frac{1}{|R|^k} = \prod_{i=1}^{k} \Pr[f(d_i)=r_i]$$

这是练习中的第二个性质(第一个等式成立,因为 F 是 k 向独立的)。

另一个方向还有待证明,即如果 F 服从练习中所述的性质,则它是 k 向的独立族。固定 k 个不同的 $d_1, d_2 \cdots, d_k \in D$ 和 k 个元素 $r_1, r_2, \cdots, r_k \in R$,那么,我们得到

$$\Pr[\forall_{1 \leqslant i \leqslant k} f(d_i)=r_i] = \prod_{i=1}^{k} \Pr[f(d_i)=r_i] = \frac{1}{|R|^k}$$

其中,第一个等式成立,因为练习中的第一个属性断言,$\{f(d_i) \mid 1 \leqslant i \leqslant k\}$ 中的变量是 k 向独立的;第二个等式成立,因为练习中的第二个属性断言,$f(d_i)$ 有相等的概率是 R 的任何元素(包括 r_i)。

练习 5-4 解析

对于 $m=2, F_X$ 中有 8 个函数,因为 b 有两个选项,而 S 有 $2^m = 4$ 个选项。这些函数对应的表如下:

$f_{0,\varnothing}$		$f_{0,\{1\}}$		$f_{0,\{2\}}$		$f_{0,\{1,2\}}$	
输入	图像	输入	图像	输入	图像	输入	图像
00	0	00	0	00	0	00	0
01	0	01	0	01	1	01	1
10	0	10	1	10	0	10	1
11	0	11	1	11	1	11	0

$f_{1,\varnothing}$		$f_{1,\{1\}}$		$f_{1,\{2\}}$		$f_{1,\{1,2\}}$	
输入	图像	输入	图像	输入	图像	输入	图像
00	1	00	1	00	1	00	1
01	1	01	1	01	0	01	0
10	1	10	0	10	1	10	0
11	1	11	0	11	0	11	1

练习 5-5 解析

(a)由于 G 包含函数 $g_{f_1,f_2,\cdots,f_n}$,所以对于从 F 中选择的任意 n 个(不一定是不同的)函数 $f_1,f_2,\cdots,f_n$,从 G 中均匀随机地选择一个函数 g,等价于从 F 中均匀且独立地随机选择 n 个函数 $f_1,f_2,\cdots,f_n$。因此,假设 $g_{f_1,f_2,\cdots,f_n}$ 是这样分布的,对于每两个不同的元素 $d_1,d_2\in D$ 和两个元组 $(r_{1,1},r_{1,2},\cdots,r_{1,n}),(r_{2,1},r_{2,2},\cdots,r_{2,n})\in D^n$,有

$$\Pr[g(d_1)=(r_{1,1},r_{1,2},\cdots,r_{1,n})\wedge g(d_2)=(r_{2,1},r_{2,2},\cdots,r_{2,n})]$$
$$=\Pr[\forall_{1\leqslant i\leqslant n}f_i(d_1)=r_{1,i}\wedge f_i(d_2)=r_{2,i}]$$
$$=\prod_{i=1}^{n}\Pr[f_i(d_1)=r_{1,i}\wedge f_i(d_2)=r_{2,i}]=\left(\frac{1}{|R|^2}\right)^n=\frac{1}{|R^n|^2}$$

第二个等式成立,因为函数 $f_1,f_2,\cdots,f_n$ 是从 F 中独立出来的;第三个等式成立,因为 F 是两两独立的。

(b) g 的函数由来自 F 中的 n 个函数 $f_1,f_2,\cdots,f_n$ 定义。因此,为了表示 g,只需表示 n 个函数 $f_1,f_2,\cdots,f_n$,这可以在 nb_F 空间中完成,因为每个函数都可以通过定义用 b_F 位表示。

练习 5-6 解析

如练习 5-6 提示所示,设 F_P 为哈希函数族,它是由引理 5-2 令 $r=\max\{m,n\}$ 时保证存在的。注意,F_P 中的每个函数都是一个从域 $\{0,1\}^{\max(n,m)}$ 到范围 $\{0,1\}^{\max(n,m)}$ 的函数,为了解决这个练习,我们需要将它转换为一个从域 $\{0,1\}^m$ 到范围 $\{0,1\}^n$ 的函数。更正式地说,我们需要使用 F_P 构造一个从域 $\{0,1\}^m$ 到范围 $\{0,1\}^nk$ 向独立的哈希函数族 F。在下面几段中,通过考虑两种情况来做到这一点,这两种情况因 m 和 n 之间假定的关系而有所区别。

我们考虑的第一种情况是 $m\geqslant n$,在这种情况下,F_P 的函数的定义域已经是 $\{0,1\}^m$,因为 $\max\{m,n\}=m$。然而,为了使这些函数的值域为 $\{0,1\}^n$,我们需要将

它们生成的像缩短 $m-n$ 位，例如，我们可以通过删除每个这样的图像的最右边 $m-n$ 位来做到这一点。更正式地说，我们定义一个函数 s，从域 $\{0,1\}^m$ 到范围 $\{0,1\}^n$，如下所示：

$$s(x)=x^{(1)}x^{(2)}\cdots x^{(n)}, \quad \forall x\in\{0,1\}^m$$

使用 s，我们现在可以定义一个新的哈希函数族 $F=\{s\circ f\mid f\in F_P\}$，其中 $\circ$ 是函数的串联操作。我们可以观察到 F 中的每个函数都是从域 $\{0,1\}^m$ 到范围 $\{0,1\}^n$。此外，F 是 k 向独立的，因为对于每 k 个不同的域元素 $d_1,d_2,\cdots,d_k\in\{0,1\}^m$，$k$ 个范围元素 $r_1,r_2,\cdots,r_k\in\{0,1\}^n$，一致随机函数 $f\in F$，一致随机函数 $f_P\in F_P$，此时可认为

$$\Pr[\forall_{1\leqslant i\leqslant k}f(d_i)=r_i]=\Pr[\forall_{1\leqslant i\leqslant k}s(f_P(d_i))=r_i]$$

$$=\Pr[\forall_{1\leqslant i\leqslant k}\exists x\in\{0,1\}^{m-n}f_P(d_i)=r_ix]$$

$$=\sum_{x_1\in\{0,1\}^{m-n}}\sum_{x_2\in\{0,1\}^{m-n}}\cdots\sum_{x_k\in\{0,1\}^{m-n}}\Pr[\forall_{1\leqslant i\leqslant k}f_P(d_i)=r_ix_i]$$

$$=\sum_{x_1\in\{0,1\}^{m-n}}\sum_{x_2\in\{0,1\}^{m-n}}\cdots\sum_{x_k\in\{0,1\}^{m-n}}\frac{1}{|\{0,1\}^m|^k}$$

$$=|\{0,1\}^{m-n}|^k\cdot\frac{1}{|\{0,1\}^m|^k}=\frac{1}{|\{0,1\}^n|^k}$$

其中，第三个等式成立，因为对于 $x_1,x_2,\cdots,x_k\in\{0,1\}^{m-n}$ 的不同选择，得到的事件 $\{\forall_{1\leqslant i\leqslant k}f_P(d_i)=r_ix_i\}$ 是不相交的；倒数第二个等式成立，因为 F_P 是 k 向独立的。

第二种情况下我们认为是 $m\leqslant n$ 的情况。在这种情况下，函数 F_P 的范围已经是 $\{0,1\}^n$，因为 $\max\{m,n\}=n$。然而，为了让这些函数的域为 $\{0,1\}^m$，我们需要扩展输入字符串从 $\{0,1\}^m$ 到 $\{0,1\}^n$ 的字符串。例如，我们可以在输入字符串的末尾加上 $n-m$ 个零。更正式地说，我们定义一个函数 t，从域 $\{0,1\}^m$ 到范围 $\{0,1\}^n$，如下所示：

$$t(x)=x0^{n-m} \quad \forall x\in\{0,1\}^m$$

使用 t，我们现在可以定义一个新的哈希函数族 $F=\{f\circ t\mid f\in F_P\}$。我们可以再次观察到，$F$ 中的每个函数都是从域 $\{0,1\}^m$ 到范围 $\{0,1\}^n$。此外，F 是 k 向独立的，因为对于每 k 个不同的域元素 $d_1,d_2,\cdots,d_k\in\{0,1\}^m$，$k$ 个范围元素 $r_1,r_2,\cdots,r_k\in\{0,1\}^n$，一个一致随机函数 $f\in F$ 和一个一致随机函数 $f_P\in F_P$，此时可认为：

$$\Pr[\forall_{1\leqslant i\leqslant k}f(d_i)=r_i]=\Pr[\forall_{1\leqslant i\leqslant k}f_P(t(d_i))=r_i]=\frac{1}{|\{0,1\}^n|^k}$$

其中，第二个等式成立，因为 F_P 是 k 向独立的，t 的定义保证每当 $d_1,d_2,\cdots,d_k$ 是 $\{0,1\}^m$ 中不同的字符串，字符串 $t(d_1),t(d_2),\cdots,t(d_k)$ 是 $\{0,1\}^n$ 中不同的字符串。

第6章 计算不同令牌的数量

对数据流中的不同令牌进行计数是许多实际应用中的一个重要问题。例如,路由器通常跟踪统计信息,如通过它的数据包中出现的不同 IP 的数量,或已请求的不同 URL 的数量。这个问题的一个更有趣的应用是检测服务器上的拒绝服务攻击。此类攻击通常是来自数量相对有限的计算机或子网络的大量流量,因此,有时可以通过简单计算不同的流量源来检测。

在本章中,我们将研究两种用于估计不同令牌数量的经典流算法。这两种算法都是随机化的,其中较好的一种算法可以以任何期望的精度估计不同令牌的数量。我们将通过讲解这两种算法来补充这些算法,以表明无法通过确定性算法完成此任务。换句话说,我们将展示存在某些精度水平,使得没有确定性流算法能够产生对不同令牌数量的估计。

6.1 AMS 算法

本章介绍的两种算法假设流的令牌是 1 到 m 范围内的整数,其中 m 是算法已知的某个值。此外,为了简单起见,我们还假设 m 为 2 的幂。这些假设通常没有问题,因为在许多应用程序中,我们需要计算的令牌可以很容易地用大小有界的整数表示。例如,IP 地址的大小只有 32 位,因此,IP 地址可以自然地表示为 1 到 2^{32} 之间的数字。

现在,准备描述我们所研究的第一个算法背后的直观思想。考虑集合 $[m]=\{1, 2,\cdots,m\}$ 中的 d 个随机令牌的集合 D。如果 d 很小,那么我们不太可能在 D 中找到二进制表示中有许多尾随零的令牌。然而,随着 d 的变大,我们越来越有可能在 d 中发现二进制表示中有许多尾随零的令牌。因此,D 中任意令牌的二进制表示中尾随零的最大数量可以用来估计 D 中随机令牌的数量 d。此外,还可以观察到这种方法估算的令牌可以使用即使 D 是给我们以数据流的形式,即使流可能包含 D 的每个令牌的多个副本。换句话说,当从 m 个可能令牌的集合中随机选择不同的令牌时,该方法为我们提供了一种估计数据流中不同令牌的数量的方法。

我们仍然需要处理流的不同令牌可能不是随机的这一事实。为了解决这个问题,我们通过一个哈希函数传递令牌。换句话说,我们选择一个哈希函数 h,对于每个令牌 t,我们观察 $h(t)$ 的二进制表示中尾随零的数量,而不是 t 本身的二进制表示中尾随零的数量。如果 h 是一个好的哈希函数,那么它为令牌生成的图像应该看起来像随机值,即使原始令牌本身不是随机选择的。

实现上述直观思想的算法为算法 6-1。该算法通常被称为 AMS 算法。(**注:该**

算法得名于 AMS,因为 AMS 是该算法被首次发表的论文作者的首字母缩写。该论文还介绍了其他一些算法,不幸的是,这些算法通常也被称为"AMS 算法"。因此,将我们在这里研究的算法称为计数不同令牌的 AMS 算法更为准确。)在该算法的伪代码中,我们用 $O(v)$ 表示令牌的二进制表示中尾随零的个数。此外,在该算法和本章介绍的其他一些算法中,我们隐式地假设数据流至少包含一个令牌。空数据流的情况可以很容易地使用额外的逻辑处理,为了简单起见,我们忽略了它。

算法 6-1:AMS 算法

1. 从一个两两独立的哈希函数族 H 中选择一个随机哈希函数 $h:[m] \rightarrow [m]$。

2. $z \leftarrow 0$。

3. 当有更多的令牌这样做:

4. 　让 t 成为下一个令牌。

5. 　$Z \leftarrow \max\{Z, \text{zeros}(h(t))\}$。

6. 返回 $2^{z+1/2}$。

观察 6-1 表明,算法 6-1 的空间复杂度是 m 的多对数,因此为流算法。

观察 6-1: 算法 6-1 的空间复杂度为 $O(\log m)$。

证明: 算法 6-1 的空间复杂度是存储变量 t 和 z 所需的空间加上表示随机哈希函数 h 所需的空间。回想一下,我们假设 m 是 2 的幂。因此,正如我们在第 5 章中看到的,哈希函数 h 只能用 $O(\log m)$ 位来表示,以便适当地选择一个两两独立的哈希函数族 h。此外,由于变量 t 和 z 中可以出现的最大值分别是 m 和 $\log_2 m$,所以这两个变量也可以用 $O(\log m)$ 位表示。

现在开始分析由算法 6-1 得到的估计的质量。这种分析需要一些额外的符号。设 D 是流中不同令牌的集合,设 d 是它们的编号。另外,对于每个值 $0 \leq i \leq \log_2 m$,设 Z_i 是 D 中哈希图像尾部至少有 i 个 0 的令牌的数量。更正式地,

$$Z_i = |\{t \in D \mid \text{zeros}(h(t)) \geq i\}|$$

注意,算法 6-1 中变量 z 的最终值是 Z_i 为非零的 i 的最大值。因此,要得到一个由算法 6-1 产生的答案的质量保证,我们需要证明当 2^i 显著大于 d 时,Z_i 很可能为 0,而当 2^i 显著小于 d 时,Z_i 不可能为 0。推论 6-1 表明的确是这样。引理 6-1 是证明这个推论的第一步。

引理 6-1: 对于 $0 \leq i \leq \log_2 m$,$E[Z_i] = d/2^i$,且 $\text{Var}[Z_i] < d/2^i$。

证明: 对于 $0 \leq i \leq \log_2 m$,令牌 $t \in D$,设 $W_{i,t}$ 为 $h(t)$ 至少有 i 个尾随零的事件指示符。由于 $h(t)$ 是来自 $[m]$ 的随机值,因此 $W_{i,t}$ 取 1 的概率为 2^{-i}。此外,根据定义,

$$Z_i = \sum_{t \in D} W_{i,t} \tag{6.1}$$

因此,通过期望的线性性,我们得到

$$\mathrm{E}[Z_i] = \sum_{t \in D} \mathrm{E}[W_{i,t}] = \sum_{t \in D} 2^{-i} = \frac{|D|}{2^i} = \frac{d}{2^i}$$

在这一点上,我们需要使用哈希函数族 H 的两两独立。注意,这种两两独立意味着总和式(6.1)中的随机变量也是两两独立的,因为它们中的每一个都依赖于一个不同的 h 值。因此,

$$\mathrm{Var}[Z_i] = \sum_{t \in D} \mathrm{Var}[W_{i,t}] = \sum_{t \in D} 2^{-i}(1 - 2^{-i}) < \sum_{t \in D} 2^{-i} = \frac{|D|}{2^i} = \frac{d}{2^i}$$

推论 6 - 1:对于每个常数 $c \geqslant 1$ 和整数 $0 \leqslant i \leqslant \log_2 m$,

(a) 如果 $2^i \geqslant c \cdot d$,$\Pr[Z_i \neq 0] \leqslant 1/c$;

(b) 如果 $2^i \leqslant d/c$,$\Pr[Z_i = 0] \leqslant 1/c$。

证明:首先考虑 $2^i \geqslant c \cdot d$ 的情况。在这种情况下,马尔可夫不等式意味着

$$\Pr[Z_i \neq 0] = \Pr\left[Z_i \geqslant \frac{c \cdot d}{2^i}\right] = \Pr[Z_i \geqslant c \cdot \mathrm{E}[Z_i]] \leqslant \frac{1}{c}$$

现在考虑 $2^i \leqslant d/c$ 的情况。在这种情况下,切比雪夫不等式意味着

$$\Pr[Z_i = 0] = \Pr\left[Z_i \leqslant \mathrm{E}[Z_i] - \frac{d}{2^i}\right] \leqslant \Pr\left[|Z_i - \mathrm{E}[Z_i]| \geqslant \frac{d}{2^i}\right] \leqslant \frac{\mathrm{Var}[Z_i]}{(d/2^i)^2} < \frac{2^i}{d} \leqslant \frac{1}{c}$$

现在,我们准备证明算法 6 - 1 生成的答案的质量保证。

定理 6 - 1:对于每个 $c \geqslant 2$,在概率至少为 $1 - 2/c$ 的情况下,算法 6 - 1 估计其数据流中不同元素的个数 d 达到 $\sqrt{2} \cdot c$ 的乘数(即其输出在 $[d/(\sqrt{2} \cdot c), \sqrt{2} \cdot cd]$ 的范围内)。

证明:回想一下,算法 6 - 1 的输出是 $2^{z+1/2}$,其中 z 是使 Z_i 非零的 i 的最大值。设 L 为满足 $2^L > c \cdot d$ 的最小整数。如果 $L \leqslant \log_2 m$,则推论 6 - 1 表明,Z_L 的值至少有 $1 - 1/c$ 的概率为 0,这意味着对于每个 $i \geqslant L$,有 $Z_i = 0$,因此,

$$2^{z+1/2} \leqslant \sqrt{2} \cdot 2^{L-1} \leqslant \sqrt{2} \cdot cd$$

此外,注意到,当 $L > \log_2 m$ 时,不等式 $2^{z+1/2} \leqslant \sqrt{2} \cdot cd$ 总是成立,因为这里是 $cd \geqslant m$,而 $2^{z+L/2}$ 总是最多为 $\sqrt{2} \cdot m$,因为 z 不能取大于 $\log_2 m$ 的值。

类似地,现在让我们定义 L' 为满足 $2^{L'} < d/c$ 的最大的整数。如果 $L' \geqslant 0$,那么推论 6 - 1 表明,至少有 $1 - 1/c$ 的概率,$Z_{L'}$ 的值是非零的,这意味着

$$2^{z+1/2} \geqslant 2^{L'+1/2} \leqslant 2^{L'+1}/\sqrt{2} \geqslant d/(\sqrt{2} \cdot c)$$

同样,当 $L' \geqslant 0$ 时,不等式 $2^{z+1/2} \geqslant d/(\sqrt{2} \cdot c)$ 成立,因为这里 $d/c \leqslant 1$,而 $2^{z+1/2}$ 至少等于 $\sqrt{2}$,因为 z 不能取小于 0 的值。

通过并界,我们现在得到至少有 $1-2/c$ 的概率,以上两个不等式同时成立。

定理 6-1 表明,使用算法 6-1 产生的估计在一个恒定的概率下,正确且误差在一个恒定的乘法因子内。不幸的是,这个保证是相当弱的,从某种意义上说,如果有人想让算法成功估计出 d 到这个乘法因子的概率接近于 1,那么乘法因子本身必须非常大。使用我们在第 3 章中看到的中位技术,可以在一定程度上缓解这个弱点。

练习 6-1:解释中值技术如何应用于算法 5-1,以得到一个算法。给定参数 $\varepsilon,\delta\in(0,1]$,估计不同令牌的数量 d 达到 $(4+\varepsilon)\sqrt{2}$ 的乘因子,概率至少为 $1-\delta$。你得到的算法的空间复杂度是多少?

在 6.2 节中,我们给出了估计不同令牌数量 d 的第二种算法,它比练习 6-1 中给出的算法有更好的估计保证。然而,在提出第二种算法之前,我们想用两个练习来结束这一节,以便进一步学习。

算法 6-2:备选稀少度测度

1. 从一个两两独立的哈希函数族 H 中选择一个随机哈希函数 $h:[m]\to[m]$。
2. $u\gets m$。
3. 当有更多的令牌这样做:
4. 让 t 成为下一个令牌。
5. $u\gets\min\{u,h(t)\}$。
6. 返回 m/u。

练习 6-2:回想一下,假设 m 是 2 的幂。在算法 6-1 中,为了保证哈希函数 h 有一个紧凑的表示,这个假设是必要的。解释如何修改算法 6-1 以避免这种假设。

练习 6-3:直观地说,算法 6-1 是通过定义一个数字的罕见程度来工作的。一个数字在二进制表示中有越多的零,它就越罕见。然后,该算法使用它遇到的最稀有哈希图像的稀有度作为一个信号,给出关于不同令牌的数量 d 的信息。事实证明,这个想法也可以用在其他衡量稀有程度的方法上。例如,算法 6-2 将一个很小的数字视为稀有。

证明对于每一个 $c\geq 3$,以 $1-2/(c-1)$ 的概率,算法 6-2 估计其数据流中不同元素的个数 d,其估计结果在乘法因子的范围内(即其输出在 $[d/c,cd]$ 范围内)。

6.2 一种改进的算法

在 6.1 节中,我们看到了算法 6-1,并证明了它的弱估计保证。直观地说,我们只能证明这样一个弱保证的原因是算法 6-1 只跟踪一个令牌——在其哈希图像的二进制表示中具有最大尾随零数的令牌。这意味着算法 6-1 完全可以被一个令牌愚弄,而该令牌的哈希表示碰巧有许多尾随零。处理这个问题的一种方法(以增加一点空间复杂度为代价)是存储多个令牌,也就是说,存储其哈希图像尾部有最大数量 0 的令牌集合。这个直观的思想是通过算法 6-3 实现的。我们注意到算法 6-3 得

到了一个参数 $\varepsilon > 0$ 来控制其输出的精度。

算法 6-3：多令牌记忆算法(ε)

1. 从一个两两独立的哈希函数族 H 中选择一个随机哈希函数 $h:[m]\to[m]$。
2. $z \leftarrow 0, B \leftarrow \varnothing$。
3. 当有更多的令牌这样做：
4. 让 t 成为下一个令牌。
5. 如果 $O(h(t)) \geq z$，那么，
6. 　如果 t 不存在 B 中，就把 t 加到 B 上。
7. 当 $B > c/\varepsilon^2$ 时，
8. 　$Z \leftarrow Z+1$。
9. 从 B 中删除每个令牌 t'，使 $O(h(t')) < z$。
10. 返回 $|B| \cdot 2^z$。

算法 6-3 存储的令牌集合用 B 表示。算法也有一个阈值 z，当且仅当其哈希图像的二进制表示中尾部至少有 z 个零时，令牌才会存储在 B 中。为了保证它的空间复杂度，算法不能让集合 B 变得太大。因此，当 B 的大小超过 c/ε^2 的阈值时(c 是一个常数，我们稍后将其值设置为 576)，算法增加 z，并相应地从 B 中删除令牌。

我们从分析算法 6-3 的空间复杂度开始研究。

练习 6-4：证明算法 6-3 的空间复杂度为 $O(\varepsilon^{-2} \cdot \log m)$，并且当 ε 为常数时，算法 6-3 为流算法。

我们的下一个目标是证明算法 6-3 的估计保证。为了达到这个目的，我们再次需要上面定义的随机变量 Z_i。回想一下，Z_i 是 D 中的符号的数量，它的哈希图像后面至少有 i 个零。更正式的说法是

$$Z_i = |\{t \in D \,|\, zeros(h(t)) \geq i\}|$$

设 r 表示算法 6-3 中变量 z 的最终值，则算法 6-3 的输出为 $2^r \cdot Z_r$。因此，我们需要证明这个表达式接近 d 的概率很大。我们注意到，根据引理 6-1，对于 $0 \leq i \leq \log_2 m$，Z_i 的期望值是 $d/2^i$，因此，$2^i \cdot Z_i$ 的期望值是 d，因此，如果对于所有 i 的相关值，表达式 $2^i \cdot Z_i$ 接近它的期望的概率很大，那么我们就做完了。不幸的是，我们无法证明这样一个强有力的主张。困难的来源是，对于 i 变量较大的值，变量 Z_i 趋于非常小，因此，不能很好地集中。

观察 6-2 解决了上述问题，它表明 r（z 的最终值）不太可能取很大的值，这意味着对于较大的 i，Z_i 的值很少影响算法 6-3 的输出。观测值 s 被定义为唯一符合下式的整数：

$$\frac{12}{\varepsilon^2} \leq \frac{d}{2^s} < \frac{24}{\varepsilon^2}$$

观察 6-2：如果 $s \geq 1$，则 $\Pr[r \geq s] \leq 48/c$。因此，当 $c=576$ 时，得到 $\Pr[r \geq s] \leq$

1/12。

证明: 由马尔可夫不等式,我们得到

$$\Pr[r \geq s] = \Pr[Z_{s-1} > c/\varepsilon^2] = \Pr\left[Z_{s-1} > \frac{c2^{s-1}}{\varepsilon^2 d} \cdot \mathrm{E}[Z_{s-1}]\right]$$

$$\leq \frac{\varepsilon^2 d}{c2^{s-1}} = \frac{2\varepsilon^2}{c} \cdot \frac{d}{2^s} < \frac{2\varepsilon^2}{c} \cdot \frac{24}{\varepsilon^2} = \frac{48}{c}$$

根据 s 的定义,最后一个不等式成立。

现在证明,对于 $i < s$,变量 Z_i 集中足够强,因此,对于这样的 i 值,表达式 $2^i \cdot Z_i$ 在同一时间都接近它们的期望有显著的概率。

引理 6-2: 对于 $0 \leq i < s$,$|2^i \cdot Z_i - d| < \varepsilon d$ 的概率至少为 11/12。

证明: 回想一下,由引理 6-1,$\mathrm{Var}[Z_i] < d/2^i$。因此,根据切比雪夫不等式,对于每一个 $0 \leq i \leq s$,我们得到

$$\Pr[|2^i \cdot Z_i - d| \geq \varepsilon d] = \Pr[|2^i \cdot Z_i - \mathrm{E}[2^i \cdot Z]| \geq \varepsilon d]$$

$$\leq \frac{\mathrm{Var}[2^i \cdot Z_i]}{(\varepsilon d)^2} = \frac{2^{2i} \cdot \mathrm{Var}[Z_i]}{(\varepsilon d)^2} < \frac{2^i}{\varepsilon^2 d}$$

因此,根据并集界,对于任意 $0 \leq i \leq s$,$|2^i \cdot Z_i - d| \geq \varepsilon d$ 的概率最大为

$$\sum_{i=0}^{s-1} \frac{2^i}{\varepsilon^2 d} < \frac{2^s}{\varepsilon^2 d} = \varepsilon^{-2} \cdot \left(\frac{d}{2^s}\right)^{-1} \leq \varepsilon^{-2} \cdot \left(\frac{12}{\varepsilon^2}\right)^{-1} = \frac{1}{12}$$

根据 s 的定义,最后一个不等式成立。

现在我们可以结束对算法 6-3 的分析了。

定理 6-2: 算法 6-3 估计 d 最大相对误差为 ε,概率至少为 5/6。

证明: 我们的目标是证明 $\Pr[|2^r \cdot Z_r - d| \leq \varepsilon d] \geq 5/6$。根据 s 的值可以考虑两种情况:如果 $s \leq 0$,则由 s 的定义和 c 的值得到

$$d < \frac{24}{\varepsilon^2} \cdot 2^s \leq \frac{c}{\varepsilon^2}$$

这意味着在算法 6-3 执行过程中,B 永远不会大于 c/ε^2,因此变量 z 不会从其初始值 0 开始增大。因此,z 的最终值用 r 表示,也是 0。此外,注意 Z_0 从 D 中计算哈希图像尾部至少有 0 的令牌的数量。显然,D 的所有记号都服从这个判据,因此,$Z_0 = |D| = d$。结合以上观察,我们得到,当 $s \leq 0$ 时,表达式 $2^r \cdot Z_r$ 确定性地等于 d。

$s \geq 1$ 的情况仍有待考虑。注意,在这种情况下,根据全概率定律,我们有

$$\Pr[|2^r \cdot Z_r - d| > \varepsilon d]$$

$$= \Pr[r < s] \cdot \Pr[|2^r \cdot Z_r - d| > \varepsilon d | r < s] + \Pr[r \geqslant s] \cdot \Pr[|2^r \cdot Z_r - d| > \varepsilon d | r \geqslant s]$$

$$\leqslant \Pr[|2^r \cdot Z_r - d| > \varepsilon d \land r < s] + \Pr[r \geqslant s]$$

$$\leqslant \Pr[\exists_{0 \leqslant i < s} |2^i \cdot Z_i - d| > \varepsilon d] + \Pr[r \geqslant s] \leqslant \left(1 - \frac{11}{12}\right) + \frac{1}{12} = \frac{1}{6}$$

其中最后一个不等式来自观察 6 - 2 和引理 6 - 2。

算法 6 - 4：替代稀少度测度(ε)

1. 从一个两两独立的哈希函数族 H 中选择一个随机哈希函数 $h:[m] \rightarrow [m]$。

2. $B \leftarrow \varnothing$。

3. 当有更多的令牌这样做：

4. 　让 t 成为下一个令牌。

5. 　如果 B 中不存在 t，就把 t 加到 B 上。

6. 　如果 $|B| \geqslant c/\varepsilon^2$，那么，

7. 　　从 B 中删除一个令牌 t' 最大化 $h(t')$。

8. 设 u 是 B 中的令牌，使 $h(u)$ 最大化。

9. 如果 $|B| \geqslant c/\varepsilon^2$，那么，

10. 　返回 $mc/(\varepsilon^2 \cdot h(u))$

11. 否则，

12. 　返回 $|B|$。

练习 6 - 5：回想一下，我们可以直观地将算法 6 - 1 看作是存储它遇到的最稀有令牌的算法，其中令牌的稀有性定义为其哈希图像的二进制表示中尾随零的数量。从这个角度来看，算法 6 - 3 使用了相同的稀缺性定义，但与算法 6 - 1 不同的是，它存储了一组稀缺性令牌，而不是只存储最稀缺性的令牌。在这个练习中，我们将看到这种存储多个稀有令牌的想法也可以用于其他稀有程度的测量。具体来说，我们研究了算法 6 - 4，它将这一思想应用到算法 6 - 2 所使用的稀缺性表示法中（在这里，如果一个令牌的哈希图像是一个小数字，那么它就被认为是稀有的）。

算法 6 - 4 得到一个精度参数 $\varepsilon > 0$，并保持一个包含散列图像最小的 c/ε^2 令牌的集合 B（其中 c 是某个常数，为简单起见，我们假设 c/ε^2 是一个整数）。如果算法不设法填补 B（即有小于 c/ε^2 令牌），则返回 B 的大小；否则，它将返回值 $mc/(\varepsilon^2 \cdot h(u))$，其中 $h(u)$ 是在 B 中的最大的哈希图像的令牌 。证明对于 $c = 12$ 和 $\varepsilon \in (0,1)$；算法 6 - 4 以至少 2/3 的概率估计显著令牌数 d 的相对误差为 ε。

我们以以下两点来结束本节：

• 观察到算法 6 - 3 和算法 6 - 4 都估计了不同令牌的数量 d，其相对误差为 ε，且概率大于 1/2。使用中值技术可以增加这个概率到 $1 - \delta$，$\delta \in (0,1)$，代价是将它们的空间复杂度增大为 $O(\log \delta^{-1})$ 倍。如果你不确定为什么是这样，请重新学习练

习6-1的解决方案。

• 通过在集合 B 中存储原始令牌的压缩版本,可以提高算法6-3的空间复杂度。每个令牌 t 的压缩版本都由两部分组成:$O(h(t))$ 的值(只需要 $O(\log\log m)$ 位)和第二个哈希函数 g 的值 $g(t)$,g 将令牌从 $[m]$ 映射到一个更小的空间。如果 g 的范围足够小,那么令牌的压缩版本可以使用比原始令牌少得多的比特来表示,从而降低算法的空间复杂度。注意,$O(h(t))$ 的值必须是压缩版本的一部分,因为算法6-3使用了它。$g(t)$ 也是压缩版本的一部分的原因更加微妙。如果添加到 B 中的两个不同的令牌具有相同的压缩版本,则算法6-3的分析将失败,因为这意味着算法无法确定已添加到 B 中的不同令牌的数量。因此,$g(t)$ 的作用是使这样的碰撞足够小的概率。对算法6-3可能修改的形式分析超出了本书的范围。然而,我们注意到,通过从一个适当的哈希函数族中随机选择 g,可以得到一个算法,该算法以至少为2/3的概率使用为 $O(\log m + \varepsilon^{-2}(\log\varepsilon^{-1} + \log\log m))$ 的空间复杂度,相对误差估计不同令牌的数量 d,对于每个 $\varepsilon\in(0,1)$。

6.3　不可能的结果

在前几节中,我们已经看到了两种用于估计不同令牌的数量 d 的随机算法,其中较好的一种算法可以生成一个相对误差为 ε 的估计,该误差 ε 任意接近于 0。在本节中,我们补充这些算法,说明任何具有相同保证的确定性算法都必须使用 $\Omega(m)$ 内存。我们从以下更容易证明的主张开始。

定理6-3:每个确定性数据流算法用于计算确切数量的 d 个不同令牌的空间复杂度至少为 m。

证明:假设存在一个确定性的数据流算法 ALG,它使用不到 m 位的内存精确地计算其流中不同令牌的数量 d。设 $2^{[m]}$ 为所有的子集 $[m]$ 的集合,对于每一个集合 $S\in 2^{[m]}$,用 σ_S 表示由 S 中任意(但固定)顺序的元素组成的数据流,用 M_S 表示 ALG 收到 σ_S 后的内存状态。

需要注意的重要一点是,$2^{[m]}$ 的大小是 2^m,但根据我们的假设,M_S 可以用小于 m 位表示,因此,可以取小于 $2m$ 的不同值。由鸽子洞原理,我们得到至少存在两个集合 $S,T\in 2^{[m]}$ 使 S 不等于 T 而 $M_S=M_T$。不失一般性地,假设 T 不包含于 S(否则可以交换 S 和 T 的角色)。现在考虑两个数据流:数据流 σ_1 是通过将两个 σ_S 的副本连接起来得到的,而数据流 σ_2 是通过将 σ_T 和 σ_S 依次连接起来得到的。由于 ALG 读取 σ_S 或 σ_T 后的内存内容是相同的,因此,它不能区分 σ_1 和 σ_2 数据流,必须为这两个流输出相同的输出。

要理解为什么这是矛盾的,请注意,σ_1 只包含 S 的令牌,因此,与 σ_2 相比,σ_1 只包含 $S\cup T$ 的所有令牌(它是 S 的严格超集,因为 T 不包含于 S),它的不同符号更少。

观察到定理6-3只适用于确定性算法,只有估计 d。直观地说,原因是,集 S 和

T 可能非常相似,以至于无法区分算法无法区分他们。因此,为了得到与定理 6-3 类似的结果,对于那些估计出 d 的算法,我们必须找到一个大集合,使集合中每两个集合的交集的大小要比集合本身小得多。引理 6-3 就证明了这样一个集合的存在。

引理 6-3:对于每一个整数,常数 $c \geqslant 1$ 和一个足够大的值 m,且 m 足以被 c 整除,则存在一个集合 $C_m \subseteq 2^{[m]}$,其大小至少为 $2^{m/c'}$,其中 c' 是一个仅依赖于 c 的正常数,即

- C_m 中的每个集合的尺寸为 m/c;
- 以 C_m 为单位的每两个集合的交点的大小不大于 $2m/c^2$。

练习 6-6:证明,对于每个 $\varepsilon \in (0, \sqrt{2}-1)$,用于估计乘因子为 $\sqrt{2}-\varepsilon$ 的不同令牌的数量 d 的每个确定性数据流算法,其空间复杂度至少为 $\Omega(m)$。**提示**:该证明与定理 6-3 的证明非常相似,但其使用引理 6-3 承诺存在的集合,而不是集合 $2^{[m]}$。

还需要证明引理 6-3。

证明:让我们将 $[m]$ 的令牌以任意方式划分为大小为 c 的 m/c 桶。现在可以定义一个随机集合 R,它包含来自每个桶的一个统一随机的单个令牌。可以观察到,R 的大小总是 m/c。

现在考虑两个独立的随机集合 R_1 和 R_2 具有与 R 相同的分布,设 X_i 是 R_1 和 R_2 包含 $1 \leqslant i \leqslant m/c$ 的相同 i 令牌事件的指示器。请注意,

$$|R_1 \bigcap R_2| = \sum_{i=1}^{m/c} X_i$$

此外,变量 $X_1, X_2, \cdots, X_{m/c}$,所有变量取 1 的概率都是 $1/c$,且为独立的。因此,由切尔诺夫界可知,

$$\Pr\left[|R_1 \bigcap R_2| \geqslant \frac{2m}{c^2}\right] = \Pr\left[\sum_{i=1}^{m/c} X_i \geqslant \frac{2m}{c^2}\right]$$

$$= \left[\sum_{i=1}^{m/c} X_i \geqslant 2 \cdot \mathrm{E}\left[\sum_{i=1}^{m/c} X_i\right]\right] \leqslant \mathrm{e}^{-\mathrm{E}\left[\sum_{i=1}^{m/c} X_i\right]/3} = \mathrm{e}^{-m/(3c^2)}$$

如果现在取一个集合 C,它有 $\lceil 2^{m/(7c^2)} \rceil$ 个独立的随机集,它们都像 R 一样分布,那么通过最后一个不等式和并界我们得到

$$\Pr\left[\exists_{R_1, R_2 \in c} R_1 \bigcap R_2 \geqslant \frac{2m}{c^2}\right] \leqslant \binom{|C|}{2} \cdot \mathrm{e}^{-m/(3c^2)}$$

$$\leqslant \frac{(\lceil 2^{m/(7c^2)} \rceil)^2}{2} \cdot \mathrm{e}^{-m/(3c^2)} \leqslant \frac{(2^{m/(6c^2)})^2}{2} \cdot \mathrm{e}^{-m/(3c^2)}$$

$$\leqslant 2^{m/(3c^2)} \cdot \mathrm{e}^{-m/(3c^2)} < 1$$

当 m 足够大时,第三个和最后一个不等式成立。

注意,我们已经证明,当集合 C 有大于 0 的概率时,其具有我们需要 C_m 有的所有属性(对于 $c'=7c^2$)。因此,必须存在一个集合,该集合具有 C_m 所需的所有属性(注:这是一个更一般的方法,被称为概率方法,用来证明各种物体的存在。在这种方法中,证明者给出了一个分布,并表明从这个分布中得出的对象具有一些非零概率的性质,也就意味着具有这些性质的对象的存在。注意,在这里给出的证明中,随机对象实际上具有所需的高概率属性(因为 $2^{m/(3c^2)} \cdot e^{-m/(3c^2)}$ 随着 m 的增加而趋于 0)。然而,一般来说,即使随机对象具有所要求的属性的概率很低,概率方法也能工作)。

6.4　文献说明

存储哈希图像最稀有的令牌的直观想法可以追溯到 Flajolet 和 Martin(1985)的工作。然而,Flajolet 和 Martin(1985)的工作假设可以访问具有非常强属性的哈希函数家族,而且目前还没有这样的哈希函数家族的已知构造,允许对单个哈希函数使用较小的表示。这激发了 Alon 等人(1999)的工作,他们提出了本章的算法 6-1(或者更准确地说,是本章的算法 6-1 的一个小变体,具有大致相同的保证)。

本章算法 6-1 的保证在一系列的工作中得到了改进,其中我们只提到了两个。Bar - Yossef 等人(2004)提出了三种计算不同令牌数量的算法,其中最好的是本章的算法 6-3 压缩集合 B 中的令牌。值得一提的是,本章的算法 6-4 是 Bar - Yossef 等人(2004)提出的另一种算法的变体。Kane 等人(2010)提出了目前已知的最佳算法,用于估计不同元素的数量。对于每个 $\varepsilon > 0$,概率为 2/3 只使用空间的复杂性 $O(\varepsilon^{-2} + \log m)$。像往常一样,中位数技巧可以用来增加成功的概率估计为 $1-\delta$,$\delta \in (0,1)$,代价是增加了空间复杂度 $O(\log \delta^{-1})$ 倍。

Kane 等人(2010)的算法由于有两个下界,在很强的意义上被认为是最优的。一方面,Alon 等人(1999)证明,估计不同令牌的数量的相对误差达到 0.1 需要 $\Omega(\log m)$ 空间。另一方面,Woodruff(2004)证明,对于 $\varepsilon = \Omega(m^{-1/2})$,估计不同令牌的数量达到 ε 的相对误差需要 $\Omega(\varepsilon^2)$ 空间。

[1] Alon N, Matias Y, Szegedy M. The Space Complexity of Approximating the Frequency Moments. Journal of Computer and System Sciences,1999,58(1): 137 - 147.

[2] Bar - Yossef Z, Jayram T S, Kumar R, et al. Counting Distinct Elements in a Data Stream. In Proceedings of the 6th International Workshop on Randomization and Approximation Techniques in Computer Science (RANDOM),2004:128 - 137.

[3] Flajolet P, Martin G N. Probabilistic Counting Algorithms for Data Base Applications. Journal of Computer and System Sciences,1985,31: 182 - 209.

[4] Kane D M, Nelson J, Woodruff D P. An Optimal Algorithm for the Dis-

tinct Elements Problem. In Proceeding of the 29th ACM SIGMOD – SIGACT – SIGART Symposium on Principles of Database Systems (PODS)，2010，41 – 52.

[5] Woodruff D P. Optimal Space Lower Bounds for all Frequency Moments. In Proceedings of the 15th Annual ACM — SIAM Symposium on Discrete Algorithms (SODA)，2004：167 – 175.

练习解析

练习 6 – 1 解析

为了应用中值技术，我们运行多个并行副本的算法 6 – 1，并输出这些副本产生的结果的中值。在形式上，我们将中值技术应用于算法 6 – 1，得到的算法就是算法 6 – 5。稍后，我们将根据 ε 和 δ 的值来选择参数 C 的值。

算法 6 – 5：多副本中位数算法 6 – 1(C)

1. 初始化算法 6 – 1 的 C 副本，每个副本使用独立的随机性。

2. 每当输入流的令牌到达时，将其转发给算法 6 – 1 的所有副本。

3. 对于每 $1 \leqslant i \leqslant C$，设 d_i 为第 i 个副本的输出。

4. 返回值 $d_1, d_2, \cdots, d_C$ 的中位数。

回想一下，当每个副本的输出概率大于 $1/2$ 时，中值技术将起作用。在我们的例子中，我们希望估计在 $(4+\varepsilon)\sqrt{2}$ 的乘法因子下是正确的，并且根据定理 6 – 1，算法 6 – 1 的每个副本产生的估值正确的概率至少为

$$1 - \frac{2}{4+\varepsilon} = \frac{2+\varepsilon}{4+\varepsilon} = \frac{1}{2} + \frac{\varepsilon/2}{4+\varepsilon} = \frac{1}{2} + \frac{\varepsilon}{2(4+\varepsilon)} \geqslant \frac{1}{2} + \frac{\varepsilon}{10}$$

其中，不等式在 $\varepsilon \leqslant 1$ 时成立。因此，在这种情况下，我们确实可以应用中值技术。

对于每个 $1 \leqslant i \leqslant C$，设 X_i 是一个指标，表示算法 6 – 1 的第 i 个副本产生了一个 $d_i(d)$ 的估计值的事件，这个估计值在 $(4+\varepsilon)\sqrt{2}$ 的乘数范围内是不正确的，即 d_i 在这个范围之外，

$$\left[\frac{d}{(4+\varepsilon)\sqrt{2}}, d \cdot (4+\varepsilon)\sqrt{2} \right] \tag{6.2}$$

注意，如果 $d_1, d_2, \cdots, d_C$ 超过一半的值在这个范围内，那么它们的中值也必须在这个范围内。因此，算法 6 – 5 的输出不属于该范围的概率上限为

$$\Pr\left[\sum_{i=1}^{C} X_i \geqslant C/2 \right] \tag{6.3}$$

观察指标 $X_1, X_2, \cdots, X_C$ 是具有相同分布的独立指标(即它们都以相同的概率取 1)。此外,通过上述讨论,这些指标中每一个取 1 的概率最多为 $1/2 - \varepsilon/10$。因此,对于 $p \in [0, 1/2 - \varepsilon/10]$,它们的和是一个具有二项分布 $B(C, p)$ 的随机变量。显然,当 p 等于其范围的上界时,概率(见式(6.3))最大。因此,我们可以假设这就是证明的其余部分。在切尔诺夫边界,我们现在得到

$$
\Pr\left[\sum_{i=1}^{C} X_i \geqslant C/2\right] = \Pr\left[\sum_{i=1}^{C} X_i \geqslant \frac{1}{2p} \cdot pC\right]
$$

$$
= \Pr\left[\sum_{i=1}^{C} X_i \geqslant \frac{1}{1 - \varepsilon/5} \cdot pC\right] \leqslant \Pr\left[\sum_{i=1}^{C} X_i \geqslant \left(1 + \frac{\varepsilon}{5}\right) \cdot pC\right]
$$

$$
= \Pr\left[\sum_{i=1}^{C} X_i \geqslant \left(1 + \frac{\varepsilon}{5}\right) \cdot E\left[\sum_{i=1}^{C} X_i\right]\right]
$$

$$
\leqslant e^{-\left(\frac{\varepsilon}{5}\right)^2 E\left[\sum_{i=1}^{C} X_i\right]/3} = e^{-\frac{\varepsilon^2}{75} \cdot pC} \leqslant e^{-2\varepsilon^2 C/375}
$$

换句话说,我们看到,在概率至少为 $1 - e^{-2\varepsilon^2 C/375}$ 的情况下,算法 6-5 输出的 d 的正确估计达到 $(4+\varepsilon)\sqrt{2}$(即一个落在范围(见式(6.2))内的值)。回想一下,我们希望这个概率至少是 $1-\delta$,这可以通过选择 $C = \lceil 188 \cdot \varepsilon^{-2} \cdot \ln \delta^{-1} \rceil$ 来保证。

算法 6-5 的空间复杂度还有待分析。算法 6-5 使用了 $O(\varepsilon^{-2} \cdot \log \delta^{-1})$ 份算法 6-1 的副本,并且根据观察 6-1,这些副本中的每一个都使用了 $O(\log m)$ 的空间。因此,算法 6-5 的总空间复杂度为 $O(\varepsilon^{-2} \cdot \log \delta^{-1} \cdot \log m)$。请注意,对于任何固定的 ε 值,这个空间复杂度比算法 6-1 的空间复杂度大 $O(\log \delta^{-1})$ 倍。

练习 6-2 解析

算法 6-1 要求整数 m 具有两个性质。首先,它需要是 2 的幂;其次,流的每个令牌都应属于 1 到 m 的范围。注意,由定义知道 m 有第二个属性。然而,它可能会违反第一个性质。为了解决这个问题,让我们定义 m' 为大于 m 的 2 的最小次幂。显然,m' 有上面的两种属性,因此,如果将算法 6-1 中每个 m 的引用替换为 m' 的引用,则算法 6-1 中的定理 6-1 的保证仍然成立。

综上所述,通过上述替换,我们得到了算法 6-1 的改进版本,它与原版本具有相同的保证,但不需要假设 m 是 2 的幂。此修改版本的空间复杂度为 $O(\log m') = O(\log m)$,自 $m' \leqslant 2m$ 起等式成立。

练习 6-3 解析

对于每一个值 $x \in [0, m]$,设 U_x 为 D 中哈希图像小于或等于 x 的令牌个数,另外,对于每一个令牌 $t \in D$,设 $W_{x,t}$ 为 $h(t) \leqslant x$ 的事件指示符,可以观察到

$$
U_x = \sum_{t \in D} W_{x,t}
$$

最后一个和中的每一个指示器都取 1 的概率值为 $\lfloor x \rfloor / m$。因此,通过期望的线

性性,我们得到 $\mathrm{E}[U_x]=d\lfloor x\rfloor/m$。此外,哈希函数族 H 的两两独立意味着最后一个和中的指示器两两独立,因为它们中的每一个都依赖于一个不同的 H 值。因此,

$$\mathrm{Var}[U_x]=\sum_{t\in D}\mathrm{Var}[W_{x,t}]=\sum_{t\in D}\frac{\lfloor x\rfloor}{m}\Big(1-\frac{\lfloor x\rfloor}{m}\Big)\leqslant\sum_{t\in D}\frac{\lfloor x\rfloor}{m}=\frac{d\lfloor x\rfloor}{m}$$

现在,我们准备计算算法 6-2 产生较大估计误差的概率上限。首先,让我们估算算法输出大于 cd 的数字的概率上限。如果 $cd>m$,那么这是不可能发生的,因为变量 u 永远不能取小于 1 的值;而如果 $cd\leqslant m$,则算法 6-2 只有在 $U_{m/(cd)}$ 非零的情况下才能输出一个大于 cd 的数,因此足以计算该事件发生的概率上界。由马尔可夫不等式,我们得到

$$\begin{aligned}\mathrm{Pr}[U_{m/(cd)}>0]&=\mathrm{Pr}[U_{m/(cd)}\geqslant 1]\\&=\mathrm{Pr}\Big[U_{m/(cd)}\geqslant\frac{m}{d\lfloor m/(cd)\rfloor}\cdot\mathrm{E}[U_{m/(cd)}]\Big]\\&\leqslant\frac{d\lfloor m/(cd)\rfloor}{m}\leqslant\frac{dm/(cd)}{m}=\frac{1}{c}\end{aligned}$$

接下来,我们设算法输出一个小于 d/c 的数字的概率的上界。如果 $d/c<1$,则不可能发生这种情况,因为变量 u 不能取大于 m 的值;相反,如果 $d/c\geqslant 1$,则只有当 $U_{mc/d}=0$ 时,算法 6-2 才能输出大于 d/c 的数。因此,再次上限估算此事件的概率就足够了。通过切比雪夫不等式,我们得到

$$\begin{aligned}\mathrm{Pr}[U_{mc/d}=0]&=\mathrm{Pr}\Big[U_{mc/d}\leqslant\mathrm{E}[S_{mc/d}]-\frac{d\lfloor mc/d\rfloor}{m}\Big]\\&\leqslant\mathrm{Pr}\Big[|U_{mc/d}-\mathrm{E}[U_{mc/d}]|\geqslant\frac{d\lfloor mc/d\rfloor}{m}\Big]\\&\leqslant\frac{\mathrm{Var}[U_{mc/d}]}{(d\lfloor mc/d\rfloor/m)^2}\leqslant\frac{d\lfloor mc/d\rfloor/m}{(d\lfloor mc/d\rfloor/m)^2}\\&=\frac{m}{d\lfloor mc/d\rfloor}\leqslant\frac{m}{d(mc/d-1)}=\frac{1}{c-d/m}\leqslant\frac{1}{c-1}\end{aligned}$$

使用联合界,我们现在得到算法 6-2 的输出超出范围 $[d/c,cd]$ 的概率最多为 $2/(c-1)$。

练习 6-4 解析

算法 6-3 的空间复杂度是存储变量 t 和 z 所需的空间加上表示随机哈希函数 h 和集合 b 所需的空间。回想一下,我们假设 m 是 2 的幂。因此,正如我们在第 5 章中看到的,哈希函数 h 可以只用 $O(\log m)$ 位来表示,以便适当地选择一个两两独立的哈希函数族 H。此外,由于变量 t 和 z 中可以出现的最大值分别是 m 和 $\log 2m$,所以这两个变量也可以用 $O(\log m)$ 位表示。它仍然需要限制表示集合 B 所需的空间。这个集合的大小永远不大于 c/ε^2+1,其中的每个元素都是 1 到 m 之间的数字

（因此，可以用 $O(\log m)$ 位来表示）。因此，表示集合 B 需要 $O(\varepsilon^{-2} \cdot \log m)$ 位，而这一项支配着整个算法的空间复杂度。

练习 6 – 5 解析

如果 $d < c/\varepsilon^2$，则算法 6 – 4 将 D 的所有令牌存储在集合 B 中（因为该集合从未达到其最大值 c/ε^2），然后返回该集合的大小作为输出。因此，当 $d < c/\varepsilon^2$ 时，算法 6 – 4 总是输出正确的 d 值。在其余的证明中，我们考虑了 $d \geqslant c/\varepsilon^2$ 的情况。注意，在这种情况下，算法 6 – 4 的输出为 $mc/(\varepsilon^2 \cdot h(u))$，其中 $h(u)$ 是算法终止时 B 中出现的任何令牌的最大哈希图像。

现在我们需要两个引理。

引理 6 – 4：$\Pr[mc/(\varepsilon^2 \cdot h(u)) > (1+\varepsilon)d] \leqslant 1/6$。

证明：观察到证明引理与证明下式是等价的：

$$\Pr\left[h(u) < \frac{mc}{\varepsilon^2(1+\varepsilon)d}\right] \leqslant \frac{1}{6}$$

设 X 为随机变量，表示 D 中哈希图像小于 $mc/[\varepsilon^2(1+\varepsilon)d]$ 的令牌数。注意，$h(u)$ 小于 $mc/[\varepsilon^2(1+\varepsilon)d]$，当且仅当 D 中至少存在 c/ε^2 令牌时，其哈希图像小于该值。因此，我们可以用 X 将最后一个不等式改写为

$$\Pr\left[X \geqslant \frac{c}{\varepsilon^2}\right] \leqslant \frac{1}{6}$$

因此，我们需要证明 X 的集中界。对于每个令牌 $t \in D$，设 X_t 是 $h(t) < mc/[\varepsilon^2(1+\varepsilon)d]$ 事件的指示符，则由定义

$$X = \sum_{t \in D} X_t$$

此外，指标 X_t 是两两独立的，因为哈希函数族 H 是两两独立的，而且每一个指标取 1 的概率为

$$p = \frac{\lceil mc/[\varepsilon^2(1+\varepsilon)d] \rceil - 1}{m} \leqslant \frac{c}{\varepsilon^2(1+\varepsilon)d} \tag{6.4}$$

因此，X 的期望和方差分别为

$$E[X] = \sum_{t \in D} E[X_t] = \sum_{t \in D} p = dp$$

$$Var[X] = \sum_{t \in D} Var[X_t]$$

$$= \sum_{t \in D} p(1-p) \leqslant dp$$

根据切比雪夫不等式，我们现在得到

$$\Pr\left[X \geqslant \frac{c}{\varepsilon^2}\right] = \Pr\left[X \geqslant (\mathrm{E}[X] - dp) + \frac{c}{\varepsilon^2}\right]$$

$$\leqslant \Pr\left[|X - \mathrm{E}[X]| \geqslant \frac{c}{\varepsilon^2} - dp\right] \leqslant \frac{\mathrm{Var}[X]}{(c/\varepsilon^2 - dp)^2}$$

$$\leqslant \frac{dp}{(c/\varepsilon^2 - dp)^2} \leqslant \frac{dc/[\varepsilon^2(1+\varepsilon)d]}{(c/\varepsilon^2 - dc/[\varepsilon^2(1+\varepsilon)d])^2}$$

$$= \frac{\varepsilon^2(1+\varepsilon)}{c((1+\varepsilon)-1)^2} = \frac{(1+\varepsilon)}{c} \leqslant \frac{1}{6}$$

这里倒数第二个不等式是通过代入式(6.4)给出的 p 的上界得到的,最后一个不等式是由 c 的值和 $\varepsilon < 1$ 这一事实得到的。

引理 6 - 5:$\Pr[mc/(\varepsilon^2 \cdot h(u)) > (1-\varepsilon)d] \leqslant 1/6$。

证明:观察引理与证明下式是等价的:

$$\Pr\left[h(u) > \frac{mc}{\varepsilon^2(1-\varepsilon)d}\right] \leqslant \frac{1}{6}$$

如果 $mc/[\varepsilon^2(1-\varepsilon)d] \geqslant m$,那么这是微不足道的,因为 $h(u)$ 只取 1 到 m 之间的值。因此,我们可以假设 $mc/[\varepsilon^2(1-\varepsilon)d] < m$。设 X 为随机变量,表示 D 中哈希图像小于或等于 $mc/[\varepsilon^2(1-\varepsilon)d]$ 的令牌数。注意,$h(u)$ 大于 $mc/[\varepsilon^2(1-\varepsilon)d]$,当且仅当 D 中有小于 c/ε^2 的令牌,其哈希图像小于或等于该值。因此,我们可以用 X 将最后一个不等式改写为

$$\Pr\left[X < \frac{c}{\varepsilon^2}\right] \leqslant \frac{1}{6}$$

因此,我们需要证明 X 的浓度界。对于每个令牌 $t \in D$,设 X_t 是 $h(t) \leqslant mc/[\varepsilon^2(1-\varepsilon)d]$ 事件的指示符,则由定义可知,

$$X = \sum_{t \in D} X_t$$

此外,指标的 X_t 是成对独立的,因为哈希函数族 H 是成对独立的,每个指示符都以概率取值 1,

$$p = \frac{\lfloor mc/[\varepsilon^2(1-\varepsilon)d] \rfloor}{m} \geqslant \frac{c}{\varepsilon^2(1-\varepsilon)d} - \frac{1}{m} \tag{6.5}$$

$$\geqslant \frac{c-\varepsilon^2}{\varepsilon^2(1-\varepsilon)d} \geqslant \frac{c(1-\varepsilon^2)}{\varepsilon^2(1-\varepsilon)d} = \frac{c(1+\varepsilon)}{\varepsilon^2 d}$$

其中,倒数第二个不等式成立,因为 $m \geqslant d \geqslant (1-\varepsilon)d$;最后一个不等式成立,因为 $c \geqslant 1$。与引理 6 - 4 的证明一样,我们可以将 X 的期望和方差限制为

$$E[X] = \sum_{t \in D} E[X_t] = \sum_{t \in D} p = dp$$

$$Var[X] = \sum_{t \in D} Var[X_t]$$

$$= \sum_{t \in D} p(1-p) \leqslant dp$$

根据切比雪夫不等式,我们得到

$$\Pr\left[X < \frac{c}{\varepsilon^2}\right] = \Pr\left[X < (E[X] - dp) + \frac{c}{\varepsilon^2}\right]$$

$$\leqslant \Pr\left[|X - E[X]| \geqslant dp - \frac{c}{\varepsilon^2}\right] \leqslant \frac{Var[X]}{(dp - c/\varepsilon^2)^2}$$

$$\leqslant \frac{dp}{(dp - c/\varepsilon^2)^2} = \frac{1}{dp(1 - c/(\varepsilon^2 dp))^2}$$

利用式(6.5)给出的 p 的下界,我们可以得到最后一个不等式最右边分母的下界,即

$$dp\left(1 - \frac{c}{\varepsilon^2 dp}\right)^2 \geqslant \frac{c(1+\varepsilon)}{\varepsilon^2} \cdot \left(1 - \frac{1}{1+\varepsilon}\right)^2$$

$$= \frac{c(1+\varepsilon)}{\varepsilon^2} \cdot \left(\frac{\varepsilon}{1+\varepsilon}\right)^2 = \frac{c}{1+\varepsilon}$$

结合后两个不等式,我们得到

$$\Pr\left[X < \frac{c}{\varepsilon^2}\right] \leqslant \frac{1}{dp(1 - c/(\varepsilon^2 dp))^2} \leqslant \frac{1+\varepsilon}{c} \leqslant \frac{1}{6}$$

这里的最后一个不等式同样来自于 c 的值以及 $\varepsilon < 1$ 的事实。

为了完成这个问题的求解,我们还需要注意,最后两个引理由联合界暗示,算法6-4的输出 $mc/(\varepsilon^2 \cdot h(u))$ 偏离 d 值大于 εd 的概率最多为1/3。

练习6-6解析

设 c 是一个常数,取决于稍后确定的 ε。另外,假设 c' 是一个正常数,它的存在由引理6-3保证,并且让 m_0 是一个足够大的常数,使得引理6-3适用于每一个 $m \geqslant m_0$ 且能被 c 整除的值。以矛盾的方式假设我们需要证明的主张是不正确的。换句话说,我们假设存在一个确定性的数据流算法 ALG,该算法估计的不同令牌的数量 d 达到 $\sqrt{2} - \varepsilon$,其空间复杂度不是 $\Omega(m)$,即当 $m = m_1$ 时,存在一个值 $m_1 \geqslant m_0 + 2c$,使得 ALG 的空间复杂度小于 $m_1/2c'$ 比特。在其余的证明中,我们假设 $m = m_1$。

设 m' 为不大于 m_1 的最大的整数且能整除 c。显然,$m' \geqslant m_0$,因此,由引理6-3可知,存在一个集合 $C_{m'}$,它的大小至少为 $2^{m'/c}$,使得 $C_{m'}$ 中每个集的大小都为 m'/c,并

且每两集的交集在这个集合的大小最多为 $2m'/c^2$。对于每个集合 $S \in C_{m'}$，我们用 σ_S 表示由 S 中任意（但固定）顺序的元素组成的数据流，用 M_S 表示 ALG 收到 σ_S 后的内存状态。

由于 ALG 占用的内存小于 $m_1/(2c')$ 位，我们知道该内存可取的不同值的个数小于 $2^{m_1/(2c')} \leqslant 2^{m'/c'}$，其中不等式成立是由于 $m' > m_1 - c$ 并且 $m_1 \geqslant 2c$。因此，根据鸽笼原理，至少存在两个集合 $S, T \in C_{m'}$，使 S 不等于 T 而 $M_S = M_T$。现在考虑两个数据流：数据流 σ_1 是通过将两个复制的 σ_S 连接起来得到的，而数据流 σ_2 是通过将 σ_T 和 σ_S 依次连接起来得到的。由于 ALG 读取 σ_S 或 σ_T 后的内存内容是相同的，因此它不能区分 σ_1 和 σ_2 数据流，所以必须为这两个流输出相同的输出。

现在我们观察到 σ_1 只包含 S 的符号，因此，其中不同的符号的数目是 m'/c。另外，$C_{m'}$ 的定义意味着 S 和 T 的交点的大小最多为 $2m'/c^2$，因此 σ_2 中不同符号的数量至少为

$$2 \cdot \frac{m'}{c} - \frac{2m'}{c^2} = \frac{2m'}{c}\left(1 - \frac{1}{c}\right)$$

因此，σ_1, σ_2 中不同的令牌数量之间的比例至少为 $2(1 - 1/c)$，这意味着 ALG 输出的单个值无论在 σ_1 还是在 σ_2 的条件下，都不能估计出两个流中不同令牌的数量，其乘法因子为 $\sqrt{2} - \varepsilon$，除非

$$(\sqrt{2} - \varepsilon)^2 \geqslant 2(1 - 1/c) \Leftrightarrow \left(1 - \frac{\varepsilon}{\sqrt{2}}\right)^2 \geqslant 1 - 1/c$$

$$\Leftrightarrow c \leqslant \frac{1}{1 - (1 - \varepsilon/\sqrt{2})^2} = \frac{1}{\sqrt{2} \cdot \varepsilon - \varepsilon^2/2}$$

通过让 c 足够大从而违背不等式，我们得到了我们想要的矛盾。特别地，选择 $c = \sqrt{2} \cdot \varepsilon^{-1}$ 就可以做到这一点。

第 7 章　Sketches

如第 4 章所述,许多数据流算法的工作原理是首先构造输入数据流的简短摘要,然后从该摘要中提取答案。这种运作模式自然提出了以下问题。假设我们希望通过使用多台机器来加速计算,并假设我们使用每台机器来构造数据流不同部分的摘要。那么,是否有可能有效地将我们为流的不同部分获得的摘要合并为整个流的新摘要呢?

在本章中,我们将研究允许这种组合的总结。这样的总结称为 Sketches。除了如上所述通过使用多台机器来提高速度以外,Sketches 还有其他应用,我们将在本章后面讨论一个此类应用。此外,我们将研究的 Sketches 也适用于数据流模型的一些泛化,我们将借此机会介绍这些重要的泛化。

7.1　数据流模型的一般化

令牌的频率是到目前为止它在数据流中出现的次数。此外,频率向量 f 是一个总结所有可能记号的频率的向量。换句话说,f 对每个可能的令牌都有一个条目,对应于令牌 t 的条目(我们用 f_t 表示这个条目)包含了它的频率。根据这些定义,可以将令牌 t 的到达视为一个更新事件,它通过将 f_t 增加 1 来更新频率向量 f(注意,令牌的初始频率都是 0)。

到目前为止,我们研究的数据流模型有时被称为普通的数据流模型,因为它只允许上面提到的非常简单的更新事件类型(注:普通模型是相对简单和干净的模型)。允许更有趣的更新事件类型,可以对数据流模型进行各种重要的概括。在这里,我们将考虑更新事件,它可以改变任意整数的数量,而不是像普通的数据流模型那样将单个令牌的频率精确地改变。更正式地说,每个更新事件对应于一个有序对 (t, c) 的到达,其中 t 是一个令牌,c 是由这个更新事件引起的 t 频率的整数变化。

通常,更新事件可能导致的更改频率会受到约束,这些约束的每次选择都会导致不同的模型。例如,如果在每个更新事件 (t, c) 中 c 的值必须为 1,那么我们将返回普通的数据流模型。下面将介绍一些通过选择不同的约束条件可以获得的其他常见模型。

- 在收银机(数据流)模型中,每个更新事件的频率变化必须为正。换句话说,我们可以把每个更新事件 (t, c) 看作是令牌 t 的 c 副本的到达。这个模型被称为收银机模型,因为其中的更新事件可以增加令牌的频率,但这些频率永远不会减少,这与商店里收银机的行为类似,但后者通常只登记收到的付款。

- 在旋转门(数据流)模型中,每个更新事件的频率变化可以是一个任意的(可能是负的)整数。我们可以将 c 值为正的每个更新事件 (t,c) 视为令牌 t 的 c 副本的到达,而将 c 值为负的每个此类事件视为令牌 t 的 $|c|$ 副本的离开。因此,令牌 t 的频率等于到达它的副本的数量减去离开它的副本的数量。

旋转门模型得名于此,因为旋转门通常用来计算当前在某一特定区域内的人数。它是这样做的:每当一个人进入该区域,他必须将旋转门向一个方向旋转,这将使旋转门的计数增加 1;相反,当一个人离开该区域时,他会将旋转门旋转到另一个方向,这样旋转门的计数就会相应减少。

- 在许多设置中,令牌的频率为负值是没有意义的。换句话说,在每个给定点上,离开的令牌的副本数量最多可以等于到目前为止到达的令牌的副本数量。严格的旋转门模型是旋转门模型的一种特殊情况,在这种情况下,我们保证更新遵守这一要求(即在每个给定的点上,令牌的频率都是非负的)。

在上述模型中,改变参数 n 的作用是很自然的。到目前为止,我们已经使用这个参数来表示流的长度,即更新事件的数量。这个定义是有意义的,因为流的长度等于普通数据流模型中令牌的频率之和。但是,当单个更新事件可以显著改变令牌的频率时,流的长度可能会比频率的总和小得多。我们用 $\| f \|_1$ 表示所有记号频率的绝对值的和。更正式地说,如果我们用 M 表示所有可能记号的集合,那么

$$\| f \|_1 = \sum_{t \in M} | f_t |$$

量 $\| f \|_1$ 通常被称为向量 f 的 l^1 范数。使用这个符号,我们重新定义 n 为 $\| f \|_1$ 在任何给定时间的最大值。可以观察到,这个新的 n 的定义与我们在普通数据流模型中定义 n 的方式是一致的,例如,在普通数据流模型的特殊情况下,新的 n 的定义等价于将 n 定义为数据流的长度。我们还想指出,在上述模型的背景中,如果数据流算法的空间复杂度是 n 和 m 的对数多项中(回想一下,m 是可能的令牌数),那么它就被认为是流算法。同样,这个定义与普通数据流模型中定义流算法的方式是一致的。

为了演示上述模型,我们现在给出一个简单的数据流算法作为算法 7-1,该算法计算收银机中的 $\| f \|_1$ 和严格的旋转门模型。

算法 7-1:l^1 范数计算

1. $l^1 \leftarrow 0$。

2. 当有更多的更新事件:

3. 　设 (t,c) 为下一个更新事件。

4. 　$l^1 \leftarrow l^1 + c$。

5. 返回 l^1。

练习 7-1: 证明算法 7-1 在收银机和严格的旋转门模型中计算了 $\| f \|_1$,并证明在一般的旋转门模型中可能无法做到这一点。

观察 7-1:算法 7-1 是一个流算法。

证明:设算法 7-1 所使用的 3 个变量所需空间复杂度的上界。变量 t 包含一个令牌,因此,只需要 $O(\log m)$ 位。(事实上,变量 t 可以从算法 7-1 的描述中被完全删除,因为它的值从未被使用过。)接下来,我们观察到变量 l 在每个给定点上等于此时所有令牌的频率之和。更正式地说,如果 M 是所有可能令牌的集合,那么

$$| l^1 | = \left| \sum_{t \in M} f_t \right| \leqslant \sum_{t \in M} | f_t | = \| f \|_1$$

由于 n 是 $\| f \|_1$ 能取的最大值,l^1 的绝对值总是以 n 为上限,因此,它可以用 $O(\log n)$ 位表示。最后,c 是 l^1 的变化量,因此,它的绝对值的上界要么是变化前 l^1 绝对值的两倍,要么是变化后 l^1 绝对值的两倍。由于 l^1 在改变前后的绝对值都是 n 的上限,我们得到 $|c| \leqslant 2n$,因此,c 的表示也只需要 $O(\log n)$ 位。

综上所述,我们得到算法 7-1 的空间复杂度上界为 $O(\log n + \log m)$。

我们再做一个练习来结束这一节。回想一下,在第 1 章中,我们描述了一个用于普通数据流模型的算法,该算法使用两次遍历数据流来查找在数据流中出现超过 n/k 次的令牌(其中 k 是算法的一个参数)。为了便于阅读,我们在这里将此算法重复为算法 7-2。注意,该算法的伪代码假设对于每一个可能的令牌,都存在一个初始值为零的计数器。

算法 7-2:频繁元素算法(k)

1. 当有更多的令牌这样做:

2.   让 t 成为下一个令牌。

3.   把 t 的计数器增加 1。

4.   如果至少有 k 个非零计数器,那么

5.   将所有非零计数器减少 1。

6. 设 F 是当前具有非零计数器的令牌集合。

7. 重置所有计数器为零。

8. 开始对输入流进行第二次传递。

9. $n \leftarrow 0$。

10. 当有更多的令牌这样做:

11.   让 t 成为下一个令牌。

12. $n \leftarrow n + 1$。

13.   如果 $t \in F$,则 t 的计数器增加 1。

14. 返回计数器大于 n/k 的令牌列表。

使用本章定义的符号,我们可以重申算法 7-2 的目标是找到频率大于 $k^{-1} \cdot \| f \|_1$ 的令牌。以这种方式重申,该目标在本章介绍的更一般的模型的背景下也是有意义的。

练习 7-2:在收银机模型中给出了实现上述目标的算法 7-2 的一个变体。解释

为什么你的变体确实返回了频率大于 $k^{-1} \cdot \parallel f \parallel_1$ 的令牌集合,并分析其空间复杂性。

7.2　最小计数 Sketches

本节从 Sketches 概念的正式定义开始。在这个定义中,以及本章的其余部分,给定两个流 σ_1 和 σ_2,我们用 $\sigma_1 \cdot \sigma_2$ 表示它们的连接。也就是说,$\sigma_1 \cdot \sigma_2$ 是一个包含了 σ_1 的更新事件和 σ_2 的更新事件的流。例如,当 σ_1 流由更新事件("a",1)("b",2)("a",−1)组成,σ_2 流由更新事件("b",2)("c",−1)("a",1)组成时,则串接流 $\sigma_1 \cdot \sigma_2$ 为

$$("a",1),　("b",2),　("a",−1),　("b",2),("c",−1),("a",1)$$

定义 7 − 1: 由数据流算法 ALG 根据输入流的 σ 计算出的数据结构 DS(σ)称为 Sketches,如果存在一个算法 COMB,使得对于每两个流 σ_1 和 σ_2 有

$$\text{COMB}(\text{DS}(\sigma_1),\ \text{DS}(\sigma_2))=\text{DS}(\sigma_1 \cdot \sigma_2)$$

理想情况下,数据流算法 ALG 和组合算法 COMB 都应该是空间高效的,但这不是形式化定义所要求的。练习 7 − 3 给出了一个 Sketches 的模拟例子。

练习 7 − 3: 解释为什么 l^1 标准是收银机模型和严格的旋转门模型的 Sketches。

在练习 7 − 2 中,Sketches 由 l^1 规范组成,这是一个有趣的值,因此,它可能是我们想要计算的值。然而,事实并非如此。换句话说,通常我们感兴趣的计算值不能用作 Sketches。因此,大多数 Sketches 都是数据结构,这些数据结构并不直接有趣,但是可以从它们中计算出有关流的有趣信息。下一个 Sketches 就是这样的。

Count − Min 草稿用于在严格转门模型中估计令牌的频率。该草稿的基本版本在算法 7 − 3 中给出(完整的 Count − Min 草稿稍后在本章中出现)。我们注意到,算法 7 − 3 获取一个精度参数 $\varepsilon \in (0,1]$。此外,它假定流的令牌是介于 1 到 m 之间的整数。我们在本章的其余部分中保持这个假设。

算法 7 − 3 的第 1～5 行处理它的输入流,并在此过程中更新数组 C。这个数组与哈希函数 h 一起构成了算法创建的草稿,正如算法的第 6 行所解释的那样。一旦草稿被创建,就可以在任何给定的令牌 t 上查询它,并得到 t 的频率的估计。算法 7 − 3 的第 7 行解释了这个查询是如何完成的。

算法 7 − 3:Count − Min(基本版)(ε)

1. 设 k 为 2 的最小次幂,使 $k \geqslant 2/\varepsilon$;设 C 是一个大小为 k 的数组,它的单元格一开始都是 0。

2. 从一个两两独立的哈希函数族 H 中选择一个随机哈希函数 $h:[m] \rightarrow [k]$。

3. 当有更多的更新事件,

4.　设 (t,c) 为下一个更新事件。

5.　$C[h(t)] \leftarrow C[h(t)]+c$。

6. Sketches：Sketches 由 C 和 h 组成。

7. 查询：给定一个令牌 t，输出 $C[h(t)]$ 作为 f_t 的估计值。

观察 7 - 2：对于任意固定选择的哈希函数 h，算法 7 - 3 生成一个草稿。

证明：考虑两个流 σ_1 和 σ_2，设 C^1、C^2 和 C^{12} 分别表示算法 7 - 3 处理 σ_1、σ_2 和 $\sigma_1 \cdot \sigma_2$ 后的数组 C 的内容。为了证明观察结果，我们需要证明算法 7 - 3 对于 ALG 具有定义 7 - 1 所保证的性质。换句话说，我们需要证明 C^{12} 可以仅基于 C^1 和 C^2 计算出来（通过某种算法 COMB）。我们将在下面讨论。

观察到 C 的每个单元格都包含哈希函数 h 映射到这个单元格的所有令牌的总频率。因此，每个单元的 C^{12} 都等于相应单元的 C^1 和 C^2 的总和，因此，可以使用这些单元的值计算。

注意，观察 7 - 2 隐式描述的算法 COMB 只能将算法 7 - 3 生成的 Sketches 组合在一起，因为它们使用相同的哈希函数 h。技术上来说，这个属性并不足以让他们成为"真正的"草稿，因为草稿的正式定义要求总是能够组合草稿。这就是为什么观察 7 - 2 只声称算法 7 - 3 在 h 固定的情况下才会产生草稿。然而，对于大多数应用程序来说，这个技术问题并不重要，因此，我们将算法 7 - 3 的产品称为草稿。类似的问题也适用于本章中出现的其他大多数草稿。

引理 7 - 1 限制了从算法 7 - 3 产生的草稿中得到的频率估计的质量。

引理 7 - 1：在令牌 t 上查询时，算法 7 - 3 至少有 $1/2$ 的概率输出值 $\widetilde{f}_t$，

$$f_t \leqslant \widetilde{f}_t \leqslant f_t + \varepsilon \cdot \| f \|_1$$

此外，第一个不等式总是成立的。

证明：观察到，在查询令牌 t 时，算法 7 - 3 输出 C 数组的单元格 $C[h(t)]$。该单元格包含了哈希函数 h 映射到该单元格的所有令牌的总频率。更正式地，

$$\widetilde{f}_t = C[h(t)] = \sum_{\substack{t' \in [m] \\ h(t)=h(t')}} f_{t'} = f_t + \sum_{\substack{t' \in [m] \setminus \{t\} \\ h(t)=h(t')}} f_{t'}$$

由于我们是在严格的旋转门模型中，所有的频率都是非负的，因此，最后的等式意味着 $\widetilde{f}_t \geqslant f_t$。它仍然有待证明，以至少 $1/2$ 的概率也有

$$\sum_{\substack{t' \in [m] \setminus \{t\} \\ h(t)=h(t')}} f_{t'} \leqslant \varepsilon \cdot \| f \|_1 \tag{7.1}$$

对于每个令牌 $t' \in [m] \setminus \{t\}$，我们为 $h(t)=h(t')$ 的事件定义一个指示符 $X_{t'}$。由于 h 是从一个两两独立的哈希函数族中选择的，所以 X_t 取 1 的概率必须是 k^{-1}。使用这个符号，我们现在可以把不等式（7.1）的左边重写为

$$\sum_{t' \in [m] \setminus \{t\}} X_{t'} \cdot f_{t'}$$

它的期望值存在上界，利用期望值的线性性得

$$\sum_{t' \in [m] \setminus \{t\}} \mathrm{E}[X_{t'}] \cdot f_{t'} = K^{-1} \cdot \sum_{t' \in [m] \setminus \{t\}} f_{t'} \leqslant K^{-1} \cdot \| f \|_1 \leqslant \frac{\varepsilon \cdot \| f \|_1}{2}$$

现在引理得出结论,因为最后一个不等式和马尔可夫不等式一起意味着不等式(7.1)至少有 $1/2$ 的概率成立。

根据引理 7-1,算法 7-3 给出了概率至少为 $1/2$ 的 f_t 的良好估计。当然,我们想要增加这个概率,稍后将介绍通过使用算法 7-3 的多个独立副本来实现这一点的算法。然而,在得到这些算法之前,我们想用观察 7-3 来结束对算法 7-3 的研究,观察 7-3 是该算法生成的 Sketches 大小的上限。我们注意到只能当 ε 不太小,也就是说,它必须不小于 $(mn)^{-1}$,此观察的结果才有效。对于更小的 ε 值,草稿的大小大于存储整个数据流所需的大小,因此,当 ε 使用这样小的值时是没有意义的。

观察 7-3:当 $\varepsilon \geqslant (mn)^{-1}$ 时,由算法 7-3 创建的草稿的大小为 $O(\varepsilon^{-1} \cdot \log n + \log m)$。

证明:C 的每个单元格包含 h 映射到该单元格的令牌的总频率。由于总频率的上限必须是 n,我们得到 C 的每个单元只需要 $O(\log n)$ 位。因此,整个数组 C 需要的空间复杂度为

$$k \cdot O(\log n) = O(k \cdot \log n) = O(\varepsilon^{-1} \cdot \log n)$$

它仍然是哈希函数 h 所需的空间复杂度的上界。设 m' 是 2 的最小次幂,至少为 m,正如我们在第 5 章中看到的,存在一个从 $[m']$ 到 $[k]$ 的哈希函数族 H',其单个函数可以用 $O(\log m' + \log k) = O(\log m + \log n)$ 空间表示(其中等式自 $k < 4/\varepsilon \leqslant 4mn$ 和 $m' < 2m$ 起成立)。我们现在注意到,通过将 H' 的函数的定义域限制为 $[m]$,得到了一个从 $[m]$ 到 $[k]$ 的哈希函数族 H 的两两独立的哈希函数,而且表示 H 的各个函数所需的空间复杂度并不大于表示 H' 的各个函数所需的空间复杂度。因此,对于适当选择的 H,可以用 $O(\log m + \log n)$ 位来表示 h。

我们总结了在定理 7-1 中证明的算法 7-3 的性质。

定理 7-1:在严格的旋转门模型中,算法 7-3 得到如下草稿:

- 对于固定选择的哈希函数 h,可以将不同流产生的草稿组合起来。
- 当 $\varepsilon \geqslant (mn)^{-1}$ 时,草稿的尺寸为 $O(\varepsilon^{-1} \cdot \log n + \log m)$。
- 给定草稿和任意令牌 t,按照算法 7-3 给出的方式为 t 的频率 f_t 生成估计值 $\tilde{f}_t$,保证 $f_t \leqslant \tilde{f}_t \leqslant f + \varepsilon \cdot \| f \|_1$ 的概率至少为 $1/2$。此外,第一个不等式总是成立的。

算法 7-4:Count−Min (ε, δ)

1. 设 k 为 2 的最小次幂,使 $k \geqslant 2/\varepsilon$,并且设 $r = \lceil \log_2 \delta^{-1} \rceil$。

2. 设 C 为大小为 $r \times k$ 的数组,其单元格一开始都为零。

3. 从一个两两独立的哈希函数族 H 独立选择 r 个随机哈希函数 $h_1, h_2, \cdots, h_t$:$[m] \to [k]$。

4. 当有更多的更新事件,

5. 设 (t,c) 为下一个更新事件。

6. 对于 $i=1$ 到 r 执行:

7. $C[i,h_i(t)]\leftarrow C[i,h_i(t)]+c$。

8. Sketches:由 C 和哈希函数 $h_1,h_2,\cdots,h_r$ 组成。

9. 查询:给定一个令牌 t,对于 $1\leqslant i\leqslant r$,输出最小的 $C[i,h_i(t)]$ 作为对 f_t 的估计。

　　如上所述,我们的下一个目标是提高频率使得 f_t 的估计 $\widetilde{f}_t$ 是好的概率。在前面的章节中,我们通常使用中值技术来提高这种概率。然而,在此估计 f_t 中的错误是单方面的,就 $\widetilde{f}_t$ 可以过高估计 f_t,但永远不能低估它。这允许我们通过执行算法 7-3 的多个独立并行副本来提高成功的概率,然后简单地输出由所有副本产生的估计中的最小值。用这种方法得到的算法等价于生成完整的 Count-Min Sketches 的算法。因为这个 Sketches 很重要,所以我们给出了算法的一个独立版本,将其生成为算法 7-4。然而,我们鼓励读者验证它确实等同于执行多个独立的算法 7-3 的副本,并输出它们的最小估计值。我们注意到,Count-Min 图有两个精度参数:$\varepsilon,\delta\in(0,1)$。

　　用定理 7-2 总结了最小数图的性质。

　　定理 7-2:在严格的旋转门模型中,Count-Min Sketches 具有以下特性:

　　· 对于固定选择的哈希函数 $h_1,h_2,\cdots,h_r$,根据不同的流程制作的 Sketches 可以组合在一起。

　　· 当 $\varepsilon\geqslant (mn)^{-1}$ 时,Sketches 的尺寸为 $O(\log\delta^{-1}\cdot(\varepsilon^{-1}\cdot\log n+\log m))$。

　　· 给定 Sketches 和任意标记 t,按照算法 7-4 给出的方式为 t 的频率 f_t 生成估计 $\widetilde{f}_t$,保证,有至少为 $1-\delta$ 的概率,$f_t\leqslant\widetilde{f}_t\leqslant f+\varepsilon\cdot\parallel f\parallel_1$。

　　该草稿包含一个数组 C,其中包含 r 行,每一行的大小为 k。每一行 i 都与一个独立选择的哈希函数 h_i 相关联。

　　证明: Count-Min 草稿由两部分组成:第一部分是一个数组 C,有 r 行,每一行大小为 k;第二部分是一个 r 哈希函数的列表,每个哈希函数都与 C 的一行相关联(见图 7.1)。需要注意的一点是,如果我们将注意力限制在 C 的一行及其对应的哈希函数上,那么算法 7-4 就会以算法 7-3 更新其草稿的方式更新它们。因此,我们可以将数组 C 的每一行及其对应的哈希函数看作是算法 7-3 生成的那种独立的草稿。

　　这已经证明了定理的第一部分,因为我们通过观察 7-2 知道,当算法 7-3 生成的草稿基于相同的哈希函数时,它们可以组合在一起。此外,定理的第二部分是由于算法 7-3 产生的每一种草稿都在观察 7-3 中(当 $\varepsilon\geqslant (mn)^{-1}$)取 $O(\varepsilon^{-1}\cdot\log n+\log m)$ 空间,因此 Count-Min 草稿(由 r 个草稿组成)的空间复杂度为

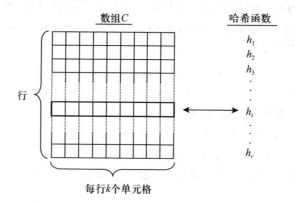

该草稿包含一个数组 C，其中包含 r 行，每一行的大小为 k。
每一行 i 都与一个独立选择的哈希函数 h_i 相关联。

图 7.1　数模草稿的图解

$$r \cdot O(\varepsilon^{-1} \cdot \log n + \log m) = O(r \cdot (\varepsilon^{-1} \cdot \log n + \log m))$$
$$= O(\log \delta^{-1} \cdot (\varepsilon^{-1} \cdot \log n + \log m))$$

定理的最后一部分还有待证明。由于我们将 C 的每一行作为算法 7-3 生成的 Sketches 的独立副本，所以通过引理 7-1 得到，对于每个 $1 \leqslant i \leqslant r$，有 $f_t \leqslant C[i, h_i(t)] \leqslant f_t + \varepsilon \cdot \|f\|_1$ 的概率至少为 1/2。此外，第一个不等式总是成立的。现在回想一下，算法 7-4 对 t 的频率的估计 $\widetilde{f}_t$ 是最小的 $\min\limits_{1 \leqslant i \leqslant r} C[i, h_i(t)]$，因此，它必须至少是 f_t，因为它是所有不小于 f_t 的值的最小值。此外，概率至少为 $1 - 2^{-r}$，我们有 $C[i, h_i(t)] \leqslant f_t + \varepsilon \cdot \|f\|_1$，对于一些 $1 \leqslant i \leqslant r$，这意味着

$$\widetilde{f}_t = \min\limits_{1 \leqslant i \leqslant r} C[i, h_i(t)] \leqslant f_t + \varepsilon \cdot \|f\|_1$$

由于 $1 - 2^{-r} \geqslant 1 - 2^{-\log_2 \delta^{-1}} = 1 - \delta$，所以该定理成立。

低成本草稿只适用于严格的旋转门模型。然而，它的主要思想可以推广到一般的旋转门模型。练习 7-4 和练习 7-5 研究了这个扩展。

练习 7-4：考虑算法 7-3 的一个修改版本，其中 k 增加到 2 的最小幂，使 $k \geqslant 6/\varepsilon$，并让我们用 $\widetilde{f}_t$ 表示在 t 上查询时该修改版本的输出。证明，在旋转门模型中，

$$\Pr[|f_t - \widetilde{f}_t| > \varepsilon \cdot \|f\|_1] \leqslant \frac{1}{3}$$

练习 7-4 建议的算法 7-3 的修改版本以恒定的概率成功地对令牌 t 的频率产生良好的估计。再次，我们希望通过合并算法的多个独立副本来提高这个成功概率。不幸的是，这里的错误是双面的(也就是说，$\widetilde{f}_t$ 既可以大于又可以小于 f_t)，这意味着我们不能简单地运行多个独立的算法副本并输出它们产生的最小估计值(如我们在

算法 7-4 中所做的);相反,我们必须使用中值技术。换句话说,我们需要对修改后的算法 7-3 执行多个副本,然后输出它们估计值的中值。练习 7-5 提出并分析了一个实现这一思想的算法。

练习 7-5:考虑算法 7-5。由该算法产生的 Sketches 被称为中位数 Sketches。与 Count-Min 图一样,该图也有两个精度参数,即 $\varepsilon, \delta \in (0,1]$。

算法 7-5:计数-中位数(ε, δ)

1. 设 k 是 2 的最小次幂,使 $k \geqslant 6/\varepsilon$,设 $r = \lceil 48 \log_2 \delta^{-1} \rceil$。

2. 设 C 为大小为 $r \times k$ 的数组,其单元格一开始都为零。

3. 从一个两两独立的哈希函数族 H 独立选择 r 个随机哈希函数 $h_1, h_2, \cdots, h_r$:$[m] \rightarrow [k]$。

4. 当有更多的更新事件,

5.   设 (t, c) 为下一个更新事件。

6.   对于 $i = 1$ 到 r 执行:

7. $C[i, h_i(t)] \leftarrow C[i, h_i(t)] + c$。

8. Sketches:由 C 和哈希函数 $h_1, h_2, \cdots, h_r$ 组成。

9. 查询:给定一个令牌 t,输出 $C[1, h_1(t)], C[2, h_2(t)], \cdots, C[r, h_r(t)]$ 的中值作为 f_t 的估计值。

证明在旋转门模型中,Count-Median Sketches 具有以下性质:

• 对于固定选择的哈希函数 $h_1, h_2, \cdots, h_r$,根据不同的流程制作的 Sketches 可以组合在一起;

• 当 $\varepsilon \geqslant (mn)^{-1}$ 时,Sketches 的尺寸为 $O(\log \delta^{-1} \cdot (\varepsilon^{-1} \cdot \log n + \log m))$;

• 给定 Sketches 和任意令牌 t,按照算法 7-5 指定的方式为 t 的频率 f_t 生成估计值 $\tilde{f}_t$,保证

$$\Pr[|f_t - \tilde{f}_t| > \varepsilon \cdot \|f\|_1] \leqslant 1 - \delta。$$

7.3 计算 Sketches

我们在 7.2 节中看到的计数最小值和计数中值 Sketches 估计了依赖于频率向量 f 的 l^1 范数的误差项以内的频率。对于一些应用,这是不够的,因为 l^1 范数,也就是所有频率的绝对值的和,趋向于很大。直观地说,误差项中出现 l^1 范数的原因是,上述 Sketches 的每个单元格都包含许多记号的频率之和,当频率是非负的时候,这个和通常会累积到 $\varepsilon \cdot \|f\|_1$ 的量级。在本节中,我们将看到一个不同的示意图,称为计算 Sketches,其中映射到 Sketches 的单个单元格的令牌的频率往往会相互抵消,而不是建立,从而产生一个不同的错误项(通常更好)。

计算 Sketches 由算法 7-6 构建。可以观察到,它的一般结构与 Count-Min 和

Count－Median Sketches 的结构非常相似。具体来说,Count Sketches 包含一个二维数组 C,并将两个独立的哈希函数 h_i 和 g_i 与 C 的每一行 i 关联起来(**注**:与 Count－Min 和 Count－Median 的情况一样,可以将 C 的每一行及其两个相关的哈希函数视为一个独立的 Sketches,然后将 Count Sketches 视为这些 Sketches 的集合)。函数 h_i 指定哪些令牌映射到第 i 行的每个单元格。相反,函数 g_i(在前面的 Sketches 中没有出现)指定令牌的添加频率还是从单元格中删除频率。注意,g_i 的随机性意味着添加了一些频率,而删除了其他频率,这让频率有机会相互抵消而不是增加。最后,我们要注意的是,Count Sketches 使用了与 Count－Min 和 Count－Median Sketches 相同的两个精度参数,即 $\varepsilon,\delta \in (0,1]$。

算法 7－6:Count (ε,δ)

1. 设 k 为 2 的最小次幂,使 $k \geqslant 3/\varepsilon^2$,设 $r = \lceil 48\log_2 \delta^{-1} \rceil$。

2. 设 C 为大小为 $r \times k$ 的数组,其单元格一开始都为零。

3. 从一个两两独立的哈希函数族 H_1 中独立选择 r 个随机哈希函数 $h_1, h_2, \cdots, h_r : [m] \rightarrow [k]$。

4. 从一个两两独立的哈希函数族 H_2 中独立选择 r 个随机哈希函数 $g_1, g_2, \cdots, g_r : [m] \rightarrow \{-1,1\}$。

5. 当有更多的更新事件,

6. 　设 (t,c) 为下一个更新事件。

7. 　从 $i=1$ 到 r 执行:

8. 　　$C[i, h_i(t)] \leftarrow C[i, h_i(t)] + g_i(t) \cdot c$。

9. Sketches:由 C 和哈希函数 $h_1, g_1, h_2, g_2 \cdots, h_r, g_r$ 组成。

10. 查询:给定一个令牌 t,输出 $g_1(t) \cdot C[1, h_1(t)], g_2(t) \cdot C[2, h_2(t)], \cdots, g_r(t) \cdot C[x, h_r(t)]$ 的中值作为 f_t 的估计。

练习 7－6 研究 Count Sketches 的一些性质。

练习 7－6:证明,在旋转门模型中,Count Sketches 具有以下性质:

• 对于固定选择的哈希函数 $h_1, h_2, \cdots, h_r$ 和 $g_1, g_2, \cdots, g_r$,不同的流产生的 Sketches 可以结合。

• 当 $\varepsilon \geqslant (mn)^{-1}$ 时,Sketches 的尺寸为 $O(\log \delta^{-1} \cdot (\varepsilon^{-2} \cdot \log n + \log m))$。

为了完成对 Count Sketches 的研究,我们仍然需要确定可以由它获得的频率估计的质量。作为实现这一目标的第一步,我们开发了 $g_i(t) \cdot C[i, h_i(t)]$ 的表达式。对于 $1 \leqslant i \leqslant r, t$ 和 t' 两个令牌,$X_{t,t'}^i$ 表示 t 和 t' 分别映射到第 i 行同一单元格,即 $h_i(t) = h_i(t')$,用这个符号,我们得到

$$C[i, h_i(t)] = g_i(t) \cdot f_t + \sum_{\substack{t' \in [m] \setminus \{t\} \\ h_i(t) = h_i(t')}} g_i(t') \cdot f_{t'}$$

$$= g_i(t) \cdot f_t + \sum_{t' \in [m] \setminus \{t\}} g_i(t') \cdot X_{t,t'}^i \cdot f_{t'}$$

由于 $g_i(t) \in \{-1,1\}$，这意味着

$$g_i(t) \cdot C[i,h_i(t)] = f_t + \sum_{t' \in [m] \backslash \{t\}} g_i(t) \cdot g_i(t') \cdot X_{t,t'}^i \cdot f_{t'}$$

引理 7-2 和引理 7-3 用最后一个等式证明了 $g_i(t) \cdot C[i,h_i(t)]$ 的性质。

引理 7-2：对于每个 $1 \leqslant i \leqslant r$，$g_i(t) \cdot C[i,h_i(i)]$ 的期望为 f_t。

证明：直观地说，这个引理成立，因为每个令牌 $t' \neq t$ 有相等的概率将 $f_{t'}$ 或 $-f_{t'}$ 贡献给 $g_i(t) \cdot C[i,h_i(t)]$，因此，不会影响这个表达式的期望。一个更正式的论证是基于期望的线性性。g_i 的两两独立意味着当 $t' \neq t$ 时，$g_i(t)$ 和 $g_i(t')$ 是独立的。此外，这两个值都与变量 $X_{t,t'}^i$ 无关，因为最后一个变量只与函数 h_i 有关。因此，通过期望的线性性，有

$$E[g_i(t) \cdot C[i,h_i(t)]] = E\Big[f_t + \sum_{t' \in [m] \backslash \{t\}} g_i(t) \cdot g_i(t') \cdot X_{t,t'}^i \cdot f_{t'}\Big]$$

$$= f_t + \sum_{t' \in [m] \backslash \{t\}} E[g_i(t)] \cdot E[g_i(t')] \cdot E[X_{t,t'}^i] \cdot f_{t'}$$

我们现在观察到，对于每个令牌 t'，$E[g_i(t')] = 0$。把这个观察结果代入前面的等式就证明了该引理。

引理 7-3：对于 $1 \leqslant i \leqslant r$，$g_i(t) \cdot C[i,h_i(t)]$ 的方差不超过 $k^{-1} \cdot \sum_{t' \in [m]} f_{t'}^2$。

证明：由于增加一个常数不会改变的方差，我们得到

$$\mathrm{Var}[g_i \cdot C[i,h_i(t)]] = \mathrm{Var}\Big[f_t + \sum_{t' \in [m] \backslash \{t\}} g_i(t) \cdot g_i(t') \cdot X_{t,t'}^i \cdot f_{t'}\Big]$$

$$= \mathrm{Var}\Big[\sum_{t' \in [m] \backslash \{t\}} g_i(t) \cdot g_i(t') \cdot X_{t,t'}^i \cdot f_{t'}\Big]$$

因此，结果只需要在最后一个等式的右侧上界方差。这是通过计算方差内表达式的期望以及平方的期望来实现的。首先，我们注意到，根据引理 7-2，有

$$E\Big[\sum_{t' \in [m] \backslash \{t\}} g_i(t) \cdot g_i(t') \cdot X_{t,t'}^i \cdot f_{t'}\Big] = E[g_i \cdot C[i,h_i(t)]] - f_t = 0$$

接下来，我们观察到，由于 $g_i(t) \in \{-1,1\}$ 和 $X_{t,t'}^i \in \{0,1\}$，所以

$$E\Big[\Big(\sum_{t' \in [m] \backslash \{t\}} g_i(t) \cdot g_i(t') \cdot X_{t,t'}^i \cdot f_{t'}\Big)^2\Big]$$

$$= E\Big[\sum_{t' \in [m] \backslash \{t\}} X_{t,t'}^i \cdot f_{t'}^2 + \sum_{\substack{t',t'' \in [m] \backslash \{t\} \\ t' \neq t''}} g_i(t') \cdot g_i(t'') \cdot X_{t,t'}^i \cdot X_{t,t''}^i \cdot f_{t'} \cdot f_{t''}\Big]$$

$$= \sum_{t' \in [m] \backslash \{t\}} E[X_{t,t'}^i] \cdot f_{t'}^2 + \sum_{\substack{t',t'' \in [m] \backslash \{t\} \\ t' \neq t''}} E[g_i(t')] \cdot E[g_i(t'')] \cdot E[X_{t,t'}^i \cdot X_{t,t''}^i] \cdot f_{t'} \cdot f_{t''}$$

第二个等式成立有两个原因：首先，像引理 7-2 的证明一样，当 $t' \neq t''$ 时，函数

g_i 所来自哈希函数族的两两独立意味着 $g_i(t')$ 和 $g_i(t'')$ 是独立的；其次，这两个值都独立于变量 $X_{t,t'}^i$ 和 $X_{t,t''}^i$，它们的值仅由函数 h_i 决定。现在回想一下，对于每个令牌 t'，$\mathrm{E}[g_i(t')]=0$，并观察到 $\mathrm{E}[X_{t,t'}^i]=k^{-1}$，因为 h_i 是两两独立的。把这些观察结果代入最后的等式就得到

$$\mathrm{E}\left[\left(\sum_{t'\in[m]\setminus\{t\}}g_i(t)\cdot g_i(t')\cdot X_{t,t'}^i\cdot f_{t'}\right)^2\right]=k^{-1}\cdot\sum_{t'\in[m]\setminus\{t\}}\cdot f_{t'}^2$$

现在通过观察下式得到引理：

$$\mathrm{Var}[g_i\cdot C[i,h_i(t)]]=\mathrm{Var}\left[\sum_{t'\in[m]\setminus\{t\}}g_i(t)\cdot g_i(t')\cdot X_{t,t'}^i\cdot f_{t'}\right]$$

$$=\mathrm{E}\left[\left(\sum_{t'\in[m]\setminus\{t\}}g_i(t)\cdot g_i(t')\cdot X_{t,t'}^i\cdot f_{t'}\right)^2\right]-\left(\mathrm{E}\left[\sum_{t'\in[m]\setminus\{t\}}g_i(t)\cdot g_i(t')\cdot X_{t,t'}^i\cdot f_{t'}\right]\right)^2$$

$$=k^{-1}\cdot\sum_{t'\in[m]\setminus\{t\}}\cdot f_{t'}^2\leqslant k^{-1}\cdot\sum_{t'\in[m]}\cdot f_{t'}^2$$

推论 7 - 1：对于任意 $1\leqslant i\leqslant r$，

$$\mathrm{Pr}\left[\mid g_i(t)\cdot C[i,h_i(t)]-f_t\mid\geqslant\varepsilon\cdot\sqrt{\sum_{t'\in[m]}f_{t'}^2}\right]\leqslant\frac{1}{3}$$

证明：由于 $g_i(t)\cdot C[i,h_i(t)]$ 的期望由引理 7 - 2 等于 f_t，由切比雪夫不等式得

$$\mathrm{Pr}\left[\mid g_i(t)\cdot C[i,h_i(t)]-f_t\mid\geqslant\varepsilon\cdot\sqrt{\sum_{t'\in[m]}f_{t'}^2}\right]\leqslant\frac{\mathrm{Var}[g_i(t)\cdot C[i,h_i(t)]]}{\left(\varepsilon\cdot\sqrt{\sum_{t'\in[m]}f_{t'}^2}\right)^2}$$

$$\leqslant\frac{k^{-1}\cdot\sum_{t'\in[m]}\cdot f_{t'}^2}{\varepsilon^2\cdot\sum_{t'\in[m]}\cdot f_{t'}^2}\leqslant\frac{1}{3}$$

推论 7 - 1 中出现的 $\sqrt{\sum_{t'\in[m]}f_{t'}^2}$ 称为频率向量 $\boldsymbol{f}$ 的 l^2 范数，通常用 $\parallel\boldsymbol{f}\parallel_2$ 表示。我们将在本节后面更详细地讨论 l^2 范数，但现在我们只需要注意，推论 7 - 1 可以使用该规范重新表述如下：

推论 7 - 1(重述)：对于任意 $1\leqslant i\leqslant r$，

$$\mathrm{Pr}[\mid g_i(t)\cdot C[i,h_i(t)]-f_t\mid\geqslant\varepsilon\cdot\parallel\boldsymbol{f}\parallel_2]\leqslant\frac{1}{3}$$

推论 7 - 1 证明，对于任意 $1\leqslant i\leqslant r$，以恒定的概率，单元格 $g_i(t)\cdot C[i,h_i(t)]$

是 f_t 的良好估计。这些单元格的中位数是 f_t 的良好估计的概率仍有待确定。

定理 7-3：给定一个 Count Sketches 和一个任意令牌 t，按照算法 7-6 给出的方式为 t 的频率 f_t 生成估计 $\widetilde{f}_t$，保证

$$\Pr[|f_t - \widetilde{f}_t| < \varepsilon \cdot \|f\|_2] \leqslant 1 - \delta$$

证明：对于每个 $1 \leqslant i \leqslant r$，设 X_i 是 $|g_i(t) \cdot C[i, h_i(t)] - f_t| < \varepsilon \cdot \|f\|_2$ 事件的指标。注意，指标 X_i 是独立的。此外，根据推论 7-1，这些指标中每一个取 1 的概率至少为 2/3。

现在回想一下，由算法 7-6 得出的估计 $\widetilde{f}_t$ 是表达式 $g_1(t) \cdot C[1, h_1(t)]$，$g_2(t) \cdot C[2, h_2(t)], \cdots, g_r(t) \cdot C[r, h_r(t)]$ 的中位数。因此，当这些表达式的一半以上估计 f_t 达到这个误差时，这个估计中的误差小于 $\varepsilon \cdot \|f\|_2$。换句话说，要证明这个定理，只要证明下面的不等式就足够了，即

$$\Pr\left[\sum_{i=1}^{r} X_i > \frac{r}{2}\right] \geqslant 1 - \delta$$

这等价于不等式

$$\Pr\left[\sum_{i=1}^{r} X_i \leqslant \frac{r}{2}\right] \leqslant \delta \tag{7.2}$$

因此，在余下的证明中，我们将集中于证明这个不等式。注意到 $\sum_{i=1}^{r} X_i \leqslant r/2$ 的概率在单个指标 $X_1, X_2, \cdots, X_r$ 取 1 的概率减小时增加。因此，为了证明不等式(7.2)，我们可以假设每个指标取 1 的概率恰好为 2/3（而不是至少 2/3）。通过切尔诺夫边界，我们现在得到

$$\Pr\left[\sum_{i=1}^{r} X_i \leqslant \frac{r}{2}\right] = \Pr\left[\sum_{i=1}^{r} X_i \leqslant \frac{3}{4}\mathrm{E}\left[\sum_{i=1}^{r} X_i\right]\right] \leqslant \mathrm{e}^{-(1/4)^2 \cdot \mathrm{E}\left[\sum_{i=1}^{r} X_i\right]/2}$$

$$= \mathrm{e}^{(2r/3)/32} = \mathrm{e}^{-r/48} = \mathrm{e}^{-\lceil 48\log_2 \delta^{-1}\rceil/48} \leqslant \mathrm{e}^{-\log_2 \delta^{-1}} = \delta$$

在这一点上，我们将比较本章中讨论的主要 Sketches 的属性，以估计标记频率。表 7.1 总结了这些 Sketches 的属性。从表中可以看出，对于固定的 ε 和 δ，Count Sketches 的空间复杂度大于 Count-Min 和 Count-Median Sketches 的空间复杂度。然而，这三个 Sketches 在保证它们所产生的评估的质量方面也有所不同。Count-Min 和 Count-Median 依赖于 l^1 范数，而 Count Sketches 依赖于 l^2 范数。因此，当 l^2 范数比 l^1 范数小得多时，使用 Count Sketches 是首选，尽管它的空间复杂性更大。

表 7.1　Skeches 用于估算令牌频率的比较

Sketch 类型	模　型	空间复杂度	概率 $1-\delta$
Count - Min	Strict Turnstile	$O(\log \delta^{-1} \cdot (\varepsilon^{-1} \cdot \log n + \log m))$	$\tilde{f}_t - f_t \in [0, \varepsilon \cdot \|f\|_1]$
Count - Median	Turnstile	$O(\log \delta^{-1} \cdot (\varepsilon^{-1} \cdot \log n + \log m))$	$\tilde{f}_t - f_t \in [-\varepsilon \cdot \|f\|_1, \varepsilon \cdot \|f\|_1]$
Count	Turnstile	$O(\log \delta^{-1} \cdot (\varepsilon^{-2} \cdot \log n + \log m))$	$\tilde{f}_t - f_t \in [-\varepsilon \cdot \|f\|_2, \varepsilon \cdot \|f\|_2]$

注:对于每个 Sketches,该表总结了其工作的模型,它的空间复杂度及估计频率 $\tilde{f}_t$ 与真实频率 f_t 之间差异的保证。

众所周知,对于每个向量 $v \in \mathbf{R}^m$,下列不等式成立(而且,有一些向量使每个不等式紧密):

$$\frac{\|v\|_1}{\sqrt{m}} \leqslant \|v\|_2 \leqslant \|v\|_1$$

因此,l^2 范数永远不会大于 l^1 范数,有时它会比 l^1 范数小得多。练习 7-7 给出了一些关于影响两个范数之间比率因素的直观概念。具体地说,对于展开的向量,l^2 范数远小于 l^1 范数,而对于集中的向量,两个范数值相近。

练习 7-7:在这个练习中,我们考虑了两种类型的向量,并研究了这两种类型向量的 l^1 和 l^2 范数之间的比值。

(a)对于第一类向量,我们认为所有的坐标都是相等的。换句话说,在向量 $v_a \in \mathbf{R}^m$ 这种类型中,所有的 m 坐标都等于某个实值 a。证明对于这样的向量,$\|v_a\|_1 = \sqrt{m} \cdot \|v_a\|_2$。

(b)在第二类向量中,我们认为只有一个坐标具有非零值。具体来说,在这种向量 $u_a \in \mathbf{R}^m$ 中,除了一个取 a 值的坐标之外,所有的坐标都是 0。证明对于这样的向量,$\|u_a\|_1 = \|u_a\|_2$。

7.4　线性 Sketches

线性 Sketches 是一类重要的 Sketches,包括目前已知的许多 Sketches,包括本章介绍的所有 Sketches。线性 Sketches 的正式定义不在本书的范围之内。然而,线性 Sketches 是由矩阵定义的,Sketches 是通过将该矩阵与流的频率向量相乘得到的。

现在考虑旋转门模型中的流 σ。设 f_σ 为其频率矢量。此外,设 $\mathbf{comp}(\sigma)$ 是对 σ 补充的一个流,在某种意义上,$f_\sigma + f_{\mathrm{comp}(\sigma)} = \overline{0}$,其中 $f_{\mathrm{comp}(\sigma)}$ 是 $\mathbf{comp}(\sigma)$ 的频率向量,$\overline{0}$ 是全量向量(换句话说,如果 f_σ 包含某令牌 t 的所有 r 次出现,那么 $\mathbf{comp}(\sigma)$ 总共确切地包含 t 的 $-r$ 次出现)。线性 Sketches 的一个重要性质是,给定与流 σ 对

应的线性 Sketches DS(σ),只需将 Sketches DS(σ)中的每个数字替换为其补码,就可以计算出与流 σ 对应的 Sketches DS(**comp**(σ))。

练习 7-8:验证一下您是否理解了本章介绍的 Sketches 的特性。

现在让我们介绍一个应用,其中线性 Sketches 的上述性质是非常有用的。假设我们得到 k 个流的线性 Sketches DS(σ_1), DS(σ_2),$\cdots$,DS(σ_k),根据这些 Sketches,可以计算出每两条流 σ_i 和 σ_j 的 Sketches,即

$$\mathrm{DS}(\sigma_i \cdot \mathbf{comp}(\sigma_j)) = \mathrm{COMB}(\mathrm{DS}(\sigma_i), \mathrm{DS}(\mathbf{comp}(\sigma_j)))$$

(**注**:回想一下,COMB 算法给出了两个流 σ 和 σ' 的 Sketches,而 σ 生成了串联流 $\sigma \cdot \sigma'$ 的 Sketches。根据定义,这种算法必须存在于每一种类型的 Sketches。)

现在重要的观察是,流 $\sigma_i \cdot \mathbf{comp}(\sigma_j)$ 可以直观地视为流 σ_i 和 σ_j 之间的区别,因为每个令牌 t 在 $\sigma_i \cdot \mathbf{comp}(\sigma_j)$ 的频率等于 t 在 σ_i 的频率减掉 t 在 σ_j 的频率。因此,有了与 $\sigma_i \cdot \mathbf{comp}(\sigma_j)$ 相对应的 Sketches,我们就可以回答 σ_i 和 σ_j 流之间的区别了。

为了更具体地说明这一点,可以考虑例如 Count-Median Sketches——它与本章中所有其他 Sketches 一样是线性的。现在假设我们有 k 台计算机,每台计算机都得到一个不同的流,并计算与这个流对应的 Count-Median Sketches(为了确保它们的 Sketches 可以被合并,所有的计算机都为它们的 Sketches 使用一组共享的哈希函数)。有了这些 Sketches,我们想要得到关于原始 k 个流之间差异的信息,就可以使用上面的思想来实现。但是,为了解释如何实现它的细节,首先需要定义一些符号。这里用 $\sigma_1, \sigma_2, \cdots, \sigma_k$ 表示 k 个流,用 S 表示与这些流对应的 k 个计数中值图的列表。注意,通过上面的参数可以计算流 $\sigma_i \cdot \mathbf{comp}(\sigma_j)$ 的 Count-Median Sketches,对于 $1 \leqslant i, j \leqslant k$,仅仅基于 S 的 Sketches,这个示意图给出了对于 $\sigma_i \cdot \mathbf{comp}(\sigma_j)$ 中的每个令牌 t 的频率的一个估计 $\widetilde{f}_t$。由于 t 在 $\sigma_i \cdot \mathbf{comp}(\sigma_j)$ 中的频率等于 t 在 σ_i 和 σ_j 中频率之差,我们可以得出结论:我们已经成功地从 S 的缩略图中估计出了这一差异。

练习 7-9:在上面的讨论中,我们使用了 Count-Median Sketches。我们是否可以使用 Count-Min 或 Count Sketches 来代替?

7.5 文献说明

第一个 Sketches 通常被认为是 Alon 等(1999)的作品,他研究了一种被称为拔河的 Sketches。然而,这个作品并没有提到术语 Sketches 或它的定义,因为它们都是在后来才被引入的。因此,Alon 等(1999)对第一个 Sketches 的归属只是在回顾的观点中。

Charikar 等(2002)介绍了 Count Sketches。他们还提出了在 7.4 节中解释的技术,给出了两个流的线性 Sketches,允许人们获得关于流之间差异的信息。后来,

Cormode 和 Muthukrishnan(2005)引入了 Count - Min 和 Count - Median Sketches，它们提高了 Count Sketches 的空间复杂度（代价是依赖于 l^1 范数，而不是依赖于 l^2 范数的错误保证）。

[1] Alon N, Matias Y, Szegedy M. The Space Complexity of Approximating the Frequency Moments. Journal of Computer and System Sciences, 1999, 58(1)：137 - 147.

[2] Charikar M, Chen K , Farach - Colton M. Finding Frequent Items in Data Streams. In Proceedings of the 29th International Colloquium on Automata Languages and Programming (ICALP), 2002:693 - 703 .

[3] Cormode G, Muthukrishnan S. An Improved Data Stream Summary：The Count - Min Sketch and its Applications. Journal of Algorithms, 2005, 55(1)：58 - 75.

练习解析

练习 7 - 1 解析

可以观察到算法 7 - 1 的计算总和：$\sum_{t \in M} f_t$ ，其中，M 是可能的令牌集合。当元素的频率都是非负时，这个和等于 $\| f \|_1$。由于在收银机和严格的旋转门模型中都是如此，所以我们得到算法 7 - 1 在这些模型中计算 $\| f \|_1$。（注：收银机模型实际上是严格的旋转门模型的一个特例，因此，只要证明算法 7 - 1 在严格的旋转门模型中计算 $\| f \|_1$ 就足够了。）

需要说明的是，在一般的旋转门模型中，算法 7 - 1 可能无法计算 $\| f \|_1$。根据上面的观察，这种失效需要一个负频率的元件。假设一个数据流由两个更新事件组成，分别对应于有序对（"a"，1）和（"b"，-1）（即在第一个更新事件中，令牌 a 的一个副本到达，而在第二个更新事件中，令牌 b 的一个副本离开）。给定该数据流，算法 7 - 1 的输出为

$$\sum_{t \in M} f_t = f'_{a'} + f'_{b'} = 1 + (-1) = 0$$

相反，与此数据流对应的 l^1 范数为

$$\sum_{t \in M} | f_t | = | f'_{a'} | + | f'_{b'} | = | 1 | + | -1 | = 2$$

练习 7 - 2 解析

对于收银机模型，我们建议的算法 7 - 2 的变体如算法 7 - 7 所示。我们可以观察到，算法 7 - 7 在更新事件（t，c）到达后更新它的内部状态，就像算法 7 - 2 在令牌 t 的 c 副本到达后更新它的内部状态一样。因此，从第 1 章的算法 1 - 2 的分析延续到算法 7 - 7，该算法产生的集合恰好包含频率大于 n/k 的令牌。此外，在收银机模型

中,n 等于 $\|f\|_1$ 的最终值,因为在这个模型中 $\|f\|_1$ 只会随时间增加。因此,我们得到算法 7-7 生成的集合正好按要求包含频率大于 $k^{-1} \cdot \|f\|_1$ 的令牌。

算法 7-7 的空间复杂度有待分析。与算法 7-2 的情况类似,我们假设算法 7-7 的实现显式地只存储非零值的计数器。此外,可以从第 1 章对算法 1-2 的分析中回忆,算法 7-2 和算法 7-7 维护的集合 F 的大小从不超过 k。因此,算法 7-7 在每个给定时间最多维护 k 个非零计数器。每个这样的计数器的值的上限是与该计数器对应的令牌出现的频率,因此,也受 n 的限制。因此,我们得到算法 7-7 使用的所有令牌可以用 $O(k \log n)$ 位表示。此外,变量 d 取其中一个计数器的值,也可以用这些位来表示。接下来,我们考虑变量 t 和集合 F。变量 t 表示一个令牌,集合 F 最多包含 k 个令牌。由于最多有 m 个令牌,每个令牌都可以用 $O(\log m)$ 位表示,因此,t 和 F 都可以用最多 $O(k \log m)$ 位表示。最后,我们考虑变量 c 和 n。变量 n 随时间增加,它的最终值是参数 n 的值。此外,变量 c 包含一个更新事件中一个令牌频率的增加,因此,它的值不能超过 n,因为 n 是所有令牌频率的和。因此,我们得到变量 c 和 n 总是以参数 n 为上界,因此,可以用 $O(\log n)$ 位表示。

算法 7-7:频繁元素算法——收银机模型(k)

1. 当有更多的更新事件,
2. 　设 (t, c) 为下一个更新事件。
3. 　把 t 的计数器增加 c。
4. 　如果至少有 k 个非零计数器,那么,
5. 　　设 d 为非零计数器的最小值。
6. 　　将所有非零计数器减少 d。
7. 设 F 是当前具有非零计数器的令牌集合。
8. 重置所有计数器为零。
9. 开始对输入流进行第二次传递。
10. $n \leftarrow 0$。
11. 当有更多的更新事件,
12. 　让 (t, c) 成为下一个事件。
13. 　$n \leftarrow n + c$。
14. 　如果 $t \in F$,则 t 的计数器增加 c。
15. 返回计数器大于 n/k 的令牌列表。

综上所述,我们得到的算法 7-7 的空间复杂度为 $O(k(\log m + \log n))$,因此,当 k 为常数时,算法 7-7 是一个流算法。

练习 7-3 解析

我们首先观察到,在收银机和严格的旋转门模型中,可以使用算法 7-1 给出的数据流算法来计算 l^1 范数。因此,可以看出,在这些模型中,只要给出两个数据流 σ_1 和 σ_2 的两个 l^1 范数 n_1 和 n_2,就有可能计算出 $\sigma_1 \cdot \sigma_2$ 的 l^1 范数。为此,这两个数据

流对应的频率向量用 $\boldsymbol{f}^1$ 和 $\boldsymbol{f}^2$ 表示。然后,假设 M 是所有可能的符号的集合,我们得到 $\sigma_1 \cdot \sigma_2$ 的 l^1 范数为

$$\sum_{t \in M} |f_t^1 + f_t^2| = \sum_{t \in M} |f_t^1| + \sum_{t \in M} |f_t^2| = n^1 + n^2$$

其中第一个等式成立,因为在收银机和严格的旋转门模型中,频率总是非负的。

练习 7 - 4 解析

回想一下,在算法 7 - 3 生成的 Sketches 中,单元格 $C[h(t)]$ 包含了哈希函数 h 映射到这个单元格的所有令牌的总频率,因此,

$$\widetilde{f}_t = C[h(t)] = \sum_{\substack{t' \in [m] \\ h(t)=h(t')}} f_{t'} = f_t + \sum_{\substack{t' \in [m]\backslash\{t\} \\ h(t)=h(t')}} f_{t'} \tag{7.3}$$

与引理 7 - 1 的证明一样,对于 $h(t)=h(t')$ 的事件,我们现在为每个标记 $t' \in [m]\backslash\{t\}$ 定义一个指示符 $X_{t'}$。由于 h 是从一个两两独立的哈希函数族中选择的,所以 $X_{t'}$ 取 1 的概率必须是 k^{-1}。使用这个符号,我们现在可以将等式(7.3)重写为

$$\widetilde{f}_t - f_t = \sum_{t' \in [m]\backslash\{t\}} X_{t'} \cdot f_{t'}$$

等式右边的和既包含频率为正的符号,也包含频率为非正的符号。把它分成两个和是很有用的,每种令牌一个。因此,我们定义 M^+ 为 $[m]\backslash\{t\}$ 中频率为正的令牌的集合,设 M^- 为 $[m]\backslash\{t\}$ 中其他令牌的集合。使用这些设集合,我们得到

$$|\widetilde{f}_t - f_t| = \left|\sum_{t' \in M^+} X_{t'} \cdot f_{t'} + \sum_{t' \in M^-} X_{t'} \cdot f_{t'}\right|$$
$$\leqslant \max\left\{\sum_{t' \in M^+} X_{t'} \cdot f_{t'}, -\sum_{t' \in M^-} X_{t'} \cdot f_{t'}\right\}$$

其中不等式成立,因为和 $\sum_{t' \in M^+} X_{t'} \cdot f_{t'}$ 总是非负的,并且和 $\sum_{t' \in M^-} X_{t'} \cdot f_{t'}$ 总是非正的。我们的目标是使用马尔可夫不等式来约束这两个和。为了实现这个目标,我们需要把它们的期望限制在以下几点:

$$E\left[\sum_{t' \in M^+} X_{t'} \cdot f_{t'}\right] = \sum_{t' \in M^+} E[X_{t'}] \cdot f_{t'}$$
$$= k^{-1} \cdot \sum_{t' \in M^+} |f_{t'}| \leqslant k^{-1} \cdot \|\boldsymbol{f}\|_1 \leqslant \frac{\varepsilon \cdot \|\boldsymbol{f}\|_1}{6}$$

$$E\left[-\sum_{t' \in M^-} X_{t'} \cdot f_{t'}\right] = -\sum_{t' \in M^-} E[X_{t'}] \cdot f_{t'}$$
$$= k^{-1} \cdot \sum_{t' \in M^-} |f_{t'}| \leqslant k^{-1} \cdot \|\boldsymbol{f}\|_1 \leqslant \frac{\varepsilon \cdot \|\boldsymbol{f}\|_1}{6}$$

通过马尔可夫不等式,我们现在得到

$$\Pr\left[\sum_{t'\in M^+} X_{t'}\cdot f_{t'}\geqslant\varepsilon\cdot\parallel f\parallel_1\right]\leqslant\frac{1}{6}$$

$$\Pr\left[-\sum_{t'\in M^-} X_{t'}\cdot f_{t'}\geqslant\varepsilon\cdot\parallel f\parallel_1\right]\leqslant\frac{1}{6}$$

因此,通过联合界,$\sum_{t'\in M^+} X_{t'}\cdot f_{t'}$ 或 $-\sum_{t'\in M^-} X_{t'}\cdot f_{t'}$ 的值至少为 $\varepsilon\cdot\parallel f\parallel_1$ 的概率上界为 $1/3$,这意味着

$$\Pr[\mid\widetilde{f}_t - f_t\mid\geqslant\varepsilon\cdot\parallel f\parallel_1]$$

$$\leqslant\Pr\left[\max\left\{\sum_{t'\in M^+} X_{t'}\cdot f_{t'},-\sum_{t'\in M^-} X_{t'}\cdot f_{t'}\right\}\geqslant\varepsilon\cdot\parallel f\parallel_1\right]\leqslant\frac{1}{3}$$

练习 7 - 5 解析

我们的第一个目标是证明当哈希函数 $h_1,h_2,\cdots,h_r$ 是固定的时,不同的流生成的 Count - Median Sketches 可以组合。假设有两个流 σ_1 和 σ_2,且给定上述哈希函数的固定选择,设 C^1、C^2 和 C^{12} 分别表示与流 σ_1、σ_2 和 $\sigma_1\cdot\sigma_2$ 对应的 Count - Median 图中数组 C 的内容,我们需要证明 C^{12} 可以仅根据 C^1 和 C^2 来计算。为了达到这个目的,我们观察到 C 的每个单元格都包含哈希函数 h_i 映射到这个单元格的所有令牌的总频率,其中 i 是单元格的行。因此,C^{12} 的每个单元格等于 C^1 和 C^2 对应单元格的和,因此,可以单独使用这些单元格的值来计算。

我们的下一个目标是限制 Count - Median 图的大小,假设 $\varepsilon\geqslant(mn)^{-1}$。Count - Median Sketches 由数组 C 和 r 哈希函数组成。通过观察 7 - 3 的证明,我们得到图中的每一个哈希函数都可以用 $O(\log m + \log k)$ 位表示。因此,Sketches 中所有哈希函数所需的总空间复杂度为

$$r\cdot O(\log m + \log k) = O\left(\log\delta^{-1}\cdot\left(\log m + \log\frac{12}{\varepsilon}\right)\right)$$
$$= O(\log\delta^{-1}\cdot(\log m + \log(12mn)))$$
$$= O(\log\delta^{-1}\cdot(\log m + \log n))$$

现在考虑包含 rk 单元格的数组 C 所需的空间复杂度。C 的每个单元格包含由对应于其行的哈希函数映射到该单元格的令牌的频率和,因此,单元格值的绝对值的上限为 n。因此,整个数组 C 的空间复杂度表示为

$$rk\cdot O(\log n) = O(\log\delta^{-1}\cdot\varepsilon^{-1}\cdot\log n)$$

结合上面我们证明的哈希函数和数组 C 所需空间的两个边界,得到了 Count - Median Sketches 所需的总空间复杂度,即

$$O(\log \delta^{-1} \cdot (\log m + \log n)) + O(\log \delta^{-1} \cdot \varepsilon^{-1} \cdot \log n) = O(\log \delta^{-1} \cdot (\log m + \varepsilon^{-1} \cdot \log n))$$

我们的最后一个目标是,证明给定一个 Count - Median Sketches 和一个任意令牌 t,用算法 7-5 描述的方式生成 t 的频率 f_t 的估计 $\tilde{f}_t$,保证 $\Pr[|f_t - \tilde{f}_t| > \varepsilon \cdot \|f\|_1] \leqslant 1 - \delta$。为了实现这个目标,我们观察到 Count - Median Sketches 可以被看作是由练习 7-4 给出的算法 7-3 的修改版本生成的 r 个独立 Sketches 的集合。更具体地说,当考虑数组 C 的单行和对应这一行的哈希函数时,算法 7-5 更新这一行和哈希函数的方式与算法 7-3 的修改版本更新其 Sketches 的方式相同。从这个观点来看,练习 7-4 的结果表明,对于每个 $1 \leqslant i \leqslant r$,都有

$$\Pr[|f_t - C[i, h_i(t)]| > \varepsilon \cdot \|f\|_1] \leqslant \frac{1}{3} \tag{7.4}$$

我们用 X_i 表示事件 $|f_t - C[i, h_i(t)]| \leqslant \varepsilon \cdot \|f\|_1$ 的指标,设 $X = \sum_{i=1}^{r} X_i$。直观地说,每个 X_i 都是一个事件的指示器,即单元 $C[i, h_i(t)]$ 包含对 f_t 的良好估计,而 X 是包含对 f_t 的良好估计的此类单元的数量。回想一下,算法 7-5 输出单元 $C[1, h_1(t)], C[2, h_2(t)], \cdots, C[r, h_r(t)]$ 的中值,因此,当这些单元格的一半以上包含对 f_t 的良好估计时,它对 f_t 产生一个良好的估计。因此,要证明我们想要证明的不等式,证明下式就足够了,即

$$\Pr\left[X > \frac{r}{2}\right] \geqslant 1 - \delta$$

这相当于

$$\Pr\left[X \leqslant \frac{r}{2}\right] \leqslant \delta \tag{7.5}$$

我们现在注意到,X 是 r 个指标 $X_1, X_2, \cdots, X_r$ 的和,这些指标是独立的,根据不等式(7.4)每个取 1 的概率至少为 2/3。显然,当 X_i 取值为 1 的概率减小时,X 取最大值为 $r/2$ 的概率增大。因此,为了证明不等式(7.5),我们可以不失一般性地假设,每个 X_i 取 1 的概率恰好为 2/3。因此,由切尔诺夫界可得

$$\Pr\left[X \leqslant \frac{r}{2}\right] = \Pr\left[X \leqslant \frac{3}{4} \cdot E[X]\right] \leqslant e^{-(1/4)^2 \cdot E[X]/2} = e^{-E[X]/32}$$
$$= e^{-(2r/3)/32} = e^{-r/48} = e^{-\lceil 48\log_2 \delta^{-1}\rceil/48} \leqslant e^{-\log \delta^{-1}} = \delta$$

练习 7-6 解析

我们的第一个目标是,证明当哈希函数 $h_1, h_2, \cdots, h_r$ 和 $g_1, g_2, \cdots, g_r$ 都是固定时。对不同流产生的 Sketches 可以进行合并。设 C^1、C^2 和 C^{12} 分别表示与流 σ_1、σ_2 和 $\sigma_1 \cdot \sigma_2$ 对应的 Count 图中数组 C 的内容。我们需要证明 C^{12} 可以仅根据 C^1 和 C^2 来计算。为了达到这个目的,我们观察到第 i 行第 j 个单元格的值是由如下表达

大数据算法

式给出的：

$$\sum_{\substack{t \in [m] \\ h_i(t)=j}} g_i(t) \cdot f_t \tag{7.6}$$

注意，这是频率的线性表达式，这意味着 C^{12} 的每个单元等于 C^1 和 C^2 的相应单元的和，因此，可以单独使用这些单元的值来计算 C^{12}。

我们的下一个目标是限制 Count Sketches 的大小，假设 $\varepsilon \geqslant (mn)^{-1}$。Count Sketches 由数组 C、r 个哈希函数（从 $[m]$ 到 $[k]$）和 r 个哈希函数（从 $[m]$ 到 $\{-1,1\}$）组成。通过观察 7-3 的证明，我们得到，从 $[m]$ 到 $[k]$ 的每一个哈希函数都可以用 $O(\log m + \log k)$ 位表示。因此，所有这些哈希函数所需的空间复杂度是

$$\begin{aligned} r \cdot O(\log m + \log k) &= O\left(\log \delta^{-1} \cdot \left(\log m + \log \frac{6}{\varepsilon^2}\right)\right) \\ &= O(\log \delta^{-1} \cdot (\log m + \log(6m^2 n^2))) \\ &= O(\log \delta^{-1} \cdot (\log m + \log n)) \end{aligned}$$

接下来考虑从 $[m]$ 到 $\{-1,1\}$ 的哈希函数。我们可以观察到，任何从 $[m]$ 到 $[2]$ 的哈希函数都可以通过简单地重命名函数图像中的元素来转换为从 $[m]$ 到 $\{-1,1\}$ 的哈希函数。因此，每个从 $[m]$ 到 $\{-1,1\}$ 的哈希函数需要的空间复杂度与从 $[m]$ 到 $[2]$ 的哈希函数相同，并且根据观察 7-3 的证明，这样的哈希函数需要 $O(\log m + \log 2) = O(\log m)$ 位。因为在 Count Sketches 中有 r 个从 $[m]$ 到 $\{-1,1\}$ 的哈希函数，它们的总空间需求是

$$r \cdot O(\log m) = O(\log \delta^{-1} \cdot \log m)$$

现在让我们考虑包含 rk 个单元格的数组 C 所需的空间复杂度。我们观察到 C 的每一个单元格的绝对值的上界为 n。有界的原因是数组 C 中第 i 行第 j 个单元格的内容是由和（见式(7.6)）给出的，其绝对值上限是 n，因为每个令牌的频率只在其中出现一次（无论是作为一个积极的或消极的词）。因此，整个数组 C 可以用空间复杂度表示为

$$rk \cdot O(\log n) = O(\log \delta^{-1} \cdot \varepsilon^{-2} \cdot \log n)$$

结合上面我们得到的哈希函数和数组 C 所需空间的边界，我们得到了 Count-Median Sketches 所需的总空间复杂度是

$$\begin{aligned} &O(\log \delta^{-1} \cdot (\log m + \log n)) + O(\log \delta^{-1} \cdot \log m) + O(\log \delta^{-1} \cdot \varepsilon^{-2} \cdot \log n) \\ &= O(\log \delta^{-1} \cdot (\log m + \varepsilon^{-2} \cdot \log n)) \end{aligned}$$

练习 7-7 解析

(a)因为 v_a 的所有 m 个坐标都等于 a，我们得到

$$\| \boldsymbol{v}_a \|_1 = m \cdot |a| = \sqrt{m} \cdot \sqrt{m \cdot |a|^2} = \sqrt{m} \cdot \sqrt{m \cdot a^2} = \sqrt{m} \cdot \| \boldsymbol{v}_a \|_2$$

(b)因为 $\boldsymbol{u}_a$ 有 $m-1$ 个坐标取 0，一个坐标取 a，我们得到

$$\| \boldsymbol{u}_a \|_1 = (m-1) \cdot |0| + 1 \cdot |a| = |a|$$
$$= \sqrt{a^2} = \sqrt{(m-1) \cdot 0^2 + 1 \cdot a^2} = \| \boldsymbol{u}_a \|_2$$

练习 7-8 解析

我们解释了为什么由算法 7-3 生成的 Sketches 具有 DS(**comp** (σ)) 可以由 DS(σ) 简单地补全 Sketches 中所有数字得到的性质。本章给出的其他 Sketches 的解释也是类似的。回想一下，在算法 7-3 中，数组 C 的每个单元格都包含了哈希函数 h 映射到该单元格的令牌的频率和。因此，在 DS(σ) 中，C 的第 i 个单元格的值为

$$C[i] = \sum_{\substack{t \in [m] \\ h(t)=i}} (f_\sigma)_t$$

同样，此单元格在 DS(**comp** (σ)) 中的值为

$$C[i] = \sum_{\substack{t \in [m] \\ h(t)=i}} (f_{\mathbf{comp}(\sigma)})_t = \sum_{\substack{t \in [m] \\ h(t)=i}} (-f_\sigma)_t = -\sum_{\substack{t \in [m] \\ h(t)=i}} (f_\sigma)_t$$

其中第二个等式成立是因为 $f_\sigma + f_{\mathbf{comp}(\sigma)}$ 是全零向量。

练习 7-9 解析

练习前的讨论表明，给定两个流 σ_1 和 σ_2 的 Count-Median Sketches，可以使用两步流程获得关于两个流之间差异的信息。第一步，由 σ_1 和 σ_2 的 Sketches 生成 $\sigma_1 \cdot$ **comp**(σ_2) 的 Count-Median Sketches；第二步，用 $\sigma_1 \cdot$ **comp**(σ_2) 的 Sketches 推导出 $\sigma_1 \cdot$ **comp**(σ_2) 中令牌 t 出现频率的估计。

在这个练习中，我们被问及同样的过程是否也可以应用于 Count-Min 和 Count Sketches。要回答这个问题，首先需要确定允许上述两个步骤工作的 Count-Median Sketches 的属性。第一步是基于 Count-Median Sketches 是线性图这一事实，因为这种线性关系使我们能够从 σ_2 流的图中得到 **comp**(σ_2) 流的图。幸运的是，Count-Min 和 Count Sketches 都是线性的，所以这个步骤也可以用这两个 Sketches 来执行。

第二步依赖于这样一个事实，即我们可以根据 $\sigma_1 \cdot$ **comp**(σ_2) 流的 Count-Median Sketches 估计出 $\sigma_1 \cdot$ **comp**(σ_2) 流中令牌的频率。这对于 Count-Median Sketche 是正确的，因为它适用于旋转门模型，因此，可以处理任何流。然而，对于只适用于严格的旋转门模型的示意图来说，这并不普遍成立，因为 $\sigma_1 \cdot$ **comp**(σ_2) 可能包含具有负频率的令牌，即使原始流 σ_1 和 σ_2 不包含这样的令牌。因此，第二步可以用适用于旋转门模型的 Count Sketches 进行，但不能用只适用于严格的旋转门模型的 Count-Min Sketche 进行。

第8章 图形数据流算法

在前面的章节中,我们研究了将流视为抽象令牌"集合"的算法,并且没有将任何特定的"意义"赋予标记的值。因此,这些算法估计了流数据的属性,如不同令牌值的数量,即使令牌的值没有任何实际含义也是有意义的(该规则的唯一例外是,在某些地方,我们假设令牌值之间存在自然顺序,这要求令牌值具有一些微小的意义)。

相比之下,许多已知的数据流算法都是针对流的令牌确实具有有意义的值的设置而设计的。例如,令牌可以表示几何空间中点或图形的边。在本章中,我们将研究一类重要的数据流算法,具体来说,其输入是一个以边流形式给出的图。8.1 节给出了此类算法运行模型的正式描述。

8.1 概　述

图形数据流算法是一种输入数据流由图的边组成的数据流算法。更正式地说,数据流的令牌是图的边,每条边在流中表示为一对顶点(它的两个端点)。为了使其更具体,考虑图 8.1 中给出的图。与此图相对应的数据流以任意顺序包含 (u,v)、(v,w)、(u,s) 和 (v,s)。可以注意到,上面对图数据流算法的描述对应于普通的数据流模型,因为我们假设每个时间点都有一条边到达,另外,边永远不会被删除。与第 7 章中介绍的其他数据流模型相对应的更一般类型的图形数据流算法也被研究过,但是,它们超出了本书的范围。

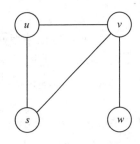

图 8.1　图的一个例子

与图的习惯一样,我们使用 G、V 和 E 来表示对应于输入流的图,分别表示它的顶点集和边集。另外,我们用 n 和 m 分别表示图中的顶点和边的数量。注意,这种表示法是图的标准表示法,但它与我们在本书中迄今为止使用的表示法不一致。例如,流的长度等于边的数量,因此,现在由 m 给出;不像在前几章中,我们使用 n 来表示这个长度(至少在普通模型中是这样)。我们采用的惯例是,n 和 m 的含义应该从上下文来理解。具体来说,在数据流图问题的算法中,我们假设 n 和 m 分别代表 V 和 E 的大小,而在与图表无关的数据流算法中,我们使用 n 和 m 与我们在前面的章节中一样使用。

现在,我们准备介绍图形数据流算法的第一个示例,该算法用于确定给定的图是否为二部图。该算法如算法 8 - 1 所示。

算法 8 - 1 使用以下过程生成森林 F。最初,F 是空的。然后,每当算法得到原始图的一条边时,它就将这条边添加到 F 中,除非这会在 F 中创建一个循环。观察到,这个构造过程保证 F 只包含原始图的边。当森林 F 增长时,该算法通过考虑所有的循环来测试原始图的二偏性,这些循环可以通过向图 F 添加一条边来创建。如果所有这些循环都是偶数长度,那么算法声明这个图是二部图;否则,如果算法检测到一个奇循环,那么它就声明这个图是非二部图。

算法 8-1:测试二偏性

1. 让 $F \leftarrow \emptyset$。

2. 当有更多的边,

3. 　设 (u, v) 是下一条边。

4. 　如果 $F \cup \{(u, v)\}$ 包含一个奇循环(一个奇长度的循环),则

5. 　　返回"图不是二部图"。

6. 否则 $F \cup \{(u, v)\}$ 不包含一个循环,那么

7. 　　更新 $F \leftarrow F \cup \{(u, v)\}$。

8. 返回"图是二部图"。

引理 8-1:算法 8-1 正确判断其输入图 G 是否为二部图。

证明:回忆一下,在二部图中,所有的循环都是偶数长度的。此外,注意到算法 8-1 没有声明一个图是非二部图,除非它发现其中有一个奇循环。结合这两个事实,我们得到,当算法 8-1 给定一个二部图 G 时,它正确地声明了 G 是二部图。因此,还需要证明当算法 8-1 声明一个图 G 是二部图时,G 确实是二部图。

考虑一个图 G,算法 8-1 声明它是二部图。森林 F 显然是二部的(所有森林都是二部的),因此,可以划分为两个不相交的顶点 V_1 和 V_2 集合,这样 F 的任何一条边都没有两个端点在同一个集合 V_1 或 V_2 中。我们将证明这个顶点的划分也有利于证明 G 是二部的。换句话说,我们将证明 G 的任何一条边在 V_1 或 V_2 中都没有两个端点。考虑任意一条边 $(u, v) \in E$,我们证明它的一个端点属于 V_1,另一个属于 V_2。如果 $(u, v) \in F$,那么这个结论来自于 V_1 和 V_2 的定义。因此,我们可以假设 $(u, v) \notin F$。由于算法 8-1 没有添加 (u, v) 到 F,并且没有宣布 G 是非二部性的,所以 $F \cup \{(u, v)\}$ 必须包含一个(奇数的)偶数的周期,这意味着 F 包含一个连接 u 和 v 奇数路径。因为 F 的每条边都连接着 V_1 的一个顶点和 V_2 的一个顶点,从 u 到 v 有一条奇数路径的事实意味着这些节点中的一个属于 V_1,另一个属于 V_2,这就是我们需要证明的(这个论证的图形说明见图 8.2)。

现在我们来分析算法 8-1 的空间复杂度。

观察 8-1:算法 8-1 的空间复杂度为 $O(n \log n)$。

证明:算法 8-1 将最后到达的边加上森林 F 的边保存在内存中。因为森林最多可以包含 $n-1$ 条边,这意味着算法 8-1 只需要存储 n 条边所需的空间。每条边都用两个顶点表示,每个顶点都可以用 $O(\log n)$ 空间表示,因为只有 n 个顶点。综合这些观测结果,我们得到算法 8-1 所需要的空间复杂度不大于

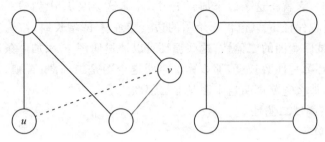

注:黑色的边是 F 的边,灰色的边代表 G 已经到达,但没有添加到
F 的边。最后,虚线边(u,v)是一个已经到达的新边。注意(u,v)
与 F 闭合一个偶循环,并且在 F 的任何二部图表示中都是如此
(即一个分区内节点到双方没有边的一侧)。u 和 v 必须出现在图
的两边,因为它们之间有一种奇数路径长度。

图 8.2　对算法 8-1 的分析的说明

$$n \cdot 2 \cdot O(\log n) = O(n \log n)$$

注意,观察 8-1 并不意味着算法 8-1 是流算法,因为数据流算法只有在空间复
杂度为 $\log n$ 和 $\log m$ 的多项式时才算是流算法。此外,我们可以观察到,算法 8-1
不能用更强的空间复杂度分析来证明它是一个流算法,因为有很多给出的图的例子
表明算法 8-1 的空间复杂度确实是 $\Theta(n \log n)$。

结果表明,没有一种算法可以明显改善算法 8-1 的空间复杂度,因为一个不可
能的结果表明,任何确定图是否为二部的图形数据流算法都必须使用 $\Omega(n)$ 空间。
有趣的是,类似的不可能结果也存在于许多其他重要的图问题中。这些不可能的结
果导致研究人员对空间复杂度略大于流算法允许的空间复杂度的图形数据流算法进
行研究。具体来说,对于某个常数 $c \geqslant 0$,空间复杂度为 $O(n \cdot \log^c n \cdot \log^c m)$ 的算法
已经进行了大量的研究。这种算法被称为半流算法,它们很有趣,因为它们代表了一
个最佳点:一方面,它们允许足够高的空间复杂度,以避免不可能的结果,比如上面提
到的确定给定图是否为二部图的问题;另一方面,它们仍然比存储整个输入图所需的
空间要少得多(假设图不是太稀疏,即 m 不受 $O(n \cdot \log^c n)$ 的限制,对于任何常数
$c \geqslant 0$),因为 m 的上界总是 n^2。定义半流算法的一种更简单和等效的方法是,对于某
个常数 $c \geqslant 0$,其空间复杂度为 $O(n \cdot \log^c n)$ 的图形数据流算法。(注:"半流算法"一
词在不同的语境中有不同的含义。例如,在某些地方,它用于表示空间复杂度低于存
储算法输入所需的空间复杂度,但又没有低到使其成为流算法的任何数据流算法。
在本书中,我们只在图问题的上下文中提到半流算法,并且要么遵循上面给出的半流
算法的定义,要么遵循第 9 章中描述的半流算法的近似变体。)

通过以上半流算法的定义,我们可以通过定理 8-1 总结算法 8-1 的结果。

定理 8-1:算法 8-1 是一种能正确判断输入图是否为二部图的半流算法。

练习 8-1:找到一个半流算法来确定它的输入图是否连接。算法可以假设对图

的顶点有先验知识(注意,如果没有这个假设,问题就无法解决,因为算法无法从边的流中了解到度为 0 的图顶点的信息)。

8.2　最大权匹配

最大权匹配问题是图形数据流模型中一个被广泛研究的特殊图问题。在这个问题中,输入由一个具有正边权的图组成,目标是在图中找到一个权重(即图中边权之和)尽可能大的匹配。

针对最大权匹配问题开发的一种数据流算法可以估计最大权匹配的大小,而无需显式生成任何匹配。这些算法是估计算法,因为像我们在本书中看到的大多数算法一样,它们只是估计一些与流相关的数值;在这种情况下,就是最大权重匹配的权重。我们注意到,存在许多用于最大权匹配问题的估计算法,并且在某些情况下,即使使用足够低的空间复杂度使其成为流式算法,它们也能够实现非平凡的结果。然而,在本章中,我们感兴趣的算法不仅仅是估计最大权匹配的权重。具体来说,我们希望算法输出的匹配权接近最大权匹配的权重。这种算法称为近似算法。更一般地说,近似算法是指给定优化问题(如最大权匹配),找到近似优化问题目标函数的解的算法。

作为近似算法的第一个简单示例,让我们考虑算法 8-2。算法 8-2 是一种用于最大权匹配的特殊情况的算法,其中所有边的权重等于 1。换句话说,在这种特殊情况下,目标是找到最大匹配。我们注意到,最大权匹配的这种特殊情况通常称为最大基数匹配问题。

算法 8-2 通过以下过程增长其匹配 M 的解。起初 M 是空的。然后,每当算法得到一条新边时,它都会将这条边添加到 M 中,除非这会使 M 成为非法匹配。显然,这个增长过程保证了当算法 8-2 终止时,M 是一个合法的匹配。练习 8-2 分析了算法 8-2 的空间复杂度。

算法 8-2:最大基数匹配的贪婪算法

1. 让 $M \leftarrow \varnothing$。
2. 当有更多的边,
3. 　设 (u,v) 是下一条边。
4. 　如果 $M \bigcup \{(u,v)\}$ 是一个有效的匹配,那么
5. 　　把 (u,v) 加到 M 中。
6. 返回 M。

练习 8-2:证明算法 8-2 是一个半流式算法。

重要的是要注意,不能期望最大基数匹配的近似算法具有比线性更好的空间复杂度,因为这样的算法必须存储其输出匹配。因此,算法 8-2 是半流算法这一事实意味着,对于某个常数 $c \geqslant 0$,它的最优空间复杂度为 $O(\log^c n)$。算法 8-2 分析的下一步是确定它产生的近似的质量,即表明它产生的匹配的大小并不比图 G 的任何匹

配的最大尺寸小多少。

引理 8 - 2：算法 8 - 2 产生了一个匹配，其大小至少是 G 的最大匹配的一半。

接下来，我们给出引理 8 - 2 的形式证明。直观地说，这种形式证明是基于算法 8 - 2 产生的匹配是最大的这一事实，即在不违反可行性的情况下，不能向 G 添加任何边。一般来说，可以证明图的任何最大匹配的值至少是图中最大匹配值的一半。然而，为了简单起见，我们仅对算法 8 - 2 产生的匹配证明这一点。

证明：让我们用 M 表示算法 8 - 2 产生的匹配，用 OPT 表示 G 的任意最大尺寸匹配。现在考虑任意边 $e \in \text{OPT} \backslash M$。$e$ 没有被加到 M 的事实意味着，M 在这一点已经包含了一条边 e'，它有一个公共顶点 u 和 e。由于 e' 阻止了 e 加入到 M 中，我们说 e' 是通过 u 被责备的，因为 e 被排除了（图 8.3 所示为责备概念的图解）。

中间的边是 M 的一条边，它被责备排除了 OPT 的两边条（表示为虚线边）。注意，中间的边不能被责备排除任何其他 OPT 的边，因为这将需要 OPT 的两条边具有公共顶点。

图 8.3 算法 8 - 2 分析的示例

注意，e 在 OPT 中的隶属关系意味着，OPT 的其他边不可能与 e 有公共顶点。这有两个重要的结果：首先，e' 必须属于 $M \backslash \text{OPT}$；其次，e' 不能因为排除了 OPT 的任何其他边而归咎于 u。结合这两种结果，我们得到只有 $M \backslash \text{OPT}$ 的边可以归咎于排除了 $\text{OPT} \backslash M$ 的边，每个这样的边都可以被归咎排除最多两个 $\text{OPT} \backslash M$ 的边（通过其两个端点中的每一个）。因此，$\text{OPT} \backslash M$ 的大小最多是 $M \backslash \text{OPT}$ 的两倍，这意味着

$$|\text{OPT} \backslash M| \leqslant 2 \cdot |M \backslash \text{OPT}| \Rightarrow |\text{OPT}| \leqslant 2 \cdot |M|$$

与引理 8 - 2 给出的形式相似的保证在本书的后续章节中经常出现。定义 8 - 1 可以让我们更清楚地表述它们。

定义 8 - 1：给定一个最大化问题，它有一个实例集 J 和一个求解该问题的确定性算法 ALG，ALG 的近似比为

$$\inf_{I \in J} \frac{\text{ALG}(I)}{\text{OPT}(I)}$$

其中，$\text{ALG}(I)$ 是给定实例 I 的算法 ALG 产生的解的值，$\text{OPT}(I)$ 是实例 I 的最优解的值，即最大的解。

非正式地，一个算法的近似比是一个数字 $x \in [0, 1]$，它是一个保证算法产生的解决方案的价值不会比一个最优解的值超过 x 的因素。注意，这意味着近似比例越接近于 1 越好。例如，一个算法总是输出一个最优解，其近似比为 1，而一个算法的

近似比为 1/2,只能保证其解的值至少为最优解的一半。为了简化,对于某些 $x \in$ [0,1],我们经常把算法写成 x-近似算法,而不是写成它的近似比至少是 x。

回忆一下,引理 8-2 表明,算法 8-2 对每个给定的图(问题的实例)产生一个匹配,其值至少是最大匹配的一半。根据定义,这意味着算法 8-2 的近似比至少为 1/2;或者等价地,算法 8-2 是一个(1/2)-近似算法。利用这个观察结果,我们现在可以通过定理 8-2 重申算法 8-2 的结果。

定理 8-2:算法 8-2 是求解最大基数匹配问题的半流(1/2)-近似算法。

现在有两个关于近似比的说明,如下:

• 上面给出的近似比的定义只适用于最大化问题和确定性算法。对于最小化问题和随机化算法,也存在这种定义的变体,我们将在需要时在本书后面介绍其中的一些变体。

• 对于最大化问题和确定性算法,偶尔也会使用另一种(略微不同的)近似比定义。具体来说,根据定理 8-2,将近似比定义为

$$\sup_{I \in J} \frac{\mathrm{OPT}(I)}{\mathrm{ALG}(I)}$$

注意,该定义产生了范围[1,∞)内的近似比,在某些情况下这更方便。然而,这两个定义非常接近,人们可以观察到,根据一个定义的近似比正好是根据另一个定义的近似比的倒数。例如,根据上一个定义,算法 8-2 是一个 2-近似算法。为了避免混淆,在本书中,我们坚持定义 8-1 给出的近似比的定义。

练习 8-3:上面,我们已经证明了算法 8-2 的近似比至少为 1/2。证明它实际上等于 1/2,即找到一个输入示例,使得算法 8-2 产生的匹配值正好为最大匹配值一半。

至此,我们结束了对最大基数匹配特殊情况的讨论,并回到更普遍的最大权匹配问题。这里研究的算法为算法 8-3。注意,算法 8-3 得到一个参数 $\varepsilon \in (0,1]$,它控制其输出的质量。

算法 8-3 主要由两部分组成:在第一部分,算法增加了一堆可能出现在输出中的候选边;而在第二部分,该算法基于堆栈中的边创建了一个匹配。现在让我们更详细地解释每一个部分。在第一部分中,算法为每个顶点 $u \in V$ 保持一个潜在的 p_u。最初,这个势能被设置为 0,并且随着越来越多的到达顶点的边被添加到堆栈中,它也会增长(**注**:当且仅当一条边与某个顶点关联时,它就会到达顶点)。只有当一条边的权值显著大于其两个端点的势值之和时,该算法才允许将其添加到堆栈中。直观地说,这是有道理的,因为它可以防止一个新的边缘(u,v)被添加到堆栈中,除非它比已经在堆栈中的边重得多,并且碰到 u 或 v。更正式地说,当算法 8-3 得到一条边(u,v)时,它通过从(u,v)的权值中减去 p_u 和 p_v 的势,为这条边计算一个剩余权值 $w'(u,v)$。如果剩余权值与原始权值相比可以忽略,则算法直接丢弃这条边;否

则,该算法将边推入堆栈,并通过边的剩余权值增加 u 和 v 的势能。

算法 8-3:最大权匹配算法(ε)

1. 假设 S 是一个空堆栈。

2. 对于每个节点 $u\in V$,设 $p_u\leftarrow 0$。

3. 当有更多的边,

4.   设 (u,v) 是下一条边,设 $w(u,v)$ 是它的权值。

5.   设 $w'(u,v)\leftarrow w(u,v)-p_u-p_v$。

6.   如果 $w'(u,v)\geqslant\varepsilon\cdot w(u,v)$,则

7.   将 (u,v) 推到栈 S 的顶部。

8. p_u 和 p_v 都增加 $w'(u,v)$。

9. 让 $M\leftarrow\emptyset$。

10. 当堆栈 S 不是空时

11.   从栈顶弹出一个边 (u,v)。

12.   如果 $M\bigcup\{(u,v)\}$ 是一个有效的匹配,那么

13.   将 (u,v) 加到 M。

14. 返回 M。

现在我们进入算法 8-3 的第二部分,该算法从堆栈的边缘创建一个匹配。这是通过简单地从堆栈中一个一个弹出边来完成的,并且将任何弹出的边添加到匹配中,除非这种添加使匹配非法。

练习 8-4:如前所述,算法 8-3 的伪代码假设已知顶点集合 V。这种假设能被抛弃吗? 换句话说,算法可以在没有这些知识的情况下实现吗?

现在让我们开始分析算法 8-3。在这个分析中,我们假设对于某个常数 $c\geqslant 1$,所有边的权值都是 $[1,n^c]$ 范围内的整数。直观地说,该假设表明,与图的最大权重边相比,图的任何边都不是非常轻的。注意,这不是一个非常严格的假设,因为它是简单地忽略非常轻的边是安全的,因为它们无论如何对解决方案的价值贡献都不大。此外,将这种直观的想法发展成算法 8-3 的变体是可能的,它不基于上述假设,但在本书中我们不会这样做。

练习 8-5:利用上述假设证明由算法 8-3 维护的堆栈 S 中只包含不超过 $O(\varepsilon^{-1}\cdot n\log n)$ 条边。提示:首先,证明顶点 u 的势能 p_u 随着栈 S 中到达 u 的边的数量呈指数增长。

使用练习 8-4,我们可以很容易地确定算法 8-3 的空间复杂度上限。

推论 8-1:算法 8-3 的空间复杂度为 $O(\varepsilon^{-1}\cdot n\log^2 n)$。因此,对于一个常数 ε,它是一个半流算法。

证明:让我们从算法 8-3 存储边所需空间的上限开始。在每个给定的时间,算法 8-3 都需要在内存中保存堆栈 S 的边,匹配的 M 的边,可能还有一条边。根据练习 8-5,堆栈 S 包含的边不超过 $O(\varepsilon^{-1}\cdot n\log n)$ 条。另外,匹配的 M 包含的边数

不超过 $O(n)$ 条,因为它是合法的匹配。因此,我们得到算法 8-3 在每个给定时间必须保持的边数的上限,即

$$O(\varepsilon^{-1} \cdot n\log n) + O(n) + 1 = O(\varepsilon^{-1} \cdot n\log n)$$

并且由于每条边都可以使用 $O(\log n)$ 空间存储,所以这些边的存储空间复杂度仅为 $O(\varepsilon^{-1} \cdot n\log^2 n)$。

除了边,算法 8-3 还存储了一个东西,那就是顶点的势。我们可以观察到,每个顶点的势能是一个整数,而且,它的上限是到达这个顶点的所有边的总权值。由于最多有 n 条这样的边,我们得到每个顶点的势能上界为 $n \cdot n^c = n^{c+1}$,因此,可以用 $O(\log n^{c+1}) = O(\log n)$ 空间表示。因此,所有顶点的势能需要的空间不超过 $O(n\log n)$。

我们的下一个目标是确定算法 8-3 的近似比。观察到,所有结束在 M 中的边都来自于 S,因此,很自然地首先证明 S 的边的总权值很大。引理 8-3 证明,事实上,它们甚至有一个很大的总剩余权。为了说明这个引理,我们需要一些额外的符号。设 $S_{m'}$ 为算法 8-3 处理完前 m' 条边后的栈 S,让我们用 OPT 表示 G 的任意最大权匹配。为了避免混淆,我们注意到,符号 $w'(u,v)$ 表示算法 8-3 处理这条边时计算出的边 (u,v) 的剩余权值。

引理 8-3:

$$\sum_{(u,v)\in S_m} w'(u,v) \geqslant \frac{1-\varepsilon}{2} \cdot \sum_{(u,v)\in \text{OPT}} w(u,v)$$

证明:对于 $0\leqslant m'\leqslant m$,让我们用 $p_{u,m'}$ 表示算法 8-3(第一部分)处理前 m' 条边后顶点 u 的势。另外,设 $E_{m'}$ 是前 m' 条边的集合。现在我们要证明下面的表达式是 m' 的非递减函数。

$$2 \cdot \sum_{(u,v)\in S_{m'}} w'(u,v) + \sum_{(u,v)\in \text{OPT}\backslash E_{m'}} [(1-\varepsilon)\cdot w(u,v) - (p_{u,m'}+p_{v,m'})]$$

$$(8.1)$$

在我们证明这个说法之前,先解释一下为什么它证明了引理。由于所有的势能都从 0 开始,所以当 $S_0=E_0=\varnothing, m'=0$ 时,式(8.1)的值为

$$\sum_{(u,v)\in \text{OPT}} (1-\varepsilon)\cdot w(u,v) = (1-\varepsilon)\cdot \sum_{(u,v)\in \text{OPT}} w(u,v)$$

因此,通过证明式(8.1)是 m' 的非递减函数,可以得到 $m'=m$ 时式(8.1)的值是上一个表达式的下界。由于 $E_m=E\supseteq\text{OPT}$,这意味着

$$2 \cdot \sum_{(u,v)\in S_m} w'(u,v) \geqslant (1-\varepsilon)\cdot \sum_{(u,v)\in \text{OPT}} w(u,v)$$

它(反过来)暗示引理。因此,有待证明式(8.1)确实是 m' 的非递减函数。具体

来说,固定任意 $1 \leqslant r \leqslant m$。我们的目标是,证明 $m'=r$ 时式(8.1)的值至少与 $m'=r-1$ 时式(8.1)的值一样大。设 (u_r, v_r) 为流中 r 处的边,即 (u_r, v_r) 为 $E_r \backslash E_{r-1}$ 的单边。现在我们需要考虑几个案例,具体如下:

• 案例 1——第一种情况下,我们考虑的是 (u_r, v_r) 不属于 OPT,此外,它不添加到堆栈 S。在这种情况下,$S_r=S_{r-1}$ 和 OPT$\backslash E_r=$OPT$\backslash E_{r-1}$,这意味着,当 $m'=r$ 和 $m'=r-1$ 时,式(8.1)的值是一样的。

• 案例 2——第二种情况是 (u_r, v_r) 属于 OPT,没有添加到堆栈 S 中。在这种情况下,$S_r=S_{r-1}$,OPT$\backslash E_r=$(OPT$\backslash E_{r-1}$)$\backslash\{(u_r, v_r)\}$,这意味着,当 m' 从 $r-1$ 增加到 r 时,式(8.1)值的变化为

$$-[(1-\varepsilon) \cdot w(u_r, v_r)-(p_{u_r, r-1}+p_{v_r, r-1})]$$

我们可以观察到,根据定义,这个变化等于 $\varepsilon \cdot w(u_r, v_r)-w'(u_r, v_r)$,因此,它必须是正的,因为未添加到堆栈的边的剩余权值必须小于其正则权值的 ε 分数。

• 案例 3——第三种情况是 (u_r, v_r) 不属于 OPT,但被添加到堆栈 S 中。本例中,$S_r=S_{r-1}\bigcup\{(u_r, v_r)\}$,这意味着当 m' 从 $r-1$ 增加到 r 时,式(8.1)第一项的变化量为 $2 \cdot w'(u_r, v_r)$。分析式(8.1)第二项的变化更为复杂。由于 OPT$\backslash E_r=$OPT$\backslash E_{r-1}$,我们可能会主观上认为这一项不会改变。然而,(u_r, v_r) 被加到堆栈中意味着在算法 8-3 处理 (u_r, v_r) 时,u_r 和 v_r 的势能都增加了 $w'(u_r, v_r)$。由于每一个势能在第二项最多只能出现一次(因为 OPT 是一个有效的匹配),我们得到,当 m' 从 $r-1$ 增加到 r 时,式(8.1)第二项的下降最多为 $2 \cdot w'(u_r, v_r)$。综上所述,当 m' 从 $r-1$ 增加到 r 时,式(8.1)的总变化量也是非负的。

• 案例 4——最后一种情况是 (u_r, v_r) 属于 OPT,而且它被添加到堆栈 S 中。与前面的例子一样,我们再次得到,当 m 从 $r-1$ 增加到 r 时式(8.1)第一项的变化量为 $2 \cdot w'(u_r, v_r)$。现在让我们分析式(8.1)第二项的变化。由于 OPT$\backslash E_r=$(OPT$\backslash E_{r-1}$)$\backslash\{(u_r, v_r)\}$,这一项的减少由 $(1-\varepsilon) \cdot w(u_r, v_r)-(p_{u_r, r-1}+p_{v_r, r-1})$ 给出。注意,这一次随着 (u_r, v_r) 入栈不需要考虑势的变化,因为对于 $m' \geqslant r$,式(8.1)的值并不取决于 u_r 和 v_r 的势(OPT 的其他边都不能包含这些顶点)。现在还需要注意的是,根据定义,

$$(1-\varepsilon) \cdot w(u_r, v_r)-(p_{u_r, r-1}+p_{v_r, r-1})=w'(u_r, v_r)-\varepsilon \cdot w(u_r, v_r)$$

这意味着,在本例中,当 m 从 $r-1$ 增加到 r 时,式(8.1)的总变化量为

$$2 \cdot w'(u_r, v_r)-[w'(u_r, v_r)-\varepsilon \cdot w(u_r, v_r)]=w'(u_r, v_r)+\varepsilon \cdot w(u_r, v_r) \geqslant 0$$

其中最后一个不等式成立,因为 (u_r, v_r) 被添加到堆栈意味着 $w'(u_r, v_r)$ 是正的。

为了证明算法 8-3 的近似比,还需要证明其输出匹配 M 的权值与 S_m 中边缘的剩余权值有关。

引理 8-4：匹配 M 的输出权值至少为 $\sum\limits_{(u,v)\in S_m} w'(u,v)$。

证明：考虑任意边 $(u,v)\in S_m \backslash M$。$(u,v)$ 没有加到 M 中，说明当算法 8-3 考虑将 (u,v) 包含到 M 中时，M 中已经有一条边包含 u 或 v 了。如果 M 中已经有一条边包含了 u，则把 (u,v) 归咎于 u。类似地，我们说 (u,v) 归咎于 v，如果 M 中已经包含 v 的边（注意，如果 M 中有包含 u 和 v 的边，则当考虑 (u,v) 时，我们可能把 (u,v) 归咎于 u 和 v）。

现在考虑一条边 $(u,v)\in M$，让我们用 B_u 和 B_v 分别表示归到 u 和 v 上的 $S_m \backslash M$ 的边集。显然，在 (u,v) 被添加到 M 之前，u 和 v 都没有出现在 M 的任何一条边上。因此，B_u 和 B_v 的每一条边（根据定义是 u 还是 v 造成的）在堆栈 S_m 中必须比边 (u,v) 出现的位置低。当算法 8-3 以边到达的顺序把边推到堆栈时，意味着 $B_u \bigcup B_v$ 的边在 (u,v) 之前到达。现在关键的观察是，B_u 的每一条在 (u,v) 之前到达的边一定对 (u,v) 到达时 u 的势有贡献，同样地，在 (u,v) 之前到达的每条边一定对 (u,v) 到达时 v 的势有贡献。因此，如果我们分别用 p_u 和 p_v 表示 u 和 v 在 (u,v) 到达时的势，就得到

$$p_u + p_v \geqslant \sum\limits_{(u',v')\in B_u} w'(u',v') + \sum\limits_{(u',v')\in B_v} w'(u',v')$$

$$\Rightarrow w(u,v) \geqslant w'(u,v) + \sum\limits_{(u',v')\in B_u} w'(u',v') + \sum\limits_{(u',v')\in B_v} w'(u',v')$$

其中第二行从第一行开始，因为 $w'(u,v)=w(u,v)-p_u-p_v$。把 M 的所有边上的最后一个不等式加起来，我们得到

$$\sum\limits_{(u,v)\in M} w(u,v) \geqslant \sum\limits_{(u,v)\in M} \left[w'(u,v) + \sum\limits_{(u',v')\in B_u} w'(u',v') + \sum\limits_{(u',v')\in B_v} w'(u',v') \right]$$

$$\geqslant \sum\limits_{(u,v)\in S_m} w'(u,v)$$

由两个观察结果可知，最后一个不等式成立：第一，$S_m \backslash M$ 的每条边都必须归咎于 M 的某条边的某个端点；第二，在堆栈中边的剩余权值总是正的（M 的边的剩余权值也是如此，因为 $M \subseteq S_m$）。

结合引理 8-3 和引理 8-4，我们得到由算法 8-3 产生的匹配的权值至少是一个最大权值匹配的权值的 $(1-\varepsilon)/2$ 的一部分。因此，算法 8-3 是一个 $[(1-\varepsilon)/2]$-逼近算法。定理 8-3 总结了我们证明的算法 8-3 的主要性质。

定理 8-3：对于常数 $\varepsilon\in(0,1)$，算法 8-3 是求解最大权值匹配问题的半流 $[(1-\varepsilon)/2]$-逼近算法。

我们在本节中用两个练习扩展算法 8-2 和算法 8-3 到一种称为超图的一般图形数据处理的方法。

练习 8-6：超图是一种泛化图，其中一条边可以关联到任意数量的顶点（而不是

像图中那样恰好关联到两个顶点)。更正式地说,超图 G 由顶点集合 V 和边集合 E 组成,其中每条边 $e \in E$ 是 V 的一个子集。类似于图的情况,超图中的匹配是每两条边相交为空的边的集合(即这些边作为 V 的子集两两不相交)。另外,对于一个值 k,如果给定的超图的所有边的大小都是 k(即恰好包含 k 个顶点),我们说一个给定的超图是 k 均匀的。

在这个练习中,我们感兴趣的是,在 k-用一致超图中找到一个最大尺寸匹配。我们为这个问题研究的算法是对算法 8-2 的推广,即算法 8-4。证明该算法是上述问题的半流 $(1/k)$-逼近算法。

算法 8-4:超图中最大基数匹配的贪婪算法

1. 让 $M \leftarrow \emptyset$。

2. 当有更多的边,

3.   让 e 成为下一条边。

4.   如果 $M \cup \{e\}$ 是一个有效的匹配,那么

5.   把 e 加到 M 中。

6. 返回 M。

练习 8-7: 在这个练习中,再次考虑超图,单这次我们感兴趣的是 k--致超图上的最大权匹配问题。我们为这个问题研究的算法是对算法 8-3 的一般化,即算法 8-5。证明对于任意常数整数 $k \geqslant 2$ 和常数 $\varepsilon \in (0, 1)$,算法 8-5 是上述问题的半流 $[(1-\varepsilon)/k]$-逼近算法。

算法 8-5:超图 (ε, k) 中的最大权值匹配算法

1. 假设 S 是一个空堆栈。

2. 对于每个节点 $u \in V$,设 $p_u \leftarrow 0$。

3. 当有更多的边,

4.   设 e 是下一条边,$w(e)$ 是它的权值。

5.   设 $w'(e) \leftarrow w(e) - \sum_{u \in e} p_u$。

6.   如果 $w'(e) \geqslant \varepsilon \cdot w(e)$,则

7.   将 e 推到堆栈 S 的顶部。

8.   对于每个顶点 $u \in e$,将 p_u 增加 $w'(e)$。

9. 让 $M \leftarrow \emptyset$。

10. 当堆栈 S 不是空,

11.   从堆栈顶部弹出一个边 e。

12.   如果 $M \cup \{e\}$ 是一个有效的匹配,那么

13.   把 e 加到 M 中。

14. 返回 M。

8.3　三角形计数

另一个有趣的图形问题是计算给定图形中三角形的数量。这个问题的算法通常被用作研究社交网络和其他有趣网络的工具。不幸的是,可以证明,即使确定给定的图是否包含任何三角形,也需要图数据流模型中的 $\Omega(n^2)$ 空间。因此,为了获得一个有趣的三角形计数数据流算法,必须假设一些关于输入图的信息(本节后面将详细介绍)。

我们开始研究三角形计数问题的基本算法是算法 8-6。在该算法中,以及在本节的其余部分中,我们假设图 G 至少包含 3 个顶点(如果不包含,则可以使用常量空间轻松解决三角形计数问题)。

算法 8-6:基本三角形计数

1. 从输入流中均匀随机地选取一条边 (u, v)。

2. 从 $V/\{u, v\}$ 中均匀随机地选取一个顶点 w。

3. 如果在流中的 (u, w) 和 (w, v) 都出现 (u, v) 之后,那么

4. 　输出 $m(n-2)$ 作为 G 中三角形数量的估计值。

5. 否则,

6. 　输出 0 作为 G 中三角形数量的估计值。

练习 8-8:如前所述,不清楚算法 8-6 是否为图形数据流算法。说明算法 8-6 如何在图形数据流模型中使用 $O(\log n)$ 的空间复杂度来实现,假设算法具有 V 的先验知识(表示 V 所需的空间不计在算法 8-6 的空间复杂度中)。**提示:**使用第 4 章中介绍的储层取样方法。

首先分析算法 8-6,表明其输出的期望值等于它试图估计的值,即图中的三角形数。设 X 为算法 8-6 的输出,T_G 为图 G 中的三角形个数。

引理 8-5:$E(X)=T_G$。

证明:设 $T_{(u,v)}$ 为 G 中第一条边为 (u,v) 的三角形的个数。由于每个三角形在流中都有唯一的第一条边,所以

$$T_G = \sum_{(u,v)\in E} T_{(u,v)} \tag{8.2}$$

现在我们来解释 w 的值是如何影响算法 8-6 的输出的。如果有一个由顶点 u,v 和 w 组成的三角形,用 $T_{(u,v)}$ 来计数,那么算法 8-6 将找到流中 (u,v) 之后的边 (u,w) 和 (v,w),并输出 $m(n-2)$;否则,算法 8-6 将无法在流 (u,v) 之后找到这两条边,输出为 0。因此,对于一个固定的边 (u,v),算法 8-6 将输出 $m(n-2)$,其概率为 $T_{(u,v)}/|V\setminus\{u, v\}|=T_{(u,v)}/(n-2)$。

更正式地说,对于每条边 $(u',u')\in E$,有

$$\mathrm{E}[X \mid (u,v)=(u',v')]=\frac{T_{(u',v')}}{n-2} \cdot [m(n-2)]+\left(1-\frac{T_{(u',v')}}{n-2}\right) \cdot 0=mT_{(u',v')}$$

还有待观察的是,根据总期望定律,有

$$\mathrm{E}[X]=\sum_{(u',v')\in E} \Pr[(u,v)=(u',v')] \cdot \mathrm{E}[X \mid (u,v)=(u',v')]$$

$$=\sum_{(u',v')\in E} \frac{1}{m} \cdot mT_{(u',v')}=\sum_{(u',v')\in E} T_{(u',v')}=T_G$$

由式(8.2)可知最后一个等式成立。

算法 8-6 分析的下一步是限制其输出的方差。

引理 8-6:$\mathrm{Var}[X] \leqslant mn \cdot T_G$。

证明:算法 8-6 只产生两个不同的输出:0 和 $m(n-2)$。因此,$X/[m(n-2)]$ 为伯努利变量。如果我们用 p 表示这个变量取 1 的概率,那么 $\mathrm{E}[X]=T_G$ 意味着

$$T_G=\mathrm{E}[X]=m(n-2) \cdot \mathrm{E}\left[\frac{X}{m(n-2)}\right]=p[m(n-2)] \Rightarrow p=\frac{T_G}{m(n-2)}$$

因此,

$$\mathrm{Var}[X]=[m(n-2)]^2 \cdot \mathrm{Var}\left[\frac{X}{m(n-2)}\right]=[m(n-2)]^2 \cdot p(1-p)$$

$$\leqslant [m(n-2)]^2 \cdot p=\frac{[m(n-2)]^2 \cdot T_G}{m(n-2)} \leqslant mn \cdot T_G$$

我们可以观察到,上述的方差太大了,无法通过算法 8-6 得到一个合理的 T_G 估计。为了解决这个问题,我们可以使用第 3 章介绍的平均技术。回想一下,这种技术是基于执行算法 8-6 和算法 8-6 的多个副本来实现的。更正式地说,平均技术为我们提供了算法 8-7。算法 8-7 得到了两个参数:一个数字 $\varepsilon \in (0,1)$ 和一个整数 $B \geqslant 0$。这些参数用于确定使用算法 8-6 的副本数。

算法 8-7:对算法 8-6 (ε,B) 的多个副本求平均

1. 初始化算法 8-6 的 $h=\lceil B/\varepsilon^2 \rceil$ 个副本,每个副本使用独立的随机性。

2. 每当输入流的一条边到达时,将其转发给算法 8-6 的所有副本。

3. 对于 $1 \leqslant i \leqslant h$,设 X_i 是第 i 个副本的输出。

4. 返回 $\overline{X}=\frac{1}{h}\sum_{i=1}^{h} X_i$。

引理 8-7 利用引理 8-5 和引理 8-6 证明了算法 8-7 输出的期望和方差的界。注意,算法 8-7 的输出期望与算法 8-6 的输出期望相同。但由于采用了平均技术,算法 8-7 的输出相对于算法 8-6 的输出方差较小。

引理 8-7:$\mathrm{E}[\overline{X}]=T_G$ 并且 $\mathrm{Var}[\overline{X}] \leqslant (\varepsilon^2 \cdot mn \cdot T_G)/B$。

证明:根据期望的性质和引理 8-5,可得

$$E[\overline{X}] = E\left[\frac{1}{h} \cdot \sum_{i=1}^{h} X_i\right] = \frac{1}{h} \cdot \sum_{i=1}^{h} E[X_i] = \frac{1}{h} \cdot \sum_{i=1}^{h} T_G = T_G$$

同样,由于变量 $X_1, X_2, \cdots, X_h$ 是独立的,我们通过方差的性质和引理 8-6,可得

$$\mathrm{Var}[\overline{X}] = \mathrm{Var}\left[\frac{1}{h} \cdot \sum_{i=1}^{h} X_i\right] = \frac{1}{h^2} \cdot \sum_{i=1}^{h} \mathrm{Var}[X_i] \leqslant \frac{1}{h^2} \cdot \sum_{i=1}^{h} (mn \cdot T_G)$$

$$= \frac{mn \cdot T_G}{h} = \frac{mn \cdot T_G}{\lceil B/\varepsilon^2 \rceil} \leqslant \frac{\varepsilon^2 \cdot mn \cdot T_G}{B}$$

推论 8-2:算法 8-7 估计三角形的数量 T_G 的相对误差为 ε,至少有 $1 - mn/(B \cdot T_G)$ 的概率。

证明:根据切比雪夫不等式,可得

$$\Pr[|\overline{X} - T_G| > \varepsilon \cdot T_G] = \Pr[|\overline{X} - E[\overline{X}]| > \varepsilon \cdot T_G]$$

$$\leqslant \frac{\mathrm{Var}[\overline{X}]}{(\varepsilon \cdot T_G)^2} \leqslant \frac{\varepsilon^2 \cdot mn \cdot T_G / B}{\varepsilon^2 \cdot T_G^2} = \frac{mn}{B \cdot T_G}$$

让我们给推论 8-2 一个直观的含义。这个推论表明,当我们得到一个界 B 时,就可以保证 G 中的三角形数量足够大,使得 mn/T_G 最大为 $B/3$,那么算法 8-7 就可以保证以至少 2/3 的概率估计相对误差范围 ε 内的三角形数量。换句话说,如果我们认为所有具有足够的三角形来保证 $mn/T_G \leqslant B/3$ 的图视为由 B 参数化的图形类,则推论 8-2 表明,当图属于这类图时,算法 8-7 以恒定的概率对三角形的数量进行了良好的估计。注意,这与本节开头的内容非常吻合,在本节中,我们了解到,使用非平凡空间获得图中三角形数量的估计值需要在图上假设一些东西(例如,它属于某类图)。

注意,增加参数 B 的值可以扩展推论 8-2 保证良好估计(具有恒定概率)的图类。然而,这一增加的代价是更大的空间复杂性。

练习 8-9:证明算法 8-7 的空间复杂度为 $O((n + \varepsilon^{-2}B) \cdot \log n)$。

定理 8-4 总结了我们在本节中证明的结果。

定理 8-4:对于每个整数 $B \geqslant 1$,算法 8-7 是一个 $O((n + \varepsilon^{-2}B) \cdot \log n)$ 空间算法,当输入图保证有足够的三角形满足 $B \geqslant \dfrac{3mn}{T_G}$ 时,该算法以相对误差为 ε,至少 2/3 的概率估计三角形的的个数。

现在有两个关于算法 8-7 的注释:

• 当 T_G 足够大时,算法 8-7 以 2/3 的概率对其进行估计。使用中位数技术,可以将该概率提高到 $1 - \delta, \delta \in (0, 1)$,代价是将算法 8-7 的空间复杂度增加一个因素 $O(\log \delta^{-1})$。由于中位数技术在前几章中已经多次演示过,所以我们省略了细节。然而,如果您不确定如何应用中位数技术,我们鼓励您重新阅读第 3 章中的中值

技术。

- 简单的三角形计数算法存储了整个图,需要 $\Theta(m \log n)$ 的空间复杂度。因此,只有当 B 远小于 m 时,算法 8-7 才有意义。也就是说,只有当我们保证 G 中的三角形数量远远大于 n 时,算法 8-7 才有趣。

8.4 文献说明

图形数据流模型(特别是该模型中对半流算法的研究)已经由 Feigenbaum 等人(2005)的一项工作推广开来,尽管对该模型的一些研究已经在更早的时候完成了。如上所述,研究半流算法的主要动机之一是不可能结果的存在,表明许多简单的图问题需要 $\Omega(n)$ 空间。例如,Feigenbaum 等人(2005)证明了这种空间量对于大量的图问题是必要的,包括确定给定图是连通的还是二部的问题。Feigenbaum 等人(2005)发现了这两个问题的半流算法。

上面给出的简单的贪婪算法(算法 8-2)仍然是求解最大基数匹配问题的最著名的单通道半流近似算法。然而,近年来针对最大权匹配问题提出了许多单通道半流近似算法。这些算法中的第一个是 Feigenbaum 等人(2005)给出的(1/6)-近似算法。通过一系列的工作,该算法得到的近似比得到了改进(McGregar,2014;Zelke,2012;Epstein 等人,Croud 和 Stubbs,2014;Grigorescu 等人,2016),最后由 Paz 和 Schwartzman(2017)提出了一个(1/2−ε)-近似算法(算法 8-3 是该算法的一个近似变体)。进一步改进最大权匹配问题的近似比被认为是一个非常困难的问题,因为它也会为最大基数匹配带来一个更好的近似比——这个问题仍然不允许任何非平凡的半流算法,尽管它是很多研究的焦点。需要指出的是,上述参考文献只是数据流模型中与匹配问题相关的各种问题的大量文献中的一小部分。对所有这些文献进行公正的评判超出了本书的范围,但关于它的许多信息可以在 McGregor(2014)的一份(稍微过时的)调查中找到。

数据流模型背景下的三角形计数问题的研究始于 Bar-Yossef 等人(2002)的工作。特别地,这项工作证明了,任何以常概率(大于 1/2)确定一个给定图是否包含任何三角形的算法必须使用 $\Omega(n^2)$ 空间。本章给出的三角形计数算法(算法 8-7)是由 Buriol 等人(2006)在后面的工作中首次描述的。

[1] Bar-Yossef Z, Kumar R, Sivakumar D. Reductions in Streaming Algorithms, with an Application to Counting Triangles in Graphs. In Proceedings of the 30th Annual ACM-SIAM Symposium on Discrete Algorithms (SODA), January 2002:623 - 632.

[2] Buriol L S, Frahling G, Leonardi S, et al. Counting Triangles in Data Streams. In Proceedings of the 21st ACM SIGACT-SIGMOD-SIGART Symposium on Principles of Database Systems(PODS),June 2006:253 - 262.

[3] Crouch M, Stubbs D S. Improved Streaming Algorithms for Weighted Matching, via Unweighted Matching. In 17th International Workshop on Approximation Algorithms for Combinatorial Optimization Problems(APPROX), and 18th International Workshop on Randomization and Computation(RANDOM), September 2014:96 – 104.

[4] Epstein L, Levin A, Mestre J, et al. Improved Approximation Guarantees for Weighted Matching in the Semi-streaming Model. Journal on Discrete Mathematics, 2011,25(3): 1251 – 1264.

[5] Feigenbaum J, Kannan S, McGregor A, et al. Graph Distances in the Data-Stream Model. SIAM Journal on Computing,2008,38(5): 1709 – 1727.

[6] Feigenbaum J, Kannan S, McGregor A, et al. On Graph Problems in a Semi-streaming Model. Theoretical Computer Science,2005,348(2 – 3): 207 – 216.

[7] Grigorescu E, Monemizadeh M, Zhou S. Streaming Weighted Matchings: Optimal Meets Greedy. CoRR abs/1608. 01487,2016.

[8] McGregor A. Finding Graph Matchings in Data Streams. In 8th International Workshop on Approximation Algorithms for Combinatorial Optimization Problems (APPROX), and 9th International Workshop on Randomization and Computation (RANDOM),2005:170 – 181.

[9] McGregor A. Graph Stream Algorithms: A Survey. SIGMOD Record, 2014,43(1): 9 – 20.

[10] Paz A, Schwartzman G. A $(2 + \varepsilon)$-Approximation for Maximum Weight Matching in the Semi-Streaming Model. In Proceedings of the 28th Annual ACM-SIAM Symposium on Discrete Algorithms (SODA),2017:2153 – 2161.

[11] Zelke M. Weighted Matching in the Semi-streaming Model. Algorithmica,2012,62(1 – 2): 1 – 20.

练习解析

练习 8 – 1 解析

我们建议的确定图是否连通的算法如算法 8 – 8 所示。注意,这个算法确实假设了练习中提到的顶点集合 V 的知识。

算法 8 – 8:测试连通性

1. 设 $C \leftarrow \{\{v\} | v \in V\}$。

2. 当有更多的边,

3. 　设 (u, v) 是下一条边。

4. 　设 C_u 和 C_v 是 C 中的集合,分别包含 u 和 v。

5. 如果 $C_u \neq C_v$,则

6. 将 C_u 和 C_v 从 C 中移除,改为将 $C_u \bigcup C_v$ 加到 C 中。

7. 如果 $|C|=1$,则声明该图是连接的,否则声明该图是不连接的。

算法 8-8 维护的主要数据结构是集合 C。观察 8-2 给出了 C 的一个重要性质。形式上,可以用 m' 的归纳法来证明这个观察结果。

观察 8-2:设 m' 为 0 到 m 之间的整数,设 $G_{m'}$ 为 G 去掉流中除前 m' 条边外的所有边而得到的图,设 $C_{m'}$ 为算法 8-8 处理 m' 条边后的集合 C。然后,集合 $C_{m'}$ 中的集合对应于 $G_{m'}$ 的连通组件。更正式地说,在 $C_{m'}$ 和 $G_{m'}$ 的连通分量之间有一个一对一的映射,这样 $G_{m'}$ 的每个连通分量都映射到 $C_{m'}$ 中的一个集合,这个集合恰好包含这个连通分量的顶点。

我们现在声称,观察 8-2 表明算法 8-8 正确地判断了 G 是否是连通图。要了解为什么会出现这种情况,请注意通过观察 8-2,集合 C_m 的大小等于 $G_m=G$ 中连接组件的数量。因此,当且仅当 C_m 仅包含一个集合时,G 是连通的。由于 C_m 是集合 C 的最终值,我们可以通过检查最终集合 C 是否只有一个集合来判断 G 的连通性,这正是算法 8-8 用来确定其输出的测试。

为了解答练习 8-1,只需证明算法 8-8 是一种半流式算法。为了实现这一目标,注意,算法 8-8 只需要足够的空间来维持当前边、节点集合 C 以及两个指针 C_u 和 C_v 进入这个集合。当前边使用两个顶点表示,观察 8-2 表明 C 中集合的总大小总是正好为 n。因此,集合和边一起只需要足够的空间来存储 $O(n)$ 个顶点。由于有 n 个顶点,每个顶点可以用 $O(\log n)$ 空间表示,意味着集合和边的空间复杂度仅为

$$O(n) \cdot O(\log n) = O(n \log n)$$

C_u 和 C_v 两个指针所需的空间复杂度还有待分析。通过观察 8-2,集合 C 在每个给定时间最多包含 n 个集合。因此,每个指向这些集合之一的指针只需要 $O(\log n)$ 位。结合所有这些空间边界,我们得到整个算法 8-8 所需的空间复杂度为

$$O(n \log n) + 2 \cdot O(\log n) = O(n \log n)$$

这意味着算法 8-8 确实是需要的半流算法。

练习 8-2 解析

算法 8-2 只需要存储 2 个东西:当前的边和匹配的 M。因为 M 是一个合法的匹配,它最多包含 $n/2$ 条边。此外,由于任何边都是用两个顶点表示的,我们得到算法 8-2 的空间复杂度上限是存储 $2(n/2+1)=n+2=O(n)$ 个顶点所需的空间。每个顶点都可以用 $O(\log n)$ 的空间表示,因为只有 n 个顶点,这意味着算法 8-2 的空间复杂度为

$$O(n) \cdot O(\log n) = O(n \log n)$$

因此,算法 8-2 确实是一个半流算法。

练习 8-3 解析

考虑图 8.4 中的图。显然,图中的最大尺寸匹配包含边 e_1 和 e_3。但是,如果 e_2 边在输入流中首先出现,则算法 8-2 将其添加到匹配 M 的输出流中,这样就防止了以后再添加其他边到 M 中。因此,我们找到了这样一个输入,算法 8-2 产生的匹配的大小(1)与可能的最大匹配的大小(2)的比值为 1/2,这是需要的。

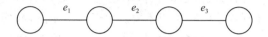

图 8.4 说明算法 8-2 的近似比不大于 1/2 的图

练习 8-4 解析

算法 8-3 的伪代码假设已知顶点集合 V,只是为了将所有顶点的势能初始化为 0。然而,在一个实现中,这可以隐式地完成。换句话说,算法的实现可以在每次访问某个顶点的势之前检查这个势是否设置过,如果答案是负的,则将其视为 0(即该势从未在之前设置)。因此,算法 8-3 可以在不假设 V 的先验知识的情况下实现。但是注意,算法学习了 V 的非孤立顶点,因为这些顶点出现在算法执行期间得到的边缘内。

练习 8-5 解析

根据提示,我们首先证明引理 8-8。

引理 8-8:设 S_u 是栈 S 中到达 u 的边数,则 $S_u \geqslant 1$ 表示 $p_u \geqslant (1+\varepsilon)^{S_u-1}$。

证明:我们通过在 S_u 上用归纳法证明了这个引理。首先,假设 $S_u = 1$。在这种情况下,堆栈 S 中有一条边 (u,v) 碰到 u。当这条边加入堆栈时,潜在的 p_u 增加的数量等于剩余权值 $w'(u,v)$。此外,由于该边被加入到堆栈中,因此该剩余权值至少为原边权值 ε 的一部分。最后,我们可以观察到剩余权值和势总是整数。综合所有这些观察结果,我们得到

$$p_u \geqslant w'(u,v) \geqslant \lceil \varepsilon \cdot w(u,v) \rceil \geqslant \lceil \varepsilon \cdot 1 \rceil = 1 = (1+\varepsilon)^{S_u-1}$$

假设现在 $S_u > 1$,引理 8-8 适用于 $S_u - 1$,让我们证明它也适用于 S_u。设 (u,v) 是栈 S 中到达 u 的最后一条边。在添加 (u,v) 之前,堆栈包含的 $S_u - 1$ 边与 u 相交,因此,根据归纳假设,u 在这一点的势(我们用 p'_u 表示)至少是 $(1+\varepsilon)^{S_u-2}$。此外,由于 (u,v) 被添加到堆栈中,我们得到

$$w'(u,v) \geqslant \varepsilon \cdot w(u,v) \Rightarrow w(u,v) - p'_u \geqslant \varepsilon \cdot w(u,v)$$
$$\Rightarrow p'_u \leqslant (1-\varepsilon) \cdot w(u,v) \leqslant w(u,v)$$

回顾向堆栈中添加 (u,v) 使 u 的势增加 $w'(u,v)$,我们得出在堆栈中添加 (u,v) 后,u 的新势能至少为

$$p'_u + w'(u,v) \geqslant p'_u + \varepsilon \cdot w(u,v) \geqslant p'_u(1+\varepsilon)$$
$$\geqslant (1+\varepsilon)^{S_u-2} \cdot (1+\varepsilon) = (1+\varepsilon)^{S_u-1}$$

它仍然要从引理 8-8 推导出堆栈 S 中可能出现的边数的上限。考虑任意顶点 $u \in V$，并假设 S 在某一点上包含大于 $\log_{1+\varepsilon} n^c + 2$ 的边（记住，n^c 是任何给定边权值的上界）。引理 8-8 保证即使在最后一条边被加到 S 之前，u 的势能至少是

$$(1+\varepsilon)^{\log_{1+\varepsilon} n^c} = n^c$$

由于包括 (u,v) 在内的所有边的权值不超过 n^c，意味着 (u,v) 的剩余权值是非正的，这与 (u,v) 被加到堆栈的事实相矛盾。由于这个矛盾，我们得到堆栈中每个给定顶点的边数最多为 $\log_{1+\varepsilon} n^c + 2$。此外，由于有 n 个顶点，而且每条边必须碰到其中的两个顶点，所以我们也得到了堆栈中边数的上限，即

$$\frac{n \cdot (\log_{1+\varepsilon} n^c + 2)}{2} = \frac{n \cdot \ln n^c}{2\ln(1+\varepsilon)} + n \leqslant \frac{n \cdot \ln n^c}{\varepsilon} + n = O(\varepsilon^{-1} \cdot n \log n)$$

练习 8-6 解析

让我们通过证明算法 8-4 是一个半流式算法来开始本练习的解决方案。算法 8-4 只需要存储两个参数：当前边和匹配 M。因为 M 是合法匹配，所以它最多包含 n/k 条边（M 的每条边包含 k 个顶点，在一个合法匹配中，没有一个顶点可以属于一个以上的边）。此外，由于任何边都是用 k 个顶点表示的，所以我们得到算法 8-2 的空间复杂度上限是存储 $k(n/k+1) = n+k = O(n)$ 个顶点所需的空间。回想一下，每个顶点都可以用 $O(\log n)$ 的空间表示，因为只有 n 个顶点，意味着算法 8-2 的空间复杂度是

$$O(n) \cdot O(\log n) = O(n \log n)$$

因此，算法 8-2 实际上是一种半流式算法。

为了完成这个练习的解决方案，我们仍然需要证明 M 的大小至少是超图中最大匹配大小的 $1/k$。用 OPT 表示最后一次匹配，现在考虑任意边 $e \in \text{OPT} \setminus M$。$e$ 没有被加到 M 这个事实意味着 M 在这一点已经包含了一条边 e'，它有一个公共的顶点 u 和 e。因为 e' 阻止了 e 加到 M，所以 e' 被 u 责备，因为 e 被排除了。

注意，在 OPT 中 e 的成员关系意味着 OPT 的其他边都不能与 e 有一个共同的顶点，这有两个重要的后果：第一，e' 必须属于 $M \setminus \text{OPT}$；第二，e' 不会因为排除了 OPT 的其他边缘而被 u 指责。结合这两种结果，我们得到，只有 $M \setminus \text{OPT}$ 的边可以被归咎于排除了 $\text{OPT} \setminus M$ 的边，而每一条这样的边都可以被归咎于排除了最多 k 条 $\text{OPT} \setminus M$ 的边（通过它的每一个端点）。因此，$\text{OPT} \setminus M$ 的大小最多是 $M \setminus \text{OPT}$ 大小的 k 倍，这意味着

$$|\text{OPT} \setminus M| \leqslant k \cdot |M \setminus \text{OPT}| \Rightarrow |\text{OPT}| \leqslant k \cdot |M|$$

练习 8-7 解析

算法 8-5 的分析与算法 8-3 的分析非常相似，因此，这里只关注分析中不同的地方。

我们首先分析了算法 8-5 的空间复杂度。可以验证练习 8-5 给出的结果,即堆栈 S 中的边数永远不大于 $O(\varepsilon^{-1} \cdot n\log n)$,这对于算法 8-5 也是成立的。此外,同样适用于推论 8-1 的证明部分,利用该结果表明算法 8-5 在每个给定时间内最多保持 $O(\varepsilon^{-1} \cdot n\log n)$ 条边。我们现在注意到,每条边由 k 个顶点和 1 个权值组成。此外,每个顶点可以用 $O(\log n)$ 空间表示,因为只有 n 个顶点,每个权值也可以用 $O(\log n^{c}) = O(\log n)$ 空间表示,因为我们假设权值是 1 到 n^{c} 之间的整数(对于常数 c)。因此,每条边可以用 $(k+1) \cdot O(\log n) = O(\log n)$ 的空间表示,这意味着算法 8-5 存储边所需的总空间仅为 $O(\varepsilon^{-1} \cdot n\log^{2} n)$。

除了边之外,算法 8-5 还存储了顶点的势。我们可以观察到每个顶点的势是一个整数,而且它的上限是与这个顶点相交的边的总权值。由于最多有 n^{k-1} 条这样的边,我们得到每个顶点的势能上界为 $n^{k-1} \cdot n^{c} = n^{c+k-1}$,因此,可以用 $O(\log n^{c+k-1}) = O(\log n)$ 空间表示。所以,所有顶点的势需要的空间不超过 $O(n\log n)$,这就完成了算法 8-5 是半流算法的证明(对于常数 ε 和 k)。

分析算法 8-5 的下一步是证明引理 8-3 的模拟。具体来说,我们证明引理 8-9。

引理 8-9:

$$\sum_{e \in S_m} w'(e) \geqslant \frac{1-\varepsilon}{k} \cdot \sum_{e \in \text{OPT}} w(e)$$

证明: 回想一下,引理 8-3 的证明是通过论证关于 m' 的非递减函数来完成的。这个引理的证明与下一个表达式是非递减的说法是一样的(回想一下,$p_{u,m'}$ 是在算法处理了前 m' 条边之后顶点 u 的势能,$E_{m'}$ 是这前 m' 条边的集合)。

$$k \cdot \sum_{e \in S_{m'}} w'(u,v) + \sum_{e \in \text{OPT} \setminus E_{m'}} \left[(1-\varepsilon) \cdot w(u,v) - \sum_{u \in e} p_{u,m'} \right]$$

为了证明这一论断,我们需要将引理 8-3 的证明中用到的 4 种情况的划分。由于这里个别情况的证明与引理 8-3 中相应情况的证明是相同的(只是在一些技术上的改变),所以省略了它们。

我们还需要引理 8-4 的类比。这个类比的证明与引理 8-4 的证明仅在一些技术细节上有所不同。

引理 8-10: 匹配 M 的输出权值至少为

$$\sum_{e \in S_m} w'(e)$$

结合引理 8-9 和引理 8-10,我们得到由算法 8-5 产生的匹配的权值至少是一个最大权匹配的权值的 $(1-\varepsilon)/k$ 的一部分。因此,算法 8-5 是一个 $(1-\varepsilon)/k$ -近似算法,它完成了这个练习的解决方案。

练习 8-8 解析

首先假设我们得到了一个神奇的助手,它从流中选择一条均匀随机的边,并在该边到达时发出信号。不难看出,给定这样的助手,算法 8-6 可以实现为图形数据流算法。具体地说,我们使用助手选择的边来实现算法的第 1 行,即对一条均匀随机的边 (u,v) 进行采样。由于助手在 (u,v) 到达时立即发出其选择的信号,我们也可以选择一个顶点 $w∈V\backslash\{u,v\}$,然后扫描流的其他边 (u,w) 和 (v,w),在 (u,v) 之后出现的来自流的部分的 (u,w) 和 (v,w) 是否存在,决定算法 8-6 的输出。

不幸的是,我们没有这样一个神奇的助手。但是,我们可以使用水库采样算法来实现算法 8-6 的第 1 行。储层采样算法与上述神奇助手之间的区别在于,储层采样算法保持一个随时间偶尔变化的样本。更具体地说,每次储层采样算法接收到一条边时,它都会以一定的概率决定将该边作为新样本,并且算法的最终输出以这种方式生成样本的最后一条边。这意味着,我们永远无法确定(在流终止之前)储层采样算法的当前样本稍后是否将替换为新边,或者最终是否将作为输出样本。

为了解决这个问题,每次储层采样算法选择一条新边作为其样本后,算法 8-6 都应假设该边是最终样本,并根据该假设继续执行。如果该假设被证明是错误的(即储层采样算法在稍后阶段选择一条新边作为其样本),则算法 8-6 可以简单地放弃基于前一个样本所做的一切,并再次开始假设新样本是最终边 (u,v)。

回想一下,在每个给定的时间,存储采样算法只存储流的长度和固定数量的令牌(即边)。这条小溪的长度是 m 流的长度,因此,可以使用 $O(\log m)=O(\log n^2)=O(\log n)$ 空间进行存储。此外,存储每条边可以通过存储其两个端点来完成,这同样需要 $O(\log n)$ 空间。因此,储层采样算法所需的空间复杂度仅为 $O(\log n)$。除了此算法所需的空间外,算法 8-6 只需要 $O(\log n)$ 额外的空间来存储三个顶点 u,v,w 以及参数 m 和 n 的值。因此,我们可以得出结论,算法 8-6 可以使用 $O(\log n)$ 空间实现为图形数据流算法。

练习 8-9 解析

算法 8-7 使用了算法 8-6 的 h 个副本。练习 8-8 在假设 V 的先验知识的前提下,可以使用 $O(\log n)$ 的空间复杂度来实现这些副本中的每一个,但不考虑表示 V 所需的空间。所有这些副本所需的总空间复杂度是

$$h \cdot O(\log n)=O(B/\varepsilon^2) \cdot O(\log n)=O(\varepsilon^{-2}B \cdot \log n)$$

加上表示 V 所需的空间复杂度 $O(n\log n)$,我们得到算法 8-7 所需的总空间复杂度为 $O((n+\varepsilon^{-2}B) \cdot \log n)$。

第9章 滑动窗口模型

在第1章介绍数据流模型时,我们使用了两个示例对其进行了解释。在一个示例中,算法的输入出现在磁带上,该磁带只能以顺序方式有效访问。在本示例中,我们以数据流的形式获取输入的原因是技术性的(这是有效读取输入的唯一方法),与算法试图解决的问题的性质无关。第1章中的另一个示例是网络监控元件,它查看通过网络的数据包,并且必须基于这些数据包执行某些计算。例如,如果监视元素检测到恶意网络活动,它可能必须发出警报。注意,在该示例中,监视元素以数据流的形式接收分组的事实是问题本身性质的自然结果。换句话说,这个问题的输入由一组"事件"(每个事件都是单个数据包通过网络的过程)组成,并且流按照事件发生的顺序包含这些事件。

在最后一类问题中,很久以前发生的事件对于算法在当前点必须做出的决策通常并不重要。例如,我们不太可能需要访问一年前通过网络的数据包来决定网络中当前是否存在恶意活动。这意味着对于这类问题,可以假设我们接收到一个无限的流,并且必须在每个给定的时间只基于流中出现的最近的令牌(或事件)做出决策。在9.1节中,我们描述了滑动窗口模型,这是一个捕获上述观点的形式化模型。

9.1 概 述

滑动窗口模型的算法(也称为滑动窗口算法)接收一个数据流和一个窗口长度参数,我们用 W 表示。在每个给定的时间点,算法的活动窗口包含到达流的最后 W 个令牌(如果到目前为止到达的令牌小于 W,则所有的令牌都被认为是活动窗口的一部分)。该算法应将其活动窗口的内容视为其输入实例,并且在被询问时必须准备好生成与此实例对应的解决方案。滑动窗口算法的一个简单示例作为算法 9-1 给出。该算法确定由令牌"a"后面跟着令牌"b"组成的序列是否出现在其活动窗口内。

算法 9-1:检测"ab"的滑动窗口算法

初始化:

1. LastAppearance ← "Never"。

2. LastTokenWasA ← "False"。

令牌加工:

3. 每当一个令牌 t 到达时,请执行:

4. 如果 t = 'b',LastTokenWasA = "True",则 LastAppearance←0。

5. 否则,如果 LastAppearance＝$W-2$,则 LastAppearance←Never。

6. 否则,如果 LastAppearance ≠ "Never",则 LastAppearance 增加 1。

7. 如果 $t=$ 'a',则将 LastTokenWasA 设置为 "True",否则设置为 "False"。

查询:

8. 如果 LastAppearance＝"Never",那么

9. 返回的 "ab" 不会出现在活动窗口中。

10. 否则

11. 返回的 "ab" 出现在活动窗口中。

滑动窗口算法通常由三部分组成:第一部分是初始化部分,设置算法使用的数据结构。在算法 9-1 中,该数据结构由两个变量组成,其中,第一个变量名为 LastAppearance,它存储自序列 "ab" 最后一次出现在活动窗口以来到达的令牌的数量(或者如果该序列没有出现在当前活动窗口中,则存储值 Never),算法 9-1 保存的第二个变量名为 LastTokenWasA,它指示算法查看的最后一个令牌是否为 "a"。

滑动窗口算法的第二部分是令牌处理部分,其中,算法读取流的令牌并相应地更新其数据结构。在算法 9-1 的情况下,算法的这一部分对算法维护的两个变量进行如下更新。首先,它通过以下两种方式之一更新 LastAppearance 变量:

• 如果新令牌为 "b",最后一个令牌为 "a",则算法检测到活动窗口中出现了一个新的 "ab",这意味着自该序列最后一次出现以来,已经有 0 个令牌到达。

• 否则,该算法会将 LastAppearance 增加 1,以表示在序列 "ab" 的上一次出现之后又到达了一个令牌,或者如果自从该序列的最后一次出现以来到达了太多的令牌,以至于序列 "ab" 不再是活动窗口的一部分,则将其设置为 "Never"。

其次,算法 9-1 的令牌处理部分更新 LastTokenWasA,以指示新读取的令牌是否为 "a"。

滑动窗口算法的第三部分也是最后一部分,是查询部分,它应为活动窗口所表示的实例生成适当的答案。例如,算法 9-1 通过检查变量 LastAppearance 的值来回答序列 "ab" 是否出现在输入流中。

练习 9-1:在窗口长度 $W=3$ 的输入流 "aababaab" 上执行算法 9-1。注意,这意味着首先执行算法的初始化部分,然后依次为流中的每个令牌执行令牌处理部分。验证在每个给定的点上,算法的查询部分可以用来正确地确定序列 "ab" 是否出现在当前活动窗口中。

在结束本节之前,我们注意到,由于算法 9-1 是一个玩具算法,我们没有讨论它的空间复杂度,更一般地说,我们没有讨论我们期望从一个好的滑动窗口算法得到的空间复杂度。我们将最后的讨论推迟到 9.2 节,在该节中,我们将看到第一个非玩具的滑动窗口算法示例。

9.2 滑动窗口模型中的图连通性

现在,将展示我们的第一个非玩具的滑动窗口模型算法示例。算法 9-2 是一种滑动窗口算法,用于获取边流,其目标是确定由活动窗口中的边诱导的图是否连通。假设算法 9-2 具有顶点集合 V 的先验知识。回想一下,如果没有这些先验知识,就无法确定图是否连通,因为无法从边流中了解零度顶点。

算法 9-2:测试滑动窗口模型的连通性

初始化:

1. 设 F 是 V 中没有边的顶点上的一个森林。

令牌加工:

2. 每当边 (u, v) 到达时,

3.   将 (u, v) 添加到森林 F 中。

4.   如果 F 现在包含一个循环 $C_{(u,v)}$,那么

5.   从 F 中删除 $C_{(u,v)}$ 最古老的边缘,使其再次成为森林。

6.   从不再在活动窗口内的 F 边中删除。

查询:

7. 如果 F 是连通的,则

8.   返回"活动窗口引入连接图"。

9. 否则,

10.   返回"活动窗口没有生成连接图"。

算法 9-2 维护活动窗口的边缘森林 F。每当有一条新边到达,它就被加到 F 上。这一添加可能会在森林 F 中创建一个循环,该循环通过从循环中移除一条边来固定。被移除的边被选为循环中最老的边。此外,不再是活动窗口一部分的 F 的边缘(即太老了)也会从森林中删除。图 9.1 显示了在处理新边时 F 的变化。

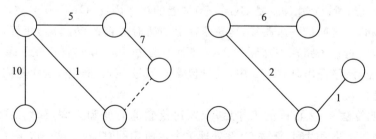

图 9.1 在单个边缘到达后由算法 9-2 执行的更新

在图 9.1 中的左侧图中,我们可以看到在处理新边缘之前的森林 F(新边缘在其中以虚线的形式出现)。在 F 的每条边的旁边有一个数字,用来表示它的年龄(最后到达的那条边的年龄是 1,在它之前到达的那条边的年龄是 2,以此类推)。在本例

中,假设 $W=10$,因此,以 10 岁为令牌的边缘即将离开活动窗口。在图 9.1 中的右侧图中,我们看到新边缘处理后的森林 F。向 F 添加新边创建了一个循环,这迫使算法 9 - 2 删除这个循环中最老的边。此外,所有边缘的年龄都增加了 1,这意味着过去年龄为 10 的边缘不再是活动窗口的一部分,因此被删除。

引理 9 - 1:在每一个给定的点上,算法 9 - 2 正确回答(如果查询)其活动窗口中由边诱导的图是否连通。

证明:设 G_m 为算法 9 - 2 处理 m 条边(对于某正整数 m)后活动窗口的边生成的图,设 F_m 为此时的森林 F。观察森林 F_m 仅由 G_m 的边缘组成。因此,当 F_m 是连通的时候,G_m 也必须是连通的。为了完成引理的证明,我们还必须证明另一个方向,即当 G_m 是连通的时候,F_m 也是连通的。为了证明这一点,我们通过对 m 的归纳法证明了一个更强的结论,即对于 G_m 中的每条边 (u,v),在 F_m 中 u 和 v 之间一定存在在一条路径 $P(u,v)$,使得 $P(u,v)$ 中的任何一条边都不会比(即到达之前)边 (u,v) 老。

对于 $m=0$,这个断言是微不足道的,因为 G_m 不包含边。假设现在声称适用于 G_{m-1},让我们证明它也适用于 G_m。考虑 G_m 的任意边缘 (u,v),如果 (u,v) 是一条没有出现在 G_{m-1} 中的新边,那么可以选择路径 $P(u,v)$ 作为边 (u,v) 本身,因为一条新边总是添加到 F 上;否则,根据归纳假设,在 F_{m-1} 中,u 和 v 之间一定存在在一条路径 $P'(u,v)$,使得 $P'(u,v)$ 的任何边都不大于 (u,v)。如果 $P'(u,v)$ 也出现在 F_m 中,那么就完成了。因此,让我们从现在开始假设情况并非如此。(u,v) 出现在 G_m 中,保证了 $P'(u,v)$ 的所有边(根据定义不超过 (u,v))仍然是活动窗口的一部分。因此,$P'(u,v)$ 没有在 F_m 中出现的唯一解释是,它的一条边是当流的边数 m 到达时所创建的循环的一部分。

让我们用 (u',v') 来表示这条边(即河流的边数 m)。另外,设 $C(u',v')$ 表示将 (u',v') 加到 F 上所产生的循环,让 (u_R,v_R) 表示也属于 $C(u',v')$ 且在 (u',v') 到达后被删除的 $P'(u,v)$ 的边,并且在 (u',v') 到达后被移除。由于算法 9 - 2 删除了循环中最老的边,所以 (u_R,v_R) 是 $C(u',v')$ 最老的边。因此,$C(u',v')\setminus\{(u_R,v_R)\}$ 是 G_m 中 u_R 和 v_R 之间的一条路径,这条路径上的所有边都比 (u_R,v_R) 年轻,因此也比 (u,v) 年轻。将这条路径添加到 $P'(u,v)$ 而不是边 (u_R,v_R),将创建一条 u 和 v 之间的新路径,该路径出现在 F_m 中,且只包含不超过 (u,v) 的边,这就完成了引理的证明(见图 9.2)。

在证明算法 9 - 2 正确的工作后,现在讨论它的时间和空间效率。首先研究算法 9 - 2 的令牌处理时间(算法 9 - 2 处理单个边所用的时间)。这一次很大程度上取决于用于处理两个主要任务的数据结构:第一个任务是更新森林 F,其中包括:向森林添加新边、检测创建的循环(如果存在)、查找循环的最旧边、删除循环的最旧边以及删除不再在活动窗口中的边;第二个任务是更新边的年龄,并检测太旧而无法在活动窗口中显示的边。使用 F 的 naïve 表示,更新 F 可能需要 $\Theta(n)$ 时间。(注:回想

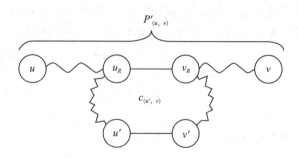

注:路径 $P(u,v)$ 和路径 $P'(u,v)$ 是一样的,只是 $P'(u,v)$ 的边 (u_R,v_R) 被 $C(u',v')$ 的其他边替换了。

图 9.2　基于路径 $P'(u,v)$ 和循环 $C(u',v')$ 构造路径 $P(u,v)$ 的示意图

一下,在与图形相关的问题中,我们用 n 来表示顶点的数量。)但是,使用更复杂的数据结构可以显著减少更新 F 所需的时间。由于所需的数据结构非常复杂,几乎与滑动窗口算法没有关系,因此本书中不介绍它们;相反,我们专注于上面提到的第二个任务,即更新边年龄和检测不再在活动窗口内的边。

处理此任务的 naïve(简单的)方法是将一个年龄计数器与每个边关联,并让此计数器计算在相关边之后到达的边数。不幸的是,拥有这样的年龄计数器意味着算法必须在每个新边到达后花费 $\Theta(n)$ 时间来更新这些计数器,因为到达后每个计数器都必须增加 1。保持边缘年龄的更有效方法是使用单个计数器 C 跟踪时间。此计数器以值 0 开始,并在每条边到达后增加 1。C 的存在使我们能够以一种更简单的方式来跟踪边的年龄。每次边到达时,我们都将其到达时间(即当时 C 的值)存储在边中。然后,当我们想要确定给定边的年龄时,考虑当前时间(C 值)和边到达的时间之间的差异就足够了。此外,由于算法 9-2 丢弃了年龄大于 W 的边,所以我们可以安全地将 C 作为一个计数器模,值为 $p=\Theta(W)$,即它不需要是无界计数器。这一观察非常重要,因为它意味着 C 的空间复杂性不需要随着流的长度而增长(我们将在后面更详细地讨论这一点)。

练习 9-2:第二个任务包括两个部分:跟踪边的年龄和检测边的年龄大到足以将其置于活动窗口之外。上一段解释了如何有效地跟踪边的年龄,这是任务的第一部分;解释了如何有效地执行任务的第二部分,即描述一种有效的方法来检测 F 的边,其年龄将其置于活动窗口之外。

由于我们没有描述用于存储 F 的确切数据结构,因此算法 9-2 的空间复杂度难以计算。但是,为了简单起见,如果我们假设 F 是用自然数据结构表示的,那么我们就得到了观察 9-1。

观察 9-1:算法 9-2 的空间复杂度为 $O(n\cdot(\log n+\log W))$。

证明:算法 9-2 需要保持 F 的边加上常数数量的其他边。由于 F 是一个森林,它包含的边不能超过 $n-1$ 条,因此,算法 9-2 只需要维护 $O(n)$ 条边。每条边由三

部分组成:它的两个端点和到达时间(即计数器 C 在边到达时的值)。每个端点需要 $O(\log n)$ 空间,因为有 n 个顶点,计数器 C 的值是 0 和 $p=\Theta(W)$ 之间的整数,因此,可以使用 $O(\log p)=O(\log W)$ 空间存储。将所有这些观测值相加,我们得到算法 9-2 需要 $O(n \cdot (\log n + \log W))$ 的空间来存储边。

除了存储边之外,算法 9-2 还需要为两个额外的东西留出空间。首先,它需要 $O(\log W)$ 空间来存储计数器 C 本身。此外,它需要 $O(n \cdot \log n)$ 空间用于检测 F 的边缘,其年龄将其置于活动窗口之外(该数据结构在练习 9-2 的解决方案中描述)。现在通过添加所有上述空间要求来观察。

我们可以看到,算法 9-2 的空间复杂度取决于窗口的长度 W,而不取决于流的总长度。这是一个理想的属性,因为在滑动窗口算法的上下文中,我们通常认为流是无限的,或者至少比窗口长度大得多。相应地,在此上下文中,流和半流算法的定义被修改为引用窗口长度 W 而不是流长度。例如,当一个图问题的滑动窗口算法在某个常数 $c \geqslant 0$ 下的空间复杂度为 $O(n \cdot \log^c n \cdot \log^c W)$ 时,它就是半流算法。使用这个定义,我们现在可以用定理 9-1 来总结算法 9-2 的大部分讨论。

定理 9-1:算法 9-2 是一种半流滑动窗口算法,它能够正确地检测由活动窗口中的边所生成的图是否连通。

练习 9-3:如果在一个图中,每个非平凡切割都至少有两条边交叉,那么这个图被称为 2-边连通的(即对于每个不为空且不包含所有顶点的顶点集合 $S \subseteq V, S$ 和 $V \backslash S$ 之间至少有两条边),2 边连通图很有趣,因为它们对单边去除很坚固,也就是说,移除任何一条边之后,它们仍然保持连接。这是有用的,例如,当图表示一个通信网络时,2 边连通意味着即使有一条通信链路(边)发生故障,通信网络仍然保持连接。证明算法 9-3 是半流滑动窗口算法,能够正确地(在查询时)回答其活动窗口中的边是否诱发了 2 边连通图。**提示**:考虑一个任意的非平凡切割。证明如果活动窗口内至少有两条边与此切割相交,则其中最年轻的两条边必定属于 F1 或 F2。

算法 9-3:滑动窗口模型中 2 边连通性的测试

初始化:

1. 设 F1 和 F2 是 V 的两个没有边的顶点上的两个森林。

令牌加工

2. 每当边 (u, v) 到达时,

3.   将 (u, v) 添加到森林 F1 中。

4.   如果 F1 现在包含一个循环 $C(u,v)$,那么,

5.   从 F1 中删除 $C(u,v)$ 最古老的边,使其再次成为森林。

6.   用 (u', v') 表示被移除的边,并将其添加到森林 F2 中。

7.   如果 F2 现在包含一个循环 $C(u',v')$,那么,

8.   从 F2 删除 $C(u',v')$ 最老的边,使其再次成为森林。

9.   从 F1 和 F2 中删除不再在活动窗口内的边。

查询：

10. 如果 F1 和 F2 的边并集得到一个 2 边连通图,那么

11. 　返回"活动窗口产生一个 2 边连通图"。

12. 否则,

13. 　返回"活动窗口没有生成 2 边连通图"。

在结束本节之前,我们想提醒大家注意滑动窗和严格旋转门模型之间的关系。这两个模型的相似之处是,在这两个模型中,令牌都可以到达和离开(滑动窗口模型术语中的"退出活动窗口")。这两种模式的关键区别是,在旋转门模型中,令牌的离开由算法从其输入流读取的显式事件完成;在滑动窗口模型中,当令牌退出活动窗口时,令牌会隐式地离开。有趣的是,不可说这些模型中哪一个更难,因为每个模型都让它的算法享有不同的优势。旋转门模型的算法在令牌离开时获得一个显式通知,该通知包括离开令牌本身。相比之下,滑动窗口模型的算法不知道离开令牌的身份(除非在令牌到达时使用了空间来保存该令牌),但遵守关于令牌离开时间的非常简单的规则。具体地说,每个令牌都会在流中出现的令牌到达后立即离开 W 位置。

9.3　平滑直方图

假设给出了一个用于普通数据流模型的数据流算法 ALG,该算法可以用一个非常简单的技巧转化为滑动窗口模型的算法。具体地说,每次有新的令牌到达时,我们都会创建一个 ALG 的新实例,并将新令牌提供给我们拥有的所有 ALG 实例,这保证了在每一个时刻,我们都有一个 ALG 实例,它恰好接收到当前活动窗口的令牌,因此,我们可以使用这个实例产生的值作为滑动窗口算法的输出。此外,还可以通过删除太老的 ALG 实例来略微改进这个技巧,例如,在过去接收到的已经离开活动窗口的令牌的 ALG 实例(见图 9.3)。但是,即使在此改进之后,由于滑动窗口算法需要保留 ALG 的 W 个实例,所以使用该技巧得到的滑动窗口算法的空间复杂度比 ALG 的空间复杂度要大 W 倍,这通常是无法接受的。

让我们用 J 表示由上述技巧产生的滑动窗口算法维护的 ALG 实例集。在许多情况下,仅保留 J 实例的一个子集 J' 可以节省空间,并且在查询时仍然产生大致相同的答案。直观地说,这是可能的,因为在关闭时间点创建的 J 的两个实例接收类似的流,因此,通常会产生非常相似的答案。为了使用这种直觉,我们应该努力选择子集 J',这就保证了 $J \backslash J'$ 的每个实例都在离 J' 的一个实例足够近的时间开始,以保证两个实例共享一个相似的答案。显然,如果我们成功地做到了这一点,那么就可以使用 J' 的实例来生成一个查询答案,它与保留所有 J 的实例所生成的答案类似。

许多现有的滑动窗口算法都基于上一段描述的思想。通常,这些算法使用额外的见解,这些见解是在这些算法解决的特定问题的背景下实现这一思想所必需的。然而有一种称为平滑直方图的方法,它适用于广泛的设置,并允许以黑盒方式实现上

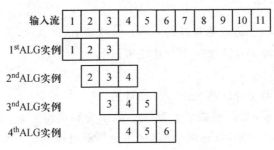

注：每当流的一个令牌到达时，ALG 的一个新实例就被创建。第一个实例获取流的 W 的第一个令牌（这里假设 $W=3$）。第二个实例从流的 2 处开始获取 W 令牌，以此类推。这里有两个重要的观察结果：第一个观察结果是，在每个给定的点上，都有一个 ALG 实例接收到活动窗口的令牌，因此，滑动窗口算法可以使用这个 ALG 实例的输出来回答查询；第二个观察结果是，永远不需要保留超过 W 个的 ALG 实例。例如，当收到令牌号 4 并创建 ALG 的第四个实例时，第一个实例可能会被丢弃，因为它在过去收到了一个已经离开活动窗口的令牌（令牌编号 1）。

图 9.3   将普通数据流算法 ALG 转换为滑动窗口算法的技巧示例

述想法。本节的其余部分将介绍和分析这种方法。

假设给出的数据流算法 ALG 计算了其输入流 σ 的某个数值函数 f（**注**：数值函数是范围仅包括数字的函数）。例如，$f(\sigma)$ 可以是 σ 中不同记号的个数，或者是 σ 的边引起的图中最大匹配的大小（假设 σ 是图流）。我们想要使用上述直观的想法来构造一个滑动窗口算法，有效地估计 f 的值超过活动窗口的内容。平滑直方图方法表明，当 f 在定义 9-1 所捕获的意义上很好时，算法 9-4 将实现这一目标。

定义 9-1：如果函数 f 满足以下属性，则称其为 (α, β) 平滑，其中 $0 < \beta \leqslant \alpha < 1$：

1. $f(\sigma)$ 对每个非空流 σ 都是正的。

2. 在流的开头添加令牌永远不会减少该流的 f 值。更正式地，对于流 σ 和这个流的后缀 σ'，$f(\sigma) \geqslant f(\sigma')$。

3. 考虑流 σ 和它的后缀 σ'。如果 $f(\sigma') \geqslant (1-\beta) \cdot f(\sigma)$，那么对于任意流 σ''，$f(\sigma' \cdot \sigma'') \geqslant (1-\alpha) \cdot f(\sigma \cdot \sigma'')$。

4. 对于每一个非空流 σ，$f(\sigma)$ 与只包含 σ 的最后一个令牌的 σ 的后缀的 f 的值的比值上界是关于 m 和 $|\sigma|$ 的一个多项式（**注**：这里，m 表示可能的令牌数。通常，对于图形问题，它应该被 n（顶点的数量）所取代。另外，我们想提醒您，$|\sigma|$ 是流 σ 的长度，即其中令牌的数量）。

算法 9-4：平滑直方图算法

初始化：

1. 设 A 为 ALG 实例的空列表，设 a_i 表示该列表中的实例编号 i。

令牌加工：

2. 每当一个新的令牌 t 到达时，请执行：

3.　　将 ALG 的一个新实例追加到 A 的末尾。

4.　　传递 t 到 A 中的所有 ALG 实例。

5.　　如果 A 包含不活动的实例,那么,

6.　　　除去所有的实例,除了最后一个。

7.　　当有在 A 中的实例 a_i, a_{i+2} 满足 $(1-\beta) \cdot f(a_i) < f(a_{i+2})$ 时,执行:

8.　　　从 A 中移除实例 a_{i+1}。

查询:

9.　　　假设 a 是 A 中的第一个活动实例。

10. 返回值 $f(a)$。

如果此时您不理解定义 9-1 中描述的某些属性的直观含义,请不要担心,稍后将使用它们分析算法 9-4,它们的含义将变得更清楚。该算法的伪代码使用了一些新的符号。首先,给定一个 ALG 的实例 a,$f(a)$ 被用来表示如果不再向它传递令牌,它将产生的值(等价地,$f(a)$ 是实例 a 迄今为止接收到的流中 f 的值);其次,如果 ALG 的一个实例到目前为止收到的所有令牌都属于活动窗口,那么它就被称为"活动的",否则,它就被称为"不活跃的"。

按照本节开始时给出的讲解,算法 9-4 维护了一个包含 ALG 所有实例的列表 a。这个列表根据创建 ALG 的每个实例的时间排序。因此,如果用 a_i 表示位于列表 i 位置的实例,用 σ_i 表示它所接收到的令牌流,那么每当出现 $i > j$ 时,σ_i 都是 σ_j 的后缀。这与定义 9-1 的性质 9-2 一起表明,$f(\sigma_1), f(\sigma_2), \cdots, f(\sigma_{|A|})$(或等价于 $f(a_1), f(a_2), \cdots, f(a_{|A|})$)是一个非递增的值列表。引理 9-2 限定了列表中值减少的速率。

引理 9-2:对于 $1 \le i \le |A|-2$,$(1-\beta) \cdot f(\sigma_i) \ge f(\sigma_{i+2})$;相反,对于 $1 \le i \le |A|$,$(1-\alpha) \cdot f(\sigma_i) \le f(\sigma_{i+1})$,除非 σ_i 恰好比 σ_{i+1} 多一个令牌。

在证明引理 9-2 之前,先解释它的重要性。引理 9-2 由两部分组成:第一部分表明,在上面的列表中向前移动两个位置会使该值至少减少 $1-\beta$ 的一个因子。根据定义 9-1 的性质 4,列表两端的值之间的比率是多项式,这将允许我们稍后限制列表的长度,从而分析算法 9-4 的空间复杂度。第二部分表明,在列表中向前移动一个位置,值的减少不超过 $1-\alpha$ 的一个因子(除了一些例外)。这允许我们使用下面的技巧估计 σ_1 的每个后缀 σ' 的 $f(\sigma')$。如果对于某些 i 有 $\sigma' = \sigma_i$,就可以得出 $f(\sigma')$;否则,找到的 i, σ' 是 σ_{i-1} 的后缀,而不是 σ_i 的后缀。显然,$f(\sigma_{i-1}) \ge f(\sigma') \ge f(\sigma_i)$,也就是说,$f(\sigma_i)$ 可以作为 $f(\sigma')$ 的一个估计值,因为我们知道 $f(\sigma_{i-1})$ 和 $f(\sigma_i)$ 的比值是比较小的。特别地,我们将说明这个观察结果允许算法 9-4 估计当前活动窗口所对应的 σ_1 后缀的值。

引理 9-2 的证明:这个引理的第一部分直接源于这样一个事实:算法 9-4 显式地寻找违反不等式 $(1-\beta) \cdot f(\sigma_i) \ge f(\sigma_{i+2})$ 的实例 a_i, a_{i+2},并继续从列表 A 中删除实例,只要这对违反不等式的实例存在。证明引理的第二部分要复杂一些。考虑

创建 ALG 实例 a_{i+1} 的迭代,设 a'_{i+1} 为之前的迭代创建的 ALG 实例,可以观察到算法 9-4 绝不会从 A 中删除 ALG 的最后一个实例。因此,当创建实例 a_{i+1} 时,a'_{i+1} 仍然是 A 的一部分。现在有两种情况需要考虑。第一种情况是 $a_i = a'_{i+1}$。这种情况意味着 a_i 和 a_{i+1} 是在算法 9-4 的连续迭代中创建的,因此,σ_i 比 σ_{i+1} 多了一个令牌,从而完成了这种情况的引理证明。

我们需要考虑的第二种情况是 $a_i \neq a'_{i+1}$。这种情况意味着,当 a_{i+1} 第一次加到 A 时,a_i 和 a_{i+1} 在 A 中不相邻。因此,当出现在它们之间的某个实例 a' 被移除时,它们一定是相邻的。a' 的删除不可能是由于 a' 的不活动,因为这也会导致 a_i 的删除。因此,a' 的删除必须已经完成,因为在删除时 $(1-\beta) \cdot f(a_i) < f(a_{i+1})$。此时,我们需要调用定义 9-1 的性质(3)。这一性质保证了如果 $f(\sigma_{i+1})$ 在某一时刻比 $f(\sigma_i)$ 小最多 $1-\beta$ 倍,那么将在这一时刻之后到达的新符号同时加到 σ_i 和 σ_{i+1} 上,不会使 $f(\sigma_{i+1})/f(\sigma_i) = f(a_{i+1})/f(a_i)$ 的比值小于 $1-\alpha$。换句话说,$f(a_i)$ 和 $f(a_{i+1})$ 必须服从不等式 $(1-\alpha) \cdot f(a_i) \leqslant f(a_{i+1})$,因为在过去某一时刻它们服从不等式 $(1-\beta) \cdot f(a_i) < f(a_{i+1})$。

推论 9-1:算法 9-4 的空间复杂度为 $O(\beta^{-1} \cdot (\log W + \log m))$ 乘以 ALG 的空间复杂度。

证明:注意,算法 9-4 除了列表 A 中出现的 ALG 实例外,不存储任何东西。因此,要证明引理,只要证明 A 包含不超过 $O(\beta^{-1} \cdot (\log W + \log m))$ ALG 实例就足够了。显然,A 最多只能包含一个不活动的实例。现在为 A 中活动的实例数设定上限。为了实现这个目标,分别用 a_i 和 a_j 表示 A 中第一个和最后一个活动的实例。定义 9-1 的性质 2 和性质 4 共同表明,$f(a_i)$ 和 $f(a_j)$ 之间的比值受 m 和 $|\sigma_i| \leqslant w$ 的多项式限制。因此,

$$\ln(f(a_i)/f(a_j)) = O(\log W + \log m)$$

回想一下,根据引理 9-2,列表 $f(a_1), f(a_2), \cdots, f(a_{|A|})$ 必须比前面两个列表中出现的值至少小 $1-\beta$ 因子。由于活动实例对应的列表中的第一个值是 $f(a_i)$,活动实例对应的列表中的最后一个值是 $f(a_j)$,意味着列表中与活动实例对应的值的数量上限为

$$
\begin{aligned}
2 + 2 \cdot \log_{1-\beta}\left(\frac{f(a_j)}{f(a_i)}\right) &= 2 + 2 \cdot \frac{\ln(f(a_j)/f(a_i))}{\ln(1-\beta)} \\
&\leqslant 2 + 2 \cdot \frac{\ln(f(a_i)/f(a_j))}{\beta} \\
&= O(\beta^{-1} \cdot (\log W + \log m))
\end{aligned}
$$

其中,不等式来自 $\ln(1-\beta) \leqslant -\beta$,它对每个实值 β 都成立。

算法 9-4 产生的估计质量有待分析,我们从观察 9-2 开始。

观察 9-2:列表 A 最多包含一个不活动的实例。而且,如果有这样的实例,它就

是 A 的第一个实例;相反,如果 A 中只有活动的实例,那么 A 的第一个实例就收到了活动窗口的令牌。

证明: 当算法 9-4 接收到前 W 个令牌时,它不会丢弃 A 的第一个实例,这意味着该实例接收到的正是活动窗口的令牌。当算法 9-4 最终获得令牌号 $W+1$ 时,A 的第一个实例变为不活动的。从这一点开始,算法 9-4 总是有一个不活动的实例作为 A 的第一个实例。原因是,只有当 A 中有多个不活动的实例时,算法 9-4 才会删除 A 的第一个实例,当这种情况发生时,一个未激活的实例从删除中保存,并成为 A 的新的第一个实例(未激活的实例总是在 A 中出现在活动的实例之前)。

推论 9-2: 假设 σ_w 是与活动窗口相对应的流的一部分(这使得 $f(\sigma_w)$ 是我们想要估计的值),那么,算法 9-4(查询时)的输出在 $[(1-\alpha) \cdot f(\sigma_w), f(\sigma_w)]$ 范围内。

证明: 首先假设列表 A 不包含未激活的实例。在这种情况下,观察 9-2 保证了 A 中 ALG 的第一个实例已经收到了活动窗口的所有令牌,因此它的输出(查询时也是算法 9-4 的输出)正好是 $f(\sigma_w)$,从而完成了这种情况的证明。因此,从现在开始,可以假设 A 包含一个不活动的实例,根据观察 9-2,该实例必须是 a_1。

A 的下一个实例(即 a_2)是 A 的第一个活动实例。注意:a_2 的输出就是本例中算法 9-4 的输出,因此还需要证明 $f(\sigma_2) \in [(1-\alpha) \cdot f(\sigma_w), f(\sigma_w)]$。如果 a_2 恰好接收到活动窗口的令牌,那么 $f(\sigma_2) = f(\sigma_w)$,我们就完成了;否则,$\sigma_2$ 必须比 σ_1 短一个以上的令牌,根据引理 9-2,可得 $f(\sigma_2) \geqslant (1-\alpha) \cdot f(\sigma_1)$。我们现在观察到 a_1 是不活动的,a_2 是活动的,这一事实意味着 σ_w 是 σ_1 的后缀,而 σ_2 是 σ_w 的后缀。因此,$f(\sigma_1) \geqslant f(\sigma_w) \geqslant f(\sigma_2)$。结合这些不等式,将我们得到的不等式组合起来,就得到了所需的结果,即

$$f(\sigma_w) \geqslant f(\sigma_2) \geqslant (1-\alpha) \cdot f(\sigma_1)$$
$$\geqslant (1-\alpha) \cdot f(\sigma_w) \Rightarrow f(\sigma_2) \in [(1-\alpha) \cdot f(\sigma_w), f(\sigma_w)]$$

现在我们可以总结一下用定理 9-2 证明的平滑直方图方法的性质。

定理 9-2: 给出了一种简单的数据流算法 ALG,计算 (α, β)-平滑函数 f,算法 9-4 利用空间复杂度 $O(\beta^{-1} \cdot (\log W + \log m))$ 乘以 ALG 的空间复杂度来估计活动窗口内容上 f 的值,其相对误差为 α。

为了举例说明平滑直方图方法的使用,考虑算法 9-5。该算法是一个数据流算法,它接收一个从 1 到 c 的整数流,对于某个整数常量 $c \geqslant 1$,计算它接收到的整数的和。

算法 9-5:整数求和

1. 让 $s \leftarrow 0$。
2. 每当出现一个新的整数 t 时,请执行:
3. 更新 $s \leftarrow s+t$。
4. 返回 s。

练习 9-4: 算法 9-5 计算函数 f,定义如下。对于 1 到 c 之间的整数流 σ,$f(\sigma)$

是 σ 中整数的和。

(a) 证明函数 f 对于每个 $\varepsilon \in (0, 1/2)$ 是 $(\varepsilon, \varepsilon)$-光滑的。

(b) 说明算法 9-5 的空间复杂度是 $O(\log n)$，其中，n 是流的长度。

结合练习 9-4 和平滑直方图方法(定理 2)，我们得出，对于每个常数 $\varepsilon \in (0, 1/2)$，存在一个滑动窗口算法(我们称之为 SlidingSum)，该算法使用 $O(\varepsilon^{-1} \cdot (\log W + \log m) \cdot \log n)$ 的空间复杂度来逼近活动窗口中整数的和，其相对误差为 ε。这已经是一个不非凡的结果，然而，这并不是很令人满意，因为 SlidingSum 的空间复杂度取决于流的长度 n，我们认为长度 n 很大。特别是，该结果不能证明 SlidingSum 是流滑动窗口算法，因为流滑动窗口算法的空间复杂度仅应为 $\log W$ 和 $\log m$ 的多项式函数。

为了解决上述问题，我们需要改进 SlidingSum 的空间复杂度分析，超越定理 9-2 所给出的空间复杂度保证。回想一下，我们称之为 SlidingSum 的算法实际上是算法 9-4，而选择算法 ALG 作为算法 9-5。因此，根据推论 9-1 的证明，SlidingSum 最多维持算法 9-5 的 $O(\varepsilon^{-1} \cdot (\log W + \log m))$ 个实例，其空间复杂度等于这些实例空间复杂度的总和。只要代入练习 9-4 给出的关于算法 9-5 每个实例的空间复杂度的 $O(\log n)$ 的上界，就可以得到上述关于 SlidingSum 的空间复杂度 $O(\varepsilon^{-1} \cdot (\log W + \log m) \cdot \log n)$ 的不令人满意的上界。因此，为了得到 SlidingSum 空间复杂度的一个更好的上界，我们需要找到更好的算法 9-5 实例的空间复杂度上界。

练习 9-5：证明 SlidingSum 所使用的算法 9-5 的每个实例的空间复杂度为 $O(\log W)$。

结合练习 9-5 讨论的最后一段，我们立即得到 SlidingSum 的空间复杂度是 $O(\varepsilon^{-1} \cdot (\log W + \log m) \cdot \log W) = O(\log^2 W)$，其中等式成立，因为 ε 是一个常数，m 等于常数 c。因此，SlidingSum 是一个流滑动窗口算法。

我们之前所做的工作，以证明 SlidingSum 是一种流式滑动窗口算法，代表了定理 9-2 的一个重要弱点。具体来说，当 ALG 是流数据流算法时，定理 9-2 并不能保证算法 9-4 是流滑动窗口算法，这是因为 ALG 的空间复杂度可能取决于 $\log n$，而流滑动窗口算法的空间复杂度只应是一个多项式函数对数 W 和 m。解决这一问题的方法之一是，观察到的空间复杂度的一个实例 ALG 只取决于流的长度，而不是原始流的长度。因此，只要 ALG 的一个实例只接收 $O(W)$ 令牌，那么它是一个流数据流算法的事实就意味着它的空间复杂度是 $\log W$ 和 $\log m$ 的多项式，这就是我们想要的。换句话说，如果我们能证明算法 9-4 中 ALG 的每个实例只查看 $O(W)$ 令牌，那么就能证明定理 9-2 的以下更强版本。注意，通过上面的讨论，这个更强的版本在 ALG 是流数据流算法时产生了流滑动窗口算法。

定理 9-3：给出了计算 (α, β)-光滑函数 f 的普通数据流算法 ALG，存在一种滑动窗口算法，该算法估计 f 在活动窗口内容上的相对误差为 α。此外，该算法的空间复杂度为 $O(\beta^{-1} \cdot (\log W + \log m))$ 乘以长度为 $O(W)$ 的流上 ALG 的空间复杂度。

不幸的是，在某些极端情况下(例如，当 f 对每个输入都有相同的值时)，算法 9-4 可以将其整个输入流提供给 ALG 的单个实例。因此,算法 9-4 不能用来证明定理 9-3。练习 9-6 研究了算法 9-4 的一个变体,它不受这个问题的影响,因此引出了定理 9-3。

练习 9-6:考虑算法 9-6,它是算法 9-4 的一个变体。这两种算法之间的区别是,算法 9-6 从它创建的每 W 个 ALG 实例中标记出一个,然后对标记的实例进行部分保护,防止删除。具体来说,只有在满足以下两个条件时,才会删除已标记的实例:已标记的实例是不活动的,并且在列表 A 中,在它后面出现了其他不活动的实例。

(a) 证明算法 9-6 与算法 9-4 具有相同的估计保证。换句话说,证明给定一个普通的数据流算法 ALG 计算一个 (α,β)-平滑函数 f,算法 9-4 估计 f 在活动窗口内容上的值,其相对误差为 α。

(b) 证明算法 9-6 维护的 ALG 实例列表 A 中包含 $O(\beta^{-1} \cdot (\log W + \log m))$ 实例。

(c) 证明在算法 9-6 的列表 A 中出现的每一个 ALG 实例都接收到一个长度为 $O(W)$ 的输入流。

算法 9-6:平滑直方图算法(算法 9-4 的变体)

初始化:

1. 设 A 为 ALG 实例的空列表,设 a_i 表示该列表中的实例编号 i。

令牌加工:

2. 每当一个新的令牌 t 到达时,请执行

3. 将 ALG 的一个新实例追加到 A 的末尾。如果 t 在流中的位置为 $k \cdot W$(对于某个整数 k),则标记这个新实例。

4. 传递 t 到 A 中的所有 ALG 实例。

5. 如果 A 包含不活动的实例,那么,

6. 除了最后一个以外,除去所有的。

7. 当在 A 中存在 a_i, a_{i+1}, a_{i+2} 的实例时,a_{i+1} 没有标记,并且 $(1-\beta) \cdot f(a_i) < f(a_{i+2})$。

8. 从 A 中删除实例 a_{i+1}。

查询:

9. 假设 a 是 A 中的第一个活动实例。

10. 返回值 $f(a)$。

9.4　文献说明

滑动窗口模型首先由 Datar 等人(2002)研究。除此之外,Datar 等人还提出了一种通用的方法,称为指数直方图法,用于将计算数值函数 f 的数据流算法转换为滑动窗口算法,滑动窗口算法在活动窗口上估计相同函数的值。当函数 f 属于一类表现出(在某种意义上)弱可加性的函数时,指数直方图法就能起作用。

平滑直方图算法是由 Braverman 和 Ostrovsky(2007)提出的。对于许多问题，该算法比旧的指数直方图算法提供了改进的结果,尽管两种算法可应用的函数集略有不同。还应该注意的是,这两种算法都有一般化的版本,即使给定的数据流算法只提供函数 f 的值的估计也能工作。

自 Datar 等人(2002)引入滑动窗口模型以来,滑动窗口模型已经在各个领域都得到了研究。Crouch 等人(2013)的工作是在这个模型中研究图问题的第一个工作,本章中提出的所有图问题的算法都是基于这个工作。

[1] Braverman V,Ostrovsky R. Smooth Histograms for Sliding Windows. In Proceedings of the 48th Annual IEEE Symposium on Foundations of Computer Science (FOCS),2007:283 - 293.

[2] Crouch M S,McGregor A,Stubbs D. Dynamic Graphs in the Sliding-Window Model. In Proceedings of the 21st European Symposium on Algorithms(ESA),2013:337 - 348.

[3] Datar M,Gionis A,Indyk P,et al. Maintaining stream statistics over sliding windows. SIAM Journal on Computing,2002,31(6):1794 - 1813.

练习解析

练习 9 - 1 解析

表 9 - 1 总结了算法 9 - 1 在执行期间的状态变化。表的第一行对应于执行其初始化部分后立即出现的算法状态,而之后的行对应于处理流的每个令牌后的算法状态(按顺序)。每行包含几条信息,包括与行相对应的时间的算法、当时活动窗口的内容(即已到达的最后 3 个令牌)以及算法查询部分的答案(如果此时执行)。注意,查询部分正确指示序列"ab"是否显示在活动窗口中。

表 9 - 1 算法 9 - 1 在执行期间的状态变化

Arriving Token	LastAppearance	Last Token WasA	Active Window	Query Answer
Initialization	"Never"	"False"	""	Does not appear
"a"	"Never"	"True"	"a"	Does not appear
"a"	"Never"	"True"	"aa"	Does not appear
"b"	0	"False"	"aab"	Appears
"a"	1	"True"	"aba"	Appears
"b"	0	"False"	"bab"	Appears
"a"	1	"True"	"aba"	Appears
"a"	"Never"	"True"	"baa"	Does not appear
"b"	0	"False"	"aab"	Appears

练习 9 - 2 解析

我们需要解释如何检测 F 的年龄大到足以将其置于活动窗口之外的边缘。naïve 解决方案是维护一个队列，其中包含活动窗口的所有边缘。每当一条新的边到达时，它就应该被添加到队列中。如果添加后队列的大小超过 W，那么队列的第一个边缘此时就在活动窗口之外，我们可以从队列和 F 中删除它。naïve 解决方案很容易，但不幸的是，它使用了大量的空间，因为它需要算法存储 W 边缘。

为了提高解决方案的空间效率，我们需要从队列中删除不再位于 F 中的边。注意，这将队列的大小减少到 $O(n)$，因为超过 n 个节点的森林最多包含 $n-1$ 条边。此外，如果将队列表示为双链表，则可以有效地执行这种删除操作。但是，应该注意的是，由于删除了这些边，就不能再通过简单地检查队列的大小来确定队列的第一个边是否属于活动窗口了。然而，正如在本练习前一段中所解释的那样，我们可以计算的年龄队列的第一边缘通过比较其到达时间与当前时间被计数器 C。因此，我们仍然可以确定在 $O(1)$ 时间的第一条边是否为活动窗口之外的队列（因此，需要从队列和 F 中移除）。

练习 9 - 3 解析

首先分析算法 9-3 的空间复杂度。注意，算法 9-2 和算法 9-3 必须存储的东西之间的主要区别是，算法 9-3 存储了两个森林 F1 和 F2，而算法 9-2 只存储一个森林 F。对于算法 9-2 的空间复杂度的分析，如观察 9-1 的证明所示，通过展示两件事来界定用于存储森林 F 的空间复杂度。首先，每条边需要 $O(\log n + \log W)$ 的空间；其次，F 包含 $O(n)$ 条边，因为它是一个有 n 个顶点的森林。这两件事一起意味着 F 可以用 $O(n(\log n + \log W))$ 空间表示。显然，这种对 F 空间复杂度的分析并不是基于 F 的属性，而仅仅是基于它是一个森林这一事实。因此，没有理由阻止同样的分析也适用于 F1 和 F2。换句话说，森林 F1 和 F2 需要 $O(n(\log n + \log W))$ 空间——就像 F 一样。用 F1 和 F2 替换 F 是算法 9-2 和算法 9-3 使用数据结构的主要区别，我们得到的观测 9-1 证明的算法 9-2 的空间复杂度界也适用于算法 9-3。因此，我们证明了算法 9-3 是半流算法。

现在，让我们将注意力转移到证明算法 9-3（在查询时）是否正确地回答了由其活动窗口中的边诱发的图是否是 2 边连通图的问题。换句话说，我们需要显示图形边的结合引起的 F1 和 F2（从现在开始用 H 来表示）是 2 边连通图，当且仅当所有的边缘引起的活动窗口（我们现在开始称为 G）是 2 边连通的。观察 F1 和 F2 都只包含活动窗口的边，这意味着 H 是 G 的一个子图。因此，G 的每一个给定切口的边数至少与 H 的这些边数相等。特别地，H 中至少有两条边相交的切口，G 中也至少有两条边相交，这保证了当 H 是 2 边连通的时，G 也是 2 边连通的。另一个方向，即当 G 为 2 边连通的时，H 也是 2 边连通的，这还有待证明。为此，假设 G 是 2 边连通的。我们将证明 H 的 2 边连通性符合这个假设。

考虑集 $\emptyset \neq S \subset V$ 和 $V \setminus S$ 的顶点之间的任意非平凡切口。因为 G 是 2 边连通的，所以它里面至少有两条边穿过这个切口。我们用 e_1 表示其中最年轻的边，用 e_2

表示其中第二年轻的边。要证明 H 是 2 边连通的,只要证明它同时包含边 e_1 和 e_2 就足够了,因为 $(S, V \backslash S)$ 被选为任意的非平凡切口。当 e_1 到达时,算法 9-3 将它添加到 F1 中,因为它将每一条新边都添加到 F1 中。为了反驳,假设 e_1 在后面的某个点从 F1 中移除。由于 e_1 属于 G,它是活动窗口的一部分,这意味着它从 F1 中被移除是因为它属于 C_1 循环,而 C_1 循环只包含比 e_1 本身年轻的边。然而,这样的一个循环 C_1 必须包括一个第二边缘 e_1'(而不是 e_1),它穿过切口 $(S, V \backslash S)$,这和 e_1 的定义相矛盾,因为我们得到了 e_1' 穿过切口 $(S, V \backslash S)$ 并且小于 e_1,由于它在 C_1 中的隶属关系(见图 9.4)。这个矛盾意味着 e_1 必须是 F1 的一部分,因此,它也是 H 的一部分。

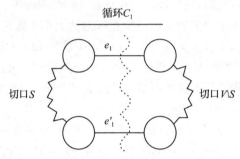

循环C_1

切口S　　　　切口$V\backslash S$

e_1

e_1'

注:循环 C_1 是一个假设的循环,它导致了 e_1 的移除。因此,除了 e_1 之外,这个循环必须只包含年轻于它的边。此外,这个循环必须穿过至少两倍的切口 $(S, V \backslash S)$,因为 e_1 穿过这个切口,而且每个循环穿过每个切口的次数都是偶数。因此,C_1 必须包含一条边 e_1',它比 e_1 年轻并且穿过切口 $(S, V \backslash S)$,这与 e_1 的定义相矛盾。

图 9.4　证明 e_1 没有从 F1 中移除的图示

现在考虑边缘 e_2。当 e_2 到达时,通过算法 9-3 将其加入到 F1 中。如果 e_2 没有从 F1 中移除,那么它也是 H 的一部分,我们就做完了。因此,我们可以安全地假设,在剩下的证明中 e_2 已经从 F1 中移除了。当这种情况发生时,它被算法 9-3 加到 F2 中。使用与上一段类似的论证,我们可以证明,如果 e_2 后来从 F2 中移除,那么一定存在一条边 e_2',它在 F2 的某一点上,穿过切口 $(S, V \backslash S)$,比 e_2 年轻。然而,这样一条边 e_2' 的存在导致一个矛盾,因为 e_1 仍然在 F1 中,意味着 e_2 是被添加到 F2 的穿过切割 $(S, V \backslash S)$ 的最年轻的边。因此,我们证明了 e_2 仍然存在于 F2 中,因此它属于 H,从而完成了 H 是 2 边连通的证明。

练习 9-4 解析

(a) 设 $\varepsilon \in (0, 1/2)$ 为一个固定值,令 f 为一个函数,给定一个在 1 和 c 之间的整数流 σ。我们需要证明 f 是 $(\varepsilon, \varepsilon)$-平滑的。为了做到这一点,需要证明它满足定义 9-1 中给出的 4 个性质。

- 性质(1)要求 f 在每个非空字符串 σ 上都是正的,这是真的,因为 $f(\sigma)$ 是一个正整数个数的和。

- 为了证明性质(2)，我们需要证明对于每个流 σ 和它的后缀 σ'，不等式 $f(\sigma) \geqslant f(\sigma')$ 成立。要理解为什么是这样，我们首先观察到 f 是线性的，也就是说，给定两个流 σ_1 和 σ_2，我们总是得到 $f(\sigma_1 \cdot \sigma_2) = f(\sigma_1) + f(\sigma_2)$。因此，如果用 σ'' 表示 σ 的部分出现在后缀 σ' 之前，则可得到

$$f(\sigma) = f(\sigma'' \cdot \sigma') = f(\sigma'') + f(\sigma') \geqslant f(\sigma')$$

这个不等式是从 f 的非负性得到的。

- 为了证明性质(3)，我们需要证明，如果一个流 σ 和它的后缀 σ' 服从 $f(\sigma') \geqslant (1-\varepsilon) \cdot f(\sigma)$，那么不等式 $f(\sigma' \cdot \sigma'') \geqslant (1-\varepsilon) \cdot f(\sigma \cdot \sigma'')$ 对任何其他流 σ'' 成立。为了证明最后一个不等式，我们再次使用 f 的线性，如下：

$$f(\sigma' \cdot \sigma'') = f(\sigma') + f(\sigma'') \geqslant (1-\varepsilon) \cdot f(\sigma) + f(\sigma'')$$
$$\geqslant (1-\varepsilon) \cdot [f(\sigma) + f(\sigma'')] = (1-\varepsilon) \cdot f(\sigma \cdot \sigma'')$$

其中，第二个不等式来自于 f 的非负性。

- 为了证明性质(4)，我们需要证明，对于每一个非空流 σ 及其后缀 σ'（只包含 σ 的最后一个令牌），$f(\sigma)$ 和 $f(\sigma')$ 之间的比值是 m 和 $|\sigma|$ 的一个多项式的上限。为此，我们观察到 $f(\sigma)$ 是 $|\sigma| \cdot c$ 的上界，因为 σ 中每个令牌的上限都是 c；相反，$f(\sigma')$ 的下限为 1，因为 σ' 包含一个令牌。因此，

$$\frac{f(\sigma)}{f(\sigma')} \leqslant \frac{c \cdot |\sigma|}{1} = c \cdot |\sigma|$$

由于 c 是一个常数，最后一个不等式的最右边是 $|\sigma|$ 中的一个多项式。

（b）算法 9-5 只在内存中存储变量 t 和 s。变量 t 包含一个令牌，它是一个介于 1 和常数 c 之间的整数，因此只需要 $O(1)$ 空间；相反，变量 s 是 n 个这样整数的和，因此，它是一个介于 1 和 cn 之间的整数，存储这样一个整数的空间复杂度为 $O(\log(cn)) = O(\log n)$。结合这两个变量所需的空间复杂度，得到算法 9-5 所需的总空间复杂度为

$$O(1) + O(\log n) = O(\log n)$$

练习 9-5 解析

考虑 SlidingSum 使用的算法 9-5 的任意实例 a。如果在某个时刻 a 是一个活动实例，那么（根据定义）到目前为止 a 最多接收到 W 个令牌。因此，从 a 的角度来看，其输入流的长度不超过 W。结合练习 9-4，我们得到 a 在这一点的空间复杂度为 $O(\log W)$。因此，在这个解决方案的其余部分中可以假设 a 是算法 9-5 的非活动实例。

根据观察 9-2，未激活的实例 a 是列表 A 中唯一未激活的实例，它作为列表中的第一个实例出现。我们将该列表中的第二个实例称为 a_2，由于 a_2 是一个活动实例，它到目前为止最多反收到 W 个令牌，因此其变量 s 的值最大为 $c \cdot W$。现在观察

当算法 9-5 的实例到达流的末尾时,它会返回其变量 s 的值。因此,引理 9-2 在此背景下意味着两种情况之一必须发生:

- 第一种情况是实例 a 的变量 s 的值最多大于实例 a_2 的变量 s 的值一个 $(1-\varepsilon)^{-1} \leqslant 2$ 的因子。结合我们已知的实例 a_2 的变量 s 值的上限,我们得到,在这种情况下,实例 a 的变量 s 的值不超过 $2c \cdot W$。
- 另一种情况是实例 a 只比实例 a_2 多接收一个令牌,这意味着它总共最多接收了 $W+1$ 个令牌。因此,在本例中也得到了实例 a 的变量 s 的值,为 $c \cdot (W+1) \leqslant 2c \cdot W$ 的上限。

上述案例分析证明,实例 a 的变量 s 是一个以 $2c \cdot W$ 为上限的整数,因此,存储该整数所需的空间为 $O(\log(2c \cdot W)) = O(\log W)$。除了用于存储 s 的空间外,实例 a 只需要存储变量 t 的空间。由于这个变量只接受 1 到常量 c 之间的整数值,所以可以使用 $O(1)$ 空间存储它。因此,算法 9-5 的实例 a 所需的总空间复杂度为

$$O(1) + O(\log W) = O(\log W)。$$

练习 9-6 解析

(a) 这足以证明推论 9-2 也适用于算法 9-6。这个推论基于观察 9-2 和引理 9-2 的第二部分,可以观察到这两个定理的证明对于算法 9-6 都是有效的,没有任何修改。因此,推论 9-2 也是如此。

(b) 让我们从以下几点观察开始这个解决方案:

- 引理 9-2 的第一部分不适用于算法 9-6。然而,对于 $1 \leqslant i \leqslant |A|-2$,要么 $(1-\beta) \cdot f(\sigma_i) \geqslant f(\sigma_{i+2})$,要么 σ_{i+1} 仍然被标记。这样做的原因是,算法 9-6 明确地寻找不具有上述任何一个性质的三元组 a_i, a_{i+1}, a_{i+2},并在发现这样的三元组时删除实例 a_{i+1}。
- A 最多可以包含一个不活动实例,因为除了最后一个不活动实例以外,算法 9-6 删除了所有不活动实例。
- 在 A 中最多可以标记一个活动实例。原因是,活动实例都是由算法 9-6 在当前属于活动窗口的令牌到达后创建的实例,并且对于某个整数 k,最多一个长度为 W 的活动窗口外的令牌可以在流中以 $k \cdot W$ 的形式存在。

现在解释一下如何使用这些观察值来限制 A 中的实例总数。让 a_i 和 a_j 分别是 A 中的第一个和最后一个活动实例。定义 9-1 的性质(2)和性质(4)共同表明 $f(a_i)$ 和 $f(a_j)$ 的比值是一个 m 和 $|\sigma_i| \leqslant W$ 的多项式。因此,

$$\ln(f(a_i)/f(a_j)) = O(\log W + \log m)$$

如果在 A 中没有标记的实例,那么第一个观察结果表明,列表 $f(a_1)$,$f(a_2), \cdots, f(a_{|A|})$ 中的每个值都比出现在列表中前两个位置的值至少小一个 $1-\beta$ 的因子。如果在 A 中有标记的实例,那么对于列表中的某些值来说,这可能是不正

确的。具体来说,列表中有一个值(对应于紧接在标记实例之后出现在列表中的实例)可能与比出现在列表中前两个位置的值至少小一个 $1-\beta$ 的因子不同。但是,定义 9-1 的性质(2)仍然保证上面列表中的值永远不能大于前面两个位置中出现的值。

由于 A 中只能有两个标记的实例(一个活动的和一个不活动的),所以我们得到 A 中 a_i 和 a_j 之间的实例数,包括 a_i 和 a_j 本身,的上限为

$$6+2 \cdot \log_{1-\beta}\left(\frac{f(a_j)}{f(a_i)}\right) = 6+2 \cdot \frac{\ln(f(a_j)/f(a_i))}{\ln(1-\beta)}$$

$$\leqslant 6+2 \cdot \frac{\ln(f(a_i)/f(a_j))}{\beta}$$

$$= O(\beta^{-1} \cdot (\log W + \log m))$$

其中,不等式来自 $\ln(1-\beta) \leqslant -\beta$,它对每个实值 β 都成立。由于 a_i 和 a_j 分别是 A 中第一个和最后一个活动实例,最后一个边界表示 A 中最多有 $O(\beta^{-1} \cdot (\log W + \log m))$ 个活动实例,因此,A 中最多有 $1+O(\beta^{-1} \cdot (\log W + \log m)) = O(\beta^{-1} \cdot (\log W + \log m))$ 个实例。

(c) 通过一个矛盾的方式,假设在列表 A 中存在一个 ALG 的实例 a,它已经收到超过 $2W+1$ 个令牌,使 a_m 是在 a 之后创建的第一个被标记的实例。现在用 t 和 t_m 表示令牌,它们的到达导致算法 9-6 分别创建了实例 a 和 a_m。可以看到,t_m 在流中的位置最多可以在 t 位置之后的 W 个位置,因为算法 9-6 创建的 ALG 的 W 个实例中有一个被标记,并且在 t 到达后创建的第一个被标记的实例变成 a_m。此外,作为一个已标记的实例,在它变为非活动状态之前不能删除它。因此,它保证 a_m 变成不活动的,并且它最迟在 a 收到它的 $2W+1$ 个令牌时这样做(见图 9.5)。当这种情况发生时,a 会被立即从 A 中移除,因为 a 和 a_m 都是不活动的实例,并且 a_m 在 a 中出现的时间比 a 晚。然而,这与假设 a 已经收到超过 $2W+1$ 个令牌的假设相矛盾。

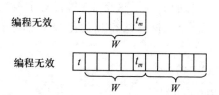

注:图形的上半部分表示实例 a 变得无效的时间点。因为 t 是其到达触发 a 创建的令牌,所以这也是 t 退出活动窗口的时间点。由于活动窗口的大小为 W,此时活动窗口中必须存在一个令牌 t_m,它的到达触发了被标记实例 a_m 的创建。图的下半部分表示在 a_m 变为不活动的时刻存在的情况。可以观察到,到目前为止,a 最多接收到 $2W+1$ 个令牌。

图 9.5 ALG 的实例在练习 9-6(c)解析中使用的一些特性的图形说明

第 10 章　次线性时间算法简介

传统上,如果算法具有多项式时间复杂度,则认为该算法是有效的。然而,由于现代应用需要算法来处理越来越多的数据,一个真正实用的算法通常需要比仅仅是多项式算法有更好的时间复杂度保证。因此,在过去的几十年中,对于许多计算问题,已经开发出越来越快的算法。通常,人们希望的最快算法是线性时间算法,因为即使只是读取整个输入,这种时间复杂度也是必要的。然而,在本书的这一部分,我们将考虑次线性时间算法,即打破上述障碍和使用(显著)小于线性时间的算法。由于次线性时间算法甚至无法读取其所有输入,因此其输出在某种意义上始终只是一个近似解。然而,尽管存在这一明显的弱点,但次线性时间算法已经变得非常重要,因为它们提供了一种解决超大数据集问题的实用方法。

10.1　简单的例子

为了使次线性时间算法的存在不那么神秘,这里从一个非常简单的此类算法开始。考虑以下问题,给定一个字符串 w,确定其中字符"a"的数量。

练习 10 - 1:证明任何精确确定字符串 w 中"a"字符数量的确定性算法必须使用 $\Omega(|w|)$ 时间。

备注:这个练习的结果实际上也适用于随机算法,感兴趣的读者可以在解决方案部分找到这一说法的证明。

练习 10 - 1 表明,要获得上述问题的次线性时间算法,需要我们放弃获得准确答案的希望。事实证明,一旦我们放弃了这个希望,就有了解决上述问题的快速算法。其中一种算法称为算法 10 - 1。该算法得到长度为 n 的字符串 w 和质量控制参数 $\varepsilon, \delta \in (0,1)$ 作为输入。

算法 10 - 1:(统计"a"字符)

1. 设 $s \leftarrow 0, h \leftarrow \lceil 3\log(2/\delta)/\varepsilon^2 \rceil$。

2. 执行 h 次:

3. 　从 w 中选取一个一致随机字符 t。

4. 　如果 $t =$ "a",则 s 增加 1。

5. 返回值 $(n/h) \cdot s$。

本书假设数字的标准运算使用常数时间。特别是,假设可以在恒定时间内对某个范围内的数字进行采样。基于这个假设,得到以下观察结果。

观察 10 - 1:算法 10 - 1 的时间复杂度为 $\Theta(\varepsilon^{-2} \cdot \log \delta^{-1})$。因此,当 ε 和 δ 被认

为是常数时,它是一个次线性时间(甚至是常数时间)算法。

算法 10-1 产生的估计质量有待分析。

引理 10-1: 在概率至少为 $1-\delta$ 的情况下,算法 10-1 估计其输入字符串中"a"字符的数量的误差为 $\varepsilon \cdot n$。

证明: 让我们用 $\#_a$ 表示算法 10-1 的输入字符串中"a"字符的真实数目。注意,当 $\#_a = 0$(即输入字符串不包含"a"字符)时,算法 10-1 保证输出正确的估计。因此,在证明的其余部分,假设 $\#_a \geqslant 1$。

设 X_i 是一个事件的指示器,即算法 10-1 选择的第 i 个字符是 a,可以观察到 X_i 的期望值是 $\#_a/n$。因此,总和 $\sum\limits_{i=1}^{h} X_i$ 是根据二项分布 $B(h, \#_a/n)$ 分布的,由切尔诺夫界可得

$$\Pr\left[\sum_{i=1}^{h} X_i \geqslant \frac{h \cdot (\#_a + \varepsilon \cdot n)}{n}\right]$$

$$= \Pr\left[\sum_{i=1}^{h} X_i \geqslant \mathrm{E}\left[\sum_{i=1}^{h} X_i\right] \cdot \left(1 + \frac{\varepsilon \cdot n}{\#_a}\right)\right]$$

$$\leqslant e^{-\frac{\min(\varepsilon/\#_a, \varepsilon^2 \cdot n^2/\#_a^2) \cdot \mathrm{E}\left[\sum\limits_{i=1}^{h} X_i\right]}{3}}$$

$$= e^{-\frac{\min(h\varepsilon, h\varepsilon^2 \cdot n/\#_a)}{3}} \leqslant e^{-h\varepsilon^2/3} \leqslant e^{\log(\delta/2)} = \frac{\delta}{2}$$

其中倒数第二个不等式自 $\#_a \leqslant n$ 定义成立且 $\varepsilon \in (0,1)$。现在我们来看总和 $\sum\limits_{i=1}^{h} X_i$ 比它的期望小得多的概率上限。因为这个和是非负的,当 $\#_a < \varepsilon \cdot n$ 时,我们得到

$$\Pr\left[\sum_{i=1}^{h} X_i \leqslant \frac{h \cdot (\#_a - \varepsilon \cdot n)}{n}\right] \leqslant \Pr\left[\sum_{i=1}^{h} X_i < 0\right] = 0$$

否则,当 $\#_a \geqslant \varepsilon \cdot n$ 时,我们得到

$$\Pr\left[\sum_{i=1}^{h} X_i \leqslant \frac{h \cdot (\#_a - \varepsilon \cdot n)}{n}\right]$$

$$= \Pr\left[\sum_{i=1}^{h} X_i \leqslant \mathrm{E}\left[\sum_{i=1}^{h} X_i\right] \cdot \left(1 - \frac{\varepsilon \cdot n}{\#_a}\right)\right]$$

$$\leqslant e^{-\frac{(\varepsilon \cdot n/\#_a)^2 \cdot \mathrm{E}\left[\sum\limits_{i=1}^{h} X_i\right]}{2}}$$

$$= e^{-(h\varepsilon^2/2) \cdot (n/\#_a)} \leqslant e^{-h\varepsilon^2/2} \leqslant e^{\log(\delta/2)} = \frac{\delta}{2}$$

综上,并使用并集界,我们得到在至少 $1-\delta$ 的概率下,$\sum_{i=1}^{h} X_i$ 总和等于其期望 $h\#_a/n$,其误差为 $h\varepsilon$。注意,算法 10 - 1 的输出等于这个和乘以 n/h。因此,这个输出的期望是 $\#_a$,并且概率至少为 $1-\delta$,它在误差范围为 $\varepsilon \cdot n$ 内等于这个期望。

结合对算法 10 - 1 证明的结果,得到了定理 10 - 1。

定理 10 - 1:对于 $\varepsilon,\delta \in (0,1)$,存在 $\Theta(\varepsilon^{-2} \cdot \log \delta^{-1})$ 的一个时间算法,其概率至少为 $1-\delta$,对长度为 n 的字符串中一个字符的个数的估计误差为 $\varepsilon \cdot n$。

10.2 估计直径

现在要展示一个更令人惊讶的次线性时间算法的例子。考虑一个集合 P(n 个点),假设 P 点之间的距离由一个矩阵 M 指定。换句话说,矩阵 M 对于 P 的每个点都有一列和一行,并且点 u 到点 v 的距离是由出现在 u 列 v 行上的单元格给出的(见图 10.1)。给定这样一个矩阵 M,我们的目标是找出 P 的任意两点之间的最大距离。这个距离也称为 P 的直径。

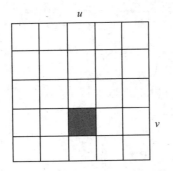

注:u 到 v 的距离出现在灰色单元格中

图 10.1 矩阵 M 的图形表示

可用于此问题的算法类型取决于对点之间距离的假设。例如,如果距离是欧几里得距离,那么可以使用计算几何领域的技术。相比之下,如果对距离不作任何假设,那么练习 10 - 2 表明,任何确定性算法都必须读取整个矩阵 M,即使是为了得到有限相对误差范围内直径的估计。此外,我们不会在这里证明这一点,但这一练习的结果可以扩展到证明随机算法还必须读取 M 的线性分数,以获得有限相对误差的距离估计,因此,这种估计无法通过次线性时间算法获得。

练习 10 - 2:证明在没有假设距离的情况下 M 每一个区分直径为 0 和直径为 1 的情况的确定性算法必须读取所有数据 M(至少给出了一些输入)。

根据上面的讨论,很明显,必须明确地说明所做的假设。因此,从现在开始,将假设 M 中的距离具有以下 4 个性质。在这些性质的表述中,用 $M(u,v)$ 表示点 u 到点 v 的距离。

- 所有距离均为非负距离。
- 每个点与自身之间的距离为 0。
- 对称性:对于点 $u,v \in P$,$M(u,v) = M(v,u)$。
- 三角不等式:对于 $u,v,w \in P$,$M(u,v) \leqslant M(u,w) + M(w,v)$。

人们可以观察到,标准的欧几里德距离总是遵循这些性质。然而,许多其他距离也服从它们。例如,如果 P 中的点是连通图的顶点,则根据图,这些顶点之间的距离具有上述所有性质(记住,图的顶点之间的距离是它们之间最短路径的长度)。一般来说,具有上述 4 个性质的距离常称为伪度量。

在介绍估算直径的算法之前,再次说明要解决的问题。给定点集 P 和它们之间构成伪度量的距离矩阵 M,我们有兴趣估计 P 的直径。我们为这个问题建议的算法是算法 10-2。

算法 10-2:直径估计

1. 设 u 是 P 中的任意一点。

2. 让 $d \leftarrow 0$。

3. 对于其他点 v,执行:

4. 　如果 $M(u,v) > d$,那么 $d \leftarrow M(u,v)$。

5. 返回 d。

练习 10-3:考虑由 $n \geqslant 3$ 个顶点的星形定义的伪度量(换句话说,伪度量的每个点都是星形的顶点,两点之间的距离是它们之间路径上的边数)。考虑算法 10-2 在这个伪度量上的两次执行:一次是在算法的第 1 行上选择中心顶点为 u,另一次是选择另一个顶点为 u。在每次情况下,算法 10-2 的输出估计的直径有多么接近实际值?(**注**:熟悉度量定义的读者可能会注意到,这个伪度量实际上是一个度量,但这与我们的目的无关。)

定理 10-2 分析了算法 10-2。注意,根据练习 10-3 的答案可知,它保证了算法 10-2 的输出和直径之间的关系是紧密的。此外,定理 10-2 证明的时间复杂度是次线性的,因为我们考虑的问题的输入大小包含 $|P|^2$ 单元格的矩阵 M 的大小。

定理 10-2:设 d 为算法 10-2 的输出,D 为 P 的直径,则 $d \in [D/2, D]$。算法 10-2 的时间复杂度为 $O(|P|)$。

证明:$O(|P|)$ 在算法 10-2 的时间复杂度上的界限直接来自于对算法包含单个循环的观察,该循环正好迭代 $|P|-1$ 次。因此,在余下的证明中,我们集中证明 $d \in [D/2, D]$。

设 v 和 w 是 P 中的两点,$M(v,w) = D$(即 v 到 w 的距离为 P 的直径)。另外,设 u 为算法 10-2 的第一行所选的点。伪度量的对称性和三角不等式性质保证了

$$M(u,v) + M(u,w) = M(v,u) + M(u,w) \geqslant M(v,w) = D$$

现在可以看到,算法 10-2 的输出 d 等于 u 到 p 点的最大距离,因此,一方面,

$$d = \max_{p \in P \setminus \{u\}} M(u,p) \geqslant \frac{M(u,v) + M(u,w)}{2} \geqslant \frac{D}{2}$$

另一方面,根据定义,D 至少与 P 的任意两点之间的距离一样大,这意味着

$$d = \max_{p \in P \setminus \{u\}} M(u,p) \leqslant \max_{v \in P} \max_{p \in P \setminus \{v\}} M(v,p) = D$$

我们通过注意到算法 10-2 是一个确定性算法来总结本节,这是一个罕见的次线性时间算法的性质。本书中我们看到的大多数次线性时间算法都是随机的。

10.3　查询复杂性

我们从上述分析中观察到,次线性时间算法只能读取其输入的次线性部分。在某些情况下,读取输入是非常昂贵的,这使得仅读取输入的次线性部分的属性本身就很重要,而不管时间复杂度如何。例如,考虑诊断疾病的算法,并假设这样的算法的输入由各种医学测试的输出组成。使用这种算法的一种方法是进行所有可能的医学测试,然后对其输出执行算法。显然,以这种方式使用该算法是有问题的,因为这意味着即使在做出诊断决策时不需要进行某些医学测试,也会进行这些测试。这一观察结果激发了使用该算法的另一种方式。也就是说,我们开始执行算法,每次算法要求某个测试的结果时,我们执行测试并将其输出反馈给算法。如果算法只读取其输入的一小部分,那么这种改进的方法将允许我们节省许多不必要的(和昂贵的)医疗测试。

只读取其输入的次线性部分的算法的重要性导致一个被称为查询复杂性的概念的定义。算法的查询复杂度是它从输入中读取的信息单元数,其中"信息单元"的定义取决于所考虑的确切问题。例如,在估计字符串中"a"字符数的问题中,信息单位是字符;而在估计直径的问题中,信息的单位是一对点之间的距离。根据这个定义,可以观察到算法 10-1 和算法 10-2 的查询复杂度等于它们各自的时间复杂度。对于许多次线性时间算法来说,这基本上是正确的,但在某些情况下,时间复杂度明显大于查询复杂度。

练习 10-4:是否存在查询复杂度大于时间复杂度的算法? 给出这样一个算法的例子,或者解释为什么这样一个算法不存在。

在设计新的次线性时间算法时,查询复杂度的重要性使其优化与时间复杂度一起成为一个重要因素。此外,由于两个复杂度度量值之间通常存在相似性,所以许多关于次线性时间算法的工作只讨论查询复杂度,而完全忽略了时间复杂度。

10.4　文献说明

最初,次线性时间算法主要在性能测试问题的背景下进行研究,如程序测试(Blum 等人,1993;Rubinfeld 和 Sudan,1996)和概率可检查证明(Arora,1998;Arora 和 Safra,1998)(有关性能测试的更多信息,见第 11 章)。然而,后来经常在其他问题的背景下研究次线性时间算法。

作为算法 10-2 给出的一组点的直径估计算法被认为是一个民间传说的结果,其版本可以在 Aingworth 等人(1999)的著作中找到。

［1］Aingworth D，Chekuri C，Indyk P，et al. Fast Estimation of Diameter and Shortest Paths（Without Matrix Multiplication）. SIAM Journal on Computing，1999，28（4）：1167 - 1181.

［2］Arora S，Lund C，Motwani R，et al. Proof Verification and the Hardness of Approximation Problems. Journal of the ACM，1998，45（3）：501 - 555.

［3］Arora S，Safra S. Probabilistic Checking of Proofs：A New Characterization of NP. Journal of the ACM，1998，45（1）：70 - 122.

［4］Blum M，Luby M，Rubinfeld R. Self-Testing/Correcting with Applications to Numerical Problems. Journal of Computer and System Sciences，1993，47（3）：549 - 595.

［5］Rubinfeld R，Sudan M. Robust Characterizations of Polynomials with Applications to Program Testing. SIAM Journal on Computing，1996，25（2）：252 - 271.

练习解析

练习 10 - 1 解析

以矛盾的方式，假设存在一种确定性算法 A，给定一个字符串 w，可以用 $O(|w|)$ 时间精确地确定 w 中字符"a"的数量。特别地，这意味着存在一个足够大的 n，使得算法 A 在小于 n 的时间内确定长度为 n 的字符串中的字符"a"的数量。注意，这意味着，给定这样一个输入字符串，算法 A 不会读取所有的字符。

现在考虑一个长度为 n 的任意字符串 w。通过上面的讨论，当 w 是它的输入字符串时，在 w 中存在一个字符，而 A 没有读取这个字符。用 i 表示这个字符的位置，设 w' 是一个长度为 n 的字符串，在除 i 之外的所有位置上它等于 w，当且仅当 w 在位置 i 上不包含字符"a"时 w' 在位置 i 上包含字符"a"。显然，w 和 w' 有不同数量的字符"a"。但是，当给定 w 作为输入时，A 不会读取 w 的位置 i，因此它将按照给定 w 或 w' 的完全相同的方式执行。因此，给定两个输入，A 将产生相同的输出；这就产生了矛盾。

通过固定算法的随机选择，该练习的结果可以扩展到随机算法。换句话说，考虑一个随机算法 A，它使用 $O(|w|)$ 时间，总是正确地确定输入字符串中"a"字符的数量。可以通过以下方法修正该算法的随机选择。每当 A 要求一个随机的位时，我们从一个预定的位序列（为了证明，这个序列甚至可以是全零）中转发一个位。这种对随机选择的修正将 A 转化为确定性算法。现在的重要观察是，A 的最终确定性版本表示了原算法 A 的一个可能的执行路径，因此，也保证了使用 $O(|w|)$ 时间，并正确确定其输入字符串中"a"字符的数量，这与我们之前关于确定性算法的结果相矛盾。

练习 10 - 2 解析

考虑一个任意的确定性算法 A,假设当 M 只包含 0 时,它没有读取矩阵 M 的所有内容。假设 C 是当 M 只包含 0 时 A 不读的单元格之一,并考虑 A 在矩阵 M' 上的执行,该矩阵除 C 外的所有单元格中都包含 0,单元格 C 中包含 1。现在需要做以下两个观察。

首先,由于 A 没有读取给定矩阵 M 的单元格 C,它将遵循给定 M 和 M' 的相同执行路径,因此,对于给定的两个矩阵将产生相同的答案;其次,M 对应的直径为 0,而 M' 对应的直径为 1(注意,直径只是矩阵项的最大值),因此,A 无法区分直径为 0 和直径为 1 的情况。

练习 10 - 3 解析

图 10.2 描绘了 6 个顶点的星形。我们鼓励您在阅读本解决方案时将其用作视觉辅助工具。

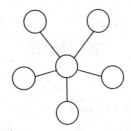

图 10.2　6 个顶点的星形

首先观察星形的直径是 2,因为这是星形任意两个非中心顶点之间的距离。现在考虑算法 10 - 2 的输出,假设它选择星形的中心顶点为 u。由于中心顶点与恒星任何其他顶点的距离为 1,因此算法 10 - 2 在这种情况下输出 1,该值低估了真实直径的 2 倍。

现在考虑算法 10 - 2 的执行。它选择一个非中心顶点为 u。由于任意一对非中心顶点之间的距离为 2,因此该算法在这种情况下输出 2,即其距离估计完全准确。

练习 10 - 4 解析

从输入中读取一个单位的信息需要一个时间单位。因此,算法的查询复杂度总是其时间复杂度的下限,这意味着查询复杂度永远不能大于时间复杂度。

第 11 章   性能测试

许多计算问题都要求算法检查给定对象是否具有特定属性。例如,给定一个图,我们可能对确定它是否连通感兴趣。不幸的是,这类问题通常无法通过次线性时间算法解决,因为服从属性的对象和不服从属性的对象之间的差异可能非常微妙,这实际上迫使任何测试对象是否具有该属性的算法读取大部分对象。属性测试算法是通过稍微放松其保证来避免上述问题的算法。更具体地说,属性测试算法应在对象拥有属性时正确地检测对象是否拥有该属性,并且还应在对象远离属性时正确地检测对象是否拥有该属性(在某种意义上)。然而,当对象几乎具有属性时,属性测试算法允许以任何一种方式回答。例如,图的连通性的属性测试算法应正确地指示连通图是连通的,并且还应正确地指示具有许多连通组件的图是未连通的。然而,如果给定一个只有几个连通分量的非连通图,则这样的算法可以以任何一种方式进行求解。

属性测试算法最直接的用途之一是过滤远离属性的对象。在运行一个较慢的精确算法来确定哪些对象具有该属性之前,这可以作为一个预处理步骤。预处理消除了一些对象,因此,减少了执行较慢的精确算法所需的对象数量。在其他情况下,属性测试算法的答案可能足以使精确算法的应用完全冗余。下面是两个这样的例子。

- 一些输入,如代表万维网的图形,不断变化。对于此类输入,区分具有该属性的对象和大致具有该属性的对象没有多大意义,因为输入可以轻松地在这两种状态之间切换。然而,拥有属性和远离属性之间的区别通常仍然有意义,因为输入不太可能在这些截然不同的状态之间切换。

- 在现实世界场景中,输入通常具有属性或远未具有属性。发生这种情况时,属性测试算法的输出与精确算法的输出一样好。

在本章后面,我们将看到一些属性测试算法的示例。然而,在此之前,我们需要对属性测试算法有一个更正式的定义。

11.1   属性测试算法

使用三个组件正式定义了一个属性测试问题:第一个组件是可能输入对象的集合 N;第二个组件是这些服从属性的对象的子集 P;最后一个组件是一个距离函数 d,它为每一对物体 $x, y \in N$ 赋一个距离 $d(x, y) \in [0, 1]$,并且为每一对物体 $x \in N$ 赋一个距离 $d(x, x) = 0$。为了使这个定义更清晰,考虑一个特定的属性测试问题,

161

并看看它是如何符合这个定义的。

我们考虑的性质测试问题是测试给定的 n 个数字的列表是否有重复的问题。这个问题的可能输入对象集合 N 仅仅是所有可能的 n 个数字列表的集合，在这些列表中，集合 $P \subseteq N$ 包含了所有没有重复的列表（因此，具有我们正在寻找的属性）。有很多自然的方法可以定义这个问题的距离函数 d。在许多问题中使用的一个自然函数将一对对象之间的距离定义为从一个对象到另一个对象所需要改变的信息单位的比例。将这个一般思想应用到我们的问题中，即测试一个给定的 n 个数字的列表是否包含重复项，我们得到任意两个包含 n 个数字的列表之间的距离是两个列表不同位置的分数。例如，给定列表"1,5,7,8"和"6,5,1,8"，可以观察到这些列表在位置 1 和 3 上不同，这是位置的一半，因此它们之间的距离是 1/2。注意，这个输出函数总是输出 0 到 1 之间的距离，因为两个列表不同位置的分数总是 0 到 1 之间的数字。此外，由于列表在任何位置上都与自身没有区别，因此列表与自身之间的距离根据需要总是为 0。

练习 11 - 1: 描述一种自然的方法，该方法可以形式化测试 n 个顶点上的图是否连通。

属性测试问题的确定性算法得到一个对象 $o \in N$，一个值 $\varepsilon \in (0,1)$ 作为输入，当 o 属于 P，即具有该属性时，输出"Yes"。如果 o 不属于 P，那么算法输出的需求取决于对象 o 到集合 P 的距离，定义为 o 到 P 的对象的最小距离。更正式地说，o 到 P 的距离定义为

$$d(o,P) = \min_{p \in P} d(o,p)$$

直观地说，这个距离度量了 o 离拥有属性 P 有多远，当 o 属于 P 时，该距离就变成了 0。如果一个元素 o 到 P 的距离 $d(o,P)$ 至少是 ε，那么我们说 o 是 ε -远具有该性质，并且性能测试问题的算法应输出"No"；相反，如果 o 到 P 的距离小于 ε，但 o 不属于 P（即对象 o 接近具有该属性，但实际上并不具有该属性），则允许算法输出"Yes"或"No"。

属性测试问题的随机算法与确定性算法非常相似，不同的是，它只需要以至少 2/3 的概率输出适当的答案。换句话说，给定一个对象 $o \in P$，算法必须以至少 2/3 的概率输出"Yes"，而给定一个对象 o 是 ε -远具有该性质，则算法必须以至少 2/3 的概率输出"No"。

我们应注意到，在上述属性测试问题的随机算法定义中，数字 2/3 是任意的。练习 11 - 2 表明，将它增加到任何小于 1 的数字不会有太大的区别。

练习 11 - 2: 说明给定一个属性测试算法 ALG 和任意值 $\delta \in (0, 1/3]$，我们可以为相同的问题创建一个新的属性测试算法 ALG_δ，使得

（a）ALG_δ 以至少 $1 - \delta$ 的概率输出适当的答案。

（b）ALG_δ 的查询复杂度仅比 ALG 的查询复杂度大 1 个 $O(\log \delta^{-1})$ 因子。

提示：ALG_δ 应该利用 $\Theta(\log \delta^{-1})$ 独立执行 ALG。

11.2　测试 n 个数字的列表是否有重复

现在给出我们的第一个属性测试算法，该算法用于确定给定的 n 个数字列表是否有重复。注意，当 $\varepsilon^{-1}=\Omega(\sqrt{n})$ 时，只需读取整个列表，就可以很容易地确定列表是否包含重复项，这使得查询复杂度仅为 $O(\sqrt{n}/\varepsilon)$。因此，我们只需要描述对于某个足够大的常数 c，当 $\varepsilon\sqrt{n}\geq c$ 时的性质测试算法。该算法如算法 11－1 所示。直观地说，该算法从列表中取一个 $O(\sqrt{n}/\varepsilon)$ 数的随机子列表，当且仅当采样的子列表不存在重复时，声明原始列表不存在重复。

算法 11－1：（测试副本自由度）

1. 设 $h\leftarrow\lceil\sqrt{n}\rceil+\lceil 22\sqrt{n}/\varepsilon\rceil$，设 L 为输入列表。
2. 设 D 是 L 中 h 个独立的一致随机位置的列表。
3. 设 S 是 L 的子列表，只保留 L 在 D 中出现的位置。
4. 如果 S 没有重复，那么，
5. 　返回"Yes"。
6. 否则，
7. 　返回"No"。

观察 11－1 表明算法 11－1 具有次线性查询复杂性。不难验证，也可以使用次线性时间复杂度实现算法 11－1。

观察 11－1： 算法 11－1 的查询复杂度为 $h=O(\sqrt{n}/\varepsilon)$。

证明： D 中最多有 h 个不同的位置，因此，算法 11－1 从其输入列表中最多读取 h 个数字（数据项）。

还有待证明算法 11－1 以至少 2/3 的概率输出适当的答案。观察 11－2 表明，当输入列表没有重复项时，情况就是这样。

观察 11－2： 给定一个没有重复项的列表，算法 11－1 总是输出"Yes"。

证明： 由于该列表没有重复，所以它的任何子列表也必须没有重复。特别是，算法 11－1 生成的子列表 S 没有重复，这使得算法输出为"Yes"。

我们需要考虑的另一种（更复杂的）情况是，算法 11－1 得到的列表 L 是 ε-远没有重复。我们需要证明，在这种情况下，算法 11－1 以至少 2/3 的概率输出"No"。证明这一点的第一步是，证明 L 是 ε-远没有重复，这意味着它一定具有某种结构性质。

引理 11－1： 必须存在至少 $\varepsilon n/3$ 个不相交的位置对（在 1 到 n 之间），使得 Q 组成集合并且 Q 中的任何给定的一对位置对应的两个位置在 L 中包含相同的数。

证明： 由于 L 是 ε-远没有重复，所以必须改变 L 中至少 εn 的位置才能得到重复

列表。因此,在 L 中至少有一个 εn 的位置,其中包含在 L 中另一个位置出现的数字。现在考虑任意出现多次的数字 m,并且让 R_m 表示 m 在 L 中出现的位置的子集。由于 m 的定义,$|R_m| \geqslant 2$,因此可以从 R_m 中的位置创建 $\lfloor |R_m|/2 \rfloor \geqslant |R_m|/3$ 个不相交的位置对。对于每一个 L 中出现多次的数字 m 重复此方法,保证得到至少 $|R|/3 \geqslant \varepsilon n/3$ 个不相交的位置对,使每一对对应的两个位置在 L 中包含相同的数字。

我们想证明至少有 2/3 的概率,某对 Q 的两个位置同时出现在列表 D 中。设 D_1 为长度为 $\lceil \sqrt{n} \rceil$ 的 D 的前缀,D_2 为列表 D 的其余部分。另外,设 Q_1 是 Q 的子集,只包含第一个位置出现在 D_1 中的对。

引理 11 - 2:至少有 5/6 的概率,$|Q_1| \geqslant \varepsilon \cdot \sqrt{n}/12$。

证明:设 Y_i 是一个 D_1 中的位置 i 作为 Q 中一些对的第一个位置出现的指示符。显然,由于 Q 中的对是不相交的,Y_i 以概率 $|Q|/n$ 取值为 1,因此,

$$\mathrm{E}\left[\sum_{i=1}^{|D_1|} Y_i\right] = \sum_{i=1}^{|D_1|} \mathrm{E}[Y_i] = \frac{|D_1| \cdot |Q|}{n} \geqslant \frac{\sqrt{n} \cdot (\varepsilon n/3)}{n} = \frac{\varepsilon \cdot \sqrt{n}}{3}$$

此外,由于 Y_i 变量是独立的,使用切尔诺夫界,我们得到

$$\Pr\left[\sum_{i=1}^{|D_1|} Y_i < \frac{\varepsilon \cdot \sqrt{n}}{6}\right] \leqslant \Pr\left[\sum_{i=1}^{|D_1|} Y_i < \frac{\mathrm{E}\left[\sum_{i=1}^{|D_1|} Y_i\right]}{2}\right] \leqslant \mathrm{e}^{-\frac{(1/2)^2 \cdot (\varepsilon \cdot \sqrt{n}/3)}{2}}$$

$$\leqslant \mathrm{e}^{-\frac{\varepsilon \cdot \sqrt{n}}{24}} \leqslant \frac{1}{12}$$

当 $\varepsilon \sqrt{n}$ 足够大时,最后一个不等式成立(回想一下,我们只需要考虑 $\varepsilon \sqrt{n}$ 大于某个足够大的常数 c 的情况)。

我们证明了在概率至少为 11/12 的情况下,$\sum_{i=1}^{|D_1|} Y_i$ 至少为 $\varepsilon \cdot \sqrt{n}/6$。不幸的是,这还不足以证明引理,因为 D_1 可能包含重复,这意味着 Q 中某些对的第一个位置可能在 D_1 中出现多次。为了解决这个问题,我们需要证明 D_1 不可能包含很多重复。设 Z_{ij} 为 D_1 中位置 i 和 j 包含相同值的事件的指示器。可以观察到的是,$|Q_1|$ 的大小下限为

$$\sum_{i=1}^{|D_1|} Y_i - \sum_{i=1}^{|D_1|} \sum_{j=i+1}^{|D_1|} Z_{ij}$$

我们已经看到,第一项通常是大的。现在证明,第二项通常很小。显然,当 $i \neq j$ 时,Z_{ij} 取 1 的概率为 $1/n$。因此,通过马尔可夫不等式,我们得到

$$\Pr\left[\sum_{i=1}^{|D_1|}\sum_{j=i+1}^{|D_1|} Z_{ij} > 12\right] \leqslant \Pr\left[\sum_{i=1}^{|D_1|}\sum_{j=i+1}^{|D_1|} Z_{ij} > \frac{6\,|\,D_1\,|\,(\,|\,D_1\,|-1)}{n}\right]$$

$$= \Pr\left[\sum_{i=1}^{|D_1|}\sum_{j=i+1}^{|D_1|} Z_{ij} > 12 \cdot \mathrm{E}\left[\sum_{i=1}^{|D_1|}\sum_{j=i+1}^{|D_1|} Z_{ij}\right]\right]$$

$$\leqslant \frac{1}{12}$$

通过并界，我们有 5/6 的概率得到 $\sum_{i=1}^{|D_1|}Y_i$ 至少为 $\varepsilon \cdot \sqrt{n}/6$，并且 $\sum_{i=1}^{|D_1|}\sum_{j=i+1}^{|D_1|} Z_{ij}$ 最多为 12。这时，$|Q_1|$ 的大小下限为

$$\sum_{i=1}^{|D_1|}Y_i - \sum_{i=1}^{|D_1|}\sum_{j=i+1}^{|D_1|} Z_{ij} \geqslant \frac{\varepsilon \cdot \sqrt{n}}{6} - 12 \geqslant \frac{\varepsilon \cdot \sqrt{n}}{12}$$

其中，当 $\varepsilon \cdot \sqrt{n}$ 足够大时，最后一个不等式成立。

接下来，证明当 $|Q_1|$ 较大时，算法 11-1 很可能检测到重复。注意，当 D_2 包含 Q_1 中某对的第二个位置时，算法 11-1 返回"No"，因为这意味着这对的两个位置都出现在 D 中。

引理 11-3: 当 $|Q_1| \geqslant \varepsilon \cdot \sqrt{n}/12$ 时，D_2 包含 Q_1 中某对的第二位置，概率至少为 5/6。

证明: 首先，我们观察到 Q_1 只依赖于 D_1，因此，Q_1 完全独立于 D_2。因此，D_2 中给定位置不包含 Q_1 中任意一对的第二个位置的概率最多为 $1-|Q_1|/n$。由于 D_2 的位置是独立的，这意味着它们中没有一个包含 Q_1 中一对的第二个位置的概率最多为

$$\left(1-\frac{|Q_1|}{n}\right)^{|D_2|} \leqslant \left(1-\frac{\varepsilon}{12\sqrt{n}}\right)^{\frac{22\sqrt{n}}{\varepsilon}} \leqslant \mathrm{e}^{-\frac{\varepsilon}{12\sqrt{n}}\cdot\frac{22\sqrt{n}}{\varepsilon}} = \mathrm{e}^{-\frac{22}{12}} \leqslant \frac{1}{6}$$

结合引理 11-2 和引理 11-3，我们得到当 L 为 ε-远无重复时，算法 11-1 输出"No"的概率至少为 $(5/6)^2 \geqslant 2/3$。我们在定理 11-1 中总结一下。

定理 11-1: 算法 11-1 是一个属性测试算法，用于测试长度为 n 的列表是否有重复项，其查询复杂度为 $O(\sqrt{n}/\varepsilon)$。

根据定义，一个特性测试算法是保证如果物体服从该特性，则至少有 2/3 的概率输出"Yes"；如果物体是 ε-远有这个特性，则输出"No"。然而，这个定义仍然允许算法对每一个这样的输入犯错误（即产生错误的输出），其概率最多为 1/3。我们把物体服从该特性而输出"No"的错误看作是一种错误，把物体是 ε-远有这个特性而输出"Yes"的错误看作是第二种错误。如果算法的两种错误的概率都是非零的，那么我们说该算法是一个双边错误算法。然而，有些算法只能犯上述两种错误中的一种，这类算法称为单边错误算法。

练习 11-3: 判断算法 11-1 是单边误差算法还是双边误差算法。

11.3　列表模型和被排序列表的测试

回想一下,属性测试问题由三部分组成:一组可能的输入对象集合 N、服从属性的对象子集 P 和距离函数 d。直观上,集合 N 和距离函数 d 描述了问题所在的世界,即存在什么样的对象,它们之间的距离是如何定义的,而子集 P 描述了我们在这个世界的对象中寻找的属性(通过包含具有此属性的对象)。根据这种直观的观点,一对 N 和 d 通常被称为问题所属的模型,而子集 P 通常被简单地称为问题的属性。

通常,有许多有趣的属性可能需要在单个模型(或世界)的上下文中进行测试。例如,测试 n 个数字的列表是否有重复的问题存在于模型中,其中,对象集是所有包含 n 个数字的列表的集合,两个列表之间的距离是两个列表的 n 个不同位置的分数。

练习 11 - 4: 给出一个可能需要在列表模型中测试的自然属性的附加示例。

在本节的余下部分中,我们将研究在列表模型中测试排序列表属性的算法。换句话说,我们感兴趣的是一个属性测试算法,用于测试 n 个数字的列表是否排序(按非递减顺序)。练习 11 - 5 通过显示两个非常自然的问题算法可能以很高的概率检测到列表未排序(即它离排序很远)而失败,从而证明该问题并非微不足道。

练习 11 - 5: 对于以下两种算法中的每一种,描述一个距离排序 1/2 -远的列表,但该算法声明其排序的概率至少为 $1-O(1/n)$。

(a) 一种算法,它在 1 到 $n-1$ 之间随机选择一个位置 i,当且仅当位置 i 的数字不大于位置 $i+1$ 的数字时,声明该列表进行排序。

(b) 另一种算法,选取一致随机的一对位置 $1\leqslant i<j\leqslant n$,当且仅当位置 i 的数字不大于位置 j 的数字时,声明该列表进行排序。

备注: 练习 11 - 5 考虑的算法是自然的,但过于简单,因为它们只进行一次随机测试。有人可能会争辩说,一个更现实的算法应多次重复这个随机测试,并且只有在每次都通过测试的情况下才声明要对列表进行排序。这种重复当然会增加算法检测列表未排序的概率。然而,不难证明,即使对于距离排序 1/2 -远的列表,要使该概率保持恒定,也至少需要线性重复次数。

考虑到在练习 11 - 5 中描述的两个自然算法的失败,我们需要考虑一些不太自然的算法。特别是,我们将证明,作为算法 11 - 2 给出的算法有很大的概率能检测到一个列表未排序,即使它与被排序的列表有 ε 的距离(这个前提假设我们很快就会提出来)。

算法 11 - 2:排序测试

1. 在 1 和 n 之间选择一个一致随机的位置 i。

2. 设 v_i 为列表中位置 i 的值。

3. 使用二分查找在列表中查找 v_i 值。

4. 如果二分查找报告 i 是 v_i 的位置,那么,

5. 　返回"Yes"(列表已排序)。

6. 否则,

7. 　返回"No"(列表未排序)。

直观地说,算法 11 - 2 从列表中选择一个统一的随机值,然后检查对该值的二分查找是否会恢复该值在列表中的正确位置。可以观察到,即使排序过的列表,如果它们包含重复项,也可能无法通过此测试,因为给定重复项,二分查找可能会返回多个答案。为了避免这个问题,我们在本节的其余部分假设输入列表没有重复项。练习 11 - 6 中将讨论消除此假设的一种可能方法。

观察 11 - 3:给定一个(无重复)排序列表,算法 11 - 2 总是返回"Yes"。

证明:二分查找在给定排序的列表时是正确的。因此,无论算法 11 - 2 选取的 v_i 是什么值,二分查找都将返回 v_i 在给定 v_i 作为输入的列表中的位置。

分析算法 11 - 2 的更复杂的部分是上限概率,使其将 ε 离排序状态最远的列表声明为已排序。为了实现这个目标,我们假设数字 v_i 在算法中是好的,算法 11 - 2 在选择 v_i 时返回"Yes"。另外,设 V_G 是列表中好的值的集合。

引理 11 - 4:V_G 的值在列表中以有序的顺序出现。

证明:回想一下,二分查找始终保持其目标值可能出现的潜在范围。在每次迭代中,它从这个潜在范围的中间选取一个轴心值,并将其与它正在寻找的值进行比较。如果最后一个值大于轴心值,则删除轴心值之前的潜在范围部分;否则,删除潜在范围的其他部分(见图 11.1)。

属性测试

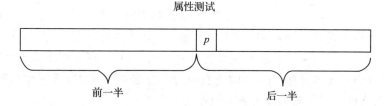

前一半　　　　　　　　　　　后一半

注:图中的矩形表示搜索的值可能所在的范围。二分查找将它正在查找的
值与此范围中间的枢轴值进行比较(此图中的枢轴表示为 p),如果目标值
小于轴,则下一次迭代只保留范围的前一半,否则只保留范围的后一半。

图 11.1　二分查找单次迭代的图形说明

现在考虑两个不同的好值 v_i 和 v_j,它们出现在列表的第 i 和第 j 处。考虑二分查找的行为,当输入是 v_i 或 v_j 时,算法都选择枢轴值,将其与输入值进行比较,并根据比较的结果采取相应的行动。只要枢轴与 v_i 和 v_j 的比较得到相同的结果,算法就会继续执行给定的 v_i 或 v_j 的相同执行路径。然而,这种情况不可能永远持续下去。要理解为什么会出现这种情况,请注意 v_i 和 v_j 是好值这一事实意味着二分查找能够在查找它们时找到它们。因此,v_i 是二分查找的可能范围中唯一保留的值,

直到 v_i 作为输入而结束搜索。类似地，v_j 也是唯一保留在可能范围中的值，直到 v_j 作为输入而结束搜索。因此，当将枢轴与 v_i 或 v_j 进行比较时，二分查找在某种程度上必须得到不同的答案。

用 p 表示经过比较得到不同答案的枢轴。因此，要么 $v_i < p \leqslant v_j$ 或 $v_j < p \leqslant v_i$，这里不失一般性地假设第一个选项是正确的。当将 v_i 与 p 进行比较时，二分查找发现 v_i 小于 p，因此，它删除了潜在范围的后半部分。但是，我们已经知道 v_i 一直在可能的范围内，直到 v_i 作为二分查找的输入。因此，v_i 在列表中必须出现在 p 之前。一个类似的参数表明，$p = v_j$ 或 v_j 出现在列表中 p 的后面。因此，我们证明了 v_i 和 v_j 列表中的相对顺序与它们作为数字的顺序是一致的。因为这对每两个好值都成立，所以它证明了引理。

推论 11-1：给定一个 ε-远被排序的列表，算法 11-2 返回"No"的概率至少为 ε。

证明：观察到长度为 n 的列表，其中有一个 m 值的子集，这些值以正确的顺序出现，可以通过只改变 $n-m$ 值来排序。因此，一个 ε-远被排序的列表不能包含一个大于 $(1-\varepsilon)n$ 值的子集，且以正确的顺序出现。特别地，因为引理 11-4 表明好的值以正确的顺序出现，对于这样的列表，我们一定有 $|V_G| \leqslant (1-\varepsilon)n$。现在回想一下，每当算法 11-2 选择的随机位置包含不属于 V_G 的值时，它就输出"No"。因此，给定的列表是 ε-远被排序的，该算法输出"No"的概率至少是

$$\frac{n-|V_G|}{n} \geqslant \frac{n-(1-\varepsilon)n}{n} = \varepsilon$$

观察 11-3 和推论 11-1 一起表明，当输入列表已排序时，算法 11-2 可以正确回答，并且当输入列表接近 ε-排序时，它有极大的概率正确回答。然而，为了得到一个性能测试算法，我们需要最后的概率至少为 $2/3$。这可以通过多次执行算法 11-2 来实现，并且当且仅当算法 11-2 的所有执行都报告此答案时，表明输出列表已排序。我们以这种方式得到的算法表示为算法 11-3。

算法 11-3：最终测试排序

1. 设 $h \leftarrow \lceil 2/\varepsilon \rceil$。

2. 在输入列表上执行 h 个独立的算法 11-2 副本。

3. 如果所有副本都回答"Yes"，那么，

4. 　返回"Yes"（列表已排序）。

5. 否则，

6. 　返回"No"（列表未排序）。

定理 11-2：算法 11-3 是一种单边误差特性测试算法，用于测试一个长度为 n 且查询复杂度为 $O(\varepsilon^{-1} \log n)$ 的列表是否已排序。

证明：首先证明算法 11-3 是一个单边错误属性测试算法，用于测试长度为 n 的

列表是否已排序。首先考虑输入列表排序的情况。算法 11 - 3 在此列表上执行算法 11 - 2 的 h 个副本。根据观察 11 - 3,在这种情况下,算法 11 - 2 的所有 h 个副本都返回"Yes",因此,算法 11 - 3 也返回"Yes"(即它正确地检测到列表已排序)。

现在考虑输入列表 ε -远被排序的情况。在这种情况下,推论 11 - 1 保证算法 11 - 2 的 h 副本中的每一个副本都有至少 ε 的概率返回"No"。因为 h 个副本是独立的,所以至少有一个副本返回"No"的概率至少是

$$1-(1-\varepsilon)^h \geqslant 1-e^{-\varepsilon h}=1-e^{-\varepsilon\lceil 2/\varepsilon\rceil}\geqslant 1-e^{-2}\geqslant \frac{2}{3}$$

其中第一个不等式来自于不等式 $1-x\leqslant e^{-x}$,它对每个实值 x 都成立。因此,给定一个 ε -远被排序的列表,算法 11 - 3 检测到它至少有 2/3 的概率不是排序的,从而证明它是一种单边误差性质的测试算法。

现在我们需要限定算法 11 - 3 的查询复杂度。首先考虑算法 11 - 2 的查询复杂度。该算法使用一个查询来读取 v_i,然后通过二分查找进行额外的查询,然而,二分查找的时间复杂度是 $O(\log n)$,因此其查询复杂度不能大于 $O(\log n)$。所以,我们得到算法 11 - 2 的查询复杂度上限为 $1+O(\log n)=O(\log n)$。现在考虑算法 11 - 3。可以观察到,它仅通过使用 h 次算法 11 - 2 的复制品来访问其输入列表。因此,算法 11 - 3 的查询复杂度上限为算法 11 - 2 的查询复杂度,即

$$h\cdot O(\log n)=\lceil 2/\varepsilon\rceil\cdot O(\log n)=O(\varepsilon^{-1}\cdot\log n)$$

练习 11 - 6:算法 11 - 3 的分析基于这样一个假设,即列表中不会出现多次值。试描述一种可以消除这种假设的方法。**提示:**算法 11 - 3 的输入列表包含实数数字。我们可以观察到,算法及其分析所依赖的实数的唯一属性是比较实数的能力,即实数上存在一个序。因此,只要能够比较该集合的元素,算法 11 - 3 和其分析就可以处理输入列表包含任何集合中的元素情况。

11.4　半平面的像素模型及其检验

在本章的前几节中,我们研究了两个属性测试问题,它们都属于列表模型。在本节中,我们将考虑一个不同的模型,称为像素模型。该模型中对象的集合是大小为 $n\times n$ 的所有黑白图像的集合。换句话说,该模型(或图像)中的一个对象是一个 n^2 像素的方阵,其中,每个像素可以是黑色的或白色的(见图 11.2)。形式上,如果我们将黑色像素视为 0,将白色像素视为 1(反之亦然),那么图像就是一个大小为 n 的平方二进制矩阵。但是,在本节中,将其视为图形对象比视为矩阵更有用。

由于像素模型中的基本信息单位是像素的颜色,因此将一对图像之间的距离定义为它们之间不同的 n^2 像素的分数是很自然的。例如,图 11.2(a)和(b)所示图像之间的距离为 12/49,因为它们在 49 个像素中有 12 个不同。注意,到目前为止,我

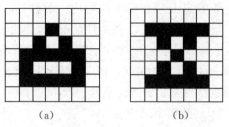

（a）　　　　　　　　　　（b）

图 11.2　像素模型中的两个对象（图像）

们已经描述了像素模型中的对象集以及它们之间的距离函数，因此已经完成了该模型的定义。

现在来定义我们将在这个模型中考虑的属性测试问题。直观地说，如果存在一条线，且该线一侧的所有像素为黑色，而该线另一侧的所有像素为白色，则图像为半平面（半平面图像的一些示例见图 11.3）。在本节中，这个直观的定义对我们来说已经足够好了。然而，一个更正式的定义是，图像是一个半平面，当且仅当存在两个线性函数 f_{row} 和 f_{column}，使第 i 行和第 j 列的像素是黑色的，当且仅当 $f_{\text{row}}(i) \leqslant f_{\text{column}}(j)$。说服你自己，这个正式的定义确实符合上面的直观定义。

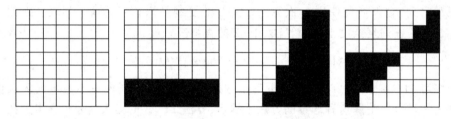

注：左侧的 3 个图像是半平面，而最右侧的图像不是半平面，因为没有直线可以分隔其中的白色和黑色像素。

图 11.3　像素模型中图像的几个附加示例

在本节的余下部分中，我们将描述一种属性测试算法，用于确定图像是否为半平面（或 ε -远半平面）。该算法首先确定具有不同颜色端点的图像边数（其中，术语"端点"和"边缘"的图形说明见图 11.4）。图 11.3 包括具有不相同端点颜色的边数为 0（最左边的图像）、4（最右边的图像）或 2（中间的两个图像）的图像，但没有边数是 1 或 3 的例子。不难证明这不是巧合，也就是说，没有图像可以恰好有 1 或 3 条端点颜色不相同的边。因此，我们的算法只需要处理端点颜色不相同的边数的 3 个可能值。练习 11-7 和练习 11-8 处理其中的两个值。

练习 11-7：证明具有 4 条边且端点不相同的图像点颜色永远不是半平面。

练习 11-8：描述一个查询复杂度为 $O(\varepsilon^{-1})$ 的属性测试算法，用于确定具有零边且端点颜色不一致的图像是否为半平面。**提示**：观察到只有两幅半平面图像具有零边且端点颜色不相同。

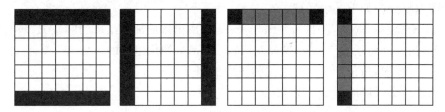

注：在最左边的图像中，图像的上边缘和下边缘用黑色标记。注意，这些只是图像的顶行和底行。在从左侧开始的第二个图像中，图像的左边缘和右边缘标记为黑色。注意，这些分别是图像的最左边和最右边的列。最后，在第三个和第四个图像中，分别用黑色标记顶部边缘和左侧边缘的端点（边缘本身用灰色标记）。注意，边的端点是落在图像角上的两个像素。

图 11.4　术语"边缘"和"端点"的图示

图像正好有两条边且端点颜色不相同的情况仍有待考虑。考虑其中的一条边。我们已经知道它的一个端点是黑色的，另一个端点是白色的。换句话说，我们有两个不同颜色的边缘像素，它们之间的距离是 n。现在用 b 表示黑色像素，用 w 表示白色像素。如果现在选择 m 为介于 b 和 w 之间的中间像素（如果中间没有像素，则大致选择中间像素），那么它必须是黑色的或白色的。如果是白色的，则 b 和 m 是边上具有不同颜色的两个像素，它们之间的距离大约是 b 和 w 之间距离的一半。类似地，如果 m 为黑色的，则 w 和 m 是边缘上具有上述属性的两个像素。因此，无论 m 的颜色如何，给定边界上的两个像素 b 和 w，它们的颜色不同，距离为 n。我们设法在边缘上得到一对像素，它们有不同的颜色，距离约为 n 的一半（参见图 11.5）。重复这个过程 $O(\log \varepsilon^{-1})$ 次，最终得到边缘上的一对像素，它们具有不同的颜色，且距离最多为 $\max\{\varepsilon n/2, 1\}$。

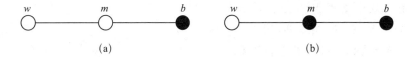

注：考虑边上的 3 个像素 w、b 和 m，它们具有以下属性：w 是白色的，b 是黑色的，m 在 w 和 b 之间。m 的颜色有两种可能，但这张图表明，无论 m 的颜色如何，都存在一对边上的像素点，它们具有不相同的颜色，并且它们之间的距离是 w 和 b 之间距离的一半。图 11.5(a) 表明当 m 为白色的时，m 和 b 具有这些性质，图 11.5(b) 表明当 m 为黑色的时，m 和 w 具有这些性质。

图 11.5　两幅半平面图像具有零边且端点颜色不相同

现在回想一下，我们假设图像有两条端点颜色不相同的边。将上述过程应用于这两条边，我们在一条边得到一对像素 (b_1, w_1)，在另一条边得到一对像素 (b_2, w_2)，这样：每对像素之间的距离最多为 $\max\{\varepsilon n/2, 1\}$，像素 b_1 和 b_2 均为黑色的，像素 w_1 和 w_2 均为白色的。我们现在用截面 S_b 连接 b_1 和 b_2，同样用截面 S_w 连接 w_1 和 w_2。如果这两个部分相交，那么图像显然不是一个半平面。因此，可以假设这两部

分将图像划分为如下 3 个区域:

- S_b(包括 S_b 本身)部分从 w_1 和 w_2 分离出来的部分组成的区域 B;
- 被 S_w(包括 S_w 本身)隔开 b_1 和 b_2 的部分图像组成的区域 W;
- 区域 R,由位于两部分之间的图像的部分组成。

上述 3 个区域的图示见图 11.6。

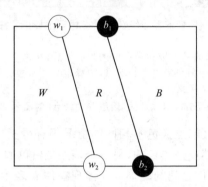

图 11.6 根据像素 w_1,w_2,b_1 和 b_2 的位置将图像划分为 W、R、B 三个区域

我们可以观察到,由于 B 与白色像素 w_1 和 w_2 被一个以两个黑色像素结束的区域隔开,所以它不能包含任何白色像素,除非图像不是一个半平面。同样,如果 W 包含任何黑色像素,图像就不是半平面。因此,可以通过寻找 B 中的白色像素和 W 中的黑色像素来确定图像是否为半平面。如果能找到这样的像素点,那么图像肯定不是一个半平面。这种思想是我们提出的算法的基础,算法 11 - 4 就是用于确定具有两个端点颜色不相同的边缘的图像是否为半平面。

算法 11 - 4:半平面(两条端点颜色不一致的边)的测试

1. 按上述方法构造 S_b、S_w、B 和 W。
2. 如果 S_b 和 S_w 有交集,则
3.   返回"No"(图像不是半平面)。
4. 让 $h \leftarrow \lceil 4/\varepsilon \rceil$。
5. 执行 h 次:
6.   从图像中选择一个均匀随机的像素。
7.   如果所选像素为白色的且属于 B 或为黑色的且属于 W,那么,
8.   返回"No"(图像不是半平面)。
9. 返回"Yes"(图像为半平面)。

上面的讨论立即暗示了引理 11 - 5。

引理 11 - 5:给定一幅有两条端点颜色不相同的边的图像,如果算法 11 - 4 返回"No",则该图像不是半平面。因此,对于具有两条端点颜色不相同的边的半平面图像,该算法总是返回"Yes"。

引理 11 - 6 证明了另一个方向,也就是说,算法 11 - 4 很可能会返回"No",给出

的图像 ε-远是半平面(假设 ε 不是太小)。

引理 11-6:假设 $\varepsilon \geq 2/n$,给定一幅图像有两条端点颜色不相同的边,且 ε-远是半平面,算法 11-4 将以至少 2/3 的概率返回"No"。

证明:假设截面 S_b 和 S_w 不相交(否则我们就完成了),现在从区域 R(截面 S_b 和 S_w 之间的区域,不包括截面本身)的像素上限开始证明。通过构造,这些截面的端点 b_1 到 p_1 之间的距离最多为 $\varepsilon n/2$,其他端点之间的距离也最多为 $\varepsilon n^2/2$。可以验证,这意味着区域之间最多存在 $\varepsilon n^2/2$ 个像素,即在 R 区域。

现在考虑一种将输入图像做成半平面的方法。首先,我们将 B 和 R 的所有像素设为黑色,然后将 W 的所有像素设为白色。由于已知图像是 ε-远离半平面,这种使其成为半平面的方法必须改变至少 εn^2 个像素。特别地,由于 R 包含最多 $\varepsilon n^2/2$ 个像素,所以至少有 $\varepsilon n^2/2$ 的变化像素属于 W 和 B 区域。也就是说,至少要有 $\varepsilon n^2/2$ 个像素是黑色的且驻留在 W 区域或是白色的且驻留在 B 区域。

通过以上观察,我们得出,每当算法 11-4 拾取一个随机像素时,它有至少 $\varepsilon/2$ 的概率选择 B 区域中的一个白像素或 W 区域中的一个黑像素。因此,算法返回"No"的概率至少为

$$1 - \left(1 - \frac{\varepsilon}{2}\right)^h \geq 1 - e^{-\varepsilon h/2} \geq 1 - e^{-2} \geq 2/3$$

为了完成对算法 11-4 的分析,它仍然保持其查询复杂度的上限。

观察 11-4:算法 11-4 的查询复杂度为 $O(\varepsilon^{-1})$。

证明:按照上述方法构造 S_b 和 S_w,需要的查询复杂度为 $O(\log \varepsilon^{-1})$。在此构造之后,算法 11-4 只需要 $O(h) = O(\varepsilon^{-1})$ 额外的查询复杂度。

结合前面证明的所有条件,我们得到定理 11-3。

定理 11-3:对于 $\varepsilon \geq 2/n$,算法 11-4 是一种查询复杂度为 $O(\varepsilon^{-1})$ 的性质测试算法,用于判断大小为 n 的图像在 n 上是否为半平面,该图像具有两条端点颜色不一致的边。

注意,将定理 11-3 与练习 11-7 和练习 11-8 所证明的结论相结合,可以得到对于 $\varepsilon \geq 2/n$ 的一个性质测试算法,其查询复杂度为 $O(\varepsilon^{-1})$,用于确定大小为 n 的一般图像在 n 上是否为半平面。

练习 11-9:定理 11-3 只在 ε 不太小的情况下成立。解释为什么上述算法 11-4 的分析在 $\varepsilon < 2/n$ 时失败,并建议对算法进行修改,使其在这种情况下也能工作。

11.5 结束语

在本章中,我们介绍了 3 个问题的性质测试算法。这 3 种算法都具有亚线性的查询(和时间)复杂度,但与它们的查询复杂度相比,仍然很有趣。我们的算法用于确定列

表是否没有重复项,其查询复杂度最坏情况下为 $O(\sqrt{n}/\varepsilon)$,即在实例的自然大小 n 中是多项式。我们确定列表是否排序的算法具有更好的查询复杂度为 $O(\varepsilon^{-1}\log n)$。对实例大小的依赖比对多项式的依赖更可取,因为它允许算法处理更大的实例。然而,最理想的算法是查询复杂度完全独立于输入实例大小的算法。从直觉上看,这种算法竟然存在,是相当令人惊讶的。更令人惊讶的是,我们已经看到了这样一种算法。具体来说,我们确定图像是否是半平面的算法的查询复杂度为 $O(\varepsilon^{-1})$,它与输入的大小 n^2 无关。

11.6 文献说明

性质测试首次出现在 Blum 等人(1993)的研究中,以隐式形式存在,后来被 Rubinfeld 和 Sudan(1996)明确想出。这两项工作都专注于测试函数的代数性质。性质测试在超越这个特定领域之外的扩展,首先是由 Goldreich 等人(1998)进行的,他们研究了图形中的性质测试。

上述用于测试列表是否无重复的算法(算法 11-1)与著名的生日悖论密切相关。在 Ergün 等人(2000)的著作中可以找到对该算法的一个分析,然而,本章给出的具体分析是基于 2014 年特拉维夫大学 Ronitt Rubinfeld 所做的一门课的课堂讲稿中的分析。还应注意的是,我们给出的分析不是最优的,还可以稍微改进。

我们提出的测试列表是否排序的算法(算法 11-3)是由 Ergün 等人(2000)首先提出的,而测试图像是否为半平面的算法是由 Raskhodnikova(2003)首先提出的。

[1] Blum M,Luby M,Rubinfeld R. Self-testing/correcting with Applications into Numerical Problems. Journal of the ACM,1993,47(3):549-595.

[2] Ergün F,Kannan S,Kumar R,et al. Spot-Checkers. Journal of Computer and System Sciences,2000,60(3):717-751.

[3] Goldreich O,Goldwasser S,Ron D. Property Testing and its Connection to Learning and Approximation. Journal of the ACM,1998,45(4):653-750.

[4] Raskhodnikova S. Approximate Testing of Visual Properties. In Proceedings of the 6th International Workshop on Approximation Algorithms for Combinatorial Optimization Problems (APPROX),August 2003:370-381.

[5] Rubinfeld R,Sudan M,Robust Characterization of Polynomials with Applications to Program Testing. SIAM Journal on Computing,1996,25(2):252-271.

练习解析

练习 11 - 1 解析

在测试 n 个顶点上的图是否连通的问题中,可能输入的集合 N 是 n 个顶点上的所有图的集合,集合 P 是 n 个顶点上的连通图的子集。如果我们认为图是由它的邻接矩阵表示的,那么很自然地将两个图之间的距离定义为矩阵中两个图的不同项的分数(见图 11.7)。

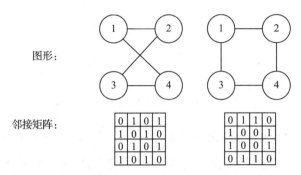

注:两个矩阵的不同之处在于 8 个单元格,这 8 个单元格是
每个矩阵单元格的一半。因此,两个图之间的距离是 1/2。

图 11.7　4 个顶点上的两个图及其相应的邻接矩阵

我们注意到,在这个问题的上下文中,人们可能会试图将两个图之间的距离定义为这些图中连接的组件数量之间的差异(达到某种标准化以将距离保持在范围 $[0,1]$ 上)。虽然这样的定义在形式上是正确的,但它无法捕捉我们通常在距离函数中寻找的直觉。换句话说,这样的距离函数更多的是关于一个图与我们所想到的属性之间的距离,而不是关于两个图之间的距离。根据经验,我们应对距离函数感兴趣,距离函数是表示对象的自然函数,与我们所考虑的属性无关。

练习 11 - 2 解析

考虑算法 ALG_δ 作为算法 11 - 5。由于该算法仅通过对输入对象执行 ALG 算法 h 次来访问该对象,因此可以明显看出 ALG_δ 的查询复杂度比 ALG 的查询复杂度大 $h = \Theta(\log \delta^{-1})$。因此,有待证明 ALG_δ 输出恰当答案的概率至少为 $1-\delta$。

算法 11 - 5:$\text{ALG}_\delta(o,\varepsilon)$

1. $h \leftarrow \lceil 48\log \delta^{-1} \rceil$。

2. 在对象 o 上独立执行 h 乘以算法 ALG。

3. 如果大多数执行结果是"Yes",那么,

4. 　返回"Yes"。

5. 否则,

6. 返回"No"。

首先证明当 $o \in P$ 时,算法输出"Yes"的概率至少为 $1-\delta$。为了实现这个目标,让 X_i 作为 ALG 第 i 次执行输出"Yes"的事件的指示器。然后,我们需要证明 $\sum_{i=1}^{h} X_i$ 大于 $h/2$ 的概率至少为 $1-\delta$。注意到所有 X_i 指示器以相同的概率 $p \geqslant 2/3$ 取值为 1。因此,由切尔诺夫界,我们得到

$$\Pr\left[\sum_{i=1}^{h} X_i \leqslant \frac{h}{2}\right] = \Pr\left[\sum_{i=1}^{h} X_i \leqslant \frac{1/2}{p} \cdot ph\right]$$

$$= \Pr\left[\sum_{i=1}^{h} X_i \leqslant \frac{1/2}{p} \cdot \mathrm{E}\left[\sum_{i=1}^{h} X_i\right]\right]$$

$$\leqslant \mathrm{e}^{-\frac{\left(1-\frac{1/2}{p}\right)^2 \cdot ph}{2}} \leqslant \mathrm{e}^{-\frac{\left(1-\frac{1/2}{2/3}\right)^2 \cdot (2/3)h}{2}} = \mathrm{e}^{-\frac{h}{48}} \leqslant \mathrm{e}^{\log \delta} = \delta$$

现在考虑一下 o 是 ε-远这个性质的情况,在这种情况下,我们需要证明 ALG_δ 输出"No"的概率至少为 $1-\delta$,这相当于证明总和 $\sum_{i=1}^{h} X_i$ 在该概率下最多为 $h/2$。由于 ALG 是一种属性测试算法,在这种情况下,我们得到每个指标 X_i 取值为 1 的概率为 $p \leqslant 1/3$。再次使用切尔诺夫界,我们得到

$$\Pr\left[\sum_{i=1}^{h} X_i > \frac{h}{2}\right] = \Pr\left[\sum_{i=1}^{h} X_i > \frac{1/2}{p} \cdot ph\right]$$

$$= \Pr\left[\sum_{i=1}^{h} X_i > \frac{1/2}{p} \cdot \mathrm{E}\left[\sum_{i=1}^{h} X_i\right]\right]$$

$$\leqslant \mathrm{e}^{-\frac{\min\left\{\frac{1/2}{p}-1, \left(\frac{1/2}{p}-1\right)^2\right\} \cdot ph}{3}}$$

$$= \mathrm{e}^{-\frac{\min\left\{1, \frac{1/2}{p}-1\right\} \cdot (1/2-p)h}{3}} \leqslant \mathrm{e}^{-\frac{\min\left\{1, \frac{1/2}{1/3}-1\right\} \cdot (1/2-1/3)h}{3}}$$

$$= \mathrm{e}^{-\frac{h}{36}} \leqslant \mathrm{e}^{\log \delta} = \delta$$

练习 11-3 解析

观察 11-2 证明,给定一个不存在重复的列表 L,算法 11-1 总是输出"Yes"。换句话说,它不会在给定一个服从该性质的列表时输出"No"的错误,因此,它是一个单边错误算法。

练习 11-4 解析

回想一下,列表模型中的对象由所有包含 n 个数字的列表组成。这类列表有许多自然属性,人们可能会对测试感兴趣。其中一部分包括以下内容:

- 列表仅包含正数;
- 列表中的数字总和为正;

- 列表中至少有 3 个连续数字的递增顺序；
- 列表中的任何数字都不能被列表中出现的其他数字整除。

练习 11-5 解析

（a）为简单起见，假设 n 是偶数，并考虑列表，它的上半部分包括整数 $n/2+1$ 到 n，而它的下半部分由整数 1 到 $n/2$ 组成（例如，如果 $n=8$，则得到列表"5，6，7，8，1，2，3，4"）。要使这个列表排序，必须改变它的前半部分中的所有数字，或者改变它的后半部分中的所有数字，因此，这个列表是 (1/2)-远被排序。

现在考虑练习（a）部分所描述的算法。该算法在 1 和 $n-1$ 之间选取一个值 i，然后比较位置 i 和 $i+1$ 中的列表值。对于上面的列表，这些位置中的数字将始终与一个有序的列表兼容，除非 $i=n/2$。因此，算法声明该列表已排序的概率为

$$\Pr[i \neq n/2] = \frac{\# \text{ 除了 } n/2 \text{ 之外，} i \text{ 的其他可能值}}{\# \ i \text{ 的可能值}}$$

$$= \frac{n-2}{n-1} = 1 - O(1/n)$$

（b）为简单起见，假设 n 是偶数，并考虑一个列表，它在奇数位置包含偶数 2 到 n，在偶数位置包含奇数 1 到 $n-1$（例如，如果 $n=8$，则得到列表"2，1，4，3，6，5，8，7"）。对于 $1 \leqslant k \leqslant n/2$，考虑列表中位置 $2k-1$ 和 $2k$ 的数字。由于这些数字中的第一个比第二个大，至少其中一个必须被改变以使列表排序。此外，由于这对 k 的 $n/2$ 个可能值都成立，我们得到，要使上面的列表排序至少需要改变 $n/2$ 个值。因此，列表是 (1/2)-远被排序。

现在考虑练习（b）部分所描述的算法。该算法选择两个随机位置 $i<j$，然后比较这些位置的列表值。给定上面的列表，位置 i 和 j 中的数字将与排序后的列表一致，除非 $i=2k-1$，并且 $j=2k$ 对于某个整数 $1 \leqslant k \leqslant n/2$。因此，算法声明该列表已排序的概率为

$$\Pr \begin{bmatrix} \text{不存在整数 } k \text{ 使得} \\ i=2k-1 \text{ 且 } j=2k \end{bmatrix}$$

$$= 1 - \frac{n/2}{\# \text{可能的 } i,j \text{ 值，满足条件：} 1 \leqslant i < j \leqslant n}$$

$$= 1 - \frac{n/2}{n(n-1)/2} = 1 - O(1/n)$$

练习 11-6 解析

考虑一个预处理算法，它接受算法 11-3 的输入列表，并将其中的每个数字 v 替换为一个有序对 (v,i)，其中 i 是 v 在原始列表中的位置。现在根据下面的字典规则为这些有序对定义进行比较：如果 $v_1 > v_2$ 或者 $v_1 = v_2$ 并且 $i_1 > i_2$，则 (v_1,i_1) 大于 (v_2,i_2)。现在，让我们谈谈以下几点看法：

1. 预处理算法将已排序的数字列表转换为已排序的对列表,将未排序的数字列表转换为未排序的对列表;

2. 预处理算法从不生成具有重复项的对的列表(因为每个对的第二个分量等于该对的位置);

3. 根据练习后的提示,算法 11-3 可用于检测对列表是否已排序,因为我们定义了一种比较对的方法。

很容易看出,这些观察结果一起意味着预处理算法和算法 11-3 的组合产生了一个用于测试数字列表是否排序的属性测试算法,而且,该属性测试算法不需要假设没有重复。唯一的问题是,如前所述,预处理算法需要读取整个输入列表,因此具有线性查询复杂性。然而,这可以通过以惰性方式执行预处理来解决。换句话说,我们执行算法 11-3 而不执行预处理。然后,每当算法 11-3 尝试从列表中读取一对时,我们就对原始的数字列表进行一次查询,并生成算法 11-3 尝试读取的对。这样,我们得到的算法的查询复杂度与原始算法 11-3 的查询复杂度相同。

练习 11-7 解析

考虑一个图像,它的 4 条边都具有不相同的端点颜色。在这样的图像中,没有两个相邻的角可以具有相同的颜色,因此,它必须在一条对角线上具有两个黑色角,在另一条对角线上具有两个白色角。现在,假设这个图像是一个半平面,然后必须有一条直线分隔其中的白色和黑色像素。现在研究这条分隔线与图像对角线的关系。有一些情况需要考虑,如下:

• 第一种情况是,分隔线不与对角线相交。这种情况意味着图像的所有角落都出现在图像的一侧,因此,应该具有相同的颜色。这导致了矛盾。

• 第二种情况是,分隔线在非角点处与一条对角线相交。在这种情况下,该对角线的两个角出现在分隔线的不同侧面,并且应具有不同的颜色。这又导致了矛盾。

• 第三种情况是,分隔线仅在拐角处与对角线相交(因此也与图像相交)。在这种情况下,与分隔线不相交的图像的两个或三个角出现在分隔线的同一侧,因此,应具有相同的颜色。这再次导致了矛盾,因为每个对角线至少有一个角不与分隔线相交。

练习 11-8 解析

考虑一个半平面图像,它在没有边缘的情况下有非相同的端点颜色。此图像的所有角必须具有相同的颜色,这意味着它们都位于分隔图像黑白像素的直线的同一侧。注意,这意味着整个图像位于分隔线的一侧,因此,整个图像必须具有一种颜色。换句话说,如提示所述,只有两个半平面图像具有零边缘,且端点颜色不相同:一个是全白色的图像,另一个是全黑色的图像。

最后一个观察结果表明,以下简单算法可用于确定具有不相同端点颜色的零边缘的图像是否为半平面。该算法首先选择像素的随机子集,并将其颜色与角点的颜色进行比较。如果该算法检测到任何颜色与角点颜色不同的像素,则声明图像不是半平面。但是,如果算法选择的所有像素与角点颜色相同,则算法将声明图像是半平面。算法 11 - 6 给出了该算法的更正式的描述。

算法 11 - 6:半平面(0 边端点颜色不一致)的测试

1. $h \leftarrow \lceil 2/\varepsilon \rceil$。

2. 执行 h 次:

3. 　　从图像中选择一个均匀随机的像素。

4. 　　如果所选像素与图像角的颜色不同,那么,

5. 　　　返回"No"(图像不是半平面)。

6. 返回"Yes"(图像是半平面)。

现在证明算法 11 - 6 是一个查询复杂度为 $O(\varepsilon^{-1})$ 的属性测试算法。这源于接下来的 3 个声明。

观察 11 - 5: 算法 11 - 6 的查询复杂度为 $O(\varepsilon^{-1})$。

证明: 算法 11 - 6 从图像中精确查询 h 个像素,因此其查询复杂度为 $O(h) = O(\varepsilon^{-1})$。

观察 11 - 6: 如果半平面有 0 条边且端点颜色不相同,则算法 11 - 6 总是返回"Yes"。

证明: 根据上面的讨论,具有零边且端点颜色不相同的半平面图像必须完全用单一颜色着色。因此,给定这样一幅图像,每当算法 11 - 6 从图像中选取一个像素时,该像素的颜色将与图像中各个角落的颜色(以及图像中其他每个像素的颜色)相匹配。因此,给定上述类型的图像,算法 11 - 6 的第 4 行"if"语句的条件永远不为"true",这将使算法返回"Yes"。

引理 11 - 7: 算法 11 - 6 返回"No"的概率至少为 2/3,如果这个图像有 0 条边且端点颜色不一致,则该图像是 ε -远是一个半平面。

证明: 考虑具有零边且端点颜色不一致的图像(ε -远是半平面),并不失一般性地假设图像的边角为白色。我们需要证明算法 11 - 6 以至少 2/3 的概率返回"No"。为了实现这一目标,我们认为图像中至少存在 $\varepsilon \cdot n^2$ 个黑色像素。要理解为什么会这样,注意,如果有小于 $\varepsilon \cdot n^2$ 个图像中黑色像素,那么它不能是 ε -远半平面,因为只改变这些小于 $\varepsilon \cdot n^2$ 的黑色像素的颜色就可以将其转化为全白的半平面图像。

现在考虑由算法 11 - 6 拾取的单个随机像素。根据上述讨论,该像素为黑色的概率至少为 ε。由于算法 11 - 6 拾取的随机像素是独立的,这意味着其中有一个是黑色的概率至少为

$$1-(1-\varepsilon)^h \geqslant 1-e^{-\varepsilon h}=1-e^{-\varepsilon\lceil 2/\varepsilon \rceil} \geqslant 1-e^{-2} \geqslant \frac{2}{3}$$

现在,通过观察算法 11 - 6 在随机选取的像素中有一个是黑色的时输出"No",证明就完成了,因为我们假设图像的角点是白色的。

练习 11-9 解析

算法 11-4 的第一步是找到两对像素(一对由 b_1 和 w_1 组成,另一对由 b_2 和 w_2 组成),使每一对像素中像素的颜色不一致,且它们之间的距离上限为 $n\varepsilon/2$。当然,当 $\varepsilon<2/n$ 时,这是不可能做到的,因为这将需要找到两个彼此距离小于 1 的不相交像素。最好的替代方法是找到上述类型的像素对,使每对像素之间的距离恰好为 1。不幸的是,这可能导致区域 R 包含 $\Theta(n)$ 个像素。为什么这是有问题的,我们可以注意到,当 $\varepsilon<2/n$ 时,特性测试算法必须检测出图像不是半平面,即使它可以通过改变最小的 $\varepsilon n^2 \leqslant 2n$ 像素就可以变成半平面。因此,在 $\varepsilon<2/n$ 时不能忽略大小为 $\Theta(n)$ 的图像的一部分。特别地,要使算法 11-4 也适用于这种情况,我们必须以某种方式考虑到 R 的像素。

从现在起,假设我们处于 $\varepsilon<2/n$ 的区域,将给出的算法 11-4 的修正版本视为算法 11-7。算法 11-7 和算法 11-4 有两点不同:首先,它使用距离为 1 而不是 $\varepsilon n/2$ 的 (b_1,w_1) 和 (b_2,w_2),如上所述,这将导致区域 R 包含 $O(n)$ 个像素;其次,算法 11-7 构造了一幅图像 I,它在 B 区域为黑色,在 W 区域为白色,在 R 区域与原图像一致。构造 I 需要算法从原始图像中读取 R 的所有像素,但在 $\varepsilon<2/n$ 的情况下,这可以在不便查询复杂度超过 $O(\varepsilon^{-1})$ 的情况下完成。

算法 11-7:半平面(2 条端点颜色不相同的边)的修正检验

1. 在每一条端点颜色不相同的边上,找到一对不同颜色的相邻像素。用下面的符号表示对 (b_1,w_1) 和 (b_2,w_2)。

2. 基于对 (b_1,w_1) 和 (b_2,w_2) 构造 S_b、S_w、B 和 W。

3. 如果 S_b 和 S_w 有交集,则

4. 　返回"No"(图像不是半平面)。

5. 让 $h \leftarrow \lceil 4/\varepsilon \rceil$。

6. 执行 h 次:

7. 　从图像中选择一个均匀随机的像素。

8. 　如果所选像素为白色的且属于 B 或为黑色的且属于 W,那么,

9. 　　返回"No"(图像不是半平面)。

10. 假设在图像 I 中,区域 B 是完全黑的,区域 W 是完全白的,区域 R 与原始图像的区域 R 相同。

11. 如果 I 不是半平面,

12. 　返回"No"(图像不是半平面)。

13. 否则

14. 　返回"Yes"(图像是半平面)。

还有待解释的是,为什么算法 11-7 是用于测试其输入图像是否为半平面的属性测试算法。首先,考虑它得到一个半平面的图像的情况。对于这样的图像,区域 B 将只包含黑色像素,而区域 W 将只包含白色像素。这有两个结果:第一个结果是,每

当算法从这两个区域中选择一个随机像素时,该像素将处于正确的颜色中,并且不会使算法返回"No";第二个结果是,由算法构造的图像 I 与输入的图像是相同的,因此将是半图像。因此,算法将输出我们需要的"Yes"。

现在考虑这样一种情况,算法 11-7 得到的输入图像是 ε-远半平面。如果给定这个输入图像,算法 11-7 构造一个不是半平面的图像 I,那么它将返回"No",这样我们就完成了;否则,输入图像是 ε-远半平面的事实将意味着它至少在 εn^2 的位置与图像 I 不同。由于两幅图像在 R 区域相同,我们得到原始图像中至少存在 εn^2 个像素,它们要么是白色的,属于 B,要么是黑色的,属于 W。观察一下,如果算法选中了这些像素中的任何一个,那么算法将返回"No"。此外,由于算法独立地选择每个像素,所以发生这种情况的概率至少为

$$1-\left(1-\frac{\varepsilon n^2}{n^2}\right)^h=1-(1-\varepsilon)^h\geqslant 1-e^{-\varepsilon h}\geqslant 1-e^{-4}\geqslant \frac{2}{3}$$

第 12 章　有界度图的算法

图形有多种自然表示法,例如,图可以由其邻接矩阵表示,也可以通过存储每个顶点的邻接列表来表示。传统上,图算法的设计者可以自由地假设算法的输入图以任何一种标准表示形式给出。这种假设通常是有意义的,因为图形可以很容易地在多项式时间(甚至线性时间)内从一种表示转换为另一种表示。然而,在次线性时间算法的上下文中,该算法没有足够的时间将输入图从一种表示转换为另一种表示,因此,给定输入图的表示可能对次线性时间中可以执行的事情产生重大影响。例如,当一个图在一个表示中给出时,可以在次线性时间内确定该图是否连通,但当它在另一个表示中给出时,可能无法确定该图是否连通。

上述问题意味着,对于每一种标准图表示,我们应该分别研究图问题的次线性时间算法。在本章和第 13 章中,我们对两个这样的表述进行了说明。特别是,在本章中,我们研究了亚线性算法,该算法假设了一种适合于有界度图的图表示;在第 13 章中,我们研究了一种亚线性时间算法,该算法假设了邻接矩阵表示。

12.1　计算连接组件数量

在本章中,我们关注的是图的度数受某个参数 d 限制,换句话说,图中没有顶点的邻居超过 d 个。假设这些图的表示如下:对于图中的每个顶点 u,其表示形式包含一个大小为 d 的数组,该数组存储了 u 的邻居列表。假设这个数组不包含重复的内容,也就是说,u 的每个邻居在 u 的数组中只出现一次。这意味着如果 u 的相邻单元格小于 d,那么数组中的一些单元格将为空。在本章的其余部分中,我们将此图表示称为有界度图表示,如图 12.1 所示。

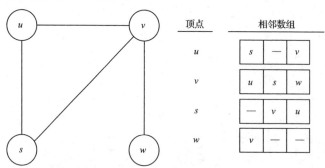

注:相邻数组中空的单元格用字符"—"指定。

图 12.1　例图,其在 $d=3$ 时的有界度表示

对于有界度图,我们要解决的第一个计算问题是估计图 $G=(V,E)$ 中连通分量的个数。为此,我们观察到,如果将节点 $u\in V$ 的连通分量中的节点数表示为 n_u,则 G 中的连通分量的个数可以用下列公式表示:

$$\sum_{u\in V}\frac{1}{n_u} \tag{12.1}$$

练习 12-1: 证明式(12.1)确实等于 G 中连通分量的个数。

估计和(见式(12.1))的一种自然方法是,从这个和中随机选取一些项,然后在假设我们计算的项是平均项的情况下计算和的值。这种方法的更正式的表述如算法 12-1 所示。该算法通过参数 $\varepsilon,\delta\in(0,1]$ 来控制输出质量。此外,它用 n 表示图 G 中的节点数。

算法 12-1:连接元件第一次尝试(ε,δ)

1. 设 $h\leftarrow\lceil 12\varepsilon^{-2}\cdot\log(2/\delta)\rceil,S\leftarrow 0$。

2. 对于 $1\leqslant i\leqslant h$,设 $u(i)$ 是 G 的一个独立一致随机节点。

3. 返回 $\dfrac{n}{h}\cdot\sum_{i=1}^{h}\dfrac{1}{n_{u(i)}}$。

练习 12-2: 证明算法 12-1 的期望输出正好是 G 中连通分量的个数。

实现算法 12-1 需要求 $n_{u(i)}$ 的值。一种标准的方法是从顶点 $u(i)$ 开始运行 BFS 算法,让它发现 $u(i)$ 的所有连通分量的节点。当 $u(i)$ 的连通分量很小时,这种方法工作得很好,但当 $u(i)$ 的连通分量很大时,考虑到次线性时间复杂度,可能会花费太多时间。我们解决这个问题的方法是,在 BFS 发现 $\lceil 2/\varepsilon\rceil$ 个节点后停止 BFS,这将保证 BFS 在 $O(d/\varepsilon)$ 时间之后终止(因为 BFS 对于它发现的每个节点最多扫描 d 条边)。此外,如果用 $\hat{n}_u$ 表示 BFS 从 u 开始发现的节点数,则 $\hat{n}_u$ 根据定义服从以下公式:

$$\hat{n}_u=\min\{n_u,2/\varepsilon\}$$

如果现在将算法 12-1 中的 $n_{u(i)}$ 替换为 $\hat{n}_{u(i)}$,那么得到的算法为算法 12-2。

与算法 12-1 相比,算法 12-2 的最大优势在于我们可以在次线性时间内实现它(它甚至与 G 中的节点数无关(参见观察 12-1))。然而,与算法 12-1 的期望输出等于式(12.1)不同,算法 12-2 的期望输出等于稍微不同的和,如下:

$$\sum_{u\in V}\frac{1}{\hat{n}_u} \tag{12.2}$$

(这个事实的证明与练习 12-2 的证明相同)。因此,算法 12-2 的期望输出不一定等于 G 中连通分量的个数。练习 12-3 解决了这个问题,证明了式(12.1)和式(12.2)的值相差不大,这意味着算法 12-2 的期望输出总是接近 G 中连通分量的数量(已证明它等于式(12.1))。

算法 12 - 2：连通分量估计 (ε, δ)

1. 设 $h \leftarrow \lceil 12\varepsilon^{-2} \cdot \log(2/\delta) \rceil$，$S \leftarrow 0$。

2. 对于 $1 \leqslant i \leqslant h$，设 $u(i)$ 是 G 的一个独立一致随机节点。

3. 返回 $\dfrac{n}{h} \cdot \sum\limits_{i=1}^{h} \dfrac{1}{\hat{n}_{u(i)}}$。

练习 12 - 3：证明

$$0 \leqslant \sum_{u \in V} 1/\hat{n}_u - \sum_{u \in V} 1/n_u \leqslant \varepsilon n/2$$

要完成算法 12 - 2 的分析，我们还需要做两件事：首先，需要正式分析其时间复杂度；其次，需要证明其输出通常接近其预期值。这是通过以下两个声明实现的。

观察 12 - 1：算法 12 - 2 的时间复杂度为 $O(d \cdot \log \delta^{-1}/\varepsilon^3)$。

证明：排除 $\hat{n}_{u(i)}$ 项的计算，我们可以看到，在我们的标准假设算术运算需要 $\Theta(1)$ 时间的情况下，算法 12 - 2 的时间复杂度是 $O(h)$。根据上述讨论，计算 $\hat{n}_{u(i)}$ 的每一项需要 $O(d/\varepsilon)$ 时间。因此，算法 12 - 2 的总时间复杂度为

$$O(h) + h \cdot O\left(\frac{d}{\varepsilon}\right) = O\left(\frac{hd}{\varepsilon}\right) = O\left(\frac{d \cdot \log \delta^{-1}}{\varepsilon^3}\right)$$

引理 12 - 1：算法 12 - 2 估计式 (12.2) 的值误差为 $\varepsilon n/2$，概率至少为 $1 - \delta$。

证明：对于 $1 \leqslant i \leqslant h$，设 $Y_i = 1/\hat{n}_{u(i)}$，观察变量 $Y_1, Y_2, \cdots, Y_h$ 仅从 $[\varepsilon/2, 1]$ 范围上取值。因此，我们可以限制它们和的期望，即

$$\frac{h\varepsilon}{2} \leqslant \mathrm{E}\left[\sum_{i=1}^{h} Y_i\right] \leqslant h$$

我们现在观察到变量 $Y_1, Y_2, \cdots, Y_h$ 也是独立的，因此，通过切尔诺夫界，我们得到

$$\Pr\left[\sum_{i=1}^{h} Y_i \geqslant \mathrm{E}\left[\sum_{i=1}^{h} Y_i\right] + \frac{h\varepsilon}{2}\right]$$

$$= \Pr\left[\sum_{i=1}^{h} Y_i \geqslant \left(1 + \frac{h\varepsilon}{2\mathrm{E}\left[\sum_{i=1}^{h} Y_i\right]}\right) \cdot \mathrm{E}\left[\sum_{i=1}^{h} Y_i\right]\right]$$

$$\leqslant \mathrm{e}^{-\left(\frac{h\varepsilon}{2\mathrm{E}\left[\sum_{i=1}^{h} Y_i\right]}\right)^2 \mathrm{E}\left[\sum_{i=1}^{h} Y_i\right]/3}$$

$$= \mathrm{e}^{-\frac{h^2\varepsilon^2}{12\mathrm{E}\left[\sum_{i=1}^{h} Y_i\right]}} \leqslant \mathrm{e}^{-h\varepsilon^2/12} = \mathrm{e}^{-\lceil 12\varepsilon^{-2} \cdot \log(2/\delta)\rceil \cdot \varepsilon^2/12}$$

$$\leqslant \mathrm{e}^{\log(\delta/2)} = \frac{\delta}{2}$$

类似的,

$$\Pr\left[\sum_{i=1}^{h} Y_i \leqslant \mathrm{E}\left[\sum_{i=1}^{h} Y_i\right] - \frac{h\varepsilon}{2}\right]$$

$$= \Pr\left[\sum_{i=1}^{h} Y_i \leqslant \left(1 - \frac{h\varepsilon}{2\mathrm{E}\left[\sum_{i=1}^{h} Y_i\right]}\right) \cdot \mathrm{E}\left[\sum_{i=1}^{h} Y_i\right]\right]$$

$$\leqslant e^{-\left(\frac{h\varepsilon}{2\mathrm{E}\left[\sum_{i=1}^{h} Y_i\right]}\right)^2 \mathrm{E}\left[\sum_{i=1}^{h} Y_i\right]/2}$$

$$= e^{-\frac{h^2\varepsilon^2}{8\mathrm{E}\left[\sum_{i=1}^{h} Y_i\right]}} \leqslant e^{-h\varepsilon^2/8} = e^{-\lceil 12\varepsilon^{-2}\cdot\log(2/\delta)\rceil\cdot\varepsilon^2/8}$$

$$\leqslant e^{\log(\delta/2)} = \frac{\delta}{2}$$

结合最后两个不等式使用并集界,我们可以看到,在概率至少为 $1-\delta$ 的情况下, $\sum_{i=1}^{h} Y_i$ 不会偏离它的期望大于 $h\varepsilon/2$,这意味着

$$\Pr\left[\left|\frac{n}{h}\cdot\sum_{i=1}^{h} Y_i - \mathrm{E}\left[\frac{n}{h}\cdot\sum_{i=1}^{h} Y_i\right]\right| \leqslant \frac{n\varepsilon}{2}\right] \geqslant 1-\delta$$

现在还记得表达式 $\frac{n}{h}\cdot\sum_{i=1}^{h} Y_i$ 等于算法 12-2 的输出,因此其期望等于式(12.2)。现在把这个观察结果和最后一个不等式结合起来得到该引理。

推论 12-1:算法 12-2 估计式(12.2)的值误差为 εn,概率至少为 $1-\delta$。

证明:注意,练习 12-3 意味着式(12.2)总是进行估算式(12.1)后面误差可达 $\varepsilon n/2$。现在,将这一观察结果与引理 12-1 相结合得出推论,即算法 12-2 估计式(12.2)的值误差高达 $\varepsilon n/2$,概率至少为 $1-\delta$。

定理 12-1 总结了我们为算法 12-2 证明的性质。

定理 12-1:算法 12-2 的时间复杂度为 $O(d\varepsilon^{-3}\cdot\log\delta^{-1})$,其概率至少为 $1-\delta$,估计 G 中连通分量的数量误差为 εn。

定理 12-1 表明,在大概率情况下,算法 12-2 产生的估计误差在 εn 范围内。注意,与 G 包含少量连接组件时的估值相比,这个误差可能非常大。人们可能希望通过找到一种算法来改进这一点,该算法估计连接组件的数量,其相对误差达到 ε,但不幸的是,练习 12-4 表明这是不可能的。

练习 12-4:证明对于任意常数 $\varepsilon>0$,任何次线性时间算法都不能估计有界度图中连通分量的数量,其相对误差为 1/4,且概率为 $1/2+\varepsilon$。**提示**:考虑图 G_1,它的路径长度为 n,以及随机图 G_2,它是由 G_1 删除一条均匀随机边而得到的。证明高概率

情况下,每个次线性时间算法必须在给定 G_1 或 G_2 时输出相同值。

12.2 最小权生成树

下一个计算问题是估计图的最小权生成树的权值问题,针对该问题,我们想开发一个次线性时间算法。当然,这个问题只对连通加权图有意义。因此,假设本节中,输入图是连通的,其边的整数权重介于 1 和某个正整数 w 之间。

寻找最小权生成树的标准算法之一是著名的 Kruskal 算法,该算法的伪码如算法 12-3 所示。

算法 12-3:Kruskal 算法

1. $T \leftarrow \varnothing$。

2. 将 G 的边按权值非递减顺序排序。

3. 对于每条边 e:

4.   如果 $T \cup \{e\}$ 是树,则

5.   把 e 加到 T 中。

6. 返回 T。

练习 12-5 证明了由 Kruskal 算法构造的树的一个重要属性。设 T 为 Kruskal 算法为图 G 生成的树,我们用 $T_{\leqslant i}$ 来表示 T 的边的集合,它的权值最大为 i。类似地,让我们用 $G_{\leqslant i}$ 表示 G 通过删除所有权值大于 i 的边而得到的子图。最后,给定一个图 G,用 CC(G) 表示 G 的连通分量集。

练习 12-5: 对每个 $1 \leqslant i \leqslant w$,证明 $|T_{\leqslant i}| = n - |CC(G_{\leqslant i})|$。

备注: 可以证明,练习 12-5 所作的断言对于 G 的每个最小权生成树都是成立的。然而,这对于我们的目的不是必要的。

利用练习 12-5,现在可以用 G 的各个子图中连通分量的数量来指定 T 的权重的公式。

观察 12-2: 最小权生成树 T 的权值为 $n - w + \sum_{i=1}^{w-1} |CC(G_{\leqslant i})|$。

证明: 练习 12-5 表明权值为 1 的 T 的边数为

$$|T_{\leqslant 1}| = n - |CC(G_{\leqslant 1})|$$

对于 $2 \leqslant i \leqslant n$,权值为 i 的 T 的边数为

$$|T_{\leqslant i}| - |T_{\leqslant i-1}| = [n - |CC(G_{\leqslant i})|] - [n - |CC(G_{\leqslant i})|]$$
$$= |CC(G_{\leqslant i-1})| - |CC(G_{\leqslant i})|$$

因此,T 的总权重为

$$n - |CC(G_{\leqslant 1})| + \sum_{i=2}^{w} i \cdot (|CC(G_{\leqslant i-1})| - |CC(G_{\leqslant i})|)$$

$$= n - w \cdot \mid \mathrm{CC}(G_{\leqslant w}) \mid + \sum_{i=1}^{w-1} \mid \mathrm{CC}(G_{\leqslant i}) \mid$$

$$= n - w + \sum_{i=1}^{w-1} \mid \mathrm{CC}(G_{\leqslant i}) \mid$$

其中,最后一个等式成立,因为 $G_{\leqslant w}$ 等价于原始图 G,并且假设 G 是连通的(即有单个连通分量)。

最后观察的一个直接结果是,估计 T 的权值可归结为估计图 $G_{\leqslant 1}, G_{\leqslant 2}, \cdots, G_{\leqslant w-1}$。对于该任务,我们在 12.1 节中已经开发了一个算法,使用此方法获得估计最小权生成树的算法给出为算法 12-4。与往常一样,算法得到的参数 $\varepsilon', \delta' \in (0,1]$ 控制其输出的质量。此外,此方法用 n 表示图 G 中的节点数。

算法 12-4:最小权生成树的权值估计 (ε, δ)

1. 对于 $i=1$ 到 $w-1$,
2. 对参数 $\varepsilon = \varepsilon'/(w-1)$ 和 $\delta = \delta'/(w-1)$ 的图 $G_{\leqslant i}$ 执行算法 12-2,设 C_i 为算法对 $\mid \mathrm{CC}(G_{\leqslant i}) \mid$ 的估计。
3. 返回 $n - w + \sum_{i=1}^{w-1} C_i$。

引理 12-2: 在概率至少为 $1-\delta'$ 的情况下,算法 12-4 估计了 G 的最小权生成树的权值,误差达到 $\varepsilon' n$。

证明: 定理 12-1 保证算法 12-2 在概率至少为 $1-\delta$ 的情况下,估计其输入图中连通分量的数量的误差不超过 εn。因此,根据联合界,我们至少有 $1-(w-1)\delta = 1-\delta'$ 的概率得到

$$\mid C_i - \mid \mathrm{CC}(G_{\leqslant i}) \mid \mid \leqslant \varepsilon n, \quad \forall_{1 \leqslant i \leqslant w-1}$$

我们现在可以看到,只要这些不等式成立,我们也有

$$\left| \left(n - w + \sum_{i=1}^{w-1} C_i \right) - \left(n - w + \sum_{i=1}^{w-1} \mid \mathrm{CC}(G_{\leqslant i}) \mid \right) \right|$$

$$= \left| \sum_{i=1}^{w-1} C_i - \sum_{i=1}^{w-1} \mid \mathrm{CC}(G_{\leqslant i}) \mid \right| \leqslant \sum_{i=1}^{w-1} \mid C_i - \mid \mathrm{CC}(G_{\leqslant i}) \mid \mid$$

$$\leqslant (w-1) \cdot \varepsilon n = \varepsilon' n$$

这相当于声明由算法 12-4 产生的估计误差不大于 $\varepsilon' n$。

练习 12-6: 证明算法 12-4 的时间复杂度为 $O(dw^4/(\varepsilon')^3 \cdot \log(w/\delta'))$。

定理 12-2 总结了我们对算法 12-4 的证明。

定理 12-2: 算法 12-4 的时间复杂度为 $O(dw^4/(\varepsilon')^3 \cdot \log(w/\delta'))$,并且以至少 $1-\delta'$ 的概率估计 G 的最小权生成树,误差为 $\varepsilon' n$。

用定理 12-2 证明的算法 12-4 的时间复杂度很差,尤其是当 w 很大的时候。已知有更好的结果,但不幸的是,不能比 $\Omega(dw/\varepsilon^2)$ 的时间复杂度更好。尽管如此,

算法 12-4 的时间复杂度与 n 无关,这使得它在 d 和 w 都很小的情况下很有用。

练习 12-7:提出当 G 的边的权值属于连续范围 $[1,w]$ 时,估计 G 的最小权生成树的权值的算法。你的算法的时间复杂度是多少?**提示**:选取一组介于 1 和 w 之间的离散权值,并将每个权值舍入到该集合中最接近的值。如果集合被选择得足够密集,那么这种舍入应该不会太多改变任何树的权值。

12.3　最小顶点覆盖

图的顶点覆盖是图的顶点集合,图的每条边至少与顶点覆盖的一个顶点相邻(见图 12.2)。寻找给定图的最小尺寸顶点覆盖是一个 NP 完全问题,但有一些简单的近似算法可以找到最大尺寸为最小顶点覆盖两倍的顶点覆盖。在本节中,我们的目标是开发一种用于估计最小顶点覆盖大小的次线性时间算法。我们将在几个步骤中完成这项工作,并在此过程中将了解两种新类型的算法。

首先介绍这些类型算法中的第一种。通常,当为一个图问题设计一个算法时,假设算法具有输入图的全局视图,也就是说,它可以访问输入图的每个部分。局部分布式算法假设一个非常不同的设置,其中有多个处理器,每个处理器在图的某些部分上只有一个局部视图,这些处理器必须相互通信,以便对整个图进行一些计算。更正式地说,局部分布式算法的输入是一个图 $G=(V,E)$,假设这个图的每个顶点都是一个执行算法的处理器。最初,每个处理器几乎没有关于输入图形的信息。具体地说,

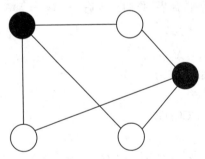

注:黑色顶点形成此图的顶点覆盖,因为每条边至少碰到一个黑色顶点。

图 12.2　例图及其顶点覆盖的示例

它所拥有的信息仅包括标识处理器的唯一 ID、击中处理器顶点的边集以及可能的一些特定于问题的图形参数(例如其中的最大度数或顶点总数)。然而,随着时间的推移,处理器可以通过相互通信了解关于图 G 的其他信息。这种交流是分次进行的。在每一轮通信中,每个处理器都可以向其每个邻居发送任意消息,并可以处理从其邻居处接收的消息。算法 12-5 给出了一个局部分布式算法的示例(在阅读算法 12-5 时,请记住它是由图中的每个处理器/顶点执行的)。

算法 12-5:简单局部分布式算法

1. 在第一轮沟通中,把我的 ID 发给我的每一个邻居。I 是这一轮从邻居那里收到的 ID 集合。

2. 在第二轮交流中,将集合 I 发送给我的每一个邻居。用 $I_1,I_2,\cdots,I_a$ 表示这是我这一轮从邻居那里得到的集合。

3. 返回 $I_1,I_2,\cdots,I_a$ 的并集和 I。

算法 12-5 使用两轮通信。在第一轮通信中，每个顶点将其 ID 发送给其邻居，这意味着在这轮通信结束时，每个顶点都知道其邻居的 ID 集。在第二轮通信中，每个顶点将此集合发送给其每个邻居。在这一轮结束时，度为 a 的顶点 u 有一个 $a+1$ 的集合：集合 I 包含了它每个邻居的 ID，每个集合 $I_1, I_2, \cdots, I_a$ 都包含 u 的不同邻居的 ID。我们可以看到，这些集合的并集，也就是算法 12-5 的输出，是一个 ID 的集合，其中包含了从 u 可以通过长度不超过 2 的路径到达的所有节点的 ID。

在这一点上，我们想考虑一个实际计算问题的局部分布算法，即计算输入图的近似最小顶点覆盖的问题。该算法如算法 12-6 所示，它假定一个参数 d 是图中顶点最大度的上界。

算法 12-6 的计算在 $\lceil \log_2 d \rceil$ 回合中完成。在每轮中，算法检查第 3 行的条件，并根据答案做出两种可能的决定之一。第一种选择是算法声明自己（或者更准确地说，它运行的顶点）成为顶点覆盖的一部分。如果发生这种情况，算法会将此决定发送给顶点的所有邻居，并停止执行。第二个选择是算法不声明自己是顶点覆盖的一部分。在这种情况下，算法只更新变量 h，该变量统计当前顶点的邻居数量，这些邻居到目前为止尚未声明自己是顶点覆盖的一部分。

算法 12-6：最小顶点覆盖的局部分布式算法

1. 设 h 是处理器顶点的度。

2. 对于 $i=1$ 到 $\lceil \log_2 d \rceil$，执行：

3. 　　如果 $h \geq d/2^i$，那么，

4. 　　　　在第 i 轮中，让我的邻居知道我是顶点覆盖的一部分。

5. 　　　　返回"我是顶点覆盖的一部分"。

6. 　否则，

7. 　　　获取第 i 轮的所有消息，让 h_i 表示我的邻居在这一轮中声明自己在顶点覆盖中的数量。

8. 　　　$h \leftarrow h - h_i$。

9. 返回"我不是顶点覆盖的一部分"。

注意，在算法 12-6 终止时，每个顶点都知道它是否是顶点覆盖的一部分，但没有存储整个解决方案的位置（即顶点覆盖中所有顶点的集合）。这是本地分布式算法的标准属性。换句话说，当这种算法终止时，我们只需要每个顶点的处理器知道对应于该特定顶点的解的部分。尽管如此，仍然存在一个全局解决方案，可以通过组合不同处理器计算的解决方案部分来获得，我们称之为算法的输出。特别是，算法 12-6 的输出是一组顶点，当所有顶点执行该算法时，这些顶点声明自己是顶点覆盖的一部分。

观察 12-3：算法 12-6 的输出是输入图 G 的一个顶点覆盖。

证明：以矛盾的方式，假定观察结果是错误的。那么，在 G 中必须存在一条 uv 边，使得 u 和 v 都不是算法 12-6 中定义的顶点覆盖的一部分。考虑算法 12-6 在

顶点 u 中迭代 $\lceil \log_2 d \rceil$ 的事件。在这个迭代过程中,变量 h 的值仍然至少为 1,因为边 uv 将它连接到一个节点 v,根据假设,这个节点到目前为止没有声明自己是顶点覆盖的一部分。因此,在这个迭代中,算法的第三行条件

$$h \geqslant 1 \geqslant \frac{d}{2^{\lceil \log_2 d \rceil}} = \frac{d}{2^i}$$

是成立的,这与假设相矛盾,即 u 永远不会声明自己是顶点覆盖的一部分。

我们的下一个目标是证明算法 12-6 输出的顶点覆盖并不比最小顶点覆盖大多少。

引理 12-3:设 C^* 为输入图 G 的最小顶点覆盖,设 C_A 为算法 12-6 生成的顶点覆盖,则 $|C_A| \leqslant (1 + 2 \cdot \lceil \log_2 d \rceil) \cdot |C^*|$。

证明:为了证明这个引理,我们需要证明不属于 C^* 的不超过 2 个 $|C^*|$ 的顶点,在算法 12-6 的每次给定迭代中声明自己是顶点覆盖的一部分。为此,我们将对声明自身为顶点覆盖一部分的 C^* 之外的每个顶点给 C^* 的节点赋值一个单元,然后显示在每次迭代中,给 C^* 的每个顶点赋值不超过两个单元的电荷。我们可以注意到,这确实意味着在每个给定的迭代中分配的电荷单位不超过 $2|C^*|$,因此,这也是 C^* 之外的顶点数量的上限,这些顶点在这次迭代中声明自己是顶点覆盖的一部分。

考虑算法 12-6 的某个迭代 i,让 G_i 是 G 通过删除所有在之前的迭代中已经声明自己是顶点覆盖部分的顶点(以及到达这些顶点的边)而得到的图。现在考虑任意一个顶点 $u \notin C^*$,它在第 i 次迭代中声明自己是顶点覆盖的一部分。我们可以观察到,u 声明自己是顶点覆盖的一部分这一事实意味着 u 在 G_i 中至少有 $d/2^i$ 个邻居。此外,这些 $d/2^i$ 个邻居中的每一个都必须是 C^* 的一个顶点,因为它们与 u 之间的边必须被 C^* 覆盖。因此,我们可以通过向 u 的每个邻居最多充 $2^i/d$ 个单位的电以此向 C^* 的顶点充一个单位的电。

现在考虑任意顶点 $v \in C^*$。如上所述,我们需要证明 v 在迭代 i 中没有被分配超过 2 的电荷。如果 v 没有出现在 G_i 中,那么它在迭代 i 中没有被分配任何电荷,我们就完成了证明;否则,v 出现在 G_i 中的事实意味着它在之前的任何迭代中都没有声明自己是顶点覆盖的一部分,因此,它在 G_i 中的度最多为 $d/2^{i-1}$。在 G_i 中,如果 v 的每个邻居在迭代 i 中声明自己是顶点覆盖的一部分,那么它最多可以给 v 分配 $2^i/d$ 的电荷。然而,由于 v 在 G_i 中最多有 $d/2^{i-1}$ 个邻居,即使它们都声明自己是顶点覆盖的一部分,在迭代 i 中分配给 v 的总电荷将最多为

$$\frac{d}{2^{i-1}} \cdot \frac{2^i}{d} = 2$$

现在回想一下,优化问题的近似算法是一种为问题找到可行解的算法,它近似地优化了问题的目标函数。根据这个定义,算法 12-6 是一个近似算法,因为它产生一

个可行的顶点覆盖,其大小近似于最小顶点覆盖的大小。通过近似算法获得的近似质量通常使用其近似比来衡量。在第 8 章中,我们定义了最大化问题确定性算法的近似比。以下略有不同的定义定义了最小化问题确定性算法的近似比。

定义 12-1:给定一个具有 J 个实例集的极小化问题和一个求解该问题的确定性算法 ALG,其近似比为

$$\sup_{I \in J} \frac{\mathrm{ALG}(I)}{\mathrm{OPT}(I)}$$

其中,$\mathrm{ALG}(I)$ 是给定实例 I 的算法 ALG 产生的解的值,$\mathrm{OPT}(I)$ 是实例 I 的最优解的值,即值最小的解。

非正式地说,最小化问题算法的近似比是一个数字 $x \in [1, \infty]$,这样就保证了算法产生的解的值永远不会大于最优解的值,且大于 x 的 1 倍。例如,近似比为 1 的算法总是输出最优解,而近似比为 2 的算法输出的解的值不超过最优解的 2 倍。为了简化写法,我们经常说一个算法是一个 x-近似算法,对于某些 $x \geqslant 1$,而不是说它的近似比最多为 x。使用这个符号,我们现在可以重述引理 12-3,如下:

引理 12-3(重述):算法 12-6 为 $(1 + 2 \cdot \lceil \log_2 d \rceil)$-逼近算法。

通过观察算法 12-6 可以使用 $\lceil \log_2 d \rceil$ 通信轮来实现,我们完成了对算法 12-6 的分析。因此,定理 12-3 总结了这个算法的结果。

定理 12-3:算法 12-6 是一种局部分布式 $(1 + 2 \cdot \lceil \log_2 d \rceil)$-逼近算法,该算法使用 $\lceil \log_2 d \rceil$ 通信轮求解最小顶点覆盖问题。

可以观察到,我们没有分析算法 12-6 的时间复杂度。这一遗漏并非偶然。在分析局部分布式算法时,通常假设与通信成本相比,局部计算非常便宜。因此,通常认为限制通信轮的数量比限制处理器内完成的局部计算的时间复杂度重要得多。事实上,忽略局部计算成本的趋势非常强烈,以至于人们偶尔会假设局部计算是在零时间内完成的,这使得算法的时间复杂度只是它使用的通信轮数的同义词。

练习 12-8:考虑对图顶点寻找合法着色的问题,即为图的每个顶点寻找颜色使得没有边连接两个具有相同颜色的顶点。算法 12-7 是解决此问题的一种局部分布式算法,该算法最多为 $2d$ 颜色(d 是图中顶点的最大度)。为简单起见,该算法参考到 $2d$ 颜色为介于 1 和 $2d$ 之间的数字。

(a) 证明若算法 12-7 终止于所有顶点,则其输出为合法着色。

(b) 设 n 为输入图中顶点的个数,设 $d \geqslant 1$。证明在此假设下,算法 12-7 在 $4 \cdot \lceil \log_2 n \rceil$ 通信轮后终止,概率至少为 $1 - 1/n$。

现在我们想介绍另一种类型的算法,称为局部计算算法,但在此之前,让我们描述一种激发使用这种算法的情况。例如,通过将适当的聚类算法应用于社交网络的底层图,查找我们感兴趣的用户恰好所在的社区。虽然这种方法是自然的,但它有一个非常明显的缺点,即获得只有一个用户的社交社区也需要我们为社交网络的所有

用户构建一个分区。如果社交网络很小,这一缺点就不太成问题;但是,如果社交网络很大,将整个网络划分为社交社区的开销很容易使这种方法不切实际。用更抽象的术语描述这种情况的另一种方法如下:通过将整个社交网络划分为社交社区来创建"全局解决方案",然后,放弃该全局解决方案的大部分,只保留我们感兴趣的部分,即包括我们感兴趣的用户在内的社交社区。一种更有效的方法是,只生成我们感兴趣的全球解决方案的一部分,而不必完成生成整个全球解决方案的耗时任务。这正是局部计算算法试图实现的目标。

算法 12 - 7:局部分布式着色算法

1. 设 C 是一个颜色列表,最初包含范围 $1,2,\cdots,2d$。

2. 当还没有为我选择最后的颜色,

3.   从 C 中随机选一个颜色 c。

4.   让我的邻居知道我选的颜色 c,然后得到他们选的颜色。

5.   如果没有邻居选择颜色 c

6.   让我的邻居知道我最后的颜色是 c。

7.   返回"我最后的颜色是 c"。

8. 否则

9.   从 C 中移除任何一种被我的一个邻居选择为最终颜色的颜色。

现在考虑一个更具体的例子。考虑找到最小权生成树的问题。该问题的局部计算算法得到一个图 G 和其中的一条边 e,并输出 e 是否属于 G 的最小权生成树(希望比计算整个最小权生成树所需的时间更短)。可以看出,只要 G 有一棵最小权生成树,局部计算算法所面临的任务就被很好地定义了。然而,目前还不清楚回答这个算法时要产生几个最小权生成树 G。例如,假设 G 是一个循环,它的所有边的权值都相等,且为 1,那么对于 G 的每条边 e,存在包含它的 G 的某一最小权生成树,以及不包含它的另一种不同的最小权生成树。我们解决这个问题的方法是,要求局部计算算法在脑海中有一个固定的最小权生成树。换句话说,如果用 $A(G,e)$ 表示算法在给定图 G 和边 e 时得到的答案,那么集合 $\{e \mid A(G,e)=\text{true}\}$ 应该是 G 的某个最小权生成树。

更正式地说,利用一个局部计算算法能够得到一个计算问题的实例 I 和我们感兴趣的这个问题的解决方案部分的说明。然后,该算法的行为应该就像它已经为实例 I 计算了一个固定的解决方案 S,而没有查看我们所要求的解决方案的一部分,然后输出 S 所要求的部分,我们将 S 称为该算法的全局解决方案(**注**:这个定义适用于确定性局部计算算法)。获得局部计算算法的一种复杂的方法是真正计算这样的全局解决方案 S,但这通常导致算法变慢。因此,我们感兴趣的是能够产生上述行为的局部计算算法,而不需要真正为其输入实例计算完整的解决方案。我们将通过描述最小顶点覆盖问题的局部计算算法来举例说明这一点,如算法 12 - 8 所示。

对于每个顶点 $u \in V$,设 $C_A(G,u)$ 是一个布尔变量,当且仅当算法 12 - 8 在给定图 G

时指示 u 属于顶点覆盖时,该变量为真。此外,设 $C_A(G)=\{u\in V|C_A(G,u)=\text{true}\}$。

算法 12-8:最小顶点覆盖 (G,u) 的局部计算算法

1. 设 $G'(u)$ 是 G 的子图,它所包含的顶点与 u 的距离不超过 $\lceil\log_2 d\rceil+1$。

2. 对 $G'(u)$ 的每个顶点并行执行算法 12-6。

3. 返回顶点 u 的算法 12-6 的答案。

观察 12-4: $C_A(G)$ 与算法 12-6 在图 G 上的输出相同,因此是 G 的一个顶点覆盖。

证明: 通过矛盾的方式,假设存在一个顶点 u,使 u 在图 G 上属于 $C_A(G)$ 而不属于算法 12-6 的输出,反之亦然。这意味着,通过检查算法 12-6 对顶点 u 的输出,可以确定算法是在 G 上还是在 $G'(u)$ 上执行。如果现在用 V' 定义 G 中出现但 G' 中没有出现的节点集合,那么最后的声明可以被重申为声明算法 12-6 中顶点 u 的输出取决于 V' 中的节点是否存在。因此,u 执行的算法 12-6 副本在算法 12-6 执行过程中必须接收到该副本是否存在的信息。

根据定理 12-3,算法 12-6 只使用了 $\lceil\log_2 d\rceil$ 轮的通信,因此在算法执行过程中,任何一条信息最多可以传播 $\lceil\log_2 d\rceil$ 的距离。特别是关于 V' 是否存在的信息最多只能传播 $\lceil\log_2 d\rceil$ 的距离。因此,u(在上述讨论中,当算法结束时知道该信息)必须与在算法开始时知道该信息的节点之间的距离最多为 $\lceil\log_2 d\rceil$。然而,V' 的节点是否存在,最初只有 G 中节点的相邻知道。由此可见,V' 中有一个节点与 u 的最大距离为 $\lceil\log_2 d\rceil$,也就是说,V' 中有一个节点与 u 的最大距离为 $\lceil\log_2 d\rceil+1$,因此,与 $G'(u)$ 的定义相矛盾。

最后的观察证明,算法 12-8 就像计算了顶点覆盖 $C_A(G)$,然后回答 u 是否属于这个顶点覆盖。由于 $C_A(G)$ 独立于 u,这意味着算法 12-8 是一个真正的局部计算算法,$C_A(G)$ 是它的全局解。

现在考虑算法 12-8 的近似比。回想一下,近似比是对算法产生的解的质量的度量。因此,目前还不清楚如何为局部计算算法定义它,因为这种算法只输出解的一部分(例如,算法 12-8 只回答一个特定顶点是否是顶点覆盖的一部分)。然而,通过将局部计算算法的全局解作为其输出解,并使用该全局解定义算法的近似比,有一种自然的方法可以绕过这一困难。

推论 12-2: 算法 12-8 为 $(1+2\cdot\lceil\log_2 d\rceil)$-逼近算法。

证明: 定理 12-3 保证算法 12-6 的近似比最多为 $(1+2\cdot\lceil\log_2 d\rceil)$,这等价于说,输出解的大小比最小顶点覆盖的大小最多大 $1+2\cdot\lceil\log_2 d\rceil$。由观察 12-4 可知,$C_A(G)$ 与算法 12-6 的输出解相同,因此 $C_A(G)$ 的大小也是 $1+2\cdot\lceil\log_2 d\rceil$ 乘以最小顶点覆盖大小的上界。现在,通过回顾 $C_A(G)$ 是算法 12-8 的全局解,该推论的证明就完成了。

练习 12-9 通过限定算法 12-8 的时间复杂度来结束算法 12-8 的分析。

练习 12-9: 证明算法 12-8 的时间复杂度为 $O(d)^{O(\log d)}$。

为了方便起见,在定理 12-4 中总结了已经证明的算法 12-8 的所有性质。

定理 12-4:算法 12-8 是求解时间复杂度为 $O(d)^{O(\log d)}$ 的最小顶点覆盖问题的$(1+2 \cdot \lceil \log_2 d \rceil)$-近似局部计算算法。

算法 12-9:最小顶点覆盖(G, ε)的次线性时间算法

1. 令 $s = \lceil 12/\varepsilon \rceil$。

2. 我们从图 G 中独立随机地取 s 个顶点,即 $u_1, u_2, \cdots, u_s$。

3. 对于每个采样的顶点 u_i,根据算法 12-8 检查它是否属于顶点覆盖。

4. 设 r 为算法 12-8 返回正答案的采样顶点数目(即它们属于顶点覆盖)。

5. 返回 nr/s。

现在,我们准备介绍允诺的用于最小顶点覆盖问题的次线性时间算法。该算法给出了算法 12-9,得到了一个参数 $\varepsilon(\varepsilon > 0)$ 来控制其输出质量。直观地说,该算法通过对 G 的随机顶点进行采样,并检查这些采样的顶点中有多少属于全局解,从而试图估计算法 12-8 的全局解 $C_A(G)$ 的大小。因为我们已经知道 $C_A(G)$ 是一个比最小顶点覆盖大不了多少的顶点覆盖,所以对 $C_A(G)$ 大小的估计也是对最小顶点覆盖大小的估计。引理 12-4 量化了算法 12-9 对 $C_A(G)$ 大小估计的质量。在这个引理中,我们用 $|C_A(G)|$ 表示顶点覆盖 $C_A(G)$ 中的节点数。

引理 12-4:对于每个 $\varepsilon > 0$,概率至少为 $2/3$,算法 12-9 的输出属于范围 $[0.5|C_A(G)| - \varepsilon n, 2|C_A(G)| + \varepsilon n]$。

证明:设 X_i 作为 u_i 属于 $C_A(G)$ 事件的指示器,可以观察到算法 12-9 的输出等于

$$\frac{n}{s} \cdot \sum_{i=1}^{s} X_i \tag{12.3}$$

而且,这个表达式的期望是

$$E\left[\frac{n}{s} \cdot \sum_{i=1}^{s} X_i\right] = \frac{n}{s} \cdot \sum_{i=1}^{s} E[X_i] = \frac{n}{s} \cdot \sum_{i=1}^{s} \frac{|C_A(G)|}{n} = |C_A(G)|$$

因此,为了证明这个引理,我们需要证明式(12.3)不会太偏离它的期望。首先证明式(12.3)小于 $0.5|C_A| - \varepsilon n$,概率大于 $1/6$。如果 $|C_A(G)| \leqslant 2\varepsilon n$,则它是平凡的,因为式(12.3)总是非负的。因此,仍需考虑 $|C_A(G)| > 2\varepsilon n$ 的情况。由于每个指标 X_i 的值都由示例 u_i 决定,而示例 $u_1, u_2, \cdots, u_s$ 是独立的,所以在这种情况下可以用切尔诺夫界得到

$$\Pr\left[\frac{n}{s} \cdot \sum_{i=1}^{s} X_i \leqslant 0.5C_A(G) - \varepsilon n\right]$$

$$\leqslant \Pr\left[\sum_{i=1}^{s} X_i \leqslant \frac{s}{2n} \cdot C_A(G)\right] = \Pr\left[\sum_{i=1}^{s} X_i \leqslant \frac{1}{2} \cdot E\left[\sum_{i=1}^{s} X_i\right]\right]$$

$$\leqslant e^{-E\left[\sum_{i=1}^{s} X_i\right]/8} = e^{-s \cdot |C_A(G)|/(8n)} \leqslant e^{-s \cdot (2\varepsilon n)/(8n)} = e^{-s\varepsilon/4} \leqslant e^{-3} < \frac{1}{6}$$

接下来,证明式(12.3)大于 $2|C_A|+\varepsilon n$,且其概率大于 $1/6$。设 Y_i 是取值为 1 的指标,其概率为 $\max\{\varepsilon/2,|C_A(G)|/n\}$。因为这个概率是 X_i 取 1 的概率的上限,所以我们得到

$$\Pr\left[\frac{n}{s}\cdot\sum_{i=1}^{s}X_i\geqslant 2C_A(G)+\varepsilon n\right]$$

$$=\Pr\left[\sum_{i=1}^{s}X_i\geqslant\frac{2s}{n}\cdot C_A(G)+s\varepsilon\right]\leqslant\Pr\left[\sum_{i=1}^{s}Y_i\geqslant\frac{2s}{n}\cdot C_A(G)+s\varepsilon\right]$$

$$\leqslant\Pr\left[\sum_{i=1}^{s}Y_i\geqslant 2\mathrm{E}\left[\sum_{i=1}^{s}Y_i\right]\right]\leqslant \mathrm{e}^{-\mathrm{E}\left[\sum_{i=1}^{s}Y_i\right]/3}\leqslant\mathrm{e}^{-s\varepsilon/6}=\mathrm{e}^{-2}<\frac{1}{6}$$

现在,通过对上面两个结果应用联合界,就可以得到该引理。

推论 12-3:在概率至少为 2/3 的情况下,算法 12-9 的输出至少为 $\mathrm{OPT}/2-\varepsilon n$,其中 OPT 为最小顶点覆盖的大小,且最多为 $(2+4\cdot\lceil\log_2 d\rceil)\cdot\mathrm{OPT}+\varepsilon n$。

证明:将引理 12-4 与算法 12-8 是定理 12-4 中的 $(1+2\cdot\lceil\log_2 d\rceil)$ 近似算法这一事实相结合,立即得到推论,因此,它的全局解 $C_A(G)$ 服从

$$\mathrm{OPT}\leqslant|C_A(G)|\leqslant(1+2\cdot\lceil\log_2 d\rceil)\cdot\mathrm{OPT}$$

其中,第一个不等式成立,因为 $C_A(G)$ 是一个合法的顶点覆盖。

练习 12-10:引理 12-4 表明,算法 12-9 估计 $|C_A(G)|$ 为 2 的乘数和 εn 的附加误差。证明这个引理中乘法因子的选择是任意的,也就是说,如果将 s 增加到 $\lceil 6c/[(c-1)^2\varepsilon]\rceil$,它可以被任意常数因子 $c\in(1,2)$ 所替代。

现在分析算法 12-9 的时间复杂度。

观察 12-5:算法 12-9 的时间复杂度为 $O(d)^{O(\log d)}/\varepsilon$。

证明:算法 12-9 对图 G 的 s 个顶点进行采样,然后对每一个样本执行算法 12-8。因此,其时间复杂度为算法 12-8 的时间复杂度的 s 倍。根据定理 12-4,算法 12-8 的时间复杂度为 $O(d)^{O(\log d)}$,可得到算法 12-9 的时间复杂度为

$$s\cdot O(d)^{O(\log d)}=\lceil 12/\varepsilon\rceil\cdot O(d)^{O(\log d)}=O(d)^{O(\log d)}/\varepsilon$$

定理 12-5 总结了我们证明过的算法 12-9 的所有性质。

定理 12-5:对于每个 $\varepsilon>0$,概率至少为 2/3,算法 12-9 输出一个至少为 $\mathrm{OPT}/2-\varepsilon n$ 的值,其中 OPT 为最小顶点覆盖的大小,且最多为 $(2+4\cdot\lceil\log_2 d\rceil)\cdot\mathrm{OPT}+\varepsilon n$。此外,算法 12-9 的时间复杂度为 $O(d)^{O(\log d)}/\varepsilon$。

算法 12-9 的时间复杂度对 d 的依赖性很差,且与 n 完全无关,因此,当 d 为常数时,算法 12-9 是一个次线性时间算法。值得注意的是,对于最小顶点覆盖问题,有更好的次线性时间算法,它们实现了时间复杂度对 d 的更好依赖和更好的近似,但在本书中,我们不会讨论这些算法。我们还注意到,通常情况下,可以使用中值技

术将算法 12-9 的成功概率从 2/3 增加到 1−δ(对于每个常数 δ>0),代价是算法的时间复杂度增加了 $O(\log \delta^{-1})$ 的因数。

12.4 测试图形是否连通

在本章中,我们要考虑的最后一个计算问题是确定有界度图是否被连接的问题,我们稍后将描述它的属性测试算法。但是,在这之前,首先需要给出将在这个问题中假设的模型,它被称为有界度图模型。

有界度图模型有两个参数:顶点的个数 n 和任意单个顶点的最大度的上限 d。给定这些参数,该模型中可能对象的集合 N 就是 n 个顶点上所有图的有界度表示(值为 d)的集合。此外,通常情况下,我们将 N 中两个对象(即两个界度表示)之间的距离定义为两个表示中不同的条目的分数,其中我们将该表示的邻居列表中的每个单元视为不同条目。不幸的是,上述定义存在一个小的技术问题,这源于一个图可以有多个有界度表示(见图 12.3)。这个事实意味着一个有界度图可能对应于 N 中的多个对象,而且根据距离函数,这些对象可能彼此相距很远。为了缓解这个技术问题,我们将使用术语图作为有界度图模型上下文中有界度表示的同义词。例如,将确定一个图是连通的还是远离连通的问题等同于确定给定的有界度表示是对应于连通图还是远离连通图的每个有界度表示的问题。对于这个问题的形式表示的完整性,我们注意到,这个问题对应的属性集 P 是连通图的所有有界度表示的集合。

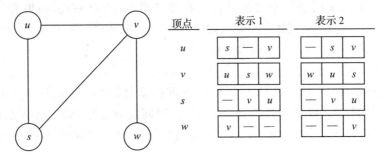

注:表示中为空的单元格用字符"—"指定。注意,尽管两种表示都对应于同一个图,但它们之间的距离是 7/12,因为这两种表示在它们各自的 12 个单元格中有 7 个是不同的。

图 12.3　单个图的两个有界度表示(对于相同的 $d=3$)

让我们从一个有用的引理开始研究上面的问题,这个引理(见引理 12-5)刻画了远离连通的图。在这个引理中,以及关于这个问题的其他讨论中,假设 $d \geqslant 2$。如果有必要,可以很容易取消这个假设,因为一个最大度为 $d<2$ 的图显然是不连通的(除非它有两个或更少的顶点)。

引理 12-5: ε-远连通的图 G 必须具有至少 $\varepsilon dn/2$ 连通分量。

证明:一个小于 $\epsilon dn/2$ 连通分量的图 G 不可能是 ϵ-远离连通的。回想一下,一个包含 h 个连通分量的图可以通过给它加上 $h-1$ 条边来连通。因此,可以假设任何这样的图都可以通过在其有界度表示中最多修改 $2(h-1)$ 个条目来连接。我们将在后面的证明中看到,当图中每个连通元素的顶点的邻居列表中至少有两个空元素时,这种方法是成立的(因为上述 $h-1$ 条边可以通过修改这些空条目来添加)。然而,当图的连通部分在其邻域列表中的空项少于两个时,情况就更复杂了,我们的证明将从如何避免这种情况开始。

假设 G 是一个有 h 个连通分量的图,对于 G 的每一个连通分量,如果该连通分量的顶点的邻接表中至少有两个空项,我们就说它具有 Q 的性质。现在考虑 G 的一个连通分量 C 不具有 Q 的性质,令 T 是 C 的一棵生成树。C 不具有 Q 属性的事实意味着它至少包含两个顶点,因此,T 必须至少有两个叶节点:t_1 和 t_2。我们用 e_1 表示一条到达 t_1 且不属于 T 的边(如果存在这样一条边),同样地,我们用 e_2 表示一条与 t_2 相交且不属于 T 的边(同样,如果存在这样一条边),如图 12.4(a)所示。如果 e_1 和 e_2 都不存在,那么 t_1 和 t_2 在它的邻居列表中都有一个空的条目,这与我们选择 C 作为 G 的连通分量相矛盾,它不具有 Q 的属性。因此,e_1 或 e_2 必定存在,我们不失一般性地假设 e_1 存在。现在看到,通过移除 e_1,可以使 C 具有 Q 的性质,而且这个移除不会影响 C 的连通性,因为 T 是连接的。因此,我们找到了一种方法,通过删除一条边,使 C 具有 Q 的属性,这需要我们最多改变两个条目。现在对 G 的所有没有属性 Q 的连接组件重复这个过程,将产生一个图形 G',其中所有连接组件 C 都有属性 Q,将需要最多 $2h$ 个条目修改。

我们的下一个目标是解释如何通过改变最多 $2h$ 的项来连接 G'。我们用 C_1,C_2,$\cdots$,C_h 表示 G' 的连通分量。对于每个连接组件 C_i,我们从 C_i 的顶点的邻居列表中选择两个空条目 $e_{i,1}$ 和 $e_{i,2}$,这是可能的,因为 G' 的每个连接组件都具有 Q 属性。现在让我们用 u_i 和 v_i 分别表示对应于空条目 $e_{i,1}$ 和 $e_{i,2}$ 的顶点(我们注意到,如果 $e_{i,1}$ 和 $e_{i,2}$ 都属于这个顶点的邻居列表,则 u_i 和 v_i 可能是同一个顶点)。通过在 G' 上添加边 $v_1u_2,v_2u_3,\cdots,v_{h-1}u_h$,创建了一个新的图 G''。我们观察到,因为这些边的每个顶点都有一个不同的相关空条目,因为这些边的每个顶点在其邻居列表 $\{e_{i,1},e_{i,2}\}_{i=1}^h$ 中具有不同的关联空条目,可以通过改变这个列表中的 $2(h-1)$ 项从 G' 获得 G''。此外,上述 $h-1$ 条新边连接了 G' 的所有连通分量(见图 12.4(b)),因此,G'' 为连通图。

用一个简单的方法对上述内容进行总结,我们得到一个具有 h 连通分量的图 G,只要最多改变 $2h+2(h-1)<4h$ 个条目,就可以转化为连通图 G'';但是,通过稍微仔细一点的分析,可以减少需要更改的条目的数量。具体来说,从 G' 到 G'' 的转换只改变了集合 $\{e_{i,1},e_{i,2}\}_{i=1}^h$ 的条目。该集合包含从 G' 的每个连接组件 C_i 中任意选择的两个空条目。特别是,我们可以选择这两个空条目,以便它们包括在 G 转换为 G' 期间更改的任何 C_i 条目,因为根据定义,在 G' 中每个这样的条目都是空的。使用这

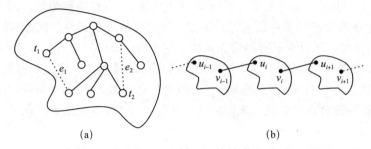

注:(a)描述了 G 的单个连通分量,树 T 在其中,树的叶 t_1 和 t_2 以及与这些叶相连但不属于 T 的边 e_1 和 e_2。(b)描述 G' 的 3 个连续连通分量 C_{i-1}、C_i 和 C_{i+1},以及在 G'' 中为连接它们而添加的边。

图 12.4   引理 12-5 的证明说明

个特定的选择,我们得到 G 到 G' 的变换和 G' 到 G'' 的转换只修改大小为 $2h$ 的集合 $\{e_{i,1}, e_{i,2}\}_{i=1}^{h}$ 的条目,因此,G 转化为一个连通图最多需要改变 $2h$ 条目。

引理 12-5 之所以成立,是因为最后的观察结果表明,一个有 $h < \varepsilon dn/2$ 连通分量的图,可以通过改变其表示 dn 项的 $2h < \varepsilon dn$ 使其连通。因此,它与被连通性的距离小于 ε。

练习 12-11:引理 12-5 证明了一个有界度图连接的组件比连接的组件多得多的图形(具有单个连接组件)。因此,可以使用诸如算法 12-2 之类的用于估计图中连接组件的数目的算法来区分这些图。证明这一思想引出了一种性质测试算法,用于确定时间复杂度为 $O(d^{-2}\varepsilon^{-3})$ 的有界度图是否连通。

为了改进练习 12-11 中建议的算法,我们需要以稍微复杂的方式使用引理 12-5。引理 12-5 保证一个远离连通的图有许多连通的成分。由于图的每个顶点只出现在其中一个连接的组件中,因此大多数连接的组件必须非常小。推论 12-4 正式证明了这一点。

推论 12 - 4:ε-远离连通的图形有 $\varepsilon dn/4$ 以上的连接元件,其尺寸不大于 $4/(\varepsilon d)$。

证明:通过矛盾的方式,假设引理不成立,即 G 中存在小于 $\varepsilon dn/4$ 个的连通分量,其大小最多为 $4/(\varepsilon d)$。由于 G 至少含有 $\varepsilon dn/2$ 个连通分量(由引理 12-5 得到),所以 G 至少含有 $\varepsilon dn/4$ 个大小大于 $4/(\varepsilon d)$ 的大连通分量。由于这些大的连通分量是顶点不相交的,因此其中的顶点总数大于(根据大型组件的数量而定)·(大型部件最小尺寸)$>(\varepsilon dn/4)\cdot[4/(\varepsilon d)]=n$,这与 G 只有 n 个顶点的事实相矛盾。

推论 12-4 意味着,要确定一个图是连通的还是远离连通,只需查找图中小连通分量即可。如果图是连通的,则它只有一个(大型)连通分量;如果图是远离连通的,则它有许多小的连通分量。这个想法是算法 12-10 的基础。需要注意的是,上面的假设即一个图的单个连通分量很大,仅当 G 中的顶点数不是非常小(与 $1/(\varepsilon d)$ 相比)

时才成立,当这种情况不发生时,上述直观的想法会失败,因此,必须采用另一种方法来确定 G 是否连通。算法 12 - 10 的第一行就解决了这个技术问题。

算法 12 - 10:判断图是否连通(G,ε)

1. 如果 $n \leqslant 4/(\varepsilon d)$,则用 BFS 判断 G 是否连接,并终止。

2. 设 $s = \lceil 8/(\varepsilon d) \rceil$。

3. 从图 G 中独立随机抽取 s 个顶点$(u_1, u_2, \cdots, u_s)$。

4. 对于每个采样的顶点 u_i 执行

5. 　使用 BFS 探索 u_i 的连接组件。`

6. 　如果 BFS 在 u_i 的连通分量中找到了超过 $4/(\varepsilon d)$ 个顶点,则

7. 　　一旦发生这种情况,立即停止 BFS。

8. 　否则,

9. 　　返回"G 未连通"。

10. 如果算法到达此点,则返回"G 是连通的"。

引理 12 - 6:算法 12 - 10 是一种性能测试算法,用于确定有界度图 G 是否连通。

证明:如果 G 包含最多 $4/(\varepsilon d)$ 个顶点,则算法 12 - 10 使用 BFS 来搜索整个图,因此,无论图是否连通,算法都能正确回答。因此,从现在开始,假设 G 包含的顶点数大于 $4/(\varepsilon d)$。

如果 G 是连通的,那么从 G 的每个顶点开始的 BFS 最终会发现 G 的所有顶点,且大于 $4/(\varepsilon d)$,因此,可以保证算法 12 - 10 能够正确检测连通图是否连通。至于算法 12 - 10 在 G 与连接 ε 远时以至少 2/3 的概率检测到 G 不连通,还有待证明。

假设 G 为 ε -远离连通。然后,根据推论 12 - 4,它至少包含 $\varepsilon dn/4$ 个大小为 $4/(\varepsilon d)$ 以下的连通元件。由于 G 的每个连通分量必须包含至少一个顶点,这意味着每一个顶点 $u_1, u_2, \cdots, u_s$ 有至少 $(\varepsilon dn/4)/n = \varepsilon d/4$ 的概率属于一个小的连通部件,即一个最大数为 $4/(\varepsilon d)$ 顶点的连通分量。现在观察,如果发生这种情况,即有一个顶点 u_i 属于一个小连接组件,那么从 u_i 开始的 BFS 将发现最多 $4/(\varepsilon d)$ 个顶点;这将导致算法输出图不连通。因此,为了证明算法 12 - 10 以至少 2/3 的检测到 G 不连通,只需证明 $u_1, u_2, \cdots, u_s$ 中的一个顶点属于一个至少具有这种概率的小连通分量即可。

回忆一下,顶点 $u_1, u_2, \cdots, u_s$ 是独立选择的,每一个都属于一个概率大于 $\varepsilon d/4$ 的小连通分量。因此,它们中至少有一个属于该组件的概率为

$$1 - \left(1 - \frac{\varepsilon d}{4}\right)^s \geqslant 1 - e^{-\varepsilon ds/4} \geqslant 1 - e^{-\varepsilon d[8/(\varepsilon d)]/4} = 1 - e^{-2} > \frac{2}{3}$$

第一个不等式成立,因为 $1 + x \leqslant e^x$ 对于每个实数 x 都成立。

要完成对算法 12 - 10 的分析,仍然需要限制其时间复杂度。

观察 12 - 6:算法 12 - 10 的时间复杂度为 $O(d^{-1}\varepsilon^{-2})$。

证明:如果 $n\leqslant 4/(\varepsilon d)$,则算法 12 - 10 采用单次 BFS 执行,需要 $O(n+nd)$ 时间,因为 G 最多包含 $nd/2$ 条边。由于 $n\geqslant 1$,所以这里有 $d^{-1}\varepsilon^{-1}=\Omega(1)$,这意味着(加上 $n\leqslant 4/(\varepsilon d)$ 的不等式)上述时间复杂度的上限为

$$O(n+nd)=O(nd)=O(\varepsilon^{-1})=O(d^{-1}\varepsilon^{-2})$$

对于 $n>4/(\varepsilon d)$ 的情况仍需考虑。在这种情况下,算法 12 - 10 的时间复杂度由其使用的 BFS 执行 s 次所需的时间决定。如上所述,一般情况下,单个 BFS 的执行时间取决于 n,但幸运的是,算法 12 - 10 一旦找到 $4/(\varepsilon d)$ 个顶点就会停止 BFS。由于 BFS 只扫描它已经找到的顶点的边缘,所以以这种方式停止 BFS 来保证其时间复杂度仅为 $O(4/(\varepsilon d)\cdot d)=O(\varepsilon^{-1})$。因此,算法 12 - 10 的总时间复杂度为

$$s\cdot O(\varepsilon^{-1})=\lceil 8/(\varepsilon d)\rceil\cdot O(\varepsilon^{-1})=O(d^{-1}\varepsilon^{-2})$$

定理 12 - 6 总结了我们对算法 12 - 10 的所有证明。

定理 12 - 6:算法 12 - 10 是一种属性测试算法,用于确定有界度图是否连通,它的时间复杂度是 $O(d^{-1}\varepsilon^{-2})$。

练习 12 - 12:算法 12 - 2 和算法 12 - 10 都基于从图的随机顶点执行 BFS,但是,由练习 12 - 11 提出的基于算法 12 - 2 的算法明显慢于算法 12 - 10(假设 ε^{-1} 明显大于 d)。试对这种差异给出直观的解释。

12.5　文献说明

我们提出的估计图中连通组件数量的算法(算法 12 - 2)和估计最小权生成树的权值的算法(算法 12 - 4)是 Chazelle 等人(2005)针对这些任务提出的算法的简化版本。原始算法的时间复杂度分别为 $O(d\varepsilon^{-2}\cdot\log(d/\varepsilon))$ 和 $O(dw\varepsilon^{-2}\cdot\log(dw/\varepsilon))$。注意,最后一次时间复杂度几乎与 2.3.2 小节中提到的估计最小权生成树的权值所需时间复杂度的下限相匹配(下界也是由 Chazelle 等人提出的(2005))。我们介绍的简化算法基于 Grigory Yaroslavtsev 于 2015 年在宾夕法尼亚大学讲授的一门课程的课堂讲稿。

Parnas 和 Ron(2007)提出了通过模拟局部分布式算法来获得次线性时间算法的想法。他们利用这一想法提出了一种估计有界度图的最小顶点覆盖大小的算法,这与本章为这个任务开发的算法(算法 12 - 9)非常相似。值得注意的是,通过将这种思想与更先进的局部分布式算法相结合,Parnas 和 Ron(2007)也能够获得额外的结果。特别是,他们展示了一种算法,仅使用 $d^{O(\log(d/\varepsilon))}$ 查询估计最小顶点覆盖的大小,其乘法误差为 2,附加误差为 εn。

尽管提出了算法 12 - 9,但 Parnas 和 Ron(2007)的原始工作并未将局部计算算法用作局部分布式算法和次线性时间算法之间的中间步骤。几年后,Rubinfeld 等人

(2010)首次提出了局部计算算法,他们还发现了局部计算算法与局部分布式算法之间的关系。

最后,让我们谈谈有界度图模型(用于属性测试)。该模型最初由 Goldreich 和 Ron(2002)定义,他们研究了该模型中的各种问题。特别是,他们提出了上述确定有界度图是否连通的算法(算法 12 - 10),并针对时间复杂度为 $O(\varepsilon^{-1} \cdot \log^2(\varepsilon d)^{-1})$ 的同一问题提出了第二种性质测试算法,当 ε^{-1} 显著大于 d 时,这个算法更好。

[1] Chazelle B,Rubinfeld R,Trevisan L. Approximating the Minimum Spanning Tree Weight in Sublinear Time. SIAM Journal on Computing,2005,34(6):1370 - 1379.

[2] Goldreich O,Ron D,Property Testing in Bounded Degree Graphs. Algorithmica,2002,32(2):302 - 343.

[3] Parnas M,Ron D. Approximating the Minimum Vertex Cover in Sublinear Time and a Connection to Distributed Algorithms. Theoretical Computer Science,2007,381(1 - 3):183 - 196.

[4] Rubinfeld R,Tamir G,Vardi S,et al. Fast Local Computation Algorithms. In Proceedings of the 1st Innovations in Computer Science (ICS),2010:223 - 238.

练习解析

练习 12 - 1 解析

考虑 G 的任意连通分量 C。我们将证明 C 的节点对式(12.1)的贡献正好为 1,这证明了式(12.1)等于 G 中的连通分量数,因为 C 是 G 的一般连通分量。C 节点对式(12.1)的贡献为

$$\sum_{u \in C} \frac{1}{n_u} = \sum_{u \in C} \frac{1}{|C|} = |C| \cdot \frac{1}{|C|} = 1$$

练习 12 - 2 解析

对于每个 $1 \leqslant i \leqslant h$,设 Y_i 是一个随机变量,其值等于 $1/n_{u(i)}$。由于 $u(i)$ 是 G 的一个均匀随机顶点,我们得到

$$\mathrm{E}[Y_i] = \frac{\sum\limits_{u \in V} 1/n_u}{n}$$

可以看到,算法 12 - 1 的输出可以写成 $(n/h) \cdot \sum\limits_{i=1}^{h} Y_i$。因此,根据期望的线性性,算法的期望输出等于

$$\frac{n}{h} \cdot \sum_{i=1}^{h} \mathrm{E}[Y_i] = \frac{n}{h} \cdot \sum_{i=1}^{h} \frac{\sum_{u \in V} 1/n_u}{n} = \sum_{u \in V} \frac{1}{n_u}$$

这就完成了证明,因为最后一个等式的最右边等式(12.1),它已经被证明等于练习 12-1 中的 G 中连通分量的数量。

练习 12-3 解析

回想一下 $\hat{n}_u = \min\{n_u, 2/\varepsilon\}$,这个等式意味着 $\hat{n}_u$ 永远不大于 n_u,因此,

$$\sum_{u \in V} \frac{1}{\hat{n}_u} \geqslant \sum_{u \in V} \frac{1}{n_u} \Rightarrow \sum_{u \in V} \frac{1}{\hat{n}_u} - \sum_{u \in V} \frac{1}{n_u} \geqslant 0$$

为了证明这个练习的另一个不等式,我们注意到当 $\hat{n}_u$ 和 n_u 不相同时,$\hat{n}_u$ 等于 $2/\varepsilon$。因此,$1/\hat{n}_u$ 的上界为 $1/n_u + \varepsilon/2$。总结 G 的所有节点的观察结果,我们得到

$$\sum_{u \in V} \frac{1}{\hat{n}_u} - \sum_{u \in V} \frac{1}{n_u} \leqslant \left(\sum_{u \in V} \frac{1}{n_u} + \frac{n\varepsilon}{2} \right) - \sum_{u \in V} \frac{1}{n_u} = \frac{n\varepsilon}{2}$$

练习 12-4 解析

根据提示,用 G_1 来表示 n 个顶点上的路径,使 G_2 是一个随机图,通过从 G_1 中移除一条均匀随机的边来得到。现在考虑一个用于估计图中连通分量数量的任意次线性时间算法 ALG。我们将证明,在 $1-O(1)$ 的概率下,ALG 在给定 G_1 或 G_2 时产生相同的输出。

首先假设 ALG 是一个确定性算法,设 E_{ALG} 为 ALG 在得到 G_1 作为输入时读取的 G_1 的边。考虑 ALG 以 G_1 作为其输入时遵循的执行路径,观察到除去 E_{ALG} 之外 G_1 的任何一条边都不能改变这个执行路径,因为 ALG 从未读取过这样一条边。因此,每当 E_{ALG} 不包括从 G_1 移除以获得 G_2 的单一边时,ALG 将遵循给定的 G_1 或 G_2 的相同执行路径(并将产生相同的输出)。由于这条边被选为 G_1 的一条均匀随机边,我们得到,给定 G_1 或 G_2,ALG 产生相同的输出,其概率至少为 $|E_{\mathrm{ALG}}|/(n-1)$。更正式地说,如果用 ALG(G)表示给定图 G 的 ALG 的输出,那么

$$\Pr[\mathrm{ALG}(G_1) = \mathrm{ALG}(G_2)] \geqslant 1 - \frac{|E_{\mathrm{ALG}}|}{n-1}$$

回想一下,当 ALG 是确定性的时,上面的结论是成立的,现在考虑 ALG 是随机化的情况。看待 ALG 的一种等价的方法是假设它得到一个随机比特的列表,每当它需要做出一个随机决策时,它就从这个列表中读取下一个比特。基于这个观点,执行 ALG 包括两个阶段:在第一个阶段,我们创建了一个随机位的列表;在第二个阶段,我们运行确定性算法,ALG 得到这个列表。换句话说,执行 ALG(像任何其他随机算法一样)相当于根据适当的分布选择一个确定性算法,然后执行它。为了更加形式化,我们用 A 表示一个根据定义 ALG 的分布选择的随机确定性算法,并观察到

ALG(G)与 A(G)具有相同的分布。

设 B 是 A 的概率为正的算法集合。由于每个算法 $A' \in B$ 都是确定性的,因此上述确定性算法的结果适用于它。因此,根据全概率定律,我们得到

$$\Pr[A(G_1) = A(G_2)] = \sum_{A' \in B} \Pr[A'(G_1) = A'(G_2) \mid A = A'] \cdot \Pr[A = A']$$

$$\geqslant \sum_{A' \in B} E\left[1 - \frac{\mid E_A \mid}{n-1} \mid A = A'\right] \cdot \Pr[A = A']$$

$$= 1 - \frac{E[\mid E_{\mathrm{ALG}} \mid]}{n-1} = 1 - O(1)$$

其中,E_A 是算法 A 在 G_1 时读到的边的集合。注意,最后一个等式成立,因为 ALG 读取了 E_{ALG} 的所有边,因此,它的次线性时间复杂度上界是 E_{ALG} 的大小。现在用 H_2 表示 G_2 有正概率出现的一组图,然后,再次利用全概率定律,我们得到

$$\sum_{G \in H_2} \Pr[G = G_2] \cdot \Pr[A(G_1) = A(G)] = \Pr[A(G_1) = A(G_2)] \geqslant 1 - O(1)$$

由于 $\sum\limits_{G \in H_2} \Pr[G = G_2] = 1$,最后一个不等式表明,必定存在一个图 $G' \in H_2$,使 $\Pr[A(G_1) = A(G')] \geqslant 1 - O(1)$。

现在假设通过矛盾的方式,ALG 对某些常数 $\varepsilon > 0$ 估计其输入图中连通分量的数量的相对误差为 1/4,且概率至少为 $1/2 + \varepsilon$。这意味着给定 G_1,ALG 必须输出一个不超过 5/4 的值,并且至少有 $1/2 + \varepsilon$ 的概率,因为 G_1 有一个单独连接的组件。同样地,给定 G',ALG 必须输出一个不小于 3/2 且概率至少为 $1/2 + \varepsilon$ 的值。因为 $3/2 > 5/4$,两项声明可以合并如下:

$$\Pr[A(G_1) = A(G')]$$
$$\leqslant \Pr[A(G_1) = A(G') \geqslant 3/2] + \Pr[A(G_1) = A(G') \leqslant 5/4]$$
$$\leqslant \Pr[A(G_1) \geqslant 3/2] + \Pr[A(G') \leqslant 5/4]$$
$$\leqslant \Pr[A(G_1) > 5/4] + \Pr[A(G') < 3/2]$$
$$= \Pr[\mathrm{ALG}(G_1) > 5/4] + \Pr[\mathrm{ALG}(G') < 3/2] \leqslant 2 \cdot (1/2 - \varepsilon) = 1 - 2\varepsilon$$

这与 G' 的定义相矛盾。

练习 12-5 解析

根据定义,$T_{\leqslant i}$ 只包含 G 的权值不大于 i 的边,因此 G 的所有边都出现在 $G_{\leqslant i}$ 中。这意味着 $T_{\leqslant i}$ 的所有边都出现在 $G_{\leqslant i}$ 的连通分量内。因此,可以通过简单地计算 $G_{\leqslant i}$ 中每个给定连通分量中这个集合的边数来计算 $T_{\leqslant i}$ 中的边数。因此,让我们固定这样一个 $G_{\leqslant i}$ 的连通分量 C。

因为 $T_{\leqslant i}$ 的所有边都属于树 T,所以它们不能包含一个循环。因此,C 中的这些边的数量可以以 $|C| - 1$ 为上限,其中 $|C|$ 为被连接组件 C 中的节点数。现在假设

使用反证法,这个上限并不是严格的,即 $T_{\leqslant i}$ 在连通的分量 C 内包含的边数小于 $|C|-1$。这意味着可以将 C 划分为两个节点的子集 C_1 和 C_2,使得这些子集之间不存在 $T_{\leqslant i}$ 的边。然而,由于 C 是 $G_{\leqslant i}$ 的连通分量,所以 C_1 和 C_2 之间的权值边最多为 i,让我们用 e 来表示这条边(见图 12.5)。

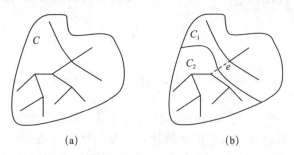

(a)   (b)

注:图(a)给出了该连通分量包含 $T_{\leqslant i}$ 的 $|C|-1$ 条边的情况,即这些边构成了该分量的生成树。(b)给出了 $T_{\leqslant i}$ 的边较少的情况,可以将其划分为 C_1 和 C_2 两部分,$T_{\leqslant i}$ 的边没有连接到这两部分。然而,由于 C 在 $G_{\leqslant i}$ 中是连通的,所以在这两部分之间必定存在一条边 e。

图 12.5 $G_{\leqslant i}$ 的连通分量 C

设 T_e 为 Kruskal 算法在考虑边 e 之前所维护的集合 T。因为 e 的权值最多为 i,但不属于 $T_{\leqslant i}$,所以它也不属于 T。根据定义,Kruskal 的算法没有将 e 加到 T 中,这意味着将 e 加到 T_e 会产生一个循环。换句话说,T_e 必须包含 e 的两个端点之间的路径。回顾 e 连接 C_1 和 C_2 的节点,意味着在 T_e 中 C_1 和 C_2 之间存在一条路径。注意,T_e 的边的权值一定都不大于 i,因为 e 的权值不大于 i(Kruskal 算法以权值非递减顺序考虑边)。这个观察的一个结果是,T_e 中 C_1 和 C_2 之间的路径一定也存在于 $T_{\leqslant i}$ 中。由于我们已经证明了 $T_{\leqslant i}$ 中没有一条边将连通分量 C 连接到图 $G_{\leqslant i}$ 的其余部分,因此 $T_{\leqslant i}$ 中的上述路径必须在 C 中,必须包含 C_1 和 C_2 之间的一条边,这与 C_1 和 C_2 的定义相矛盾。这个矛盾意味着,我们在 C 的连通分量内的 $T_{\leqslant i}$ 条边的数量上所拥有的 $|C|-1$ 的上限实际上是严格的。把这个观测结果加到所有 $G_{\leqslant i}$ 的连通分量上,我们得到

$$|T_{\leqslant i}| = \sum_{C \in \mathrm{CC}(G_{\leqslant i})} (|C|-1) = n - \mathrm{CC}(G_{\leqslant i})$$

练习 12-6 解析

算法 12-4 使用算法 12-2 的 $w-1$ 次执行。根据定理 12-1,每一次执行都使用 $O(d/\varepsilon^3 \cdot \log \delta^{-1})$ 时间作为输入图形 $G_{\leqslant i}$ 是预先计算的。不幸的是,在对其执行算法 12-2 之前预先计算 $G_{\leqslant i}$ 需要太多的时间。然而,我们可以观察到,每次算法 12-2 尝试从 $G_{\leqslant i}$ 的一个顶点 u 的邻居列表中读取某个单元格时,我们可以在如

下常量时间内计算该单元格的内容。如果 G 表示的对应单元格为空,那么 $G_{\leqslant i}$ 的原始单元格也应为空;否则,我们假设 G 的表示中相应的单元格包含相邻的 v,并且边 (u,v) 在 G 中的权值为 j。如果 $j>i$,则边 (u,v) 不是 $G_{\leqslant i}$ 的一部分,因此 $G_{\leqslant i}$ 的原始单元格应为空;否则,边 (u,v) 是 $G_{\leqslant i}$ 的一部分,$G_{\leqslant i}$ 的原始单元格应包含与 G 相同的顶点 v。

综上所述,我们得到,由于 $G_{\leqslant i}$ 表示中的每个单元格都可以在常数时间内计算出来,所以执行算法 12-2 所花的时间应与在预先计算的输入图上执行该算法所花的时间相同(直到常数时间)。因此,算法 12-4 所使用的算法 12-2 的每次执行都需要 $O(d/\varepsilon^3 \cdot \log \delta^{-1})$ 时间。由于有 $w-1$ 次这样的执行,而算法 12-4 只使用 $O(w)$ 时间进行这些执行以外的计算,所以得到的算法 12-4 的总时间复杂度为

$$O(w)+(w-1)\cdot O\left(\frac{d}{\varepsilon^3}\cdot \log \delta^{-1}\right)=O\left(\frac{dw}{\varepsilon^3}\cdot \log \delta^{-1}\right)=O\left(\frac{dw^4}{\varepsilon'}\cdot \log \frac{w}{\delta'}\right)$$

练习 12-7 解析

设 ε 和 δ 是 $(0,1]$ 中的两个值,并且我们不失一般性地假设 ε^{-1} 是一个整数(否则,我们可以用一个符合这个性质的值来代替 ε,并且它属于 $[\varepsilon/2,\varepsilon]$)。根据提示,要将每条边的权值舍入为 $\varepsilon/2$ 的整数倍,故可以让所有的权值乘以 $2/\varepsilon$。结合这两步,我们将边的权值 i 转换为权值 $\lfloor 2i/\varepsilon \rfloor$($\lfloor 2i/\varepsilon \rfloor$ 表示不大于 $2i/\varepsilon$ 的最大整数)。这里用 G' 表示由 G 通过这个权值变换得到的权值图。

现在在 G' 上执行算法 12-4,其中 $\varepsilon'=1$,$\delta'=\delta$。由于 G' 中边的权值是 $2/\varepsilon \geqslant 1$ 到 $2w/\varepsilon$ 之间的整数,当 G' 被预计算时,定理 12-2 保证算法 12-4 执行的时间复杂度为 $O(dw^4/\varepsilon^4 \cdot \log(w/(\varepsilon\delta)))$,此外,至少有 $1-\delta$ 的概率,它将最小生成树的权重估计误差在 $\varepsilon'n=n$ 内。引理 12-7 允许我们将 G' 的最小权生成树的权值估计转换为 G 的最小权生成树的权值估计。

引理 12-7：如果 W 是 G' 的最小权生成树的权值估计,其误差为 n,那么 $\varepsilon W/2$ 就是 G 的最小权生成树的权值估计,其误差为 εn。

证明：设 T 和 T' 分别是 G 和 G' 的最小权生成树,设 $v(T)$ 和 $v(T')$ 分别表示它们在 G 和 G' 中的权值。注意,T 也是 G' 中的生成树,它在 G' 中的权值最多为 $2v(T)/\varepsilon$。因此,

$$v(T')\leqslant 2v(T)/\varepsilon$$

这意味着

$$\frac{\varepsilon W}{2}-v(T)\leqslant \frac{\varepsilon W}{2}-\frac{\varepsilon}{2}\cdot v(T')=\frac{\varepsilon}{2}\cdot[W-v(T')]\leqslant \frac{\varepsilon}{2}\cdot n=\frac{\varepsilon n}{2}\leqslant \varepsilon n$$

同样,T' 是 G 的生成树,其权值最多为 $\varepsilon v(T')/2+\varepsilon n/2$(其中,$\varepsilon n/2$ 是由于 G' 权重定义中的取整以及 T' 最多有 n 条边的观察而来)。因此,

$$v(T) \leqslant \varepsilon v(T')/2 + \varepsilon n/2$$

这意味着

$$\frac{\varepsilon W}{2} - v(T) \geqslant \frac{\varepsilon W}{2} - \frac{\varepsilon}{2} \cdot v(T') - \frac{\varepsilon n}{2}$$

$$= \frac{\varepsilon}{2} \cdot [W - v(T')] - \frac{\varepsilon n}{2} \geqslant \frac{\varepsilon}{2} \cdot (-n) - \frac{\varepsilon n}{2} = -\varepsilon n$$

上述讨论和最后一个引理表明,算法 12 - 11 估计了 G 的最小权生成树的权值,误差为 εn,概率最多为 $1 - \delta$。为了确定算法 12 - 11 的时间复杂度,我们观察到,除了在 G' 上执行算法 12 - 4 所需的时间外,算法 12 - 11 只需要 $O(1)$ 的时间。因此,限定最后时间复杂度就足够了。当 G' 在被预计算时,我们可以看到,执行算法 12 - 4 只需要 $O(dw^4/\varepsilon^4 \cdot \log(w/(\varepsilon\delta)))$ 的时间。不幸的是,计算 G' 花费了太多的时间,但我们可以在固定的时间内生成算法 12 - 4 试图读取的 G' 的每个权重或邻居列表条目,这就像预先计算了 G' 的副本一样。因此,利用 $O(dw^4/\varepsilon^4 \cdot \log(w/(\varepsilon\delta)))$ 的时间复杂度实现算法 12 - 11 是可能的。

算法 12 - 11:具有连续权值的最小权生成树的权值估计(ε, δ)

1. 对由 G 得到的图 G' 执行算法 12 - 4,将 G 中的每条边权值 i 替换为 $\lfloor 2i/\varepsilon \rfloor$。设 W 是它的输出。

2. 返回 $\varepsilon W / 2$。

练习 12 - 8 解析

(a) 通过矛盾的方式假设算法 12 - 7 产生了非法着色,即有一条边 e,它的端点 u 和 v 的最终颜色是 c。那么,肯定发生了两件事中的一件,要么 u 和 v 同时得到相同的最终颜色 c,要么端点 u 在 v 之前得到最终颜色 c(反过来也可以发生,但由于对称性,我们可以忽略它)。现在证明这两种情况都不可能发生。

首先考虑 u 和 v 同时得到相同颜色 c 的情况。在算法 12 - 7 的迭代中发生了这种情况,u 和 v 都选择了颜色 c,然后它们都各自向另一个报告了选择 c 的情况。因此,它们都被告知,它们的一个邻居也选择了颜色 c,这应该会阻止它们最终确定 c。因此,我们得到了一个矛盾。

现在考虑第二种情况,e 的端点 u 选择了最终颜色 c,然后另一个端点 v 决定在稍后的时间选择相同的最终颜色 c。考虑算法 12 - 7 的迭代,其中 u 已经确定了它的颜色。在这个迭代的最后,u 通知它的所有邻居(包括 v)它已经完成了它的颜色 c,因此,这些邻居从它们相应的颜色列表 C 中删除了 c。因为一个顶点只从它的颜色列表 C 中选择颜色,这意味着在 u 确定了它的颜色后,v 在任何时候都不能选择颜色 c 了,这又导致了一个矛盾。

(b) 算法 12 - 7 的每次迭代都涉及两轮通信:在第一轮中,每个顶点都会告知它的邻居它从 C 色列表中选择的颜色;在第二轮中,每个顶点都会通知它的邻居它是否已经确定了它所选择的颜色。因此,我们需要证明算法 12 - 7 至少有 $1 - 1/n$ 的概

率在 $2 \cdot \lceil \log_2 n \rceil$ 次迭代后终止。固定输入图的任意顶点 u，并考虑算法 12 - 7 的任意迭代，该迭代开始于 u 确定其颜色之前。在这个迭代中，u 选择了一个任意的颜色 c_u，如果这个颜色与相邻的 u 选择的颜色不同，那么这个颜色就被确定了。如果我们用 N_u 表示 u 的这些邻居的集合（即 u 有一个最终颜色的邻居），用 c_v 表示 $v \in N_u$ 的颜色，用 C_u 表示 u 在当前迭代时的颜色列表，那么 u 在迭代结束时最终确定颜色的概率为

$$\Pr[c_u \neq c_v \ \forall v \in N_u] = \Pr[c_u \notin \{c_v \,|\, v \in N_u\}] = 1 - \frac{|N_u|}{|C_u|}$$

现在重要的发现是，每当 u 的一个邻居确定了它的颜色时，N_u 就会失去一个顶点，而 C_u 最多只失去一个颜色。由于 N_u 的原始尺寸为 u 的阶数，u 的阶数不大于 d，而 C_u 的原始尺寸为 $2d$，所以

$$1 - \frac{|N_u|}{|C_u|} \leqslant 1 - \frac{d - (u \text{ 的已经确定颜色的邻居数量})}{2d - (u \text{ 的已确定颜色的邻居数量})} \leqslant 1 - \frac{d}{2d} = \frac{1}{2}$$

因此，我们证明了在算法 12 - 7 的每次迭代中，输入图的每个顶点以至少 $1/2$ 的概率确定其颜色。因此，在 $2 \cdot \lceil \log_2 n \rceil$ 次迭代后，这些顶点中的每一个都以至少 1 的概率确定其颜色。

$$1 - \left(\frac{1}{2}\right)^{2 \cdot \lceil \log_2 n \rceil} \geqslant 1 - 2^{-2 \cdot \log_2 n} = 1 - n^{-2}$$

使用联合界，我们得到输入图的 n 个顶点经过算法 12 - 7 的 $2 \cdot \lceil \log_2 n \rceil$ 次迭代后最终确定颜色的概率至少为 $1 - n^{-1}$，这是我们想证明的（因为该算法终止后所有的顶点都选择最后的颜色）。

练习 12 - 9 解析

由算法 12 - 8 构造的子图 $G'(u)$ 包含 G 到 u 的距离不大于 $\lceil \log_2 d \rceil + 1$ 的所有节点。因此，考虑到 G 中每个节点的度都是 d 的上界，我们可以将 $G'(u)$ 中的节点数的上界设为

$$\sum_{i=0}^{\lceil \log_2 d \rceil + 1} d^i \leqslant (\lceil \log_2 d \rceil + 2) \cdot d^{\lceil \log_2 d \rceil + 1} = O(d)^{\lceil \log_2 d \rceil + 2}$$

$G'(u)$ 的构造只需要我们读取 $G'(u)$ 节点的邻居列表。由于每个这样的邻居列表的长度为 d，因此对于这种构造，算法 12 - 8 只需要 $O(d) \cdot O(d)^{\lceil \log_2 d \rceil + 2} = O(d)^{O(\log d)}$ 的时间复杂度。

除了构造 $G'(u)$ 外，算法 12 - 8 中唯一需要非常数时间的部分是对 $G'(u)$ 的每个节点并行执行算法 12 - 6。因此，我们需要计算算法 12 - 6 的时间复杂度。算法 12 - 6 的循环迭代 $\lceil \log_2 d \rceil$ 次，每一次迭代都需要 $O(d)$ 的时间。因此，算法 12 - 6 每次单独执行需要 $O(d \log d)$ 的时间，而算法 12 - 8 每次执行算法 12 - 6 的总时间

复杂度为

$$O(d)^{\lceil \log_2 d \rceil + 2} \cdot O(d \log d) = O(d)^{O(\log d)}$$

由于构造 $G(u)$ 和并行执行算法 12-6 的每个节点都需要 $O(d)^{O(\log d)}$ 的时间,故这也是算法 12-8 的时间复杂度。

练习 12-10 解析

我们需要证明,对于每个 $\varepsilon > 0$ 和 $c \in (1, 2]$,当 s 设为 $\lceil 6c / [(c-1)^2 \varepsilon] \rceil$ 时,算法 12-9 的输出至少有 2/3 的概率属于 $[|C_A(G)|/c - \varepsilon n, c \cdot |C_A(G)| + \varepsilon n]$ 的范围。这个事实的证明与引理 12-4 的证明非常相似,但是我们在这里仍然写得很完整。

让 X_i 作为 u_i 属于 $C_A(G)$ 事件的指示器。回想一下,算法 12-9 的输出等于

$$\frac{n}{s} \cdot \sum_{i=1}^{s} X_i \tag{12.4}$$

而且,这个表达式的期望是

$$\mathrm{E}\left[\frac{n}{s} \cdot \sum_{i=1}^{s} X_i\right] = \frac{n}{s} \cdot \sum_{i=1}^{s} \mathrm{E}[X_i] = \frac{n}{s} \cdot \sum_{i=1}^{s} \frac{|C_A(G)|}{n} = |C_A(G)|$$

现在需要证明式(12.4)不会偏离它的期望太多。首先证明式(12.4)小于 $|C_A|/c - \varepsilon n$,且概率大于 1/6。如果 $|C_A(G)| \leqslant c \cdot \varepsilon n$,则这是平凡的,因为式(12.4)总是非负的。因此,仍需考虑 $|C_A(G)| > c \cdot \varepsilon n$ 的情况。由于每个指标 X_i 的值由示例 u_i 决定,而示例 $u_1, u_2, \cdots, u_s$ 是独立的,所以可以用切尔诺夫界限得到

$$\Pr\left[\frac{n}{s} \cdot \sum_{i=1}^{s} X_i \leqslant C_A(G)/c - \varepsilon n\right]$$

$$\leqslant \Pr\left[\sum_{i=1}^{s} X_i \leqslant \frac{s}{cn} \cdot C_A(G)\right] = \Pr\left[\sum_{i=1}^{s} X_i \leqslant \frac{1}{c} \cdot \mathrm{E}\left[\sum_{i=1}^{s} X_i\right]\right]$$

$$\leqslant \mathrm{e}^{-(1-1/c)^2 \cdot \mathrm{E}\left[\sum_{i=1}^{s} X_i\right]/2} = \mathrm{e}^{-(1-1/c)^2 s \cdot |C_A(G)|/(2n)}$$

$$\leqslant \mathrm{e}^{-s(1-1/c)^2 \cdot (c\varepsilon n)/(2n)} = \mathrm{e}^{-s(1-1/c)^2 \cdot (c\varepsilon)/2} \leqslant \mathrm{e}^{-3} < \frac{1}{6}$$

接下来证明式(12.4)大于 $c|C_A| + \varepsilon n$,且概率大于 1/6。设 Y_i 是取值为 1 的指标,其概率为 $\max\{\varepsilon/c, |C_A(G)|/n\}$。因为这个概率是 X_i 取 1 的概率的上限,所以我们得到

$$\Pr\left[\frac{n}{s} \cdot \sum_{i=1}^{s} X_i \geqslant c \cdot C_A(G) + \varepsilon n\right]$$

$$= \Pr\left[\sum_{i=1}^{s} X_i \geqslant \frac{cs}{n} \cdot C_A(G) + s\varepsilon\right] \leqslant \Pr\left[\sum_{i=1}^{s} Y_i \geqslant \frac{cs}{n} \cdot C_A(G) + s\varepsilon\right]$$

$$\leqslant \Pr\left[\sum_{i=1}^{s} Y_i \geqslant c\, \mathrm{E}\left[\sum_{i=1}^{s} Y_i\right]\right] \leqslant \mathrm{e}^{-(c-1)^2 \mathrm{E}\left[\sum_{i=1}^{s} Y_i\right]/3}$$

$$\leqslant \mathrm{e}^{-(c-1)^2 s\varepsilon/(3c)} \leqslant \mathrm{e}^{-2} < \frac{1}{6}$$

我们现在需要证明的是对上面两个结果应用并集。

练习 12 – 11 解析

首先,我们注意到,当 $\varepsilon \leqslant 8/(dn)$ 时,该练习要求一个算法,该算法可以确定一个有界度图是否连通,其时间复杂度最多为 $O(dn^3)$。很容易看出,这个时间复杂度大于 BFS 的时间复杂度,因此,这个问题是微不足道的。因此,在解的其余部分,我们假设 $\varepsilon > 8/(dn)$。

算法 12 – 12：判断图是否连通-简单(G, ε)

1. 用算法 12 – 2 求 G 的连通分量个数的估计 c,其误差最大为 $\varepsilon dn/8$,概率至少为 $2/3$。

2. 如果 $c < \varepsilon dn/4$,则返回"G 已连通"。

3. 否则返回"G 未连通"。

现在考虑作为算法 12 – 12 给出的算法。根据练习中的讨论,此算法估计其输入有界度图中连接组件的数量,并根据此估计确定图是否连接。

首先分析算法 12 – 12,说明它确实是一个属性测试算法。这是通过观察 12 – 7 和观察 12 – 8 完成的。

观察 12 – 7:如果 G 是连通的有界度图,则算法 12 – 12 表明其连通概率至少为 $2/3$。

证明:由于 G 是连通的,在至少 $2/3$ 的概率下,算法 12 – 12 对 G 的连通分量的估计 c 最多为 $1 + \varepsilon dn/8 < \varepsilon dn/8 + \varepsilon dn/8 = \varepsilon dn/4$,其中第一不等式成立,因为我们假设 $\varepsilon > 8/(dn)$。因此,算法 12 – 12 将声明 G 的连通概率至少为 $2/3$。

观察 12 – 8:如果 G 是一个 ε-远离连通的有界度图,则算法 12 – 12 表明它不连通的概率至少为 $2/3$。

证明:由于 G 是 ε-远离连通的,引理 12 – 5 要求它至少具有 $\varepsilon dn/2$ 连通分量。因此,在至少 $2/3$ 的概率下,通过算法 12 – 12 计算得到的 G 的连通分量的估计值至少为 $\varepsilon dn/2 - \varepsilon dn/8 = 3\varepsilon dn/8 > \varepsilon dn/4$。因此,算法 12 – 12 将以至少 $2/3$ 的概率声明 G 是不连通的。

算法 12 – 12 的时间复杂度仍有待确定。根据定理 12 – 1,算法 12 – 2 利用 $O(d(\varepsilon d)^{-3} \cdot \log(1/3)^{-1}) = O(d^{-2}\varepsilon^{-3})$ 的时间,得到具有所需保证的估计 c。因为算法 12 – 12 除了计算 c 以外,只使用了常数次的运算,所以这也是它的时间复杂度。

练习 12 – 12 解析

算法 12 – 2 的目标是估计图中连接组件的数量。为了实现这一目标,该算法从图的随机顶点执行 BFS,然后(以某种复杂的方式)平均这些 BFS 执行找到的顶点数。为了使算法的结果可信,算法必须使用足够的执行次数,以确保其计算的平均值接近其预期值,这需要多次执行。

相反,对于算法 12 - 10 来说,如果要检测一个图没有连接,则只需执行一次 BFS,就可以找到少量顶点。特别是,该算法不需要有足够的 BFS 执行,就可以找到少量顶点的 BFS 执行部分接近其预期。因此,该算法可以在执行 BFS 的次数明显较少的情况下工作。

第 13 章　稠密图的一种算法

如第 12 章所述,图问题的次线性时间算法必须针对每一种标准图表示分别进行研究。第 12 章介绍了适用于有界度图(稀疏图族)的特定图表示的一些算法。在本章中,我们提出了一个用邻接矩阵表示的图的属性测试算法,这种表示更适合于稠密图。

13.1　模　型

本章首先定义了邻接矩阵和我们假设的属性测试模型。回想一下,(无向)图的邻接矩阵是一个矩阵,它的每个顶点都有一列和一行。该矩阵的每个单元格都是对应于其列和行的顶点之间存在边的指示器。换句话说,当且仅当 u 和 v 之间有一条边时,对应于顶点 u 的行和对应于顶点 v 的列的值为 1(见图 13.1)。我们想提醒您注意邻接矩阵的两个性质,如下:

• 矩阵的主对角线对应于顶点和自身之间的边,即自循环。当图很简单时(在本章中假设),那么对角线只包含零。

• 对于每一对顶点 u 和 v,矩阵中有两个单元格表示 u 和 v 之间存在边:u 对应的行和 v 对应的列的单元格,这一行的单元格对应于 v 而这一列的单元格对应于 u。自然地,这两个单元格总是包含相同的值,这使得邻接矩阵相对于其主对角线对称。我们注意到,在有向图中,其中一个单元表示存在 u 到 v 之间的弧,另一个表示存在反弧,因此,在有向图中邻接矩阵不必是对称的。然而,在本章中我们只考虑无向图。

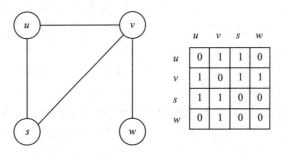

注:矩阵是对称的(因为图不是有向的),其主对角线只包含零个条目(因为图中没有自循环)。

图 13.1　图及其邻接矩阵表示法

在这一点上,我们已经准备好定义在本章中假设的属性测试模型,它被称为稠密图模型。在该模型中,可能对象的集合 N 是 N 个顶点上的图的所有邻接矩阵的集合(n 是模型的参数)。通常,在这个模型中,两个邻接矩阵之间的距离 d 是它们的 n^2 个单元格中两个矩阵不同的部分。

作为研究稠密图模型的预热练习,让我们考虑确定图是否连通的问题。回想一下,在第 12 章中,我们在有界度图模型的上下文中研究了这个问题,并展示了一个非平凡的属性测试算法。然而,下面的练习表明,在稠密图模型中,这个问题很小,除非 ε 非常小。

练习 13 - 1:表明在稠密图模型中,除非 $\varepsilon < 2n^{-1}$,否则没有图是 ε -远离连通的。

13.2 二部性检验算法

本章的主要目标是在稠密图模型中找到一种属性测试算法,以确定图 G 是否为二部图。

算法 13 - 1 给出了此任务的一个非常自然的算法。算法 13 - 1 只是选择输入图 G 的 s 个顶点的一个随机子集(其中 s 是算法的一个参数),然后检查由这些顶点生成的子图是否为二部图。我们提醒读者,给定一个图 G 和 G 的顶点集合 V',由 V' 产生的子图(表示为 $G[V']$)是 V' 的顶点上的图,其中 V' 的两个顶点之间有一条边,当且仅当在 G 中有这样的一条边。

算法 13 - 1:测试二部性(G, s)

1. 随机取 G 的 s 个顶点的子集 V'。

2. 如果 $G[V']$ 是二部图,则

3.   返回"G 是二部的"。

4. 否则,

5.   返回"G 不是二部的"。

为了证明算法 13 - 1 是一个属性测试算法,我们需要证明它能正确地检测到二部图是二部的,并且还能正确地检测到(以显著的概率)远离二部的图不是二部的。练习 13 - 2 要求证明第一个证明。

练习 13 - 2:证明当算法 13 - 1 的参数 s 的值至少为 2 时,给定一个二部图,该算法正确地检测到它是二部的。

为了证明算法 13 - 1 是一个属性测试算法,还需要证明它正确地检测到一个远离二部的图确实不是二部的。观察 13 - 1 描述了远离二部的图,这是证明这一观点的第一步。

现在用 V 表示 G 的顶点集。给定 G 的两个顶点不相交的划分为两个集合 V_1 和 V_2,我们说一条边 e 违反了这个划分,如果它连接 V_1 的两个顶点或者 V_2 的两个顶点。显然,G 是二部的,当且仅当它的顶点存在一个不相交的划分到集合 V_1 和 V_2

中,这个集合不被 G 的任何边违反。

观察 13-1:如果一个图 G 与二分图的距离为 ε,则对于任何将 V 划分为两个集合 V_1 和 V_2 的不相交分区,G 中至少有 $\varepsilon n^2/2$ 条边违反了该分区。

证明:假设一个图 G 有一个将 V 划分为两个集合 V_1 和 V_2 的不相交分区,使得违反分区的边 E' 的大小小于 $\varepsilon n^2/2$。为了证明观察结论,我们需要证明 G 与二分图的距离不是 ε,即可以通过修改其邻接矩阵中少于 εn^2 个条目来使其成为二分图。显然,我们可以通过移除 E' 的边来使 G 二部化。此外,由于删除任何一条边都需要对 G 的邻接关系做两次改变,因此 G 的邻接矩阵中为了删除 E' 的所有边(使 G 二部化)而需要修改的项数仅为

$$2 \cdot |E'| < 2 \cdot \frac{\varepsilon n^2}{2} = \varepsilon n^2$$

直观地说,最后一个观察结果表明,当 G 与二分图的距离为 ε 时,每个分区都会被许多边违反。这意味着,对于每个给定的分区,选取算法 13-1 选择的子图 $G[V']$ 至少包含一条违反该分区的边的概率应该很高。更正式地说,给定 V 分成两个互不相交的集合 V_1 和 V_2,让我们用 $A(V_1, V_2)$ 表示违反这个划分的一条边出现在 $G[V']$ 中的事件。然后,上面的直观论证认为 $A(V_1, V_2)$ 对于给定的 V 的每个分区应该是一个高概率事件。

练习 13-3:当算法 13-1 的参数 s 的值至少为 2 时,$G[V']$ 不是二分图,当且仅当将 V 划分为两个不相交集合 V_1 和 V_2 的所有可能的分区,事件 $A(V_1, V_2)$ 都发生。

这个练习表明,我们的目的是证明 $G[V']$ 在 G 远非二部的情况下不可能是二部的,这与证明事件 $A(V_1, V_2)$ 发生在这类图 G 的所有可能的 V 分区上的概率相当。既然我们已经证明了 $A(V_1, V_2)$ 是一个高概率事件,那么对于所有可能的 V 分区使用并界,$A(V_1, V_2)$ 事件发生的概率的下限是很自然的。作为第一步,先找出事件 $A(V_1, V_2)$ 在给定分区发生的概率的下限。

引理 13-1:如果 G 是 ε-远离二部的,并且 $s \geq 2$(回想一下 s 是算法 13-1 的一个参数),则对于给定的 V 分成两个不相交的集合 V_1 和 V_2,$\Pr[A(V_1, V_2)] \geq 1 - e^{-\varepsilon s/3}$。

证明:考虑算法 13-1 选择的顶点集合 V'。我们可以假设算法通过反复选择一个一致的顶点 G 并将其添加到 V' 中来选择这个集合,直到集合 V' 中包含 s 个顶点(如果同一个顶点被多次添加到 V 中,这可能需要超过 s 次的迭代)。我们用 u_1, $u_2, \cdots, u_s$ 来表示根据这个过程加到 V' 上的前 s 个顶点,观察到这些顶点是相互独立的。

我们用 E' 表示违反划分 (V_1, V_2) 的边的集合。观察 13-1 表明,E' 的大小至少为 $\varepsilon n^2/2$。回想一下,当 E' 至少有一条边属于 $G[V']$ 时,事件 $A(V_1, V_2)$ 就会发生。

并且注意,如果边 $e \in E'$,对于某些 $1 \leqslant i, j \leqslant s$,即对 $u_i u_j$,则保证它属于 $G[V']$。因此,

$$1 - \Pr[A(V_1, V_2)] \leqslant \Pr[\forall_{1 \leqslant i, j \leqslant s} u_i u_j \notin E'] \leqslant \Pr[\forall_{1 \leqslant i \leqslant \lfloor s/2 \rfloor} u_{2i-1} u_{2i} \notin E']$$

$$= \prod_{i=1}^{\lfloor s/2 \rfloor} \Pr[u_{2i-1} u_{2i} \notin E'] = \prod_{i=1}^{\lfloor s/2 \rfloor} \left(1 - \frac{2 \mid E' \mid}{n^2}\right)$$

$$\leqslant \prod_{i=1}^{\lfloor s/2 \rfloor} (1 - \varepsilon) \leqslant e^{-\varepsilon \lfloor s/2 \rfloor} \leqslant e^{-\varepsilon s/3}$$

其中第一个等式成立,因为顶点 $u_1, u_2 \cdots, u_s$ 是相互独立的,对任何 $s \geqslant 2$,最后的不等式成立。

按照计划,我们现在可以使用并界来降低事件 $A(V_1, V_2)$ 在所有可能的分区中发生的概率。由于有 $2^n - 2 \leqslant 2^n$ 个可能的分区,并且对于每个给定的分区,事件 $A(V_1, V_2)$ 发生的概率至少为 $1 - e^{-\varepsilon s/3}$,我们得到事件 $A(V_1, V_2)$ 在所有可能的分区中发生的概率至少是

$$1 - 2^n e^{-\varepsilon s/3} = 1 - e^{n \ln 2 - \varepsilon s/3} \tag{13.1}$$

不幸的是,为了使这个表达式大于 0,我们必须选择 $s = \Omega(n/\varepsilon)$,这使得算法 13-1 是一个线性时间算法(注:从技术上讲,为了使表达式(13.1)为正,我们需要选择一个严格大于 n 的值 s,这是无法做到的,因为它要求算法 13-1 在 V' 中选择的顶点比 G 中的所有顶点都多)。因此,将引理 13-1 证明的下界应用到 V 的所有可能分区的自然方法失败了,因为这样的分区太多了。

13.3　减少要检查的分区数

为了解决上一节末尾提出的问题(即我们考虑了 V 的所有分区,但是这些分区太多了),我们必须减少需要考虑的分区的数量。通过将逻辑集合 V' 分解成两个不相交的集:集合 U,直观地决定了我们需要考虑的分区和集合 W,当 G 为 ε-远时,集合 W 对于每一个分区都有很大的概率引入违反边。更正式地说,从这一点开始,我们把 V' 看作两个集合的并集,如下:

* 集合 U 包含 G 的 s_U 一致随机顶点(其中 s_U 是一个介于 1 和 s 之间的数,待以后选择);

* 包含 $s - s_U$ 个在 G 中随机选择且不属于集合 U 的顶点的集合 W。其中 S 是指定的参数。

我们可以观察到 $U \cup W$ 是 G 的 s 个顶点的一致随机子集,因此,它确实具有与 V' 相同的分布。

给定 U 的一个分区 (U_1, U_2),我们感兴趣的问题是,是否存在 W 的一个分区

(W_1, W_2)，使 $G[V']$ 没有边违反 V' 的分区 $(U_1 \bigcup W_1, U_2 \bigcup W_2)$。首先在简化的假设下研究这个问题，即每个顶点 $w \in V \backslash U$ 在 G 中都有一条边与某个顶点 $u \in U$ 连接。注意，这个假设意味着如果顶点 $w \in V \backslash U$ 最终在 w 中，那么它必须被分配到不包含 u 的分区 $(U_1 \bigcup W_1, U_2 \bigcup W_2)$ 的一边，否则 $G[V']$ 的任何边都不可能违反最后的分区。

最后一个观察意味着，为了确定是否存在 W 的一个分区 (W_1, W_2)，使 $G[V']$ 的任何边都不违反这个分区 $(U_1 \bigcup W_1, U_2 \bigcup W_2)$，我们实际上只需要考虑 V 的一个分区。这个分区的一边包含了 U_1 的顶点和 $V \backslash U$ 的顶点，如果它们最终在 W 处，那么它们必须到达 W_1，而这个分区的另一边包含了 V 的剩余顶点。引理 13-2 正式证明了这个直观的结论。给定一个顶点集合 $S \subseteq U$，我们用 $N(S)$ 表示 $V \backslash U$ 中有一条边连接到 S 的顶点集合。

引理 13-2：假设存在一条边从 $V \backslash U$ 的每个顶点到 U 的一个顶点，W 存在一个划分 (W_1, W_2)，使得 $G[V']$ 没有一条边违反 $(U_1 \bigcup W_1, U_2 \bigcup W_2)$，当且仅当事件 $A(U_1 \bigcup N(U_2), V \backslash (U_1 \bigcup N(U_2)))$ 不发生。

证明：首先证明引理的更简单的方向，也就是说，$(U_1 \bigcup W_1, U_2 \bigcup W_2)$ 都被 $G[V']$ 中的一条边违反，要证明这意味着事件 $A(U_1 \bigcup N(U_2), V \backslash (U_1 \bigcup N(U_2)))$ 已经发生。让我们选择 $W_1 = W \bigcap N(U_2)$，那么假设 $(U_1 \bigcup W_1, U_2 \bigcup W_2)$ 总是违反了 $G(V')$ 的边意味着存在 $G(V')$ 的一条边 e 违反了 V' 的分区 $(U_1 \bigcup (W \bigcap N(U_2)), U_2 \bigcup (W \backslash N(U_2)))$。回想一下，这意味着边 e 在属于这个分区的同一条边的两个顶点之间，因此，它也必须违反 V 的分区 $(U_1 \bigcup N(U_2), V \backslash (U_1 \bigcup N(U_2)))$，因为这个分区的每条边都包括前一个分区的一条边。然而，最后的观察表明事件 $A(U_1 \bigcup N(U_2), V \backslash (U_1 \bigcup N(U_2)))$ 根据定义发生了。

我们现在需要证明引理的另一个方向，即假设事件 $A(U_1 \bigcup N(U_2), V \backslash (U_1 \bigcup N(U_2)))$ 发生了，证明 $(U_1 \bigcup W_1, U_2 \bigcup W_2)$ 与所选的 W 的分区 (W_1, W_2) 无关，$G[V']$ 的一条边与 $(U_1 \bigcup W_1, U_2 \bigcup W_2)$ 存在违和。事件 $A(U_1 \bigcup N(U_2), V \backslash (U_1 \bigcup N(U_2)))$ 表明 $G[V']$ 中有一条边 e 违反了它的划分。边 e 必须在这个分区的两边之一内，这给了我们一些考虑的情况，如下：

- 第一种情况是，e 连接了 U_1 的两个顶点。在这个例子中，e 显然违反了 $(U_1 \bigcup W_1, U_2 \bigcup W_2)$。

- 第二种情况是，e 将一个顶点 $u_1 \in U_1$ 与一个顶点 $v \in N(U_2)$ 连接起来。根据 $N(U_2)$ 的定义，v 和某个顶点 $u_2 \in U_2$ 之间必定存在一条边。因此，$G[V']$ 包含一条长度为 2 的路径，从分区 $(U_1 \bigcup W_1, U_2 \bigcup W_2)$ 一侧的顶点 u_1 到该分区另一侧的顶点 u_2（见图 13.2(a)）。无论我们将此路径的中间顶点 v 放置在分区的哪一侧，都可以保证路径的一条边位于分区的单侧，即将违反分区。

- 第三种情况是，e 连接 $N(U_2)$ 的两个顶点 v_1 和 v_2。根据 $N(U_2)$ 的定义，肯定有一条边连接 v_1 到顶点 $u_1 \in U_2$，也有一条边连接 v_2 到顶点 $u_2 \in U_2$（可能 $u_1 =$

u_2)。因此，$G[V']$包含了一条长度为 3 的路径，其起点和终点都在分区($U_1 \cup W_1$, $U_2 \cup W_2$)的同一侧，如图 13.2(b)所示。如果这条路径的中间两个顶点 v_1 和 v_2 在这条分割线的同一边，那么它们之间的边 e 就违反了它；否则，这些顶点中至少有一个必须与结束顶点 u_1 和 u_2 在分区的同一边，因此，至少有一个非中间边 $v_1 u_1$ 或 $v_2 u_2$ 必须违反分区($U_1 \cup W_1$, $U_2 \cup W_2$)。

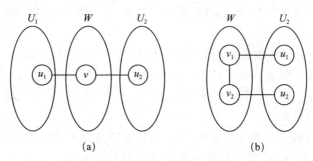

图 13.2　引理 13-2 证明中的两个例子的解释

• e 连接 $V \backslash (U_1 \cup N(U_2))$ 的两个顶点的情况仍然需要考虑。由于我们假设 $V \backslash U$ 的每个顶点都由一条边连接到至少一个 U 的顶点，所以有 $V \backslash (U_1 \cup N(U_2)) \subseteq U_2 \cup N(U_1)$。因此，在这种情况下，$e$ 连接 $U_2 \cup N(U_1)$ 的两个顶点，得到三种子情况：e 连接 U_2 的两个顶点的子情况，e 连接 U_2 的一个顶点和 $N(U_1)$ 的一个顶点的子情况，以及 e 连接 $N(U_1)$ 的两个顶点的子情况。我们可以观察到，这三个子情况与我们之前考虑的三个案例相似，因此，可以用类似的方式表明，在所有这些子情况下，一定有 $G[V']$ 的一条边违反了划分($U_1 \cup W_1$, $U_2 \cup W_2$)。

推论 13-1:假设存在一条边从 $V \backslash U$ 的每个顶点到 U 的一个顶点，$G[V']$ 是二部的，当且仅当 U 存在一个划分(U_1, U_2)，使事件 $A(U_1 \cup N(U_2), V \backslash (U_1 \cup N(U_2)))$ 不发生。

证明:显然，$G[V']$ 是二部的，当且仅当存在 U 的一个划分(U_1, U_2)和 W 的一个划分(W_1, W_2)，使得 $G[V']$ 没有一条边违反划分($U_1 \cup W_1$, $U_2 \cup W_2$)。引理 13-2 证明了 U 和 W 的这种划分的存在性等价于 U 的一个划分(U_1, U_2)的存在性，使得事件 $A(U_1 \cup N(U_2), V \backslash (U_1 \cup N(U_2)))$ 不发生，从而完成了推论的证明。

回想一下，在 13.2 节中，我们试图证明当 G 是 ε-远离二部时，$G[V']$ 很少是二分图。方法是证明对于这样的图 G，事件 $A(V_1, V_2)$ 的发生概率都很高。尽管对于每个给定的 V 划分，事件 $A(V_1, V_2)$ 的发生概率很高，但我们未能证明它对于所有划分同时发生的概率很高，因为我们必须考虑所有可能的 V 划分，而这些划分太多了。推论 13-1 表明(在我们的假设下)，实际上只需要考虑每个 U 划分的一个 V 划分。由于这些划分的数量比所有可能的 V 划分的数量小得多，我们可以使用推论 13-1 来证明，当 G 离完全二分图 ε 远时，$G[V']$ 很少是二分图。但是，在此之前，我们需要先处理技术问题。即我们现在考虑的划分是由 U 定义的，因此，我们需要证明即使给定

U 的固定选择,与其对应的事件也会以很高的概率发生。这是通过练习 4 来完成的。

练习 13-4: 假设 $s-s_U \geqslant 2$,证明对于给定的 G 的 s_U 顶点集合 U 和该集合的一个划分 (U_1, U_2),当 G 是 ε-远离二分图时,事件 $A(U_1 \bigcup N(U_2), V \backslash (U_1 \bigcup N(U_2)))$ 至少以 $1-e^{-\varepsilon(s-s_U)/12}$ 的概率发生。

我们现在可以证明算法 13-1 是一个属性测试算法,前提是我们已经做了假设,并且参数 s 有一个足够大的值。

推论 13-2: 设 $c=12 \cdot \ln 2$,并确定 $\varepsilon \in (0,1]$。假设 $V \backslash U$ 的每个顶点都由一条边连接到 U 的一个顶点,算法 13-1 以至少 2/3 的概率检测到,只要 $s \geqslant (c/\varepsilon + 1)s_U + 24/\varepsilon$,$\varepsilon$-远离二部的图 G 就不是二部图。

证明: 假设算法 13-1 的输入图 G 是 ε-远离二部图,并且设 $s \geqslant (c/\varepsilon + 1)s_U + 24/\varepsilon$。注意,最后一个不等式意味着 $s-s_U \geqslant cs_U/\varepsilon + 24/\varepsilon \geqslant 2$,因此,对于集合 U 的每一个给定分区 (U_1, U_2),练习 13-4 证明了事件 $A(U_1 \bigcup N(U_2), V \backslash (U_1 \bigcup N(U_2)))$ 发生的概率至少为 $1-e^{-\varepsilon(s-s_U)/12}$。现在应用并界到 U 的 2^{s_U} 的所有可能分区上,我们得到 U 的所有可能分区同时发生上述事件的概率至少是

$$1-2^{s_U} \cdot e^{-\varepsilon(s-s_U)/12} = 1-e^{s_U \ln 2 - \varepsilon(s-s_U)/12}$$
$$\geqslant 1-e^{s_U \ln 2 - \varepsilon(cs_U/\varepsilon + 24/\varepsilon)/12}$$
$$= 1-e^{-2} > \frac{2}{3}$$

由于 c 的选择,第二个等式成立。为了完成推论的证明,需要注意的是,最后一个表达式也是算法 13-1 检测到 G 不是二部的概率的下界,因为推论 13-1 表明,当事件 $A(U_1 \bigcup N(U_2), V \backslash (U_1 \bigcup N(U_2)))$ 对 U 的所有可能分区发生时,$G[V']$ 就不是二部的。

13.4 取消假设

在 13.3 节中,在假设 $V \backslash U$ 的每个顶点都由一条边连接到 U 的一个顶点的条件下,我们证明了算法 13-1 是一个属性测试算法。要做到这一点,最自然的方法是表明当 U 被选为 s_U 顶点的一个一致随机子集时,假设有很大的概率成立。直观上,我们可能会认为当 s_U 足够大时确实会出现这种情况,因为 U 越大,给定的顶点就越有可能在 U 中结束或者在 U 中有一个邻居。不幸的是,尽管直觉上是这样,U 的大小必须是 $\Theta(n)$ 才能保证假设的概率是恒定的。考虑一个孤立的顶点 u,这个顶点只有当它是 u 的一部分时才满足假设,它发生的概率是 s_U/n。

由于我们无法证明到目前为止所使用的假设以显著有概率发生,我们需要找到一个更弱的属性,一方面,发生显著的概率,另一方面,提供足够的结构,证明算法 13-1 是一个属性测试算法。给定一个顶点集合 U,用 $R(U)$ 表示 V/U 中没有与

U 相连的边的顶点。当 $R(U)$ 的 G 点上最多存在 $\varepsilon n^2/4$ 条边时,表示 U 具有良好的覆盖性。

引理 13-3:当 $s_U \geqslant 8 \cdot \ln(48/\varepsilon)/\varepsilon$ 时,集合 U 具有良好的复盖,其概率至少为 5/6。

证明:在这个证明中,假设算法通过重复地选取 G 的一个一致随机的顶点并将其添加到 U 中来选择集合 U,直到集合 U 包含 s_U 个顶点(如果将同一个顶点多次添加到 U 中,可能需要比 s_U 更多次的迭代)。我们用 $u_1, u_2, \cdots, u_{s_U}$ 表示此过程选择的前 s_U 个顶点 u,并且观察到它们是 G 的独立随机顶点。

现在考虑 G 的任意顶点 v,其度至少为 $\varepsilon n/8$。对于任意给定的 $1 \leqslant i \leqslant s_U$,$u_i$ 是 v 的邻居的概率至少是 $(\varepsilon n/8)/n = \varepsilon/8$,因此,$v$ 属于 $R(U)$ 的概率的上限为

$$\prod_{i=1}^{s_U} \left(1 - \frac{\varepsilon}{8}\right) \leqslant e^{-\varepsilon s_U/8} \leqslant e^{-\ln(48/\varepsilon)} = \frac{\varepsilon}{48}$$

让我们用 X 表示一个随机变量,它表示 G 中至少具有度数至少为 $\varepsilon n/8$ 并且属于 $R(U)$ 的 G 的顶点数,由于 G 中具有该度的每个顶点被 X 统计的概率最大为 $\varepsilon/48$,因此 X 的期望值最大为 $\varepsilon n/48$。因此,通过马尔可夫不等式可得

$$\Pr\left[X \geqslant \frac{\varepsilon n}{8}\right] \leqslant \frac{\mathrm{E}[X]}{\varepsilon n/8} \leqslant \frac{\varepsilon n/48}{\varepsilon n/8} = \frac{1}{6}$$

现在我们准备证明这个引理。根据定义,$R(U)$ 只包含 X 个度大于 $\varepsilon n/8$ 的顶点。因此,我们可以使用下述表达式来限定到达 $R(U)$ 顶点的边数的上限,即

$$X \cdot n + (n-X) \cdot \frac{\varepsilon n}{8} \leqslant X \cdot n + \frac{\varepsilon n^2}{8}$$

回想一下,我们至少有 5/6 的概率得到 $X < \varepsilon n/8$,这意味着最后一个表达式的计算结果小于 $\varepsilon n^2/4$。

回想一下我们最初使用的假设(即 U 外的每个顶点都由一条边连接到 U 的一个顶点)是有用的,因为它允许我们以一种自然的方式将 U 的每个划分扩展为 V 的划分。如果没有这个假设,那么如何将 $V \backslash U$ 中没有边连接的顶点分配给 U 是不明显的(注意这些正是 $R(U)$ 的顶点),也就是说,当作 U 有一个很好的覆盖。更正式地说,V 的部分划分是 V 的两个不相交子集 V_1 和 V_2,它们的并集可能不包括整个集合 V。给定 U 的一个分区 (U_1, U_2),我们构造 V 的一个部分分区,它由两个集合 $U_1 \cup N(U_2)$ 和 $V \backslash (U_1 \cup N(U_2) \cup R(U))$ 组成。

可以很自然地将违反边的表示法扩展到部分分区,如下所示。给定 V 的部分划分 (V_1, V_2),一条边 e 如果连接 V_1 的两个顶点或者 V_2 的两个顶点,就违反了这个部分划分。通常,我们将事件 $A(V_1, V_2)$ 定义为 $G[V']$ 的某条边违反部分划分 (V_1, V_2) 的事件。使用这些定义,我们可以陈述要求证明的引理 13-2 的较弱版本,如练习 13-5 所示。

练习 13-5：证明给定 U 的一个划分 (U_1,U_2)，如果事件 $A(U_1\bigcup N(U_2),V\backslash(U_1\bigcup N(U_2)\backslash R(U)))$ 发生，那么 W 不存在一个分区 (W_1,W_2)，使得 $G[V']$ 没有一条边违反 $(U_1\bigcup W_1,U_2\bigcup W_2)$。

推论 13-3：如果事件 $A(U_1\bigcup N(U_2),V\backslash(U_1\bigcup N(U_2)\backslash R(U)))$ 发生在 U 的每个分区 (U_1,U_2) 上，则 $G[V']$ 不是二部的。

证明：以矛盾的方式假设事件 $A(U_1\bigcup N(U_2),V\backslash(U_1\bigcup N(U_2)\backslash R(U)))$ 对于 U 的每一个划分 (U_1,U_2) 都发生，但 $G[V']$ 是二部的。$G[V']$ 是二部的这一事实意味着存在 U 的一个划分 (U_1,U_2) 和 W 的一个划分 (W_1,W_2)，使得 $G[V']$ 没有边违反 V' 的划分 $(U_1\bigcup W_1,U_2\bigcup W_2)$。然而，这导致了一个矛盾，因为练习 13-5 表明，我们假设事件 $A(U_1\bigcup N(U_2),V\backslash(U_1\bigcup N(U_2)\backslash R(U)))$ 发生了，就排除了这样一个划分的存在。

现在需要证明练习 13-5 中所述的事件是高概率事件。一般来说，这可能不是真的，因为很多违反分区的边 $(U_1\bigcup N(U_2),V\backslash(U_1\bigcup N(U_2)))$ 可能不会违反分区 $(U_1\bigcup N(U_2),V\backslash(U_1\bigcup N(U_2)\bigcup R(U)))$，然而，当 U 有良好的覆盖时却存在少数这样的边缘。

引理 13-4：如果 $s-s_U\geqslant 2$，则对于每个给定集合 U 的 s_U 个顶点，该集合具有良好的覆盖和分区 (U_1,U_2)，当 G 为 ε-远离二分图时，事件 $A(U_1\bigcup N(U_2),V\backslash(U_1\bigcup N(U_2)\bigcup R(U)))$ 发生的概率至少为 $1-e^{-\varepsilon(s-s_U)/24}$。

在证明引理之前，我们想指出，它的证明是练习 13-4 的解决方案的一个轻微概括，因此，阅读该解决方案的读者会发现以下证明中的大部分细节非常熟悉。

证明：设 E' 是违反分区的边的集合 $(U_1\bigcup N(U_2),V\backslash(U_1\bigcup N(U_2)))$。如果 E' 上有一条边连接 U 的两个顶点，那么这条边肯定在 $G[V']$ 中并且违反了部分划分 $(U_1\bigcup N(U_2),V\backslash(U_1\bigcup N(U_2)\bigcup R(U)))$，这意味着事件 $A(U_1\bigcup N(U_2),V\backslash(U_1\bigcup N(U_2)\bigcup R(U)))$ 发生的概率为 1。因此，从现在开始，我们可以安全地假设这种情况不会发生，这使得我们可以将 E' 划分为边的三个集合：集合 E_1' 包含到达 U 的一个顶点和 V 的一个顶点的边 $V\backslash(U\bigcup R(U))$，集合 E_2' 包含 E' 与 $V\backslash(U\bigcup R(U))$ 的两个顶点相交的边，集合 E_3' 包含 E' 与 $R(U)$ 的任意顶点相交的边。注意，通过观察 13-1，G 是 ε-远离二分图的这一事实保证

$$|E_1'|+|E_2'|+|E_3'|=|E'|\geqslant\frac{\varepsilon n^2}{2}\Rightarrow|E_1'|+|E_2'|\geqslant\frac{\varepsilon n^2}{2}-|E_3'|\geqslant\frac{\varepsilon n^2}{4}$$

其中最后一个不等式成立，因为集合 E_3' 只包含到达 $R(U)$ 顶点的边，因此，由于 U 具有良好的覆盖度，其尺寸以 $\varepsilon n^2/4$ 为上限。

现在假设集合 W 是通过重复地选取 $V\backslash U$ 的一个一致顶点并将其添加到 W 中来选择的，直到集合 W 包含 $s-s_U$ 个顶点。让我们用 $u_1,u_2,\cdots,u_{s-s_U}$ 表示根据这个过程加到 W 上的前 $s-s_U$ 个顶点，观察这些顶点是相互独立的。我们还观察到，当

顶点 $u_1, u_2, \cdots, u_{s-s_U}$ 包括 E_2' 边的两个端点或 E_1' 边的一个不属于 U 的顶点时(因为在这两种情况下,所讨论的边都是 $G[V']$ 的一部分,违反了事件的部分划分),事件 $A(U_1 \cup N(U_2), V\backslash(U_1 \cup N(U_2)\backslash R(U)))$ 保证会发生。因此,如果我们用 $U(e)$ 表示边 e 不属于 U 的端点的集合,那么

$$1 - \Pr[A(U_1 \cup N(U_2), V\backslash(U_1 \cup N(U_2) \cup R(U)))]$$

$$\leqslant \Pr\left[\forall_{1 \leqslant i,j \leqslant s-s_u} u_i u_j \notin E_2' \wedge \forall_{1 \leqslant i \leqslant s-s_u} u_i \notin \bigcup_{e \in E_1'} U(e)\right]$$

$$\leqslant \Pr\left[\forall_{1 \leqslant i \leqslant \lfloor (s-s_u)/2 \rfloor} u_{2i-1} u_{2i} \notin E_2' \wedge \forall_{1 \leqslant i \leqslant \lfloor (s-s_u)/2 \rfloor} u_{2i} \notin \bigcup_{e \in E_1'} U(e)\right]$$

$$= \prod_{i=1}^{\lfloor (s-s_u)/2 \rfloor} \Pr\left[u_{2i-1} u_{2i} \notin E_2' \wedge u_{2i} \notin \bigcup_{e \in E_1'} U(e)\right]$$

$$\leqslant \prod_{i=1}^{\lfloor (s-s_u)/2 \rfloor} \min\left\{\Pr[u_{2i-1} u_{2i} \notin E_2'], \Pr\left[u_{2i} \notin \bigcup_{e \in E_1'} U(e)\right]\right\}$$

等式成立,因为顶点 $u_1, u_2, \cdots, u_{s-s_U}$ 是独立的。我们现在可以确定最右边的两个概率上界,如下:

$$\Pr[u_{2i-1} u_{2i} \notin E_2'] = 1 - \frac{2|E_2'|}{|V\backslash U|^2} \leqslant 1 - \frac{2|E_2'|}{n^2}$$

$$\Pr\left[u_{2i} \notin \bigcup_{e \in E_1'} U(e)\right] = 1 - \frac{\left|\bigcup_{e \in E_1'} U(e)\right|}{|V\backslash U|} \leqslant 1 - \frac{\left|\bigcup_{e \in E_1'} U(e)\right|}{n} \leqslant 1 - \frac{|E_1'|}{n^2}$$

其中最后一个不等式成立,因为一个顶点最多可以属于 $n-1$ 条边。结合到目前为止我们证明的所有不等式,我们得到

$$1 - \Pr[A(U_1 \cup N(U_2), V\backslash(U_1 \cup N(U_2) \cup R(U)))]$$

$$\leqslant \prod_{i=1}^{\lfloor (s-s_u)/2 \rfloor} \min\left\{\Pr[u_{2i-1} u_{2i} \notin E_2'], \Pr\left[u_{2i} \notin \bigcup_{e \in E_1'} U(e)\right]\right\}$$

$$\leqslant \prod_{i=1}^{\lfloor (s-s_u)/2 \rfloor} \min\left\{1 - \frac{2|E_2'|}{n^2}, 1 - \frac{|E_1'|}{n^2}\right\} \leqslant \prod_{i=1}^{\lfloor (s-s_u)/2 \rfloor} \left(1 - \frac{|E_1'| + |E_2'|}{2n^2}\right)$$

$$\leqslant \prod_{i=1}^{\lfloor (s-s_u)/2 \rfloor} \left(1 - \frac{\varepsilon}{8}\right) \leqslant e^{-\varepsilon\lfloor (s-s_u)/2 \rfloor/8} \leqslant e^{-\varepsilon(s-s_u)/24}$$

第二个不等式成立是因为两个值的最小值始终被它们的平均值上限所限制,最后一个不等式遵循我们的假设即 $s - s_U \geqslant 2$。

推论 13-4 现在可以从引理 13-3、推论 13-3 和引理 13-4 中得出。

推论 13-4:设 $c = 24 \cdot \ln 2$,并确定 $\varepsilon \in (0,1]$。算法 13-1 以至少 2/3 的概率检

测到 ε -远离二分图 G 不是二分图,只要 $s_U \geqslant 8 \cdot \ln(48/\varepsilon)/\varepsilon$ 和 $s \geqslant (c/\varepsilon + 1)s_U + 48/\varepsilon$。

证明:固定一个图 G,它是 ε -远离二部图,设 I_1 为集合 U 有良好覆盖的事件,设 I_2 为算法 13-1 检测到 G 不是二部图的事件。引理 13-3 表明,事件 I_1 发生的概率至少为 5/6,这是由关于 s_U 大小的推论所决定的。现在我们考虑事件 I_2 如何给定事件 I_1 的概率下限。

观察推论中给定的对 s 的约束保证了 $s - s_U \geqslant cs_U/\varepsilon + 48/\varepsilon \geqslant 2$,因此引理 13-4 证明,以 I_1 为条件,对于集合 U 的每个分区 (U_1, U_2),事件 $A(U_1 \bigcup N(U_2), V \backslash (U_1 \bigcup N(U_2) \bigcup R(U)))$ 发生的概率至少为 $1 - e^{-\varepsilon(s-s_U)/24}$。现在对 U 的所有 2^{s_U} 个可能的分区应用并界,得到在 I_1 的条件下对于 U 的所有可能分区在同一时间发生上述事件的概率至少是

$$1 - 2^{s_U} \cdot e^{-\varepsilon(s-s_U)/24} = 1 - e^{s_U \ln 2 - \varepsilon(s-s_U)/24}$$
$$\geqslant 1 - e^{s_U \ln 2 - \varepsilon(cs_U/\varepsilon + 48/\varepsilon)/24} = 1 - e^{-2} > \frac{5}{6}$$

其中,由于选择了 c,第二个等式成立。现在观察最后一个表达式也是概率 $\Pr[I_2 | I_1]$ 的下界,因为推论 13-3 表明,只要对于 U 的所有可能分区都发生了事件 $A(U_1 \bigcup N(U_2), V \backslash (U_1 \bigcup N(U_2) \bigcup R(U)))$,$G[V']$ 就不是二分图。

为了完成这一推论的证明,还需要注意

$$\Pr[I_2] \geqslant \Pr[I_1] \cdot \Pr[I_2 | I_1] \geqslant \left(\frac{5}{6}\right)^2 \geqslant \frac{2}{3}$$

现在让我们选择

$$s_U = \left\lceil \frac{8 \cdot \ln(48/\varepsilon)}{\varepsilon} \right\rceil = \Theta(\varepsilon^{-1} \cdot \ln \varepsilon^{-1})$$
$$s = \min\left\{ \left\lceil \left(\frac{24 \cdot \ln 2}{\varepsilon} + 1\right)s_U + \frac{48}{\varepsilon} \right\rceil, n \right\}$$
$$= O[\varepsilon^{-1} \cdot (\varepsilon^{-1} \cdot \ln \varepsilon^{-1}) + \varepsilon^{-1}] = O(\varepsilon^{-2} \cdot \ln \varepsilon^{-1})$$

推论 13-4 表明,给定 s 的这种选择,只要 $s \neq n$,当输入图形与二分图的距离为 ε 时,算法 13-1 至少以 2/3 的概率正确检测到其输入图形不是二分图。此外,我们可以观察到,当 $s = n$ 时也是如此,因为 $s = n$ 意味着图 $G[V']$ 与算法 13-1 的输入图相同。练习 13-2 表明算法 13-1 总是能正确地检测到一个二部图是二部图,我们得到算法 13-1 是一个判别输入图是否为二部图的属性测试算法。定理 13-1 是根据这个观察得出的,而算法 13-1 只读取了 G 的部分表示,对应于 V' 的 s 个顶点之间的边。

定理 13-1:对于适当选择的 $s = O(\varepsilon^{-2} \cdot \ln \varepsilon^{-1})$,算法 13-1 是一种判断其输入图

是否为二部图的单边错误属性测试算法,其查询复杂度为 $O(s^2)=O(\varepsilon^{-4}\cdot\ln^2\varepsilon^{-1})$。

练习 13-6:在第 11 章中,我们看到了一个普遍的结果,表明性能测试算法的错误概率通过独立重复算法可以降低到 $O(\log\delta^{-1})$,$\delta\in(0,1/3)$,这就增加了算法的查询复杂度。通过增加 s 到 $O(\varepsilon^{-2}\cdot(\ln\varepsilon^{-1}+\log\delta^{-1}))$,也可以降低算法 13-1 一次执行的误差概率到 δ,对于某些参数的选择,这比前面的选项稍微好一些。

13.5　文献说明

在 Goldreich 等人(1998)的著作中,提出了稠密图模型和算法 13-1。在这项工作中,Goldreich 等人证明当 $s=\Theta(\varepsilon^{-2}\cdot\log\varepsilon^{-1})$ 时,算法 13-1 是一个属性测试算法,其查询复杂度为 $O(\varepsilon^{-4}\cdot\log^2\varepsilon^{-1})$。此外,他们还表明,算法 13-1 的一个稍作修改的版本,即只查询由原算法查询的邻接矩阵项的一个子集,是一种查询复杂度为 $O(\varepsilon^{-3}\cdot\log^2\varepsilon^{-1})$ 的属性测试算法。Alon 和 Krivelevich(2002)后来的工作表明,原始的算法 13-1 仍然是一种属性测试算法,对于合适的 $s=\Theta(\varepsilon^{-1}\cdot\log\varepsilon^{-1})$,它产生了 $O(\varepsilon^{-2}\cdot\log\varepsilon^{-1})$ 的查询复杂度的改进。

Alon 和 Krivelevich(2002)表明,他们的算法在查询边缘的顶点数量方面是最优的。然而,就它查询的边数而言,它是否也是最优的还不得而知。在这方面已知的最佳结果是 Bogdanov 和 Trevisan(2004)的结果,其表明任何用于确定稠密模型中图是否为二部图的属性测试算法都必须使用 $\Omega(\varepsilon^{-3/2})$ 查询。

作为最后的评论,我们想指出的是 Goldreich 等人(1998)的结果最初是根据来自二偏性的距离 ε 和误差的概率 δ 提出的,练习 13-6 就是基于这个结果的介绍。

［1］Alon N,Krivelevich M. Testing k-colorability. SIAM Journal on Discrete Mathematics,2002,15(2):211-227.

［2］Bogdanov A,Trevisan L. Lower Bounds for Testing Bipartiteness in Dense Graphs. In Proceedings of the 19th Annual IEEE Conference on Computational Complexity (CCC),2004:75-81.

［3］Goldreich O,Goldwasser S,Ron D. Property Testing and its Connection to Learning and Approximation. Journal of the ACM,1998,45(4):653-750.

练习解析

练习 13-1 解析

任何超过 n 个顶点的图都可以通过添加最多 $n-1$ 条新边来连接(例如,固定一条任意的简单路径,穿过所有顶点,并将其不在图中的边添加到图中)。此外,我们观察到,给一个图增加一条边,对应于改变这个图的邻接矩阵中的两个条目。因此,任何图都可以通过在其邻接矩阵中最多改变 $2(n-1)$ 个条目来建立连接。根据定义,

原始图的邻接矩阵与改变这 $2(n-1)$ 个表项后得到的连通图的邻接矩阵之间的距离最大为

$$\frac{2(n-1)}{n^2} < 2n^{-1}$$

因此,没有图是 $2n^{-1}$-远离连通图。

练习 13-2 解析

很容易看出,在这个练习中要求证明的主张来自引理 13-5。

引理 13-5:给定一个二部图 G 及其至少 2 个顶点的子集 V',诱导子图 $G[V']$ 也是一个二分图。

证明:G 是二部的这一事实意味着它的顶点可以被划分为两个不相交的子集 U 和 W,使得 G 的所有边都连接了 U 的一个顶点和 W 的一个顶点。现在考虑 $G[V']$ 的任意边 e。根据 $G(V')$ 的定义,e 也是 G 的一条边,因此,它必须连接 U 的一个顶点和 W 的一个顶点。此外,因为 $G(V')$ 只包含顶点 V',我们得到 e 必须连接 $V' \cap U$ 的一个顶点和 $V' \cap W$ 的一个顶点。

由于 e 被选为 $G[V']$ 的一条常规边,我们得到 $G[V']$ 的每条边都连接了 $V' \cap U$ 的一个顶点和 $V' \cap W$ 的一个顶点。这已经证明 $V' \cap U$ 和 $V' \cap W$ 都是非空的引理,因为 $V' \cap U$ 和 $V' \cap W$ 是 $G[V']$ 顶点的不相交划分,因此,只有其中一个集合 $V' \cap U$ 或 $V' \cap W$ 是空的情况需要考虑。因为我们已经证明了 $G[V']$ 的每条边都到达这些集合中的每一个顶点,所以在这种情况下,图 $G[V']$ 一定不包含边。因此,它是二部的,因为它包含至少两个顶点。

练习 13-3 解析

首先假设存在 V 分成不相交集 V_1 和 V_2,使事件 $A(V_1, V_2)$ 不发生,并证明 $G[V']$ 是二部集。$A(V_1, V_2)$ 没有发生的事实意味着 $G[V']$ 不包含 V_1 或 V_2 内的任何边,因此,它也不包含在集合 $V_1 \cap V'$ 和 $V_2 \cap V'$ 内的任何边。如果最后两个集合不为空,则它们构成 $G[V']$ 的顶点的一个分区,因此,我们得到 $G[V']$ 是二部的。另外,如果 $V_1 \cap V'$ 或 $V_2 \cap V'$ 其中一个集合为空,那么观察到没有边包含在这些集合中意味着 $G[V']$ 不包含边,因此,由于我们假设 $|V'| = s \geq 2$,所以它又是二分图。

假设 $G[V']$ 是二部的,我们证明这意味着 V 存在分割成不相交的集合 V_1 和 V_2,使得事件 $A(V_1, V_2)$ 不发生。由于 $G[V']$ 是二部的,所以 V' 存在一个划分 (V_1', V_2'),在这个划分的集合中没有 $G[V']$ 的边。现在考虑 V 的分区 $(V \backslash V_2', V_2')$,并且考虑任意一条边 e 违反了这个划分。由于 e 违反了这个划分,它必须在这个划分的两个集合中的一个,但是,e 不可能在 V_2' 内,因为我们已经知道 $G[V']$(因此,G 也是)没有边在 $V_2' \subseteq V'$ 内。因此,e 必须在集合 $V \backslash V_2'$ 内。类似地,我们还可以得到边 e 不可能是 V_1' 的两个顶点之间的边,因此,至少有一个 e 的端点属于集合 $V \backslash (V_1' \cup V_2') = V \backslash V'$,这意味着 e 不属于 $G[V']$。由于 e 被选为违反分区 $(V \backslash V_2', V_2')$ 的任意边,我们得到没有边界违反这个划分属于 $G[V']$,因此,事件 $A(V \backslash V_2', V_2')$ 不会发生

（根据定义）。

练习 13 – 4 解析

设 E' 是违反分区 $(U_1 \bigcup N(U_2), V\backslash(U_1 \bigcup N(U_2)))$ 的边的集合。如果 E' 中有一条边连接 U 的两个顶点，那么这条边肯定在 $G[V']$ 中，因此事件 $A(U_1 \bigcup N(U_2), V\backslash(U_1 \bigcup N(U_2)))$ 发生的概率为 1。因此，从现在开始，我们可以安全地假设这种情况不会发生，这就允许我们将 E' 划分为两组边 E_1' 和 E_2'，这样 E_1' 包含 E' 的一个顶点与 $V\backslash U$ 相交的边，这些边，E_2' 包含了 E' 的两个顶点与 $V\backslash U$ 相交的边。注意，通过观察 13 – 1，G 是 ε -远二部的这一事实保证

$$|E_1'| + |E_2'| = |E'| \geqslant \frac{\varepsilon n^2}{2}$$

现在假设集合 W 是通过重复地选取 $V\backslash U$ 的一个一致顶点并将其添加到 W 中来选择的，直到集合 W 包含 $s - s_U$ 个顶点（如果同一个顶点被多次添加到 W 中，可能需要超过 $s - s_U$ 次迭代）。让我们用 $u_1, u_2, \cdots u_{s-s_U}$ 表示根据这个过程加到 W 上的前 $s - s_U$ 个顶点，观察到这些顶点是相互独立的。我们也观察到事件 $A(U_1 \bigcup N(U_2), V\backslash(U_1 \bigcup N(U_2)))$ 保证会发生，当顶点 $u_1, u_2, \cdots, u_{s-s_U}$ 包括 E_2' 边的两个端点或 E_1' 边的一个不属于 U 的单顶点时，因为在这两种情况下所讨论的边变成了 $G[V']$ 的一部分。因此，如果我们用 $U(e)$ 表示边 e 不属于 U 的端点的集合，那么

$$1 - \Pr[A(U_1 \bigcup N(U_2), V\backslash(U_1 \bigcup N(U_2)))]$$

$$\leqslant \Pr\left[\forall_{1\leqslant i,j\leqslant s-s_u} u_i u_j \notin E_2' \land \forall_{1\leqslant i\leqslant s-s_u} u_i \notin \bigcup_{e\in E_1'} U(e)\right]$$

$$\leqslant \Pr\left[\forall_{1\leqslant i\leqslant \lfloor (s-s_u)/2\rfloor} u_{2i-1} u_{2i} \notin E_2' \land \forall_{1\leqslant i\leqslant \lfloor (s-s_u)/2\rfloor} u_{2i} \notin \bigcup_{e\in E_1'} U(e)\right]$$

$$= \prod_{i=1}^{\lfloor (s-s_u)/2\rfloor} \Pr\left[u_{2i-1} u_{2i} \notin E_2' \land u_{2i} \notin \bigcup_{e\in E_1'} U(e)\right]$$

$$\leqslant \prod_{i=1}^{\lfloor (s-s_u)/2\rfloor} \min\left\{\Pr[u_{2i-1} u_{2i} \notin E_2'], \Pr\left[u_{2i} \notin \bigcup_{e\in E_1'} U(e)\right]\right\}$$

因为顶点是独立的，所以等式成立。我们现在可以确定最右边的两个概率上界，如下：

$$\Pr[u_{2i-1} u_{2i} \notin E_2'] = 1 - \frac{2|E_2'|}{|V\backslash U|^2} \leqslant 1 - \frac{2|E_2'|}{n^2}$$

$$\Pr\left[u_{2i} \notin \bigcup_{e\in E_1'} U(e)\right] = 1 - \frac{\left|\bigcup_{e\in E_1'} U(e)\right|}{|V\backslash U|} \leqslant 1 - \frac{\left|\bigcup_{e\in E_1'} U(e)\right|}{n} \leqslant 1 - \frac{|E_1'|}{n^2}$$

其中最后一个不等式成立，因为一个顶点最多可以属于 $n-1$ 条边。结合到目前为

止我们证明的所有不等式,我们得到

$$1-\Pr[A(U_1\bigcup N(U_2),V\backslash(U_1\bigcup N(U_2)))]$$

$$\leqslant \prod_{i=1}^{\lfloor(s-s_u)/2\rfloor}\min\left\{\Pr[u_{2i-1}u_{2i}\notin E'_2],\Pr\left[u_{2i}\notin\bigcup_{e\in E'_1}U(e)\right]\right\}$$

$$\leqslant \prod_{i=1}^{\lfloor(s-s_u)/2\rfloor}\min\left\{1-\frac{2\mid E'_2\mid}{n^2},1-\frac{\mid E'_1\mid}{n^2}\right\}\leqslant\prod_{i=1}^{\lfloor(s-s_u)/2\rfloor}\left(1-\frac{\mid E'_1\mid+\mid E'_2\mid}{2n^2}\right)$$

$$\leqslant \prod_{i=1}^{\lfloor(s-s_u)/2\rfloor}\left(1-\frac{\varepsilon}{4}\right)\leqslant e^{-\varepsilon\lfloor(s-s_u)/2\rfloor/4}\leqslant e^{-\varepsilon(s-s_u)/12}$$

第二个不等式成立是因为两个值的最小值总是被它们的平均值为上限约束,最后一个不等式是根据我们的假设 $s-s_U\geqslant2$ 得出的。

练习 13-5 解析

假设事件 $A(U_1\bigcup N(U_2),V\backslash(U_1\bigcup N(U_2)\bigcup R(U)))$ 发生了,这意味着在 $G[V']$ 中有一条边 e 违反了它的部分划分。边 e 必须在这个分区的两个侧之一内,这给了我们两种考虑的情况,如下:

- 第一种情况是,e 连接了 $U_1\bigcup N(U_2)$ 的两个顶点。这种情况类似于引理 13-2 证明中研究的前三种情况,在这三种情况下使用同样的证明表明,$G[V']$ 必定有一条边违反了 V' 的分区 $(U_1\bigcup W_1,U_2\bigcup W_2)$,而与 W 所选择的分区 (W_1,W_2) 无关。

- 第二种情况是,e 连接 $V\backslash(U_1\bigcup N(U_2)\bigcup R(U))$ 的两个顶点。我们可以观察到 $V\backslash(U_1\bigcup N(U_2)\bigcup R(U))$ 只包含 U_2 的顶点和 $V\backslash U$ 的顶点,它们在 $U\backslash U_2=U_1$ 中有一个邻居,因此,e 连接了 $U_2\bigcup N(U_1)$ 的两个顶点。e 的这个性质与第一种情况中的 e 的性质是对称的(即 $e\in U_1\bigcup N(U_2)$),因此,可以用对称证明来证明,在这种情况下,$G[V']$ 必定有一条边违反了 V' 的分区 $(U_1\bigcup W_1,U_2\bigcup W_2)$,而与 W 所选的分区 (W_1,W_2) 无关。

练习 13-6 解析

设 G 是 ε-远离二分图,$\varepsilon\in(0,1)$,并考虑推论 13-4 证明中的事件 I_1 和 I_2。我们回忆一下,I_1 是 U 具有良好覆盖的事件,I_2 是算法 13-1 检测到 G 不是二部的事件。

重复引理 13-3 的证明,我们得到,当 $s_U\geqslant8\cdot\ln(16/(\delta\varepsilon))/\varepsilon$ 时,I_1 发生的概率至少为 $1-\delta/2$。同样地,通过重复推论 13-4 的部分证明,我们得到,当 $s\geqslant(c/\varepsilon+1)s_U+24\ln(2/\delta)/\varepsilon$ 时,$\Pr[I_2\mid I_1]\geqslant1-\delta/2$。因此,通过选择

$$s_U=\left\lceil\frac{8\cdot\ln(16/(\delta\varepsilon))}{\varepsilon}\right\rceil=\Theta(\varepsilon^{-1}\cdot(\ln\varepsilon^{-1}+\ln\delta^{-1}))$$

$$s=\min\left\{\left\lceil\left(\frac{24\cdot\ln2}{\varepsilon}+1\right)s_U+\frac{24\ln(2/\delta)}{\varepsilon}\right\rceil,n\right\}$$

$$=O[\varepsilon^{-1}\cdot(\varepsilon^{-1}\cdot(\ln\varepsilon^{-1}+\ln\delta^{-1}))+\varepsilon^{-1}\cdot\ln\delta^{-1}]$$

$$=O(\varepsilon^{-2}\cdot(\ln\varepsilon^{-1}+\ln\delta^{-1}))$$

我们可以保证算法 13 - 1 检测到 G 不是二部的概率至少为

$$\Pr[I_2] \geqslant \Pr[I_1] \cdot \Pr[I_2 \mid I_1] \geqslant \left(1 - \frac{\delta}{2}\right)^2 \geqslant 1 - \delta$$

（当 $s \neq n$ 时，这是由上面的证明得到的；反之，则是由 $G[V']$ 等于算法 13 - 1 在 $s = n$ 时的输入图得到的）。这就完成了该练习的解决方案，因为我们已经在练习 13 - 2 中知道，算法 13 - 1 总是检测到一个二部图是二部的，只要 $s \geqslant 2$。

第 14 章　布尔函数的算法

布尔函数获取(多个)位作为输入并基于这些输入位生成(单个)输出位的函数。这类函数的一些非常简单的例子就是 AND、OR 和 NOT 的标准逻辑门,但布尔函数研究与计算机科学之间的关系比这些逻辑门所代表的表面关系要深刻得多。特别是,关于布尔函数的结果已经在计算机科学的不同领域得到了应用,如编码理论和复杂性。

布尔函数的重要性推动了性质测试算法的研究,这些算法可以测试这些函数可能具有的各种属性。在本章中,我们将介绍两个此类性质的算法。

14.1　模　型

在本章的开始,我们介绍了布尔函数模型,这是我们在本章中假定的属性测试模型。形式上,布尔函数是一个从$\{0,1\}^m$到$\{0,1\}$的函数,其中$\{0,1\}^m$是所有 m 位向量的集合(即所有 m 个坐标的向量在每个坐标中都是 0 或 1)。因此,布尔函数模型中的对象集合 N 就是所有可能的函数 $f:\{0,1\}^m \rightarrow \{0,1\}$ 的集合。由于我们考虑任意布尔函数,所以认为函数是真值表是很自然的(回忆函数的真值表是一个表,它明确地说明了函数对于每个可能的输入的值见表 14.1 和表 14.2)。这允许我们将两个布尔函数之间的距离定义为它们真值表中不同条目的分数,也就是说,两个函数产生不同输出的输入部分。一个更正式的说法是,两个布尔函数 $f:\{0,1\}^m \rightarrow \{0,1\}$ 和 $g:\{0,1\}^m \rightarrow \{0,1\}$ 之间的距离是

$$d(f,g) = \Pr_{x \in_R \{0,1\}^m} \left[f(x) \neq g(x) \right]$$

其中符号 $x \in_R \{0,1\}^m$ 表示 x 是$\{0,1\}^m$ 外的一致随机向量。

表 14.1　和函数的真值表

输入 1	输入 2	输　出
0	0	0
0	1	0
1	0	0
1	1	1

表 14.2　异或函数的真值表

输入 1	输入 2	输　出
0	0	0
0	1	1
1	0	1
1	1	0

练习 14-1:解释为什么上面给出的 f 和 g 之间的距离的正式和非正式定义是重合的。换句话说,解释为什么 $\Pr_{x \in_R \{0,1\}^m}[f(x) \neq g(x)]$ 的概率确实等于函数 f 和 g 不同的输入部分。

值得注意的是,布尔函数的表示(例如,使用真值表)需要 2^m 位,每一个可能的输入需要 1 位。因此,这类函数的线性时间算法的时间复杂度为 $O(2^m)$,布尔函数的次线性时间算法只要求时间复杂度为 $O(2^m)$。在阅读本章的其余部分时,记住这一点是很重要的。

14.2　测试线性度

在本章中,我们经常需要对位加模 2。为了使我们使用的计算更具有可读性,我们在整个章节中都采用了这样的约定,即位的加法总是假设为对 2 取模,除非我们明确说明,否则总默认位的加法是模 2 的。使用这个约定,现在就可以定义我们在本节中研究的布尔函数的属性。

布尔函数 $f:\{0,1\}^m \rightarrow \{0,1\}$ 是线性的,如果对于每一对向量 $x,y \in \{0,1\}^m$,它认为 $f(x)+f(y)=f(x+y)$(注:给定其他对象的线性的标准定义,自然也要求对于向量 $x \in \{0,1\}^m$ 和标量 $c \in \{0,1\}$,$f(c \cdot x)=c \cdot f(x)$。然而,对于 $c=1$,这是微不足道的;对于 $c=0$,它变成了 $f(\overline{0})=0$,这已经遵循了线性的定义,因为这个定义意味着 $f(\overline{0})+f(\overline{0})=f(\overline{0}+\overline{0})=f(\overline{0})$)。为了演示这个定义,让我们考虑 AND 和 XOR 函数。为了提醒读者,我们在表 14.1 中给出了 AND 函数的真值表(注意,在本例中 $m=2$)。

设 x 是向量 $(0,1)$,y 是向量 $(1,0)$。观察到 $\text{AND}(x)=\text{AND}(0,1)=0$,$\text{AND}(y)=\text{AND}(1,0)=0$,但是 $\text{AND}(x+y)=\text{AND}(1,1)=1$。因此,

$$\text{AND}(x)+\text{AND}(y)=0+0=0 \neq 1=\text{AND}(x+y)$$

说明 AND 函数不是线性的。现在考虑 XOR 函数,它的真值表在表 14.2 中给出。我们可以使用这个表来验证对于任意向量 $x \in \{0,1\}^m$,XOR 函数服从 $\text{XOR}(x)=x_1+x_2$。

这个观察结果表明,对于每两个向量 $x,y \in \{0,1\}^2$,下式成立,即

$$\mathrm{XOR}(\boldsymbol{x})+\mathrm{XOR}(\boldsymbol{y})=(\boldsymbol{x}_1+\boldsymbol{x}_2)+(\boldsymbol{y}_1+\boldsymbol{y}_2)=(\boldsymbol{x}_1+\boldsymbol{y}_1)+(\boldsymbol{x}_2+\boldsymbol{y}_2)$$
$$=\mathrm{XOR}(\boldsymbol{x}+\boldsymbol{y})$$

因此,异或函数是一个线性布尔函数的例子。练习 14 - 2 给出了线性布尔函数的一般特性。

练习 14 - 2:证明一个布尔函数 $f:\{0,1\}^m \rightarrow \{0,1\}$ 是线性的,当且仅当存在 m 个常数 $a_1,a_2,\cdots,a_m\in\{0,1\}$,使得 $f(\boldsymbol{x})=\displaystyle\sum_{i=1}^{m}a_i\boldsymbol{x}_i$ 对于每个向量 $x\in\{0,1\}^m$。

在本节的剩余部分中,我们的目标是找到一种性质测试算法,用于确定给定的布尔函数是否为线性函数。算法 14 - 1 给出了此任务的一个非常自然的算法。该算法随机选取一对向量 $(\boldsymbol{x},\boldsymbol{y})$,然后检查 f 是否符合关于 $\boldsymbol{x}$、$\boldsymbol{y}$ 和 $\boldsymbol{x}+\boldsymbol{y}$ 线性的定义。如果函数不符合线性的定义,那么它就不是线性的,算法声明是这样的;如果该函数在所有检查的参数对的线性定义上都符合要求,则算法声明它是线性的。

算法 14 - 1:线性度(f,ε)测试

1. 设 $s\leftarrow\lceil 12/\varepsilon\rceil$。

2. 重复 s 次:

3. 从 $\{0,1\}^m$ 中均匀随机独立地选取两个向量 $\boldsymbol{x}$ 和 $\boldsymbol{y}$。

4. 如果 $f(\boldsymbol{x})+f(\boldsymbol{y})\neq f(\boldsymbol{x}+\boldsymbol{y})$,则返回"$f$ 不是线性的",否则,

5. 返回"f 是线性的"。

从算法的描述可以清楚地看出,它正确地检测到线性布尔函数确实是线性的。因此,要证明算法 14 - 1 是一个性质测试算法,我们只需要证明它以至少 2/3 的概率检测到一个 ε -远是线性的函数而 f 不是线性的。

给定一个非线性布尔函数 f,用 $\eta(f)$ 表示算法 14 - 1 的一次迭代检测到它不是线性的概率。更正式地,

$$\eta(f)=\mathrm{Pr}_{\boldsymbol{x},\boldsymbol{y}\in_R\{0,1\}^m}\big[f(\boldsymbol{x})+f(\boldsymbol{y})\neq f(\boldsymbol{x}+\boldsymbol{y})\big]$$

直观地,很自然地假设 $\eta(f)$ 应该很大,当 f 远不是线性的。练习 14 - 3 表明,如果设法证明 $\eta(f)$ 至少是 $\varepsilon/6$,当 f 是 ε -远是线性的,则意味着算法 14 - 1 是一个性质测试算法。

练习 14 - 3:证明当 f 是 ε -远是线性的时,$\eta(f)$ 至少是 $\varepsilon/6$,那么,给定一个 f 是 ε -远是线性的函数,算法 14 - 1 正确地检测到它不是线性的概率至少为 2/3。

我们的下一个目标当然是证明当 f 是 ε -远是线性的时,$\eta(f)$ 确实至少是 $\varepsilon/6$。因此,让我们以矛盾的方式假设事实并非如此,并让 f 作为一个反例,即 f 是 ε -远是线性的,但 $\eta(f)<\varepsilon/6$。我们的计划是通过证明有一个线性函数 g 到 f 的距离小于 ε 来建立一个矛盾。特别地,我们将证明其如下函数所示的情况:

$$g(\boldsymbol{x})=\arg\max_{b\in\{0,1\}}\mathrm{Pr}_{\boldsymbol{y}\in_R\{0,1\}^m}\big[f(\boldsymbol{x}+\boldsymbol{y})-f(\boldsymbol{y})=b\big]$$

非正式地,对于向量 x,g 的值是通过计算每个向量 y 的差 $f(x+y)-f(y)$,然后将这个差的更常见的值赋给 $g(x)$ 的值来得到的。在开始证明 g 是线性的并且接近 f 之前,让我们直观地提出它的定义。因为我们希望 g 是线性的,g 对于向量 x 的值应等于 $g(x+y)-g(y)$ 对于每个向量 y 的值。此外,由于我们希望 g 接近 f,所以 $g(x+y)-g(y)$ 在大多数情况下应等于 $f(x+y)-f(y)$。因此,对于一个线性且接近于 f 的函数 g 来说,服从 g 的定义是很自然的。

现在我们开始对函数 g 进行形式分析,证明它确实接近于 f。

引理 14-1:函数 f 和 g 之间的距离不超过 $2\eta(f)$。

证明:设 U 为 $\{0,1\}^m$ 中 f 和 g 不一致的向量个数。根据函数间距离的定义,f 和 g 之间的距离为

$$d(f,g)=\Pr_{x\in_R\{0,1\}^m}[f(x)\neq g(x)]=\frac{|U|}{2^m}$$

此外,根据 g 的定义,对于每个向量 $x\in U$,

$$f(x)\neq \arg\max_{b\in\{0,1\}}\Pr_{y\in_R\{0,1\}^m}[f(x+y)-f(y)=b]$$

这意味着

$$\Pr_{y\in_R\{0,1\}^m}[f(x+y)-f(y)=f(x)]<1/2$$

也就是说,当 x 属于 U 时,随机变量 y 有超过 $1/2$ 的概率表明 f 不是线性的。因此,当 $\eta(f)$ 很小时,U 应该很小。更正式地,

$$\eta(f)=\Pr_{x,y\in_R\{0,1\}^m}[f(x)+f(y)\neq f(x+y)]$$
$$=\mathrm{E}_{x\in_R\{0,1\}^m}[\Pr_{y\in_R\{0,1\}^m}[f(x)+f(y)\neq f(x+y)]]$$
$$\geq \mathrm{E}_{x\in_R\{0,1\}^m}\left[1_{x\in U}\cdot\frac{1}{2}\right]=\frac{|U|}{2^{m+1}}=\frac{d(f,g)}{2}$$

其中,$1_{x\in U}$ 是 x 指示时,表示 x 属于 U 的事件。现在通过重新排列最后一个不等式来证明引理 14-1。

接下来,需要证明 g 是线性的。为了证明这一点,首先需要辅助引理 14-2。注意,g 的定义保证了 $g(x)$ 等于 $f(x+y)-f(y)$ 对于至少一半的可能向量 y。辅助引理表明,当 $\eta(f)$ 不是太大时,$g(x)$ 实际上等于更多可能向量 y 的 $f(x+y)-f(y)$。

引理 14-2:对于每个向量 $x\in\{0,1\}^m$,$\Pr_{y\in_R\{0,1\}^m}[g(x)=f(x+y)-f(y)]\geq 1-2\eta(f)$。

证明:将概率 $\Pr_{y\in_R\{0,1\}^m}[g(x)=f(x+y)-f(y)]$ 与 $\eta(f)$ 的定义基于两个随机向量,而上面的概率只包含一个这样的向量(注意 x 是确定性的),这使得 $\eta(f)$ 的

定义更加复杂。将概率 $\Pr_{y \in_R \{0,1\}^m}[f(x+z)-f(z)=f(x+y)-f(y)]$ 与 $\eta(f)$ 相关联应该更容易。幸运的是,上述两种可能性是相关的。直观地说,如果第一种概率很高,那么 $f(x+y)-f(y)$ 和 $f(x+z)-f(z)$ 都可能等于 $g(x)$,因此,应该是相等的。更正式地说,如果用 p 表示概率 $\Pr_{y \in_R \{0,1\}^m}[g(x)=f(x+y)-f(y)]$,则得到

$$\Pr_{y,z \in_R \{0,1\}^m}[f(x+z)-f(z)=f(x+y)-f(y)]$$
$$=\Pr_{y,z \in_R \{0,1\}^m}[f(x+z)-f(z)=g(x)=f(x+y)-f(y)]+$$
$$\Pr_{y,z \in_R \{0,1\}^m}[f(x+z)-f(z)=1-g(x)=f(x+y)-f(y)]$$
$$=p^2+(1-p)^2=1-2p(1-p)\leqslant p$$

其中第二个等式成立,因为向量 z 和 y 是独立的,这个不等式成立,因为 g 的定义保证 p 至少是 $1/2$。为了证明引理,它仍然需要证明,在最左边的概率至少是 $1-2\eta(f)$。由于位的加法和减法是等价的操作(验证!),我们得到

$$\Pr_{y,z \in_R \{0,1\}^m}[f(x+z)-f(z)=f(x+y)-f(y)]$$
$$=\Pr_{y,z \in_R \{0,1\}^m}[f(x+z)+f(x+y)=f(y)+f(z)]$$
$$\geqslant\Pr_{y,z \in_R \{0,1\}^m}[f(x+z)+f(x+y)=f(y+z)=f(y)+f(z)]$$
$$\geqslant1-\Pr_{y,z \in_R \{0,1\}^m}[f(x+z)+f(x+y)\neq f(y+z)]+$$
$$\Pr_{y,z \in_R \{0,1\}^m}[f(z)+f(y)\neq f(y+z)]=1-2\eta(f)$$

第二个不等式来自于联合界,最后一个等式成立,因为 $x+z$ 和 $x+y$ 都是 $\{0,1\}^m$ 的随机向量,它们的和是 $y+z$。

现在我们要证明 g 是一个线性函数。注意,我们的假设(通过矛盾的方式)是 $\eta(f)<\varepsilon/6$,加上观察到一个函数与线性的距离最多可以是 1,也就意味着 $\eta(f)<1/6$。

推论 14 - 1: 由于 $\eta(f)<1/6$,故 g 是线性的。

证明: 考虑任意一对向量 x 和 y,我们需要证明 $g(x)+g(y)=g(x+y)$。当然,这个要求是确定性的,这是有问题的,因为我们对 g 的所有保证都是随机的。因此,我们考虑 $\{0,1\}^m$ 中的一致随机向量 z。然后,可以观察到我们想要证明的等式在下列三个等式成立时成立:

（ⅰ）$g(x)=f(x+z)-f(z)$;

（ⅱ）$g(y)=f(y+x+z)-f(x+z)$;

（ⅲ）$g(x+y)=f(x+y+z)-f(z)$。

因为 z 是一个均匀随机向量,引理 14 - 2 暗示了不等式（ⅰ）和（ⅲ）分别至少有 $1-2\eta(f)$ 的概率成立。而且,由于 $x+z$ 也是 $\{0,1\}^m$ 中的一致随机向量,所以不等式（ⅱ）成立也适用于这种概率。因此,我们通过联合边界得到所有三个不等式同时

存在的概率至少是 $1-6\eta(f)$。代入我们已知的 $\eta(f)<1/6$，得到不等式（ⅰ）、（ⅱ）和（ⅲ）同时成立的正概率，这意味着一定存在向量 $z\in\{0,1\}^m$，使得这三个不等式成立。（注：这是第 6 章中提到的概率方法的一个应用。）如上所述，这样一个向量 z 的存在意味着等式 $g(x)+g(y)=g(x+y)$ 是正确的，这是我们想要证明的。

引理 14-1 和推论 14-1 共同暗示，f 到线性函数 g 的距离最多为 $2\eta(f)<2(\varepsilon/6)<\varepsilon$，这与我们假设相矛盾，即 f 是一个布尔函数，它距离线性函数 ε 很远，同时遵守 $\eta(f)<\varepsilon/6$ 时。因此，正如预期的那样，我们得到每一个 ε-远是线性的布尔函数必须服从 $\eta(f)\geqslant\varepsilon/6$。回想一下，通过练习 14-3，这意味着算法 14-1 以至少 2/3 的概率检测到一个 ε-远是线性的布尔函数不是线性的。

因此，算法 14-1 是一个属性测试算法，因为我们已经在上面观察到，它总是检测到一个线性函数是线性的。

定理 14-1：算法 14-1 是一个属性测试算法，用于确定查询复杂度为 $O(\varepsilon^{-1})$ 的布尔函数是否为线性函数。

练习 14-4 给出了 g 的一个有趣的附加属性。

练习 14-4：证明在 $\varepsilon<1/4$ 的情况下，当 f 是 ε-接近于线性时，g 是最接近 f 的线性布尔函数，这特别意味着 g 在此范围内是线性的。**提示**：考虑一个线性布尔函数 h，在所有这些函数中，它与 f 的距离最近，用 g 的定义来证明 g 与 h 是相同的。

14.3 单调性检验

在本节中，我们感兴趣的是测试布尔函数的一个附加属性，称为单调性。一个布尔函数 $f:\{0,1\}^m\rightarrow\{0,1\}$ 是单调的，如果对于每一对向量 $x,y\in\{0,1\}^m$，使 $x\leqslant y$（其中比较是在坐标上进行的），它认为 $f(x)\leqslant f(y)$。下面的练习旨在帮助您更熟悉布尔函数单调性的概念。

练习 14-5：证明 2.5.2 小节中给出的布尔函数 $AND(x)$ 是单调的，而同一节中描述的布尔函数 $XOR(x)$ 不是单调的。

在布尔函数的研究中，引用一个被称为布尔超立方体的概念通常是非常有用的。在形式上，维数 m 的布尔超立方体是一个顶点为 $\{0,1\}^m$ 的布尔向量的图，且布尔超立方体的两个顶点 $x,y\in\{0,1\}^m$ 由一条边连接，当且仅当它们在一个坐标上恰好不同。维度为 1、2 和 3 的布尔超立方体的图形表示如图 14.1 所示。现在考虑超立方体的任意边 (x,y)。根据定义，向量 x 和 y 在所有坐标系中都是相同的，除了一个坐标系。因此，$x\leqslant y$ 或 $x\geqslant y$（注：这对于一般的向量来说是不平凡的。例如，向量 $x=(0,1)$ 和 $y=(1,0)$ 既不满足 $x\leqslant y$，也不满足 $x\geqslant y$）。通过这个观察，定义 14-1 成为可能。

定义 14-1：考虑超立方体的任意边 (x,y)，并不失一般性地假设 $x\leqslant y$（否则，

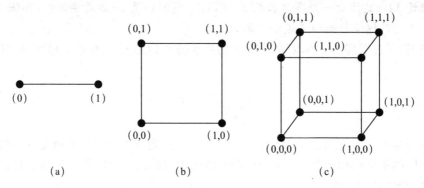

图 14.1　维度 1(a)、2(b)和 3(c)的布尔超立方体

我们交换 x 和 y)。然后,我们说(x,y)对于布尔函数 f 来说是一条非单调边,如果 $f(x) > f(y)$。

练习 14 − 6:证明一个布尔函数 $f:\{0,1\}^m \rightarrow \{0,1\}$ 是单调的,当且仅当维数 m 的布尔超立方体对于 f 没有非单调的边。

练习 14 − 5 给出的单调函数的特征很自然地提出了一种测试布尔函数单调性的算法,该算法给出一个布尔函数 f,选取布尔超立方体的一些随机边,并检查它们对 f 是否单调。如果选择的边中有一条是非单调的,那么练习 14 − 6 表明 f 不是单调的;如果所有选择的边都是单调的,则算法声明 f 是单调的。该算法的更正式的表示形式如算法 14 − 2 所示。

算法 14 − 2:单调性检验(f,ε)

1. 设 $s \leftarrow \lceil 2m/\varepsilon \rceil$。

2. 重复 s 次:

3. 　选取维数为 m 的布尔超立方体的一条均匀随机边(x,y)。

4. 　如果 $x \geqslant y$,则交换 x 和 y。

5. 　如果 $f(x) > f(y)$,则返回"f 不是单调的",否则,

6. 返回"f 是单调的"。

如上所述,只要算法 14 − 2 声明是这种情况,f 就保证是非单调的,这意味着单调函数总是被算法 14 − 2 声明为单调的。因此,为了证明算法 14 − 2 是一个性能测试算法,只需证明给定一个远非单调的布尔函数,算法 14 − 2 检测到它不是具有显著概率的单调函数。要做到这一点,我们需要布尔函数的以下特性,这些特性远远不是单调的。

引理 14 − 3:如果 f 是ε-远是单调的,那么至少有 $\varepsilon \cdot 2^{m-1}$ 个维度为 m 的布尔超立方体的边与 f 不是单调的。

我们将马上证明引理 14 − 3,但首先要证明它确实意味着算法 14 − 2 是一个性质测试算法。

推论 14 - 2：给出一个布尔函数 $f:\{0,1\}^m\to\{0,1\}$ 是 ε -远是单调的，算法 14 - 2 以至少 2/3 的概率检测到它是非单调的。

证明：通过引理 14 - 3，算法 14 - 2 的每次迭代检测到 f 都是非单调的，且概率至少

$$\frac{\varepsilon\cdot 2^{m-1}}{m\cdot 2^{m-1}}=\frac{\varepsilon}{m}$$

因为维度为 m 的超立方体包含 $m\cdot 2^{m-1}$ 条边（超立方体的一条边是由边的两个端点不同的单坐标和剩余 $m-1$ 个坐标的值所指定的）。因此，算法不迭代检测到 f 非单调的概率最大，即

$$\left(1-\frac{\varepsilon}{m}\right)^s\leqslant e^{-(\varepsilon/m)s}\leqslant e^{-(\varepsilon/m)(2m/\varepsilon)}=e^{-2}<\frac{1}{3}$$

现在需要证明引理 14 - 3，它等价于证明，如果布尔超立方体中只有少数边是关于 f 非单调的，那么 f 必须接近单调函数。为了证明这一点，我们将描述一种使函数单调的方法，当布尔超立方体中只有少数边是关于 f 非单调的时，该方法只进行少量的修改。

我们将描述的方法顺序考虑布尔超立方体的 m 维，并分别确定每个方向。更正式地说，布尔超立方体的一条边 (x,y) 属于维数 i，如果 x 和 y 的唯一不同的坐标是坐标 i。例如，在维数为 3 的布尔超立方体中，向量 $(0,1,0)$ 与向量 $(0,1,1)$ 之间的边属于维数 3，而向量 $(1,0,1)$ 与向量 $(1,1,1)$ 之间的边属于维数 2。利用这个定义，现在可以将 $D_i(f)$ 定义为布尔超立方体的边数，它们属于维数 i，并且相对于函数 f 是非单调的。

注意，通过练习 14 - 6，当且仅当 $D_i(f)$ 在所有维度为 0 时，$1\leqslant i\leqslant m$，f 是单调的。因此，"固定" f 的维数 i 意味着将 f 修改为服从 $D_i(g)=0$ 的函数 g。一种很自然的方法是将 f 赋值给维数 i 中每条对 f 非单调的边的端点。更正式地说，给定一个布尔函数 f，$S_i(f)$ 是一个布尔函数，它对每个向量 $x\in\{0,1\}^m$ 的值定义如下：设 (x,y) 是包含 x 的布尔超立方体的单边，且属于第 i 维，则 $S_i(f)(x)=1-f(x)$；如果 (x,y) 对 f 是非单调的，则 $S_i(f)(x)=f(x)$。

图 14.2 给出了操作 S_i 的图形化示例。引理 14 - 4 给出了 S_i 运算的一些性质。

引理 14 - 4：对于每个布尔函数 $f:\{0,1\}^m\to\{0,1\}$ 和维 $1\leqslant i\leqslant m$，下式成立：

- $D_i(S_i(f))=0$。
- 对于其他所有 $1\leqslant j\leqslant m$ 的维，$D_j(S_i(f))\leqslant D_j(f)$，尤其当 $D_j(f)=0$ 时，$D_j(S_i(f))=0$。

证明：直观地说，$D_i(S_i(f))=0$ 等价于说 S_i "固定"了 f 的维数 i。S_i 行动旨在实现这一目标，然而，让我们正式地证明这一行动确实实现了这一目标。考虑布尔超立方体的任意边 (x,y)，假设（不失一般性）$x\leqslant y$。如果 $f(x)\leqslant f(y)$，则 (x,y) 对 f

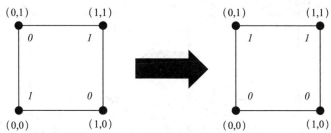

注:左边是一个布尔函数($m=2$)。为了清晰起见,每个向量 $x\in\{0,1\}^2$ 的布尔函数值以斜体显示。右边是对左边给出的函数进行 S_2 运算得到的函数。注意,原始函数在维度 2 中有一个单一的非单调边(从$(0,0)$到$(0,1)$的边),因此,该函数产生的 S_2 操作翻转 f 的值在这条边的端点,同时保留两个向量 f 的值。

图 14.2　S_i 运算的图示

是单调的,因此,

$$S_i(f)(x)=f(x)\leqslant f(y)=S_i(f)(y)$$

否则,(x,y)对于 f 是非单调的,这意味着

$$S_i(f)(x)=1-f(x)<1-f(y)=S_i(f)(y)$$

因此,在这两种情况下,(x,y)对于 $S_i(f)$ 是单调的,因此 $D_i(S_i(f))=0$。

直观地说,我们需要证明的另一个性质(即当 j 是除 i 以外的维度时,$D_j(S_i(f))\leqslant D_j(f)$),意味着当确定维度 i 时,我们不会使其他维度的情况变得更糟。为了证明这一点,我们将$\{0,1\}^m$ 的向量划分为大小为 4 的集合,其中每个集合的向量在除 i 和 j 之外的所有坐标上都具有相同的值。换句话说,每个集合由分配 $\sigma:\{1,2,\cdots,m\}\setminus\{i,j\}\to\{0,1\}$ 的值,到除 i 和 j 之外的每一个坐标决定,集合中的成员是$\{0,1\}^m$ 在除 i 和 j 之外的坐标上与 σ 一致的 4 个向量。

上述分区的一个有用性质是,属于维度 i 和 j 的布尔超立方体的边总是连接分区内同一集合的两个顶点,这有两个影响:第一个影响是,分区中一组向量的 $S_i(f)$ 的值完全由 f 分配给这些向量的值所确定;第二个影响是,为了证明引理,只要证明 $S_i(f)$ 在给定分区中,使维数 j 的情况变得更糟。因为这意味着它在一般情况下维度 j 不会变得更糟。最后一个声明(即 $S_i(f)$ 确实不会在给定分区中使维度 j 的情况变得更糟)是通过对每种可能的 f 对分区 A 的四个向量分配值的情况进行分析来完成的。具体来说,我们需要验证对于每个这样的分配,维度 j 和对于 f 在 A 的向量之间的非单调边的数量至少与相对于 $S_i(f)$ 的这些边的数量相同。可以观察到,在 f 对 A 的 16 种可能的值分配中,有 9 种不会产生相对于 f 的维度 i 的非单调边,因此,使 f 和 $S_i(f)$ 在 A 内相同。在剩余的 7 种情况中,这两个函数在 A 内不同,这些情况在图 14.3 和 14.4 中进行了研究。

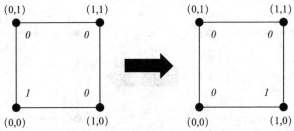

注:左边的矩形表示 f 对集合 A 的向量赋值的一种可能。更具体地说,这个矩形表示一个向量的每个顶点,其中顶点离边的两个坐标按顺序给出向量在 A 中的 i 和 j 坐标的值,斜体数字表示 f 赋给该向量的值。同样地,右边的矩形代表 $S_i(f)$ 赋值给 A 向量。我们可以观察到,在维度 j 中,左边的矩形包含一条单一的非单调边,右边的矩形也是如此。因此,在图中所描述的情况下,$S_i(f)$ 并没有使情况在维数 j 上比 f 更糟。

图 14.3　引理 14-4 证明中的一个例子

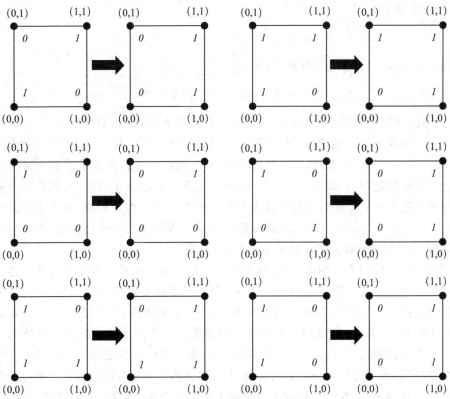

注:f 对集合 A 的 4 个顶点有 7 种可能的赋值,这些赋值会导致集合中至少有一条非单调边属于维数 i。其中一个任务如图 14.3 所示,另外 6 个案例在图 14.4 中被描述(见图 14.3 对每个案例描述方式的解释)。我们可以观察到,在每种情况下,维数 j 的非单调边相对于 $S_i(f)$ 的数量最多与这些非单调边相对于 f 的数量一样多。具体来说,如果我们从左到右,从上到下给这些情况编号,那么在情形 2、3 和 6 中对于 f 或 $S_i(f)$ 都没有维数为 j 的非单调边;在情形 1 和情形 4 中,对于 f 有一条维数为 j 的非单调边,但是对于 $S_i(f)$ 没有这条边;最后,在情形 5 中,对于 f 和 $S_i(f)$ 存在一个维数为 j 的非单调边。

图 14.4　图 14.3 中没有给出引理 14-4 的证明情况

练习 14 - 7:引理 14 - 4 所研究的操作 $S_i(f)$ 会同时翻转 f 赋值给每条维度 i 的非单调边的两个端点的值。一种自然的替代方法是在每一步翻转 f 赋值给一个维度 i 的非单调边的两个端点的值,证明,与 $S_i(f)$ 不同的是,这样翻转单个边可能会增加其他维度中非单调边的数量。

使用引理 14 - 4,现在准备证明引理 14 - 3。

引理 14 - 3 的证明:通过矛盾的方式假设引理不是真的,即存在一个布尔函数 $f:\{0,1\}^m \to \{0,1\}$,它是 ε -远是单调的,但小于 $\varepsilon \cdot 2^{m-1}$ 的维数为 m 的布尔超立方体的边对 f 是非单调的。根据定义,$D_i(f)$ 是属于维数 i 且相对于 f 非单调的边数。由于布尔超立方体的每条边都恰好属于一个维度,$\sum_{i=1}^{m} D_i(f)$ 恰好等于超立方体对 f 非单调的边的数量,这就产生了

$$\sum_{i=1}^{m} D_i(f) < \varepsilon \cdot 2^{m-1}$$

现在考虑函数 $S_m(S_{m-1}(\cdots S_1(f)))$。回想一下,$S_i$ 是"固定"第 i 维边的操作。引理 14 - 4 立即表明这个函数是单调的。为了确定这个函数与 f 不同的 $\{0,1\}^m$ 的向量个数,我们需要确定对每个 S_i 操作改变的值个数的上界。因为 S_i 操作改变了维数 i 的每条边的两个端点,这条边相对于它得到的函数来说是非单调的,表达式 $S_m(S_{m-1}(\cdots S_1(f)))$ 中 S_i 运算的修正次数上限为

$$2D_i(S_{i-1}(S_{i-2}(\cdots S_1(f)))) \leqslant 2D_i(f)$$

这里使用引理 14 - 4 的重复应用得到不等式。对于每个 i 的取值,将我们在每个操作 S_i 中所做的修改次数的界限相加,我们得到由表达式 $S_m(S_{m-1}(\cdots S_1(f)))$ 给出的单调函数与 f 之间的最多不同之处。

$$\sum_{i=1}^{m} 2D_i(f) = 2 \cdot \sum_{i=1}^{m} D_i(f) < 2(\varepsilon \cdot 2^{m-1}) = \varepsilon \cdot 2^m$$

这与我们假设 f 是 ε -远是单调的假设相矛盾。定理 14 - 2 总结了算法 14 - 2 的性质。回想一下,如果布尔函数的算法的时间复杂度为 $O(2^m)$,那么它就是次线性的。

定理 14 - 2:算法 14 - 2 是确定时间复杂度为 $O(m^2/\varepsilon)$ 的函数 f 是否单调的性质测试算法。

证明:练习 14 - 6 和推论 14 - 2 一起证明了算法 14 - 2 是一种确定其输入函数是否单调的性质测试算法。因此,算法 14 - 2 的时间复杂度还有待分析。算法 14 - 2 最多有 $s = O(m/\varepsilon)$ 次迭代。我们将证明这些迭代的每一个都可以在 $O(m)$ 时间内执行,这就暗示了这个定理。

算法 14 - 2 的每次迭代都涉及对布尔超立方体的一条均匀随机边进行采样,并在该边的两个端点上计算输入布尔函数。在一点上求 f 值相当于从 m 维数组中读

取一个值,因此可以在 $O(m)$ 时间内完成。此外,可以使用以下步骤对 m 维的布尔超立方体的一条均匀随机边进行采样:

1. 均匀随机地选取这条边所属的维数 i。
2. 取一个一致随机的向量 $x \in \{0,1\}^m$,设 y 是通过翻转坐标 i 的值从 x 得到的向量。
3. 输出 x 和 y 作为采样边的两个端点。

显然,这个过程可以在 $O(m)$ 时间内实现。此外,一个对称性参数表明,该过程有相等的概率拾取布尔超立方体的每一条边,这意味着它拾取一条均匀随机边。

练习 14 - 8:计算算法 14 - 2 的查询复杂度。

14.4　文献说明

上述测试线性度的算法(算法 14 - 1)是由 Blum 等人(1993)提出的。Blum 等人在一般有限群之间的函数情况下研究了他们的算法,他们提出的算法的每一次迭代都能正确地检测到一个 ε -远是线性的函数不是线性的,其概率至少为 $2\varepsilon/9$。后来的一些工作证明了改进的概率(见 Bellare 等人的研究工作,(1993)),但我们在这里只想明确提到 Bellare 等人(1996)的研究结果,他们证明,在布尔函数的特殊情况下,算法 14 - 1 的一次迭代检测到一个 ε -远是线性的函数,它的概率至少为 ε。最后一个结果是基于离散傅里叶分析,因此,我们选择在本章中呈现一个更简单、更弱的分析,这是由于 Ron(2010)使用了 Blum 等人(1993)在原始分析中发现的一些想法。

上述用于测试布尔函数单调性的算法(算法 14 - 2)及其分析最初是由 Goldreich 等人(2000)给出的。

[1] Bellare M,Coppersmith D,Håstad J,et al. IEEE Transactions on Information Theory,1996,42(6): 1781 - 1795.

[2] Bellare M,Goldwasser S,Lund C,et al. Efficient Probabilistically Checkable Proofs and Applications to Approximation. In Proceedings of the 25th Annual Symposium on Theory of Computing (STOC), May 1993.

[3] Blum M,Luby M,Rubinfeld R. Self-Testing/Correcting with Applications to Numerical Problems. Journal of Computer and System Sciences,1993,47(3): 549 - 595.

[4] Goldreich O,Goldwasser S,Lehman E,et al. Testing Monotonicity. Combinatorica,2000,20(3): 301 - 337.

[5] Ron D. Algorithmic and Analysis Techniques in Property Testing. Foundations and Trends in Theoretical Computer Science,2010,5(2): 73 - 205.

练习解析

练习 14 - 1 解析

当 x 是来自 $\{0,1\}^m$ 外的一致随机向量时,概率 $\Pr[f(x)\neq g(x)]$ 是向量 $x\in\{0,1\}^m$ 的分数,它服从条件 $f(x)\neq g(x)$,即使 f 和 g 产生不同输出的输入的分数。

练习 14 - 2 解析

首先证明,如果 f 是一个布尔函数,并且 $a_1,a_2,\cdots,a_m\in\{0,1\}$ 是常数,使得每个向量 $x\in\{0,1\}^m$,$f(x)=\sum\limits_{i=1}^{m}a_ix_i$,则 f 是线性的。设 x 和 y 是 $\{0,1\}^m$ 中的任意两个向量,则

$$f(x)+f(y)=\sum_{i=1}^{m}a_ix_i+\sum_{i=1}^{m}a_iy_i=\sum_{i=1}^{m}a_i(x_i+y_i)=f(x+y)$$

这意味着 f 确实是线性的。

更复杂的方向还有待证明,即如果 f 是一个线性布尔函数,则存在常数 a_1,$a_2\cdots,a_m\in\{0,1\}$ 使得每个向量 $x\in\{0,1\}^m$,$f(x)=\sum\limits_{i=1}^{m}a_ix_i$。作为第一步,观察到 $f(\overline{0})$ 必须为 0,因为 f 的线性保证它服从 $f(\overline{0})+f(\overline{0})=f(\overline{0+0})=f(\overline{0})$。我们用 $e^{(i)}$ 表示一个向量,它在坐标 i 处的值为 1,在其余坐标处的值为 0。利用 $f(\overline{0})$ 等于 0,我们得到每个向量 $x\in\{0,1\}^m$,有

$$f(x_i \cdot e^{(i)})=x_i \cdot f(e^{(i)})$$

(通过代入 x_i 的两个可能值来验证是否相等)。f 的线性现在给了我们

$$f(x)=f\left(\sum_{i=1}^{m}x_i \cdot e^{(i)}\right)=\sum_{i=1}^{m}f(x_i \cdot e^{(i)})=\sum_{i=1}^{m}x_i \cdot f(e^{(i)})$$

可以观察到,最后一个等式完成了证明,因为 x 是 $\{0,1\}^m$ 中的一般向量,并且对于 $1\leqslant i\leqslant m$,$f(e^{(i)})$ 是一个在 $\{0,1\}$ 中的常数。

练习 14 - 3 解析

考虑一个函数 f,它是 ε -远线性的。通过练习的假设,我们得到了 $\eta(f)\geqslant\varepsilon/6$。换句话说,算法 14 - 1 的每一次迭代都有至少 $\varepsilon/6$ 的概率检测到 f 不是线性的。由于迭代是独立的,并且算法 14 - 1 声明函数是非线性的,如果一次迭代检测到它不是线性的,我们得到算法 14 - 1 声明 f 是线性的概率最大为

$$\left(1-\frac{\varepsilon}{6}\right)迭代函数\leqslant\left(1-\frac{\varepsilon}{6}\right)^{\lceil 12/\varepsilon\rceil}$$

$$\leqslant e^{-(\varepsilon/6)\lceil 12/\varepsilon\rceil}\leqslant e^{-2}<\frac{1}{3}$$

其中第二个不等式成立,因为不等式 $1+x \leqslant e^x$,对于每个实值 x 都成立。

练习 14-4 解析

根据提示,设 h 为一个线性布尔函数,在所有这些函数中,h 与 f 的距离最小。当 $\varepsilon < 1/4$ 时,f 为 ε-近似于线性,f 和 h 不一致的向量集合 U 所包含的向量小于 $1/4$。此外,由于 h 的线性,对于任意两个向量 $x, y \in \{0,1\}^m$,$h(x) = h(x+y) - h(y)$。因此,对于每个向量 $x \in \{0,1\}^m$,有

$$\Pr_{y \in \{0,1\}^m}[h(x) \neq f(x+y) - f(y)]$$
$$\leqslant \Pr_{y \in \{0,1\}^m}[h(x+y) \neq f(x+y) \text{ 或 } h(y) \neq f(y)]$$
$$\leqslant \Pr_{y \in \{0,1\}^m}[h(x+y) \neq f(x+y)] +$$
$$\Pr_{y \in \{0,1\}^m}[h(y) \neq f(y)] = 2 \cdot \frac{|U|}{2^m} < \frac{1}{2}$$

其中,第二个不等式源于联合边界。可以看到,上面的计算表明,$h(x)$ 是在 $\{0,1\}$ 中,对于 $y \in \{0,1\}^m$ 的向量,$h(x)$ 等于 $f(x+y) - f(y)$,这使得它与 $g(x)$ 的定义一致。

练习 14-5 解析

首先证明 AND(x) 是单调的。为此,需要验证对于每一对向量 $x, y \in \{0,1\}^2$,使得 $x \leqslant y$ 时,AND$(x) \leqslant$ AND(y) 成立。由于这个公式在 $x = y$ 时成立,所以只需要验证 x 和 y 是不同向量的情况,如表 14.3 所列。注意,表中每一行的 AND(x) 确实小于或等于 AND(y)。

表 14.3　对于每一对满足 $x \leqslant y$ 的不同向量 $x, y \in \{0,1\}^2$,AND(x) 和 AND(y) 的取值

x	y	AND(x)	AND(y)
(0,0)	(0,1)	0	0
(0,0)	(1,0)	0	0
(0,0)	(1,1)	0	1
(0,1)	(1,1)	0	1
(1,0)	(1,1)	0	1

现在要证明 XOR(x) 不是单调的。考虑向量 $x = \{0,1\}$ 和 $y = \{1,1\}$。显然,这是 $\{0,1\}^2$ 中的两个服从于 $x \leqslant y$ 的向量,但是,我们可以证明

$$\text{XOR}(x) = 1 > 0 = \text{XOR}(y)$$

练习 14-6 解析

首先证明如果 $f: \{0,1\}^m \to \{0,1\}$ 是一个单调布尔函数,那么,维度 m 的布尔超立方体的每一个边都是对 f 的单调。固定这个超立方体的任意边 (x, y)。正如上面所讨论的,必须有 $x \leqslant y$ 或 $y \leqslant x$,因此,不失一般性地假设 $x \leqslant y$。f 的单调性现在意

味着 $f(x) \leqslant f(y)$，因此，根据定义，边缘(x, y)是对 f 的单调。

另一个方向，即如果 $f:\{0,1\}^m \to \{0,1\}$ 是一个布尔函数，这样每一个维数的布尔超立方体的每一个边都是对 f 的单调，那么 f 是单调的，仍然有待证明。固定任何两个向量 $x, y \in \{0,1\}^m, x \leqslant y$，让我们证明 $f(x) \leqslant f(y)$。对于每一个 $0 \leqslant i \leqslant m$，我们定义 z_i 为一个向量，它在第一个 i 坐标上等于 y，在另一个坐标上等于 x。关于这些向量的一个有用的观察如下：

观察 14 - 1： 对于每个 $1 \leqslant i \leqslant m, z_{i-1} \leqslant z_i$。

证明： 向量z_{i-1} 和z_i 在坐标 i 之外的所有坐标上都是一致的。在坐标 i 中，向量 z_{i-1} 取这个坐标在向量 x 中的值，而向量z_i 取这个坐标在向量 y 中的值。由于 $x \leqslant y$，第一个值最多是最后一个值，这证明了观察。

如果 $z_{i-1} = z_i$，那么 $f(z_{i-1}) = f(z_i)$，否则，两个向量只差一个坐标（坐标 i）。因此，(z_{i-1}, z_i) 是维数为 m 的超立方体的一条边。结合上一个观察结果与我们假设的 f 的性质，意味着 $f(z_{i-1}) \leqslant f(z_i)$。注意，结合我们对$z_{i-1} = z_i$ 的分析，得到不等式 $f(z_{i-1}) \leqslant f(z_i)$ 总是成立的。

现在需要观察的是，根据 z_i 的定义，$z_0 = x$ 且 $z_m = y$，这意味着

$$f(x) = f(z_0) \leqslant f(z_1) \leqslant \cdots \leqslant f(z_m) = f(y)$$

练习 14 - 7 解析

考虑图 14.5 左边给出的函数 $f:\{0,1\}^2 \to \{0,1\}$，我们可以观察到，对于这个函数，维度为 2 的边都不是单调的，但维度为 1 的边都是单调的。图 14.5 右边给出了 f 通过翻转维 1 的两条（非单调）边中的一条而得到的函数。我们可以注意到，向量 $(1,0)$ 和 $(1,1)$ 之间的边是一条维度为 2 的边，它相对于由翻转产生的函数来说是非单调的，尽管事实上，对于原始函数 f 来说，维度为 2 的边都不是非单调的。

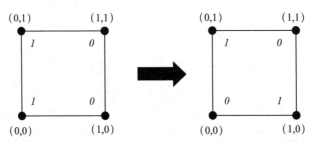

注：图的左边通过为每个向量 $\{0,1\}^2$ 指定此函数的值（值以斜体显示）来显示原始函数；图的右边以类似的方式给出了通过翻转向量$(0,0)$和$(1,0)$之间的边端点值而获得的函数。

图 14.5　布尔函数$(m=2)$的图形说明，以及通过翻转单条边端点的值从中获得的函数

练习 14 - 8 解析

算法 14 - 2 最多有 $s = O(m/\varepsilon)$ 次迭代，在每一次迭代中，它在两个向量上计算函数 f。因此，其查询复杂度为

$$2s = O(m/\varepsilon)$$

注意，这个查询复杂度是我们为算法显示的时间复杂度的 $1/m$。

第 15 章 Map-Reduce 概述

到目前为止,在这本书中,我们已经看到了一些算法,它们允许单台计算机通过使用非常少量的内存(流媒体算法)或只读取非常小的部分数据(次线性时间和局部计算算法)来处理大数据问题。处理大数据问题的一种自然的替代方法是使用并行算法,即使用多台计算机(或 CPU)的算法。对并行算法的研究可以追溯到 20 世纪 70 年代末,但它们的重要性却在过去 20 年里才开始变得越来越显著,因为现代计算机应用往往需要在相对较短的时间内处理大量数据,而这对于一台计算机是很难做到的。

使用并行算法需要使用多台计算机或 CPU 来执行算法,这可以通过两种基本方式之一来实现:一种方法是创建一个专门的计算机,它承载着大量的 CPU,并允许这些 CPU 相互交互;另一种方法是构建一个由通信网络连接的简单计算机集群。这两种方法都有各自的优点,但后者现在更经常使用,因为它只需要现成的硬件,因此,往往更经济。特别是,所有大型的现代互联网公司都构建了这种计算机集群,它们的计算能力要么用于自己的内部需求,要么租给其他公司。

并行算法的设计是一项复杂的任务,它需要设计者处理各种不适用于顺序算法的问题,其中一个问题是需要识别算法中可并行化的部分和算法中固有顺序化的部分。例如,乘法矩阵是一项很容易并行化的任务,因为计算结果矩阵中的每个单元格的值都可以独立完成。相比之下,预测随着时间的变化在物理系统(如天气)往往是一个固有的顺序任务,因为计算系统在 t 时刻的预测状态之前,很难计算出其在 $t+1$ 时刻的预测状态。

当并行算法打算在计算机集群上(而不是在多 CPU 计算机上)执行时,就会出现另一个问题,那就是尽管目前有非常快的通信网络,但集群内部计算机之间的通信仍然明显慢于单个计算机内部组件之间的信息传输。因此,在计算机集群上实现的并行算法应该努力最小化在集群的计算机之间传输的信息量,甚至(在某种程度上)以在计算机内执行更多的内部计算为代价。

在计算机集群上实现并行算法还提出了另一个附加问题,与前一段中讨论的问题不同,这个问题与实现算法的程序员而不是算法的设计者更相关。为了理解这个问题,我们注意到,在计算机集群上实现并行算法除了涉及算法本身的逻辑外,还需要完成大量的"管理"工作。例如,任务应该分配给集群中的各种计算机,并且数据必须相应地在计算机之间可靠地传输。在算法执行过程中,集群的组件(如计算机和通信链路)经常发生故障,这使这种管理工作变得更加复杂。虽然这些组件通常是相当可靠的,但它们在集群中的绝对数量使得其中一些组件的故障即使在相对较短的时间内也可能成为事件，这意味着算法实现必须定期处理此类故障。

为了减少处理上述管理工作的重复工作，谷歌开发了一个名为 Map-Reduce 的框架，该框架可以处理这项工作，但要求算法有一个给定的结构。谷歌的员工在 2004 年发表了一篇关于 Map-Reduce 框架的论文，这导致该框架迅速被其他组织采用。今天，Map-Reduce 框架的变体已被广泛用于实现并行算法，并且在大多数计算机集群上都可用。（注：Map-Reduce 的一个非常流行的开源实现 Apache Hadoop 开源软件集合的一部分。）

一般来说，计算机集群的重要性，特别是 Map-Reduce 框架的重要性，推动了专门为这些集群和 Map-Reduce 框架设计算法的研究。本书的当前部分是致力于介绍这一研究的一些例子。本章的其余部分为介绍这些例子奠定了必要的基础。特别地，它们详细地描述了 Map-Reduce 框架，并提出了该框架的一个程式化的理论模型。我们注意到，本章中使用的例子往往非常简单，它们的主要目标是帮助我们提出该框架及其理论模型。书中下面的章节还包括更多复杂的例子。

15.1　关于 Map-Reduce 的一些细节

本节的目标是描述 Map-Reduce 框架的主要结构。需要强调的是，Map-Reduce 框架涉及许多我们没有涉及的附加细节，因为它们对实现我们的目标不那么重要，或者在不同的 Map-Reduce 实现之间存在差异。因此，对使用真实世界的 Map-Reduce 系统感兴趣的读者应寻求关于它的额外信息，而不是依赖于这里给出的非常一般的描述。

为了使我们对 Map-Reduce 框架的描述更具有实质性，有一个运行示例是非常有用的。因此，假设我们得到了一些文本，并且想确定在该文本中单词的频率。换句话说，我们想确定每个单词在文本中出现的次数。例如，故事《爱丽丝梦游仙境》中的一段文字：

There seemed to be no use in waiting by the little door，so she went back to the table，half hoping she might find another key on it，or at any rate a book of rules for shutting people up like telescopes：this time she found a little bottle on it，（'which certainly was not here before，'said Alice，）and round the neck of the bottle was a paper label，with the words 'DRINK ME' beautifully printed on it in large letters.

我们可以验证这一段"the"出现 5 次，"she"出现 3 次，"drink"出现一次。

确定文本中单词的频率是一项简单的任务，但如果文本非常长，那么对作业使用并行算法是非常有意义的。因此，我们想为它设计一个地图简化算法。映射-减少框架中的基本信息单元是一对键和一个值。因此,要使用这个框架处理数据,必须将数据转换为基于这种对的表示。最好的方法当然取决于我们想要处理的确切数据。但为了我们的例子,假设输入文本中的每个单词都成为一对,其值是单词本身,关键是从中取出单词的文本名称。因此,上面文本中前 18 个单词使用下面的对表示(注意,一些对出现多次,因为文本包含重复的单词)。

(Alice in Wonderland,there)	(Alice in Wonderland,little)
(Alice in Wonderland,be)	(Alice in Wonderland,she)
(Alice in Wonderland,in)	(Alice in Wonderland,to)
(Alice in Wonderland,the)	(Alice in Wonderland,to)
(Alice in Wonderland,so)	(Alice in Wonderland,use)
(Alice in Wonderland,back)	(Alice in Wonderland,by)
(Alice in Wonderland,seemed)	(Alice in Wonderland,door)
(Alice in Wonderland,no)	(Alice in Wonderland,went)
(Alice in Wonderland,waiting)	(Alice in Wonderland,the)

　　一旦输入数据被表示为(键、值)对,Map-Reduce 框架就可以开始处理它了。这需要 3 个步骤,即"映射"、"洗牌"和"减少"。在映射步骤中(第一步),每个输入对都被独立地映射到一个新的输入对的列表中。要实现此步骤,系统的用户必须指定一个映射过程,该过程获取单个输入对,并基于该输入对生成一个新输入对的列表。然后,Map-Reduce 系统负责将这个映射过程应用到每一个输入对中。

　　在我们的词频运行示例中,我们需要一个映射过程,该过程获得一个输入对,并从中生成一个输出对,其中以输入对的字作为键,以数字 1 作为值。直观地说,值 1 的含义是这对表示作为其键出现的单词的单个实例。

　　练习 15 - 1:为上面描述的映射过程写下一个伪代码。另外,请列出应用此过程到上述 18 个输入对后所产生的对。

　　重要的是,对不同的输入对执行映射过程将是独立的,也就是说,这些执行不应该试图以任何方式在自己之间传递信息(例如通过全局变量)。这种独立性允许 Map-Reduce 框架以任意的方式在集群的计算机之间划分映射工作。换句话说,Map-Reduce 框架将一些输入对发送到集群中的每一台计算机中,然后这些计算机并行工作,并将 Map 过程应用到它们所得到的输入对中。

　　一旦将映射过程应用于每个输入对,Map-Reduce 框架将进入洗牌步骤(第二步)。在洗牌步骤中,框架考虑了在映射步骤产生的对中出现的一组不同的键,并为每个这样的键分配一个计算机,称为为这个键指定的减速器。然后,每一对被转移到其钥匙指定的减速器。

　　回到我们的词频运行示例。回想一下,在映射步骤之后,在本例中有一对输入文本的每个单词有一个单独的对,这个对包含单词作为其键和数字 1 作为其值。因此,在洗牌步骤中,Map-Reduce 框架为文本中的每个不同字(键)中的字分配一个减速器计算机,并将所有具有该键的字对转移到这个减速器中。(注:注意,在一个长文本中,可能有许多不同的单词,这将需要 Map-Reduce 框架来分配许多简化器。由于可用计算机的数量有限,还可能需要 Map-Reduce 框架指定一台计算机作为多个键的减速器。幸运的是,框架隐藏了这个技术问题,因此,为了简单起见,我们在框架的描述中假设每个键都有一个不同的减速器。)

练习 15 - 2:考虑以下的对(这些是基于上面列出的 18 个输入对的映射步骤产生的对)。假设这些对是洗牌步骤的输入,请确定洗牌步骤分配了多少个减少器,以及传输到每个减少器的对的列表。

(there,1)	(seemed,1)	(to,1)	(be,1)	(no,1)	(use,1)
(in,1)	(waiting,1)	(by,1)	(the,1)	(little,1)	(door,1)
(so,1)	(she,1)	(went,1)	(back,1)	(to,1)	(the,1)

在洗牌步骤之后,所有具有特定键的对都位于一台计算机(即为该键指定的减速器)上,因此,其可以作为一个组进行处理。这是 Map-Reduce 框架进行的第三步,也是最后一步——减少步骤。为了实现这一步,系统的用户指定了一个简化过程,该过程获得一个键和具有该键的对的值,并将作为输入,同时基于这个输入生成一个新对的列表。然后,Map-Reduce 系统对某个对中出现的每个键独立地执行这个过程。换句话说,每个减少器执行减少过程一次,并将减少器的键和具有该键的对的值(这些值恰好是在洗牌步骤期间传输到该减少器的对)作为参数传递给它。

在我们的运行示例中,由映射步骤产生的对的键是原始文本的单词。因此,对于本文中的每个不同的单词,都要执行一次简化过程。此外,对应于单词 w 的执行得到单词 ω 本身作为参数,而具有的对的值是它们的键。通过构造,这些值都是 1,但通过计数它们,减少过程可以确定单词 ω 在原始文本中的出现次数(或频率)。然后简化过程以新对 (ω, C) 的形式输出这些信息,其中 ω 是单词本身,C 是它出现的次数。

练习 15 - 3:为上面描述的简化过程写下一个伪代码。

与在映射过程的情况一样,重要的是,减少过程的执行也是独立的,并且不会试图以任何方式进行通信。这种独立性允许所有的简化器并行地执行简化过程。

映射步骤、洗牌步骤和减少步骤的序列被称为 Map-Reduce 轮。这一轮的图形说明如图 15.1(a)所示。在运行示例中,一个 Map-Reduce 轮就足以产生我们所寻找的输出(即文本中每个单词的频率)。但是,一般情况下,可能需要使用多个 Map-Reduce 轮,其中每一轮的输出对作为下一轮的输入对,每一轮都有自己的映射和简化过程(见图 15.1(b))。我们将在本书的后面看到此类例子。

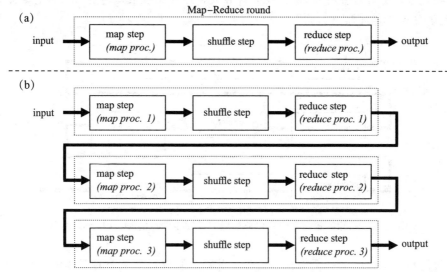

注:(a)介绍了一个单一的 Map-Reduce 轮,它包括三个步骤:映射步骤、洗牌步骤和减少步骤。注意,映射和简化步骤要求系统用户分别提供映射过程和简化过程。(b)介绍了一个涉及三个 Map-Reduce 回合的执行。箭头表示在此执行过程中的信息流。特别是,观察到每一轮减少步骤的输出作为下一轮映射步骤的输入。此外,注意,地图和减少程序在各轮之间可能会有所不同。

图 15.1　地图减少框架的不同步骤

15.2　Map-Reduce 的理论模型

上面对 Map-Reduce 框架的描述可以以一种直接的方式转换为理论模型,但这将导致一个具有大量"实体"的模型,如(键、值)对、映射过程和简化过程,这是不可取的。为了得到一个更简单的模型,首先需要删除 Map-Reduce 框架的一些在实践中很重要,但从理论角度来看却没有太大作用的特性。

考虑一个涉及多个 Map-Reduce 轮的 Map-Reduce 执行,并特别考虑这个执行中属于第一个迭代的映射步骤。这样的映射步骤出现在一个减少步骤之后,并独立地处理减少步骤的每一个输出对。原则上,映射步骤所做的所有处理也可以通过生成对的减少器来完成,因此,删除它不会影响 Map-Reduce 执行的计算能力。使用这个参数,我们可以删除映射减少执行的所有映射步骤,除了第一次迭代的映射步骤,这将导致映射减少执行,包括单个映射步骤,然后交替减少步骤和洗牌步骤(见图 15.2)。(**注**:尽管上面使用的理论论点证明了删除所有的地图步骤,但实际的地图减少系统保留了这些步骤,因为它们有实际优势。映射过程对每对分别执行,而减少过程对具有相同键的所有对只执行一次。因此,映射过程所完成的工作往往被划分为许多小的独立执行,而减少过程所完成的工作通常被划分为更小的更大的执行。

小型执行可以更好地并行化,并且还允许在硬件组件出现故障时更容易进行恢复,因此,在实践中是更可取的。)。

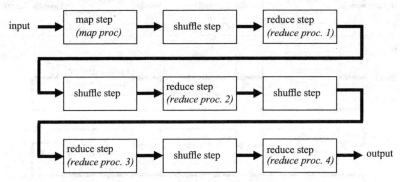

图 15.2　删除除第一个步骤以外的所有地图步骤后的 Map-Reduce 框架

我们想要执行的下一个简化是更合乎逻辑。假设每个可能的键都有一个预先分配的减速器,并考虑由映射过程或其中一个减少过程产生的任意(键、值)对。因为所有的还原器都已经被预先分配了,所以生成这样一对等价于将该键的值发送给还原器。根据这种观点,可以在删除映射步骤后查看 Map-Reduce 执行。输入的每一条信息(对)都由映射过程独立处理,在这样做的过程中,映射过程可以向简化器发送任意信息。然后,还原器在迭代中工作。在第一次迭代中,每个减速器处理它从执行映射过程中接收到的信息,并可以将信息发送给其他减速器和其自身。类似地,在其他迭代中,每个减速器都处理上一次迭代中从还原器发送给它的信息,并可以将信息发送到其他还原器和自身,以便在下一次迭代中处理。

利用上述对 Map-Reduce 执行的直观理解,我们现在可以在一个模型中阐述它,在本书中我们称之为 Map-Reduce 模型。在这个模型中,有无限数量的机器(或计算机),每个可能的"名称"都关联一台机器。在这个模型中,计算是通过迭代进行的。在第一次迭代中,每条信息都被发送到不同的机器,这台机器可以以任意的方式处理这条信息。在处理信息的同时,机器也可以基于它们的名称向其他机器发送消息。换句话说,在发送消息时,发送机器应指定消息的信息和目标机器的名称。在接下来的每个迭代中,每台机器处理前一次迭代中收到的消息,同时可以向其他机器发送消息(更正式地说,在迭代 $i>1$ 中,每台机器处理在迭代 $i-1$ 期间发送给它的消息,并且可以向其他机器发送消息——这些消息将在迭代 $i+1$ 过程中)上进行处理。在最后一次迭代中,机器可以产生输出的各个部分,而不是发送消息。

为了举例说明 Map-Reduce 模型,现在解释如何将上述算法转换为该模型,以确定文本中单词的频率。在这个问题中,输入的基本部分是文本中的单词,因此,假设每个这样的单词都是在不同的机器上开始的。

我们的计划是用每台机器来计算等于它名称的单词的实例数。为了做到这一点,在第一次迭代中,每台接收到一个单词的机器都应将数字 1 发送到名称等于该单词的机器(直观地说,这个 1 表示单词的一个副本)。算法 15 - 1 给出了第一次迭代过程的更正式的描述。为了简化说明,我们在这个过程中(以及本书的其余部分)使用了约定,即只有获得信息的机器才执行这个过程。这意味着,没有获得任何输入字的机器不会执行第一次迭代的过程。

算法 15 - 1:第一次迭代的算法(Word)

将消息"1"发送到名为 word 的机器。

算法 15 - 2:第二次迭代的算法(数字)

1. 设 c 是收到的所有数字的和。

2. 输出(name,c),其中"name"是这台机器的名称。

在第二次迭代中,出现在原始文本中的每个单词命名的机器都会收到消息"1",每次出现一次单词就会收到一次消息。"1"的数量之和即为该单词的频率,计算该单词频率只需执行算法 15 - 2 即可。

Map-Reduce 算法是 Map-Reduce 模型的一种算法。这种算法在形式上包含了每次迭代的一个过程。例如,算法 15 - 1 和算法 15 - 2 描述的过程形成了一个Map-Reduce 算法,用于计算文本中单词的频率。

练习 15 - 4: 描述一种 Map-Reduce 算法,该算法给定图的边,计算图中每个顶点的度。

最后,我们想再补充两点说明。

(1)注意,在 Map-Reduce 模型的迭代开始时,机器只能访问在上一次迭代期间发送给它的消息。特别地,机器不能访问它在前一次迭代中拥有的信息。对于一个程式化的模型来说,这是一个方便的假设,它并不意味着对 Map-Reduce 算法的严格限制,因为机器可以用它现在拥有的任何信息向自己发送信息,并且可能在未来的迭代中很有用。

(2)我们偶尔会做出一个有用的假设,即所有的机器都可以访问少量的公共信息,如输入的大小或几个公共的随机位。这个假设是合理的,因为在一个真实的Map-Reduce 系统中,如果公共信息是作为每个输入(键,值)对值的一部分给出的,那么映射和归约过程可以保证将这些信息作为它们生成的每个(键,值)对值的一部分,转发给每台相关机器。

15.3　绩效指标

研究 Map-Reduce 算法需要我们定义性能度量,以便评估算法并将其与其它算法进行比较。这里讨论的第一个度量是机器空间的复杂度,即任何单台机器所需的最大空间。当机器空间复杂度明显小于输入大小时 Map-Reduce 算法通常才有意义,因为否则算法可以使用一次迭代将所有输入转发到单台机器,然后在第二次迭代期间使用传统的顺序算法处理这个输入。此外,我们希望有尽可能低的机器空间复杂度的算法,这样即使在输入非常大的情况下,这种算法也可以使用简单的(因此,是便宜的)计算机来执行。

考虑上述设计用于计算单词频率的 Map-Reduce 算法。为了确定其机器空间的复杂度,我们观察在第一次迭代中,每台机器只存储一个单词,而在第二次迭代中,每台机器为原始文本中其名称出现的每个实例都存储一次消息"1"。因此,该算法的机器空间复杂度是两个量中的最大值:O(最大单词长度)和 O(单词最大频率)。通常第一个量不是问题,因为英语单词的最大长度非常适中。相反第二个量是相当有问题的,因为一些常见的单词,如"the"或"in"可能经常在文本中出现,并使机器空间复杂度变得非常大(与整个输入同阶)。这是我们为计算单词频率设计的简单 Map-Reduce 算法的一个显著缺点,我们将在第 16 章中看到如何改进该算法并解决该问题。

另一个与机器空间复杂度相关的性能指标是总空间复杂度。此性能度量被定义为在任何单次迭代中所有机器使用的最大空间。显然,输入大小是任何 Map-Reduce 算法总空间复杂度的下限,因为当算法开始时,每个输入片段都存储在某台机器上。然而,由于 Map-Reduce 算法通常用于输入非常大的情况,其总空间复杂度不应比这个下限大太多。特别地,为了被认为是合理的 Map-Reduce 算法,其总空间复杂度不应该超过其输入大小的多项式对数因子即 $O(\log^c n)$,其中 n 是输入大小,c 是常数。需要注意的是,总空间复杂度还限制了 Map-Reduce 算法每次迭代中机器之间通信的数量。这是因为在下次迭代的开始时,所有在迭代期间通俗的信息都存储在目标机器上。

不难验证,我们计算单词频率算法的总空间复杂度与其输入大小在同级别,因为(直观上)该算法从不重复信息片段。因此,该算法具有最优的总空间复杂度。

与之前基于空间的性能度量相比,我们讨论的下一个性能度量与时间相关。第一个度量值是由算法执行的迭代次数决定的。也许令人惊讶的是,这种性能度量通常被认为是 Map-Reduce 算法中最重要的性能度量。原因是 Map-Reduce 框架的洗牌步骤往往非常缓慢,因为它们涉及机器之间的大量通信。因此,减少 Map-Reduce 算法的迭代次数(或等效地,洗牌的次数)通常会加快迭代速度,即使迭代次数的减少是以每个机器用于计算时间的适度增加为代价的。通常,Map-Reduce 算法希望只使用恒定数量的迭代次数,但是 Map-Reduce 算法被认为是合理的,只要它的迭代次数不超过 $O(\log n)$,其中 n 是其输入的大小。

我们想讨论的下一个性能度量是机器时间复杂度,这是任何机器在单次迭代中使用的最大运行时间。注意,机器时间复杂度和迭代次数的乘积,至少在理论上,提供了 Map-Reduce 算法终止所需时间的上限。然而,在实践中,这个上限并不是很准确,因为实际的执行时间还取决于诸如硬件故障和可用的物理计算机的数量等因素。一个相关的性能度量是工作,它被定义为所有机器在所有迭代中使用的执行时间之和。由于序列算法可以有效地模拟 Map-Reduce 算法,因此其工作范围不能明显小于最佳序列算法的时间复杂度。相比之下,一个好的 Map-Reduce 算法的工作不应该比这个下界大多少。从实践的角度来看,当 Map-Reduce 算法在云服务上执行时

(例如,在从别人那里租用计算能力的服务器上),工作通常是重要的,因为计算的成本通常取决于计算的数量,这正是算法的工作。

回到上面描述的计算词频的算法,我们可以观察到,根据定义,它只使用了两次迭代(在 Map-Reduce 模型的实现中)。在第一次迭代中,每台机器只需向其名称与该机器接收到的输入单词相同的机器发送消息"1",因此,它使用恒定的时间。在第二次迭代中,每台机器在原始文本中每次出现它的名称时都会得到一条消息,它必须计算这些消息,这需要 O(单词最大频率)的时间。因此,该算法的机器时间复杂度为 O(单词最大频率)。这是相当长的,因为如上所述,一个单词的最大频率往往与整个输入长度在相同的数量级上。在后续章节中,我们还将看到如何改进这种性能指标。

接下来计算一下算法所做的工作。在第一次迭代中,每个输入单词都会由一台机器以恒定的时间进行处理,这将导致工作量与输入单词数成比例。在第二次迭代中,每个不同单词的输入都有一个单独的机器,该机器的运行时间与该单词在输入中出现的次数成比例,因此,所有这些机器的总运行时间再次与输入中的单词数成比例。因此,该算法的工作量是 O(输入单词数)。这非常好,因为可以验证没有顺序算法可以(完全)计算所有单词的频率,而不至少读取整个输入一次。

练习 15 - 5:在练习 15 - 4 中,已经描述了一种 Map-Reduce 算法。试分析其机器空间复杂度、总空间复杂度、迭代次数、机器时间复杂度和工作原理。

15.4　不同的理论模型

Map-Reduce 框架在现实世界中的重要性已经推动了它的多个理论模型的发展。在本书中,我们集中讨论了称为"Map-Reducev 模型"的模型,因为它比原始的 Map-Reduce 框架更简单,但仍然允许 Map-Reduce 算法的简单对话,反之亦然。其他理论模型是考虑到其他目标而发展的。特别是,一种被称为大规模并行计算(MPC)模型的模型近年来十分流行。这个模型不试图捕获任何特定的框架(如 Map-Reduce)来使用计算机集群进行计算,相反,MPC 努力捕获使用这类集群的一般计算的基本性质。

尽管 Map-Reduce 的各种理论模型之间存在差异,但大多数算法都可以通过合理的努力在它们之间进行移植。因此,在本书的其余部分中,我们专注于 Map-Reduce 模型。然而,为了提高完整性,本节将致力于解释流行的 MPC 模型。

MPC 模型由 M 台机器组成,每台机器都有内存 S,其中 M 和 S 是模型的参数。最初,输入在 M 台机器之间均匀分配,然后机器在迭代中处理它。在每次迭代中,允许每台机器进行任意计算,并向其他机器发送消息。与 Map-Reduce 模型中一样,在一次迭代中发送的消息会到达下一次迭代中的目标机器。它要求单个机器在给定的迭代中发送或接收消息的总的大小不超过其内存 S。为了理解这个要求,我们应假定机器在给定的迭代期间想要发送的消息被存储在其内存中,直到迭代结束。一旦迭代结束,这些消息将被传输到其目标机器的内存中,在接下来的迭代中,这些机器可以访问它们。根据这一描述,很明显,机器发送或接收消息的大小应计入其空间复杂度,因此,它们的总和受到 S 的限制。

为了证实上述对 MPC 模型的描述,现在考虑一个模拟问题,其中输入由 n 个令牌组成,其中每个令牌对于某些常数 k 都有 k 种颜色之一。这个问题的目的是确定每种颜色的标记的数量。现在在 MPC 模型中描述一个针对这个问题的一个算法。最初,每台机器都会收到输入的最多 $\lceil n/M \rceil$ 个令牌。在第一次迭代中,每台机器计算它所得到的每种颜色的令牌数量,并将这些计数转发给编号为 1 的机器(这是任意选择的,可以选择任何其他固定的机器)。在第二次迭代中,机器 1 得到迭代 1 中所有机器计算出的计数,然后将它们组合起来产生所需的输出,即输入中的 k 种颜色中每一种颜色出现的次数。

练习 15 - 6:写下上述算法的伪代码,并确定该算法每台机器需要多少内存 S。

由于输入最初是在 M 台机器之间平均分配的,所以它们应有足够的内存来存储整个输入。在形式上,这意味着我们必须始终有 $S = \Omega(n/M)$,其中 n 是输入的大小。我们希望设计出不需要 S 远远大于这个自然下界的算法。例如,练习 15 - 6 的解决方案表明,我们上面为模拟问题设计的算法可以与 $S = \Theta(n/M)$ 一起工作,只要 $M = O(n^{0.5}/\log^{0.5} n)$。

15.5 文献说明

Map-Reduce 框架最初是由 Google 开发,在 2004 年 Dean 和 Ghemawat 的论文中发表。尽管 Map-Reduce 框架取得了巨大的实际成功,但针对该框架的第一个正式模型直到 2010 年才由 Karloff 等人发表。在 Karloff 等人工作的启发下,后来相继发展了其他一些关于 Map-Reduce 的理论模型,在这里只提到了两个。本书中我们假设的 Map-Reduce 模型是基于 Lattanzi 等人(2011)提出的思想,而更流行的 MPC 模型是 Beame 等人(2017)提出的。最后一篇论文开发 MPC 模型的最初动机是,该模型捕获计算机集群中的通用计算,而不是特定框架,这使得针对其证明的不可能性结果更有意义。

[1] Beame P,Koutris P,Suciu D. Communication Steps for Parallel Query Processing. Journal of the ACM,2017,64(6):40:1 - 40:58.

[2] Dean J,Ghemawat S. Map-Reduce:Simplified Data Processing on Large Clusters. In Proceedings of the 6th Symposium on Operating Systems Design and Implementation (OSDI),2004:137 - 150.

[3] Karloff H J,Suri S,Vassilvitskii S. A Model for Computation for Map-Reduce. In Proceedings of the 21th ACM — SIAM Symposium on Discrete Algorithms (SODA),2010:938 - 948.

［4］Lattanzi S，Moseley B，Suri S，et al. Filtering：A Method for Solving Graph Problems in Map-Reduce. In Proceedings of the 23rd Annual ACM Symposium on Parallelism in Algorithms and Architectures（SPAA），2011：85 - 94.

练习解析

练习 15 - 1 解析

对于练习前文所描述的 Map 过程，伪代码给出算法 15 - 3。请注意，过程获取的对中的键是单词来源的名称，而该对中的值是单词本身。

算法 15 - 3：简单映射过程（键、值）

输出该对（值，1）并退出。

将此映射过程独立地应用于出现在第 3 页列表中的每个对，将导致以下对。注意，与第 246 页列表中一样，此列表存在重复。

（there，1）	（seemed，1）	（to，1）
（be，1）	（no，1）	（use，1）
（in，1）	（waiting，1）	（by，1）
（the，1）	（little，1）	（door，1）
（so，1）	（she，1）	（went，1）
（back，1）	（to，1）	（the，1）

练习 15 - 2 解析

列出的 18 对键有 16 个不同的键（因为单词"the"和"to"都是两对键中的键）。因此，分配了 16 个还原器，每个不同的键对应一个。每一个还原器都得到所有键与还原器键匹配的对。更具体地说，键"the"的还原器得到两个相同的（the，1）对，键"to"的还原器得到两个相同的（to，1），其他每个还原器得到其键对应的一对。

练习 15 - 3 解析

在练习之前，文本所描述的简化过程的伪代码如算法 15 - 4 所示。回想一下，这个过程得到的键是原始文本中的一个单词，这些值是具有这个键的对的值。通过构造，所有这些值都是 1，但它们的数量是这些对的数量，即关键字在文本中出现的次数。

算法 15 - 4：简单的简化过程（键、值）

1. 设 c 为接收到的值的数量。

2. 输出该对（键，c）并退出。

练习 15 - 4 解析

我们所考虑的问题的输入由图的一组边组成，因此，每个执行第一次迭代过程的机器都用一条这样的边开始这个迭代。我们将使这台机器把消息"1"发送到这条边的每个端点（假设这条边的表示由它的两个端点组成，这使得这一步成为可能）。直观地说，这个"1"表示一条到达终点的边缘。形式上，在第一次迭代中执行的过程如算法 15 - 5 所示。

算法 15 - 5：度计算－首次迭代(e)

1. 设 u 和 v 是 e 的终点。

2. 将消息"1"发送到名为 u 的机器和名为 v 的机器。

在第二次迭代中，每台以图的一个顶点命名的机器都会对图的每条边获得一次消息"1"，因此，它可以通过简单地将这些信息相加来计算这个顶点的度。这是由算法 15 - 6 正式完成的。

算法 15 - 6：度计算－第二次迭代(数字)

1. 设 c 是收到的所有数字的和。

2. 输出(name,c)，其中"name"是这台机器的名称。

算法 15 - 5 和算法 15 - 6 一起构成了我们要求找到的 Map-Reduce 算法。

练习 15 - 5 解析

在这个解决方案中，我们分析了在练习 15 - 4 的解决方案中描述的算法的性能度量。根据定义，该算法有两次迭代。我们继续通过计算该算法的机器空间和时间复杂度来分析该算法。用 n 表示图中的顶点数。在算法的第一次迭代中，每台机器都存储一条边，这需要的空间为 $O(\log n)$，因为每个顶点都可以用 $O(\log n)$ 位来表示。此外，每台机器所做的处理包括发送两条消息，这需要 $O(1)$ 的时间。现在考虑该算法的第二次迭代。在这个迭代中，每台与顶点 v 相关联的机器对于每条边到达 v 都会得到一条大小不变的消息，并且必须计算这些消息。因此，机器所使用的空间和它的运行时间都是 $O(v$ 的度)。结合算法两次迭代的结果，得到算法的机器时间复杂度为 $O(\max\{1, d\}) = O(d)$，其中，d 为任意顶点的最大度数；算法的机器空间复杂度为 $O(\max\{\log n, d\}) = O(\log n + d)$。

我们的下一步是分析算法的总空间复杂度。在第一次迭代中，每台机器存储图的不同边，因此，机器使用的总空间为 $O(m \log n)$，其中 m 是图中的边数。在第二次迭代中，以每个顶点 v 命名的机器必须为每条到达这个顶点的边存储一条消息，此外，它还必须存储它的名称(即顶点本身)。因此，本次迭代中机器的总空间复杂度为

$$O(n \log n) + \sum_v O(\text{degree of } v) = O(n \log n + m)$$

结合每次迭代中使用的总空间复杂度的界，我们得到算法的总空间复杂度为

$$O(\max\{m \log n, n \log n + m\}) = O(m \log n + n \log n)$$

为了完成解决方案，我们还需要分析算法所做的工作。在第一次迭代中，对每条边都有一台机器，并且这台机器使用一个恒定的处理时间，因此，在这个迭代中所做的工作是 $O(m)$。在第二次迭代中，对每个顶点都有一台机器，这台机器的工作与这个顶点的度成比例。因此，所有机器在第二次迭代中所做的总工作是

$$\sum_v O(\text{degree of } v) = O(m)$$

因此,该算法所完成的工作量,即其两次迭代所完成工作量之和是 $O(m)$。

练习 15 – 6 解析

回想一下,在算法的第一次迭代中,每台机器计算它接收到的每种颜色的令牌数,并将这些计数转发给机器1。算法 15 – 7 给出了这样的伪代码。在这个算法中,我们假设 k 种颜色并用数字 1 到 k 表示。

算法 15 – 7:颜色计数——首次迭代(标记)

1. 设 C 是一个大小为 k 的零初始化数组。

2. 对于令牌中的每个令牌 t 都要做:

3. 　设 i 的颜色为 t。

4. 　单元格 $C[i]$ 增加 1。

5. 将数组 C 发送到 1 号机器。

在第二次迭代中,1 号机器应该合并它接收到的所有计数并产生输出。这是通过算法 15 – 8 的伪代码来完成的。在这个伪代码中,我们使用 C_j 表示从机器 j 接收到的数组 C。

算法 15 – 8:颜色计数——第二次迭代($C1, C2, \cdots, C_M$)

1. 设 C 是一个大小为 k 的零初始化数组。

2. 对于 $j = 1$ 到 M 执行:

3. 　从 $i = 1$ 到 k 来执行:

4. 　　更新 $C[i] = C[i] + C_j[i]$。

5. 数组 C 表示输出。对于每个颜色 i,数组的单元格编号 i 存储了输入中颜色 i 的标记数。

现在计算这个算法工作所需的最小空间。在第一次迭代中,每台机器存储它得到的 $\lceil n/M \rceil$ 个令牌加上数组 C。如果假设每个令牌都用它的颜色表示,那么存储一个令牌只需要常数空间,因为假设 k 是一个常数。此外,观察到数组 C 可以用 $O(k \log n) = O(\log n)$ 位来表示,因为它由一个固定数量的单元格组成,并且每个单元格存储一个最多为 n 的整数值。因此,第一次迭代所需的每台机器的空间复杂度最多为 $O(n/M + \log n)$。还要注意,这个内存足以存储在迭代期间从机器发送的消息,因为这些消息仅由数组 C 组成。

接下来要考虑上述算法的第二次迭代。在此迭代中,算法保持在内存 $M + 1$ 个数组中,每个数组需要 $O(\log n)$ 的空间,因此其空间复杂度为 $O(M \log n)$。我们再次观察到,这个内存也足够大,可以存储机器 1 在此迭代时接收到的所有消息。结合我们为两次迭代推导出的空间复杂度,得到选择 $S = \Theta(n/M + M \log n)$ 将允许算法工作。对于练习后的讨论,值得注意的是,当 $M \log n = O(n/M)$ 时,$S = \Theta(n/M)$,这是当 $M = O(n^{0.5}/\log^{0.5} n)$ 时成立的。

第 16 章　列表的算法

第 15 章介绍了 Map-Reduce 模型和一些非常简单的算法。在本章中，我们将开始看到更多有趣的 Map-Reduce 算法。在本章中看到的所有算法都会得到一个单词列表或一个数字列表作为其输入。

16.1　计算 Word 频率

这里首先回顾在第 15 章中研究的一个问题，这个问题的输入是一个单词列表，其目标是计算列表中每个单词的频率，即在每个不同单词的列表中出现的次数。在第 15 章中，我们看到了一个针对这个问题的 Map-Reduce 算法，它非常简单，但不幸的是，机器时间和空间的复杂度可能与输入大小的线性一样高。现在让我们回顾一下算法及其非常大的复杂度原因。在该算法的第一次迭代中，每台机器从输入列表中获得一个单词，并向名称与该单词匹配的机器发送一条消息。然后，在算法的第二次迭代中，每台名为单词的机器在原始文本中每次出现都会得到一条消息，并且可以通过简单地计算这些消息来确定单词的频率。因为对于每个给定的单词 w，都有一台第二次迭代的机器负责计算 w 出现后产生的所有消息，当 w 是一个频繁的单词时，这台机器需要大量的时间和空间，这可能导致了算法的非常糟糕的机器时间和空间的复杂度。

为了改进算法，我们需要将计算单词 w 出现后产生的消息的工作划分到多台机器之间。算法 16-1 通过将这项工作划分到 $\lceil\sqrt{n}\rceil$ 台机器 $(w,1),(w,2),\cdots,(w,\lceil\sqrt{n}\rceil)$，其中 n 为输入字数。在此算法的第一次迭代中（正式地称为算法 16-1），每台机器处理输入中的单个单词，并将值 1（表示单个外观）发送给分配给该单词的 $\lceil\sqrt{n}\rceil$ 台机器中的随机机器。

算法 16-1：词频首次迭代（Word）的改进算法

1. 在 1 和 $\lceil\sqrt{n}\rceil$ 之间选择一个均匀随机的整数 r。

2. 发送 1 到名为 (word, r) 的计算机

我们用 $c_{w,r}$ 表示在第一次迭代中发送给机器 (w,r) 的消息数，可以观察到 w 的频率等于总和 $\sum_{r=1}^{\sqrt{n}} c_{w,r}$，因为单词 w 在原始列表中每次出现都会导致有一条消息被发送到机器 $(w,1),(w,2),\cdots,(w,\lceil\sqrt{n}\rceil)$ 中。因此，为了计算 w 的频率，我们需要计算上面的和，这是通过接下来的两次算法迭代完成的。在第二次迭代中，每个机器

(w,r)计算它获得的消息的数量 $c_{w,r}$，并将这个计数转发给以单词 w 命名的机器。然后，在第三次迭代中，每个以单词 w 命名的机器从机器$(w,1)$，$(w,2)$，$\cdots$，$(w,\lceil\sqrt{n}\rceil)$中得到$\lceil\sqrt{n}\rceil$个计数。将这些计数相加，得到单词 w 出现的频率。这两个迭代的形式化描述显示为算法 16-2。

算法 16-2：针对单词频率的改进算法

第二次迭代（数字）

1. 用(w,r)来表示这台机器的名称。

2. 汇总接收到的消息中的数字（回想一下，在第一次迭代中发送的每个消息都包含值1，因此这相当于对它们进行计数）。用 $c_{w,r}$ 表示得到的和。

3. 发送 $c_{w,r}$ 到名为 w 的机器。

第三次迭代（数字）

1. 用 w 来表示这台机器的名称。

2. 将接收到的消息中的数字相加，并用 c_w 表示这个和。

3. 输出 c_w 作为 w 的频率。

该算法的正确性源于其描述，因此还需要对其性能指标进行分析。在这个分析中，为了简单起见，假设每个单独的单词需要一个恒定的空间。

练习 16-1：确定算法 16-1 和算法 16-2 所描述的 Map-Reduce 算法的迭代次数、总空间复杂度和工作。**提示**：回想一下我们的假设，即迭代的代码只由在前一次迭代中接收到消息的机器执行（换句话说，如果机器没有得到输入，它就不执行任何操作）。

除了在练习 16-1 中被要求确定的三个性能指标外，我们还希望确定另外两个性能指标，即机器时间复杂度和空间复杂度。引理 16-1 是分析这些复杂性的关键一步。

引理 16-1：在高概率情况下（即随着 n 的增加，概率接近 1），没有机器在第二次迭代中接收到超过 $2\sqrt{n}$ 条消息。

证明：让我们从固定一个字 w 和一个整数 r'（1 到 $\sqrt{n}$ 之间）开始证明。想要在第一次迭代中确定超过 $2\lceil\sqrt{n}\rceil$ 条消息被发送到机器(w,r')的概率上限。为了达到这个目的，这里用 r_i 来表示，对于每一个整数 $1 \leqslant i \leqslant n$，它是处理列表中字号 i 的机器在第一次迭代中选择的随机值 r。我们也用 X_i 表示事件 $r_i = r'$ 的一个指示符。因为 r_i 是$[1, \lceil\sqrt{n}\rceil]$范围内的一个均匀随机整数，所以有

$$\Pr[X_i = 1] = \Pr[r_i = r'] = \frac{1}{\lceil\sqrt{n}\rceil}$$

我们发现，只有当 $r_i = r'$ 时，处理字序号 i（在第一次迭代中）的机器才能向(w, r')发送消息。因此，总和 $\sum_{i=1}^{n} X_i$ 是机器(w, r')在第二次迭代中接收到的消息数的

上限。而且,这个和有一个二项分布,这让我们可以用切尔诺夫界限定它大于 $2\sqrt{n}$ 的概率,即

$$\Pr\Big[\sum_{i=1}^{n}X_i > 2\sqrt{n}\,\Big] = \Pr\Big[\sum_{i=1}^{n}X_i > \frac{2\lceil\sqrt{n}\rceil}{\sqrt{n}}\cdot E\Big[\sum_{i=1}^{n}X_i\Big]\Big]$$

$$\leqslant e^{-\frac{(2n^{-0.5}\cdot\lceil\sqrt{n}\rceil-1)\cdot E[\sum_{i=1}^{n}X_i]}{3}}$$

$$= e^{-\frac{2\sqrt{n}-n/\lceil\sqrt{n}\rceil}{3}} \leqslant e^{-\frac{\sqrt{n}}{3}}$$

到目前为止,我们证明了在第二次迭代中,每台机器接收到超过 $2\sqrt{n}$ 条消息的概率最多为 $e^{-\sqrt{n}/3}$。我们还观察到,只有 $n\lceil\sqrt{n}\rceil$ 台机器可以在第二次迭代中获得消息(每个输入单词和 r 可能取得的一个值)。结合这些事实,使用联合界限,我们得到,第二次迭代的任何机器得到大于 $2\sqrt{n}$ 条消息的概率最多为 $n\lceil\sqrt{n}\rceil e^{-\sqrt{n}/3}$,当 n 趋于无穷时,该概率趋于 0。

推论 16-1:有很高的概率,算法 16-1 和算法 16-2 描述的 Map-Reduce 算法的机器时间复杂度和空间复杂度分别为 $O(\sqrt{n})$ 和 $O(\sqrt{n}\cdot\log n)$。

证明:用 E 表示第二次迭代的每台机器只接收到 $O(\sqrt{n})$ 条消息的事件。引理 16-1 表明事件 E 发生的概率很高。因此,只要证明当 E 发生时,算法的机器时间复杂度和空间复杂度是如所承诺的就足够了。证明的其余部分致力于证明确实如此。

在第一次迭代中,每台机器只存储它所处理的单词和随机值 r,因此,只需要 $O(\log n)$ 的空间。此外,每一个这样的机器只使用恒定的时间,因此,它的运行时间和空间的使用都与我们想要证明的机器时间和空间的复杂度是一致的。

现在来考虑一下该算法的第二次迭代。由于每台机器在第二次迭代中的时间复杂度与它接收到的消息数量成正比,我们得到,当 E 发生时,第二次迭代的机器时间复杂度按要求为 $O(\sqrt{n})$。此外,我们还观察到,在第二次迭代中,每台机器都必须将其获得的计数存储为消息和一个额外的计数器。因此,当发生 E 时,机器需要存储 $O(\sqrt{n})$ 个计数器,每个计数器占用 $O(\log n)$ 空间,导致机器空间复杂度按需要为 $O(\sqrt{n}\cdot\log n)$。

最后,让我们考虑算法的最后一次迭代。在此迭代中,每台机器将获得 $\lceil\sqrt{n}\rceil = O(\sqrt{n})$ 条消息并将它们相加,这需要 $O(\sqrt{n})$ 的时间。而且,由于每个消息都是 1 到 n 之间的整数,存储它们和它们的总数只需要 $O(\sqrt{n}\cdot\log n)$ 的空间。

推论 16-1 表明,我们描述的确定列表中所有单词频率问题的 Map-Reduce 算法的机器时间复杂度和空间复杂度大致是列表长度的平方根(有很高的概率)。这当然是一个显著的改进,比第 15 章中针对此问题的算法的大致线性的机器时间复杂度

和空间复杂度更大。然而,当 n 非常大时,人们可能需要进一步减少机器的时间复杂度和空间复杂度,这是练习 16 - 2 的主题。

练习 16 - 2: 对于每一个正整数常数 c,设计一个具有 $c+1$ 次迭代的 Map-Reduce 算法,给定一个单词列表,计算列表中所有单词的频率,并且具有很高概率的机器时间复杂度和空间复杂度分别为 $O(n^{1/c})$ 和 $O(n^{1/c} \cdot \log n)$。

16.2　前缀和

在本节中,我们将考虑一个非常自然的问题,称为全前缀和。这个问题的输入是一个含 n 个数的数组 A,对于 $1 \leqslant i \leqslant n$,目标是计算 A 中的前 i 个数字的和 s_i(更正式地说, $s_i = \sum_{j=1}^{i} A[j]$)。一个简单的序列算法可以在线性时间内计算 $s_1, s_2, \cdots, s_n$ 的和(参见练习 16 - 3),但在并行计算环境中,如 Map-Reduce 模型,这个问题就变得更具挑战性了。

练习 16 - 3: 描述一个针对全前缀和问题的线性时间顺序算法。

在 Map-Reduce 模型中没有数组的自然概念,因此,为了研究该模型中的全前缀和问题,我们将假设数组的每个单元格都使用其索引和值的有序对进行编码。更正式地说,数组 A 是使用 n 对 $(1, A[1])$、$(2, A[2])$,$\cdots$,$(n, A[n])$ 进行编码的。

我们提出的针对全前缀和问题的算法是基于使用具有 n 个叶的机器的树 T。T 中的每台机器都由一对 (h, r) 标识,其中,h 是机器在树中的高度,r 是它在高度为 h 的 T 的机器中的指数。由于 T 根据定义有 n 个叶子,在它的 0 级有 n 台机器对应于对 $(0, 1)$,$(0, 2)$,$\cdots$,$(0, n)$。为了构造树的其余部分,现在确定树 T 中节点的最大度 d,然后依次构建树的下一个层次。假设已经构造了树的第 $h \geqslant 0$ 级,并且它有 n_h 个机器 $(h, 1)$,$(h, 2)$,$\cdots$,(h, n_h),然后有两种情况——如果 $n_h = 1$,则 h 级的单个机器为 T 的根,h 为 T 的顶层;否则,$h+1$ 级由 $\lceil n_h / d \rceil$ 台机器组成,对应于 $(h+1, 1)$,$(h+1, 2)$,$\cdots$,$(h+1, \lceil n_h / d \rceil)$,其中 h 级机器 (h, r) 的父级为 $h+1$ 级机器 $(h+1, \lceil r/d \rceil)$。图 16.1 所示为一个用这种方法构造的树的例子。

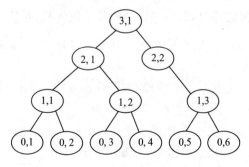

图 16.1　为 $d=2$ 和 $n=6$ 构造的树 T

我们对 T 的构造保证了一些有用的性质,如下:

- 每台机器最多有 d 个子节点,并且树的高度是具有 n 个叶的树所需的最小高度,也就是说,它是 $\lceil \log_d n \rceil$。

- 每台机器可以计算其父机器的对。

- 每台机器都可以计算它的子机器的对。更具体地说,$h>0$ 级机器 (h,r) 的子节点是 $(h-1,d(r-1)+1),(h-1,d(r-1)+2),\cdots,(h-1,dr)$ 且存在。

我们现在已经准备好描述一个针对所有前缀和问题的 Map-Reduce 算法。该算法分为四个阶段:在第一阶段,每台得到输入对 $(i,A[i])$ 的机器将值 $A[i]$ 转移到树 T 的叶数 i;在第二阶段,除了根之外,树中的每台机器都决定其子树中叶子的值之和,并将此信息发送给它的父节点。这将以以下方式完成,它本质上是将信息在树中从叶子向上传播到根。

- 每一个叶子 $(0,r)$ 将它的值 $A[r]$ 转发给它的父结点。请注意,这个值实际上等于 $(0,r)$ 子树中叶子中值的和,因为 $(0,r)$ 是这个子树中的单个叶子。

- 每个带有 c 子节点(不是根节点)的内部机器 u 都会等待,直到它从每一个子节点接收到一个值。我们用 $v_1,v_2,\cdots,v_c$ 来表示这些值。然后,机器将总和 $\sum_{i=1}^{c} v_i$ 转发给它的父节点。注意,由于子树的子树是不相交的,它们的并集包含了 u 子树中的所有叶结点,这个和就是 u 子树中叶节点值的和。已知 $v_1,v_2\cdots,v_c$ 是 u 的子树对应的和。

给定树 T 的机器 u,用 $b(u)$ 表示在 T 的预定遍历中出现在 u 之前的叶子的数量(即指数小于 u 的子树中每一片叶子的指数的叶子)。在算法的第三阶段,每台机器 u 确定 $s_{b(u)}$。这是通过以下方式在树中向下传播信息来实现的。

- 每台机器都等待直到它知道 $s_{b(u)}$。根结点从一开始就知道 $s_{b(u)}$,因为它总是 0。其他机器在某一时刻由父母给予 $s_{b(u)}$。

- 按照自然顺序用 $a_1,a_2,\cdots,a_c$ 来表示 u 的子结点,用 v_i 表示 i 由 a 发送的值 i 在第二阶段。一旦 u 学习 $s_{b(u)}$,它发送给每个子节点 a_i 和 $s_{b(u)}+\sum_{j=1}^{i-1} v_j$。 观察 $s_{b(u)}$ 是出现在 u 的子树之外,$1,2,\cdots,b(a_i)$ 的叶子值的和,并且 $\sum_{j=1}^{i-1} v_j$ 是出现在 u 的子树中,$1,2,\cdots,b(a_i)$ 的叶节点值的和。因此,转发给 a_i 的值确实是 $s_{b(a_i)}$ 的正确值。

在算法的第四个也是最后一个阶段,每个叶 $(0,r)$ 将其值 $A[r]$ 添加到 $s_{b((0,r))}=s_{r-1}$,它产生了值 s_r,这是我们一直在寻找的东西。

练习 16-4:以更正式的方式描述上述针对全前缀和问题的算法。特别是,指定在每个给定的 Map-Reduce 迭代中应该传输的消息。

我们对所有前缀和所描述的算法的正确性进行了解释,因此,现在集中分析它的性能。我们注意到,在讨论引理 16 - 2 和引理 16 - 3 的证明之前,建议阅读练习 16 - 4 的解中所给出的算法的描述。

引理 16 - 2:上面的全前缀和的算法使用 $O(\log_d n)$ 次 Map-Reduce 迭代。

证明:该算法的第一阶段和第四阶段都只涉及一次 Map-Reduce 迭代。第二阶段和第四阶段需要算法在树 T 上上下传播信息。因为一个 Map-Reduce 迭代可以用于在一个级别上传播信息,并且树的高度是 $\lceil \log_d n \rceil$,$O(\log_d n)$ 次 Map-Reduce 迭代对于实现这些阶段中的每一个都已经足够了。

引理 16 - 3:上述全前缀和算法的机器空间复杂度和总空间复杂度分别为 $O(d\log n)$ 和 $O(n\log n)$,假设 $2 \leqslant d \leqslant n$ 并且输入中的每个值都可以存储在常数空间中。

备注:回想一下,所有前缀和问题的输入由 n 对组成,每对这样的对包含一个可以存储在 $O(1)$ 空间中的值(根据我们的假设)和一个需要 $\Theta(\log n)$ 空间的索引。因此,仅存储这个问题的输入就需要 $\Theta(n\log n)$ 空间,这意味着由引理 16 - 3 证明的总空间复杂度是最优的。

证明:存储节点从其每个子节点接收到的值需要值本身的 $O(\log n)$ 位,因为该值最多是所有 n 个输入值的总和,加上子节点标识的 $O(\log d)$ 位。存储节点从其父节点接收到的值需要再次存储 $O(\log n)$ 位,因此,存储所有这些信息所需的总空间(即算法的机器空间复杂度)只是

$$d[O(\log n)+O(\log d)]+O(\log n)=O(d\log n)$$

下一步是求出算法的总空间复杂度的上界。在第一次迭代中,只有输入机器是活动的,它们使用 $O(n\log n)$ 位,因为它们存储 n 对,每对需要 $O(\log n)$ 位。在其他迭代中,只有树形机是活动的。如上所述,树中的每个内部节点都需要 $O(d\log n)$ 位,并且这些节点的数量最多为

$$\sum_{i=1}^{\lceil \log_d n \rceil} \lceil n/d^i \rceil \leqslant \log_d n + 1 + \sum_{i=1}^{\infty} n/d^i = \log_d n + 1 + \frac{n/d}{1-1/d}$$
$$\leqslant \log_d n + 1 + 2n/d = O(n/d)$$

此外,在 T 中有 n 个叶子,每一个叶子只需要 $O(\log n)$ 位的空间(因为它们没有 d 个子集)。因此,该算法所需的总空间复杂度为

$$O(n/d) \cdot O(d\log n)+n \cdot O(\log n)=O(n\log n)$$

引理 16 - 4:假设 $2 \leqslant d \leqslant n$,上述全前缀和算法的机器时间复杂度和工作复杂度分别为 $O(d)$ 和 $O(n\log_d n)$。

证明:不是树 T 的内部节点的机器每次迭代只需要 $O(1)$ 的时间。相比之下,树的内部节点通常需要对它们的每个子节点进行一些操作,因此,它们需要更多的时间。此外,这些节点的简单实现将需要 $\Theta(d^2)$ 的时间,因为在信息的向下传播过程

中,每个内部节点需要计算到 d 的总和(对每个 $1 \leqslant i \leqslant c$,总和为 $\sum_{j=1}^{i-1} v_j$,其中 c 是节点的子节点数),每个这样的总和的计算可能需要 $\Theta(d)$ 的时间。然而,不难看出,所有这些和的计算也可以在 $O(d)$ 的时间内完成,因为这个计算是所有前缀和问题本身的一个实例。因此,算法的机器每次迭代需要超过 $O(d)$ 的时间。

回想一下,在算法中只有 $2n$ 台机器处于激活状态,而不是树 T 的内部节点——n 个输入机器和树的 n 个叶子。如上所述,每一台机器每次迭代都使用 $O(1)$ 的时间,因此,它们的总工作量最多是

$$2n \cdot O(1) \cdot (\# \text{ of iterations}) = O(n) \cdot O(\log_d n) = O(n \log_d n)$$

接下来,我们回顾一下,在引理 16 - 3 的证明中,我们已经看到在树 T 中只有 $O(n/d)$ 个内部节点。由于每个节点每次迭代只需要 $O(d)$ 的时间,所以它们的总工作量也最多是

$$O(n/d) \cdot O(d) \cdot (\# \text{ of iterations}) = O(n) \cdot O(\log_d n) = O(n \log_d n)$$

练习 16 - 5:根据引理 16 - 4,我们的 Map-Reduce 算法对所有前缀和所做的工作大于该问题的顺序算法所需的 $O(n)$ 的时间。表明,如果允许机器访问它在之前的迭代中所拥有的信息(即使它没有将这些信息转发给自己),那么 Map-Reduce 算法的工作将减少到 $O(n)$。

我们现在可以总结一下在定理 16 - 1 中提出的关于全前缀和问题的 Map-Reduce 算法的性质。

定理 16 - 1:对于每一个整数 $2 \leqslant d$,都有一个 Map-Reduce 算法解决的全前缀和问题,它使用 $O(\log_d n)$ 次迭代和机器空间复杂度为 $O(d \log n)$,总空间复杂度为 $O(n \log n)$,机器时间复杂度为 $O(d)$,工作量为 $O(n \log_d n)$。

为了更好地理解定理 16 - 1 的含义,让我们考虑 d 的两种可能的选择:一种选择是选择 $d = 2$(或任何其他常量值)。这种选择导致了推论 16 - 2,它显示出非常低的机器空间复杂度和时间复杂度,但有一个超恒定的迭代数。

推论 16 - 2:对于 All-Prefix-Suns 的问题,有一种 Map-Reduce 算法用于 All-Prefix-Suns 问题,它使用 $O(\log n)$ 迭代,并具有机器空间的复杂度为 $O(\log n)$,总空间复杂度为 $O(n \log n)$,机器时间复杂度为 $O(1)$,工作量为 $O(n \log n)$。

另一种选择是选择 $d = \lceil n^\varepsilon \rceil$,对于一些常数的 $\varepsilon \in (0,1)$。这种选择会导致更大的机器空间复杂度和时间复杂度,但只有恒定的迭代次数。

推论 16 - 3:对于每个常量的 $\varepsilon \in (0,1)$,存在一个 Map-Reduce 算法用于 All-Prefix-Suns 问题,它使用 $O(\varepsilon^{-1})$ 次迭代,其机器空间复杂度为 $O(n^\varepsilon \log n)$,总空间复杂度为 $O(n \log n)$,机器时间复杂度为 $O(n^\varepsilon)$,工作量为 $O(n \varepsilon^{-1})$。

16.3　索　引

在对 All-Prefix-Suns 问题的描述中,假设每个输入值都伴随着一个索引。这样的索引除了在 All-Prefix-Suns 问题中有用之外,在许多问题中也很有用,但在许多情况下,索引并不作为输入的一部分提供。因此,有趣的是找到一个过程,给定一组 n 个输入元素,为每个项目分配一个介于 1 到 n 之间的唯一索引。在本节中,我们将描述和分析一种此类过程,该过程被称为算法 16 - 3。

算法 16 - 3:唯一索引查找器

1. 每一台接收到输入元素 e 的机器都会选择一个在 1 到 n^3 之间的均匀随机整数,并将其赋为 e 的临时索引。

2. 对如下所生成的输入执行全前缀和算法。对于每个 $1 \leqslant i \leqslant n^3$,如果有一个元素的临时索引被选为 i,则在输入中包含对 $(i,1)$;否则,包含对 $(i,0)$。

3. 如果元素 e 被赋值为临时索引 i,则赋值 s_i 为它的最终索引。

算法 16 - 3 的最后一行只有在每个元素都被分配了一个唯一的临时索引时才有意义。幸运的是,引理 16 - 5 表明,这种情况发生的概率很高。

引理 16 - 5: 算法 16 - 3 为每个元素分配一个唯一的临时索引的概率为 $1 - O(n^{-1})$。

证明: 固定元素的任意顺序 $e_1, e_2, \cdots, e_n$,并让 E_i 表示元素 e_i 的临时索引与某些其他元素的临时索引相同的事件。可以观察到,对于其他元素的临时索引的固定选择,事件 E_i 发生的最大概率为

$$\frac{(\sharp \text{ 其他元素})}{n^3} = \frac{n-1}{n^3} < n^{-2}$$

根据并界,至少有一个 E_i 事件发生的概率是

$$\Pr\left[\bigcup_{i=1}^{n} E_i\right] \leqslant \sum_{i=1}^{n} \Pr[E_i] \leqslant \sum_{i=1}^{n} n^{-2} = n^{-1}$$

这就完成了引理的证明,因为当事件 E_i 都没有发生时,临时索引是唯一的。

回想一下,算法 16 - 3 提供给全前缀和算法的输入包含了每个元素的值 1,以及非元素的值 0。其中一个结果是 s_i 等于临时索引最多为 i 的元素数。因此,当给每个元素都分配一个唯一的临时索引时,那么算法 16 - 3 分配给每个元素 e 的最终索引等于该元素在包含所有元素的列表中的位置,并根据它们的临时索引进行排序。由于长度为 n 的列表中的每个元素在 1 和 n 之间的唯一位置,我们得到观察 16 - 1。

观察 1 - 1: 算法 16 - 3 为每个输入元素分配一个介于 1 到 n 之间的唯一索引的概率至少为 $1 - O(n^{-1})$。

由于算法 16 - 3 模拟了具有 n^3 个输入元素的 All-Prefix-Suns 实例。只需将我们的全前缀和算法的实现插入到其中,就会得到一个算法(具有高概率)有 $O(\log_d n)$ 迷

代,一个机器空间复杂度为 $O(d)$,总空间复杂度为 $O(n^3 \log n)$,机器时间复杂度为 $O(d)$,工作复杂度为 $O(n^3 \log_d n)$。虽然其中一些性能指标非常好,但总空间的复杂度和工作复杂度都高得令人无法接受。练习 16 - 6 要求描述算法 16 - 3 的一个更复杂的实现,它可以产生更好的总时间复杂度和工作复杂度。

练习 16 - 6:描述算法 16 - 3 的实现,它保留了上述迭代次数、机器空间复杂度和机器时间复杂度,但将总空间复杂度和工作复杂度分别降低到 $O(n \log^2 n / \log d)$ 和 $O(n \log_d^2 n)$。**提示**:由于算法 16 - 3 生成的全前缀和的实例大部分包含零值,因此 T 的许多节点的子树只包含这些值,因此无需显式地执行这些节点所做的计算。

16.4 文献说明

自从 Dean 和 Ghemawat(2004)引入 Map-Reduce 框架以来,单词频率的确定问题就是该框架的一个典型问题。我们在本章中提出的这个问题的改进算法,其背后的思想可以追溯到 Karloff 等人(2010)关于 Map-Reduce 的第一个理论模型的工作。

我们在本章中提出的另外两个问题,即全前缀和和索引问题,是由 Goodrich 等人(2011)在理论 Map-Reduce 模型的背景下首先提出的。对于全前缀和问题,我们提出的算法与 Goodrich 等人(2011)提出的算法相同。相比之下,对于索引问题,我们提出了一种算法(算法 16 - 3),它基于 Goodrich 等人(2011)的算法,但更简单,也不那么强大。特别是 Goodrich 等人(2011)提出的算法,即使临时索引不是唯一的,也能成功地生成唯一的最终索引,并且它的性能指标保持良好,除非某个临时索引被许多元素共享,这是一个极其不可能发生的事件。

［1］Dean J,Ghemawat S. MapReduce: Simplified Data Processing on Large Clusters. In Proceedings of the 6th Symposium on Operating Systems Design and Implementation (OSDI),December 2004:137 - 150.

［2］Goodrich M T,Sitchinava N,Zhang Q. Sorting,Searching,and Simulation in the MapReduce Framework. In Proceedings of the 22nd International Symposium on Algorithms and Computation (ISAAC),December 2011:374 - 383.

［3］Karloff H J,Suri S,Vassilvitskii S. A Model for Computation for Map-Reduce. In Proceedings of the 21th ACM - SIAM Symposium on Discrete Algorithms (SODA),January 2010:938 - 948.

练习解析

练习 16 - 1 解析

根据定义,我们所考虑的 Map-Reduce 算法有三次迭代。现在让我们来确定它的总空间复杂度。在第一次迭代中,每台机器存储它得到的单词和一个可以用

$O(\log n)$ 位表示的数字 r。由于本次迭代中有 n 个活动机器,因此本次迭代中机器的总空间复杂度为 $O(n\log n)$。在第二次迭代中,每台机器存储三个东西:它得到的消息、这些消息的数量和它的名称。计数和机器的名称表示使用 $O(\log n)$ 位,因此,数量和所有机器的名称一起贡献最多 $O(n\log n)$ 的第二次迭代的总空间复杂度(注意,在第一次迭代期间最多 n 台机器收到了消息,这些机器是唯一在此迭代中执行代码的机器)。确定所需的空间消息的机器收到第二次迭代,我们注意到,每个这样的消息需要 $O(1)$ 的空间,因为它总是只包含值 1,而且这类消息的数量正好是 n,因为输入中的每个单词都会生成一条消息。因此,这些消息只对第二次迭代的总空间复杂度造成 $O(n)$ 的影响,而第二次迭代的空间复杂度主要由计数和名称所需的 $O(n\log n)$ 决定。

现在考虑一下 Map-Reduce 算法的第三次迭代。在这次迭代中,每台机器存储它得到的计数加上它计算出的频率。计算出的频率总数最多为 n,因为每个不同的单词都要计算出一个频率。为了确定接收到的计数的数量,我们观察到接收到的每个计数都代表原始文本中的至少一个单词,因为一个计数仅由接收到输入的第二次迭代的机器生成。因此,第三次迭代的机器接收到的计数数也受到 n 的限制,就像这些机器计算出的频率数一样。由于接收的频率和接收的计数都是 1 到 n 之间的整数,每个整数都可以使用 $O(\log n)$ 空间存储,这意味着第三次迭代的总空间复杂度为 $O(n\log n)$。由于这也是前两次迭代的总空间复杂度,因此可以得出整个算法的总空间复杂度为 $O(n\log n)$。

为了完成解决方案,需要确定 Map-Reduce 算法的工作量。在第一次迭代中,我们有 n 台机器,每台机器都使用恒定时间,因此这次迭代对工作贡献 $O(n)$。在第二次迭代中,每台机器的时间复杂度与它接收到的消息数量成比例。由于在第一次迭代中只发送了 n 条消息(每个输入单词一个),这意味着第二次迭代中所有机器对工作的总贡献是 $O(n)$。同样地,在第三次迭代中,每台机器的时间复杂度与它接收到的计数数量成比例。在上面,我们认为这些计数的数量最多为 n,因此,我们再次得到第三次迭代中所有机器对工作的总贡献是 $O(n)$。总结所有三次迭代的工作贡献,我们得到整个 Map-Reduce 算法的工作量也是 $O(n)$。

练习 16 - 2 解析

在描述当前练习的解决方案之前,先简要讨论由算法 16 - 1 和算法 16 - 2 表示的 Map-Reduce 算法。具体地说,让我们从输入中固定一个任意的单词 w。图 16.2 以图形方式直接或间接地处理这个词外观的所有机器。图中的第一行承载了第一轮的机器,该机器处理输入中单词 w 的单独出现。图中的第二行是与这个单词相关的第二次迭代的机器,即机器 $(w,1),(w,2),\cdots,(w,\lceil\sqrt{n}\rceil)$。最后,图中的第三行承载了与单词 w 相关的第三次迭代的单个机器,即名为 w 的机器。该图中还包含表示上述机器之间的消息流的箭头。

现在让我们来想想图 16.2 中的机器和箭头。根据这个观点,引理 16 - 1 等价

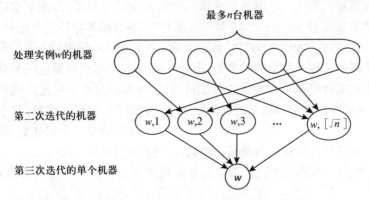

图 16.2　与算法 16－1 和算法 16－2 所描述的 Map-Reduce
算法中处理单词 w 相关的机器，以及它们之间的消息流

于，在高概率下，这个图的每个顶点（机器）的度只有 $O(\sqrt{n})$。直观地说，这个图中顶点的度的边界是让我们能够显示上述 Map-Reduce 算法的机器时间复杂度和空间复杂度大致都在 $\sqrt{n}$ 的量级上的关键属性。因此，为了获得更好的机器时间和空间的复杂度，我们需要一种算法来引出一个较低度的图，换句话说，一种每台机器得到的信息更少的算法。这样的算法如算法 16－4 所示。回想一下，c 是一个正整数。观察这个算法的每次迭代 i（不是第一次或最后一次迭代）有 $(\lceil n^{1/c} \rceil)^{c-i+1}$ 机器参与单词 w 的处理也是很有用的。这些机器的名称是 $(w, r_1, r_2, \cdots, r_{c-i+1})$ 对于 1 到 $\lceil n^{1/c} \rceil$ 之间的整数，分配给变量 $r_1, r_2, \cdots, r_{c-i+1}$ 的每个可能的赋值。

算法 16－4：改进算法的词频——$c+1$ 次迭代

· 第一次迭代（单词）

1. 选择 $c-1$ 个独立随机整数 $r_1, r_2, \cdots, r_{c-1}$，其中 r_i 是在 1 到 $\lceil n^{1/c} \rceil$ 之间均匀随机选取的。

2. 发送 1 到命名为 $(\text{word}, r_1, r_2, \cdots, r_{c-1})$ 的计算机。

· $2 \leqslant i \leqslant c$ 的迭代编号 i（数字）

1. 用 $(w, r_1, r_2, \cdots, r_{c-i+1})$ 表示这台机器的名称。

2. 把收到的消息的数字加起来，用 $c_{w, r_1, r_2, \cdots, r_{c-i+1}}$ 表示和。

3. 发送 $c_{w, r_1, r_2, \cdots, r_{c-i+1}}$ 到名为 $(w, r_1, r_2, \cdots, r_{c-i})$ 的机器。注意，如果这是迭代号 c，则消息被发送到名为 (w) 的机器。为简单起见，我们将此机器视为与名为 w 的机器是一样的。

· 最后一次迭代（数字）

1. 用 w 表示这台机器的名称。

2. 把收到的消息中的数字加起来，然后用 c_w 表示总数。

3. 输出 c_w 为 w 的频率。

值得注意的是,在 $c=2$ 的情况下,算法 16-4 简化为算法 16-1 和算法 16-2 所描述的 Map-Reduce 算法。然而,我们现在将独立于这个事实来分析它。我们从证明它的正确性开始。

引理 16-6:算法 16-4 正确地确定了输入列表中所有单词的频率。

证明:固定一个单词 w,并设 A 为 w 在输入列表中出现的集合。此外,对于每一次出现的 $a \in A$,我们用 $r(a)$ 表示算法 16-4 第一次迭代时处理 w 出现的机器所选择的随机值的向量 $(r_1, r_2, \cdots, r_{c-1})$。

我们将通过对 i 的归纳证明,对于每一个整数 $1 \leqslant r_1, r_2, \cdots, r_{c-i+1} \leqslant \lceil n^{1/c} \rceil$ 的选择,由算法 16-4 计算得到的值 $c_{w, r_1, r_2, \cdots, r_{c-i+1}}$ 正好是 $|\{a \in A \mid \forall_{1 \leqslant j \leqslant c-i+1} r_j(a) = r_j\}|$,这里我们用 $r_j(a)$ 表示向量 $r(a)$ 的坐标号 j。我们从基本情况开始,也就是 $i=2$ 的情况。考虑任意一台机器 $(w, r_1, r_2, \cdots, r_{c-1})$,对于 $a \in A, r(a) = (r_1, r_2, \cdots, r_{c-1})$,这台机器在第一次迭代中获得一条消息。因为所有这些消息都包含数字 1,就像在第一次迭代中发送的所有其他消息一样,它们的总和 $c_{w, r_1, r_2, \cdots, r_{c-1}}$ 为

$$|\{a \in A \mid r(a) = (r_1, r_2, \cdots, r_{c-1})\}| = |\{a \in A \mid \forall_{1 \leqslant j \leqslant c-1} r_j(a) = r_j\}|$$

这就是我们想要证明的。

现在假设我们要证明的结论对于某个整数 $2 \leqslant i-1 \leqslant c$ 成立,现在来证明它对于 i 也成立。考虑一个任意的机器 $(w, r_1, r_2, \cdots, r_{c-i+1})$。此机器获取值 r_{c-i+2}(1 到 $\lceil n^{1/c} \rceil$ 之间)作为消息。因此,$c_{w, r_1, r_2, \cdots, r_{c-i+1}}$ 服从

$$c_{w, r_1, r_2, \cdots, r_{c-i+1}} = \sum_{i=1}^{\lceil n^{1/c} \rceil} c_{w, r_1, r_2, \cdots, r_{c-i+2}}$$

$$= \sum_{i=1}^{\lceil n^{1/c} \rceil} |\{a \in A \mid \forall_{1 \leqslant j \leqslant c-i+2} r_j(a) = r_j\}|$$

$$= |\{a \in A \mid \forall_{1 \leqslant j \leqslant c-i+1} r_j(a) = r_j\}|$$

其中第二个等式由归纳假设成立,最后一个等式成立,因为 i 遍历了 $r_{c-i+2}(a)$ 的所有可能值。通过归纳法就完成了证明。这个引理现在是成立的,因为对于 $i=c+1$,我们得到

$$c_w = |\{a \in A \mid \forall_{1 \leqslant j \leqslant 0} r_j(a) = r_j\}| = |A|$$

算法 16-4 的性能仍有待分析。根据定义,该算法根据需要有 $c+1$ 次迭代。为了分析其机器时间复杂度和空间复杂度,首先需要证明引理 16-7,它对应于算法 16-1 和算法 16-2 所描述的 Map-Reduce 算法分析中的引理 16-1。

引理 16-7:在算法 16-4 的第二次迭代中,机器很有可能接收不到超过 $2n^{1/c}$ 条消息。

证明:让我们从固定一些词 w 和 1 到 $\lceil n^{1/c} \rceil$ 之间的一些整数 $r'_1, r'_2, \cdots, r'_{c-1}$ 来

开始证明。我们想给机器在第一次迭代期间发出的消息超过 $2n^{1/c}$ 条事件的概率设定上限。为此目的,对于每一对整数,$1 \leqslant i \leqslant n$,$1 \leqslant j \leqslant c-1$,用 r_j^i 来表示处理列表中字号 i 的机器在第一次迭代中选择的随机值 r_j。对于 $1 \leqslant j \leqslant c-1$,我们定义 X_i 为事件 $r_j^i = r_j'$ 的指示器。因为每一个 r_j^i 都是来自 $[1, \lceil n^{1/c} \rceil]$ 之间的一个独立的一致随机整数,我们得到

$$\Pr[X_i = 1] = \Pr[\forall_{1 \leqslant j \leqslant c-1} r_j^i = r_j'] = \prod_{j=1}^{c-1} \Pr[r_j^i = r_j']$$

$$= \prod_{j=1}^{c-1} \frac{1}{\lceil n^{1/c} \rceil} = (\lceil n^{1/c} \rceil)^{1-c}$$

我们发现,只有当 $X_i = 1$ 时,处理字号 i(在第一次迭代中)的机器才能向 $(w, r_1', r_2', \cdots, r_{c-1}')$ 发送消息。因此,和 $\sum_{i=1}^{n} X_i$ 是机器 $(w, r_1', r_2', \cdots, r_{c-1}')$ 在第二次迭代中接收到的消息数的上限。而且,这个和有一个二项分布,这让我们可以用切尔诺夫界限定它大于 $2n^{1/c}$ 的概率,即

$$\Pr\left[\sum_{i=1}^{n} X_i > 2n^{1/c}\right] = \Pr\left[\sum_{i=1}^{n} X_i > \frac{2(\lceil n^{1/c} \rceil)^{c-1}}{n^{1-1/c}} \cdot E\left[\sum_{i=1}^{n} X_i\right]\right]$$

$$\leqslant e^{-\frac{\left(2n^{1/c-1} \cdot (\lceil n^{1/c} \rceil)^{c-1} - 1\right) \cdot E\left[\sum_{i=1}^{n} X_i\right]}{3}}$$

$$= e^{-\frac{2n^{1/c} - n(\lceil n^{1/c} \rceil)^{1-c}}{3}} \leqslant e^{-\frac{n^{1/c}}{3}}$$

到目前为止,我们已经证明了第二次迭代的每一台机器接收到超过 $2n^{1/c}$ 条消息的概率最多是 $e^{-\sqrt[c]{n}/3}$。我们还观察到,只有 $n(\lceil n^{1/c} \rceil)^c \leqslant n \cdot (2n^{1/c})^c = 2^c n^2$ 台机器可能在第二次迭代中获得消息(每一对输入字 w 和 $r_1, r_2, \cdots, r_{c-1}$ 的值的选择)。结合这些事实,使用联合界限,我们得到第二次迭代的任何机器得到超过 $2n^{1/c}$ 条消息的概率最多是 $2^c n^2 e^{-\sqrt[c]{n}/3}$,当 n 趋于无穷大时,它趋于 0,因为我们把 c 当作一个常数。

推论 16 - 4:算法 16 - 4 的机器时间复杂度和空间复杂度极有可能分别为 $O(n^{1/c})$ 和 $O(n^{1/c} \cdot \log n)$。

证明:用 E 表示第二次迭代的每台机器只接收到 $O(n^{1/c})$ 条信息。引理 16 - 1 表明事件 E 发生的概率很高。因此,这足以证明当 E 发生时,算法的机器时间复杂度和空间复杂度是我们所承诺的。余下的证明将用于证明事实确实如此,因此,含蓄地假设 E 发生了。

在第一次迭代中,每台机器只存储它所处理的单词和随机值 $r_1, r_2, \cdots, r_{c-1}$,因此,只需要 $O(c \cdot \log n) = O(\log n)$ 空间,其中等式成立,因为我们认为 c 是一个常数。此外,每一个这样的机器只使用恒定的时间,因此,它的运行时间和空间的使用

都与我们想要证明的机器时间和空间的复杂度是一致的。

现在再考虑一下该算法的另一个任意的迭代方法。注意,本次迭代中每台机器的时间复杂度与它接收到的消息数量成正比,因此,这表明本次迭代中的机器时间复杂度为 $O(n^{1/c})$,它只需要证明迭代的机器没有得到大于 $O(n^{1/c})$ 的消息。对于第二次迭代,这是直接根据我们的假设(即事件 E 已经发生)得出的。对于之后的迭代,我们观察到迭代 i 的每台机器 $(w, r_1, r_2, \cdots, r_{c-i+1})$ 只从迭代 $i-1$ 的机器 $(w, r_1', r_2', \cdots, r_{c-i+2}')$ 得到一条消息,其名称遵循 $r_j' = r_j$,对于 $1 \leqslant j \leqslant c-i+1$。因为 r_{c-i+2}' 只能取值 $\lceil n^{1/c} \rceil$,那里只有 $\lceil n^{1/c} \rceil$ 台这样的机器,因此,机器 $(w, r_1, r_2, \cdots, r_{c-i+1})$ 也只可以接收那么多消息。

现在考虑迭代 $i \geqslant 2$ 的机器空间复杂度。在这个迭代中,每台机器都必须存储它的名称、它获得的消息计数和一个额外的计数器。正如我们之前讨论的,每台机器最多得到 $\lceil n^{1/c} \rceil$ 条信息。我们还观察到,它需要存储的每个值都计算单词 w 在输入列表中出现的次数,因此,该值的上限为 n。因此,迭代 i 中每台机器存储的计数所需的空间上限为 $(\lceil n^{1/c} \rceil + 1) \cdot O(\log n) = O(\lceil n^{1/c} \rceil \cdot \log n)$。此外,机器的名称由单词 w 组成,它需要一个常量空间,以及 $c-1$ 个额外值,每个值需要 $O(\log n)$ 的空间,因此,名称可以存储在 $O(c \cdot \log n) = O(\log n)$ 空间中,这小于我们需要证明的机器空间复杂度。

练习 16-3 解析

我们为该问题提出的算法如算法 16-5 所示。不难看出,该算法的时间复杂度确实是 $O(n)$。此外,还可以通过归纳法证明,对于每个 $1 \leqslant i \leqslant n$,该算法计算的和服从 $s_i = \sum_{j=1}^{i} A[j]$。

算法 16-5:全前缀和序列算法(A)

1. 设 $s_i \leftarrow A[1]$。
2. 对于 $i=2$ 到 n,执行:
3. 　设 $s_i \leftarrow s_{i-1} + A[i]$。

练习 16-4 解析

下面是在练习之前描述的 Map-Reduce 算法的正式介绍。第一次迭代对应算法的第一阶段,第二次迭代至第 $\lceil \log_d n \rceil + 1$ 次迭代对应算法的第二阶段,第 $\lceil \log_d n \rceil + 2$ 直至 $2\lceil \log_d n \rceil + 1$ 次迭代对应算法的第三阶段,最后,第 $2\lceil \log_d n \rceil + 2$ 次迭代对应算法的第四阶段。

第一次迭代

描述:在这次迭代中,每台获得输入对索引和值的机器都将该值转发到与该索引对应的 T 的叶子机器。注意,我们使用 $T(h, r)$ 来表示 T 对应于对 (h, r) 的叶子机器。

1. 在此迭代中,机器的输入是一对(索引,值)。

2. 将值转发到名为 $T(0, 索引)$ 的计算机。

第二次迭代

描述:在这次迭代中,我们开始向上传播信息。具体来说,叶子机器是唯一在这次迭代中获得消息(因此是活动的)的机器,它们将它们的值转发给它们的父值。从这一点开始,我们使用约定,机器将它从基于 0 的子结点得到的值 v 保存在一对 (i, v) 中。这一规则的唯一例外是没有子集的叶子机器,因此在 $(0, v)$ 中保持它们自己的值 v,如下:

1. 设 $T(0, r)$ 是这个叶子机器的名称,让我们用 v 命名它接收到的值。

2. 将对 $(0, v)$ 转发给我自己(以保留它),并将对 $(r \bmod d, v)$ 转发给我的父集。

对于 $3 \leqslant i \leqslant \lceil \log_d n \rceil + 1$ 的第 i 次迭代

描述:这些迭代完成了信息的向上传播。在迭代开始时,i 只有树的级别为 0,$1, \cdots, i-2$ 中的机器有消息(因此,它们是活动的)。它们都将这些消息转发给自己,以便在下一次迭代中保留它们,$i-2$ 级的节点也将信息转发给它们的父节点,它们目前还没有激活。

1. 设 $T(h, r)$ 为这台机器的名称。

2. 用 c 表示我的子集的数量(如果我是一片叶子,则是 1),然后我收到(从我自己或从我的孩子那里)c 对 $(0, v_0), (1, v_1), \cdots, (c-1, v_{c-1})$。

3. 转发所有的对 $(0, v_0), (1, v_1), \cdots, (c-1, v_{c-1})$ 给我自己,以保留它们。

4. 如果 $h = i-2$,那么,

5. 将对 $\left(r \bmod d, \sum_{i=0}^{c-1} v_i \right)$ 转发到我的父机器 $T(h+1, \lceil r/d \rceil)$。

迭代次数 $\lceil \log_d n \rceil + 2$

描述:此迭代开始了信息的向下传播。树的根,也就是 $\lceil \log_d n \rceil$ 级别的唯一机器,将 $s_{b(u)}$ 值转发给它的每个子集 u。树中的其他机器只是将它们拥有的信息转发给自己来保存它。

1. 设 $T(h, r)$ 为这台机器的名称。

2. 用 c 表示我的孩子的数量(如果我是一片叶子,则是 1),然后我从我自己那里得到 c 对 $(0, v_0), (1, v_1), \cdots, (c-1, v_{c-1})$。

3. 如果 $h = \lceil \log_d n \rceil$,那么,

4. 对于每个 $1 \leqslant i \leqslant c$,传递 $\sum_{j=0}^{i-2} v_j$ 到我的第 i 个儿子(机器 $T(h-1, d(r-1)+i)$)。

5. 否则,

6. 转发这些对 $(0, v_0), (1, v_1), \cdots, (c-1, v_{c-1})$ 到我自己,以保留它们。

迭代编号 i 为 $\lceil \log_d n \rceil + 3 \leqslant i \leqslant 2 \lceil \log_d n \rceil + 1$

描述:这些迭代完成了信息的向下传播。在每次这样的迭代开始时,级别为 $0, 1, \cdots, 2 \lceil \log_d n \rceil + 2 - i$ 的机器很活跃。这些机器中的每一台都有它从它的子机器那里得到的信

息(或者它们自己的值,如果是叶结点的话),则级别为 $2\lceil\log_d n\rceil+2-i$ 的机器也有它们从父结点那里得到的值。这允许级别为 $2\lceil\log_d n\rceil+2-i$ 的机器将值 $s_{b(u)}$ 转发给它们的每一个子 u,而级别较低的机器只是将它们所拥有的信息转发给它们自己。

1. 设 $T(h,r)$ 为这台机器的名称。

2. 用 c 表示我的孩子的数量(如果我是一片叶子,则是 1),然后我从我自己那里得到 c 对 $(0,v_0),(1,v_1),\cdots,(c-1,v_{c-1})$。

3. 如果 $h=2\lceil\log_d n\rceil+2-i$,那么,

4. 　我从我的父母那里得到了一个值 s。

5. 　传递 $s+\sum_{j=0}^{i-2}v_j$ 给我的第 i 个儿子(机器 $T(h-1,d(r-1)+i)$)。

6. 否则,

7. 转发这些对 $(0,v_0),(1,v_1),\cdots,(c-1,v_{c-1})$ 到我自己,以保留它们。

迭代数为 $2\lceil\log_d n\rceil+2$

描述:在此迭代中,只有叶子机器是活动的。每个叶子机器 $(0,r)$ 都有自己的值存储在一对 $(0,v)$ 中,并且从其父节点获得值 $s=s_{r-1}$。通过将这些值相加,叶子机器得到 s_r。

1. 设 $T(0,r)$ 为该叶子机器的名称。

2. 我从我的父母那里得到了一个值 s,从我自己那里得到了一对 $(0,v)$。

3. 输出 $s+v$ 作为 s_r 的前缀和。

练习 16-5 解析

引理 16-4 所证明的工作范围内的术语 $\log_d n$ 源于这样一个事实:Map-Reduce 算法的每台机器都可能在 $O(\log_d n)$ 迭代期间运行。然而,我们可以注意到,只有在这些迭代的常量数中,一个给定的机器才会执行任何工作,而不是将其信息发送给自己以保存它。如果允许机器访问它在以前的迭代中拥有的信息,那么机器只向自身发送信息的迭代就会变得冗余。因此,这样的访问将允许我们将每台给定机器的活动迭代数减少到 $O(1)$,这将导致从算法所做的功的界中删除 $\log_d n$ 项。

练习 16-6 解析

我们在 16.2 节中描述的针对全前缀和问题的算法是在假设在 1 和 n 之间的每个索引都给出一些值的情况下设计的。为了提高这个假设,我们对算法稍微进行了一点修改。具体来说,在算法向下传播信息的阶段,我们只让节点将信息转发给在算法向上传播阶段获得信息的子节点(而不是像原始算法那样向所有子节点发送信息)。我们可以验证,在此更改之后,算法仍然会产生一个值 s_i 对于作为输入一部分提供值的每个索引 i,还有 s_i 仍然是正确的,因为它是属于索引 i 和较低索引值的总和。因此,省略具有零值的对并不影响该算法产生的值 s_i 相当于未省略这些对时产生的值。

特别地,上述观察结果表明,当在算法 16-3 的实现中使用上述修改后的全前缀

和算法时,该实现可以跳过零值对的生成。由于只有 n 个非零值对(算法 16-3 的每个输入元素一个对),而不是算法 16-3 生成的 n^3 个对。这大大减少了算法生成的对的数量。在这个答案的其余部分中,我们将这样获得的算法 16-3 的实现称为"有效实现"。

我们改进的全前缀和算法的另一个有用的属性是,T 的每个节点所使用的时间和空间资源取决于它所拥有的活动子节点的数量(而不是 d)。因为节点 u 的活动子数的上界是其子树中的叶数对应的索引(我们用 d_u 表示最后一个数字),我们得到 u 在每次给定迭代中的机器空间复杂度和时间复杂度分别是 $O(d_u \log n)$ 和 $O(d_u)$。在给定的 T 层上所有节点 u 的 d_u 的和等于 n,因此,在一次迭代中,给定 T 级别的所有节点的总空间复杂度和时间复杂度分别为 $O(n \log n)$ 和 $O(n)$。将最后一个限定的空间乘以树 T 的层数 $O(\log_d n)$,我们得到了承诺的界限,如下:

$$O(\log_d n) \cdot O(n \log n) = O(n \log^2 n / \log d)$$

关于算法 16-3 的有效实现的总空间复杂度,为了约束算法 16-3 所使用的工作,我们应记得一个给定 T 级别的所有节点在一次迭代中使用 $O(n)$ 计算。将这个界乘以树 T 的级别数和算法使用的迭代次数(两者都是 $O(\log_d n)$),我们也会得到算法 16-3 的有效实现工作的承诺界。

为了完成练习的解决方案,需要观察的是,修改后的 All-Prefix-Suns 算法在迭代次数、机器时间复杂度和机器空间复杂度上保持了与原始算法相同的界限,因为原始分析仍然适用于它。直观地说,这是因为修改只会减少算法执行的工作量。

第 17 章 图算法

到目前为止,我们所看到的所有 Map-Reduce 算法都是在几乎没有组合结构的输入上运行的(本质上,所有算法都是在元素集或有序列表上运行的)。为了证明 Map-Reduce 框架还可以处理具有重要组合结构的输入,我们在本章中介绍了两个图问题的 Map-Reduce 算法。

17.1 最小权重生成树

我们考虑的第一个问题是计算具有 n 个顶点和 m 条边的边权连通图 $G=(V,E)$ 中最小权生成树的问题。我们为这个问题描述的算法工作如下:让我们固定一个目标机器空间的复杂度。如果图 G 已经有足够少的边来满足这个目标机器空间复杂度,那么算法将 G 的所有边传输到一台机器上,按顺序计算出最小权重生成树;否则,如果 G 太大,无法适应目标机器空间复杂度,则算法过滤(删除)G 的一些边,并重复此过程。过滤分两步完成:第一步,G 的边在多台机器之间随机分割,以保证每台机器有很多边,但不会太多,以至于其空间使用将超过目标机器空间复杂度;第二步,每台机器为其接收到的边组成的子图计算一个最小权重生成森林,并过滤掉所有不属于所得到的森林的边。

该算法的伪码为算法 17-1。该算法的输入参数 M 大致对应于上述算法描述的目标机器空间复杂度,我们假设其值至少为 $3n$。此外,我们还记得图 G 的最小权重生成森林是 G 的最小权子图,它连接由 G 自身连接的每一对顶点。特别地,如果 G 是连通的,那么它的最小权值生成森林就是它的最小权重生成树。

算法 17-1:最小权值生成树(V,E,M)

1. 设 $E_0 \leftarrow E, i \leftarrow 0$。

2. 当 $|E_i| > M$ 时,执行:

3. 更新 $i \leftarrow i+1$。

4. 让 $p_i \leftarrow \lceil |E_{i-1}|/M \rceil$。

5. 将 E_{i-1} 划分为 p_i 集合 $E_{i-1,1}, E_{i-1,2}, \cdots, E_{i-1,p_i}$,其中边 $e \in E_{i-1}$ 被均匀随机地分配给分区的一个集合。

6. 对于 $1 \leqslant j \leqslant p_i$,设 $F_{i,j}$ 为 $(V, E_{i-1,j})$ 的最小权重生成森林。

7. 设 $E_i \leftarrow \bigcup_{j=1}^{p_i} E(F_{i,j})$,其中,$E(F)$ 为森林 F 的边的集合。

8. 返回图 (V, E_i) 的最小权重生成森林。

目前还不清楚如何将算法 17 - 1 实现为一个 Map-Reduce 算法,我们将详细讨论这一点。然而,在这样做之前,首先要证明算法 17 - 1 确实输出了图 G 的最小权值生成树。为此,我们需要定义一些符号。设 k 表示算法 17 - 1 的迭代次数,对于每个整数 $0 \leqslant i \leqslant k$,设 F_i 表示 E_i 的任意最小权重生成森林。另外,给定一组边 E 和一个森林 F,分别用 $w(E)$ 和 $w(F)$ 表示它们的权值。引理 17 - 1 使用这些符号表明在算法 17 - 1 的每次给定迭代中被过滤的边在某种意义上是不重要的。

引理 17 - 1:如果算法 17 - 1 终止,且 (V, E_{i-1}) 对于某个整数 $1 \leqslant i \leqslant k$ 是连通的,则 (V, E_i) 也是连通的,且 $w(F_i) = w(F_{i-1})$。

备注:在引理中,算法 17 - 1 终止的条件是必要的,因为迭代次数 k 不是定义良好的,除非这个条件成立。

证明:首先证明 (V, E_i) 是连通的。考虑任意边 $e \in E_{i-1}$,我们用 $E_{i-1,j}$ 表示 e 在算法 17 - 1 的第 i 次迭代计算的分区中所到达的集合。由于 e 的两个端点在 $(V, E_{i-1,j})$ 中相连——例如,由 e 本身——生成森林 $F_{i,j}$ 必须包含 e 的端点之间的一条路径,根据定义包含 $F_{i,j}$ 的所有边的集合 E_i 也必须包含一条路径。由于我们选择 e 作为 E_{i-1} 的任意一条边,我们得到 E_{i-1} 的每条边的端点都连接在 E_i 中。因此,(V, E_{i-1}) 中两个节点之间的每一条路径都可以转换成 (V, E_i) 中相同两个节点之间的一条路径,这意味着 (V, E_i) 是连通的,因为 (V, E_{i-1}) 是连通的。

从这一点开始,我们将集中证明引理的第二部分,即 $w(F_i) = w(F_{i-1})$。回想一下,找到最小权值生成林的一种方法是通过 Kruskal 算法,该算法考虑了任意权值为 π 的图的边,并将考虑到的每条边添加到森林中,当且仅当此添加不会创建一个循环。现在假设 Kruskal 算法是应用于图 (V, E_{i-1}),并且该算法使用的 π 阶的选择保证了如果 e_1 和 e_2 是 G 的权值相同的边,那么要么 $e_1 \in E_i$、$e_2 \notin E_i$ 或 $e_1 \in F_i$、$e_2 \notin F_i$,在 π 中 e_1 出现在 e_2 之前(这样的顺序一定存在,因为 $F_i \subseteq E_i$)。我们用 F'_{i-1} 表示执行 Kruskal 算法所产生的 (V, E_{i-1}) 的最小权值生成森林。由于 F_{i-1} 和 F'_{i-1} 都是 (V, E_{i-1}) 的最小权重生成林,所以我们立即得到等式 $w(F_{i-1}) = w(F'_{i-1})$。

为了完成引理的证明,仍然需要证明 $w(F'_{i-1}) = w(F_i)$ 也成立。我们通过证明 $F'_{i-1} = F_i$ 来证明这一点。为了证明这个等式,让我们自相矛盾地假设 $F'_{i-1} \neq F_i$,并且按照 π 的顺序设 e 为第一条边,e 要么属于 $E(F_i) \backslash E(F'_{i-1})$,要么属于 $E(F'_{i-1}) \backslash E(F_i)$。如果 $e \in E(F_i) \backslash E(F'_{i-1})$,那么使用 Kruskal 算法对 F'_{i-1} 的构造保证 F'_{i-1} 包含一条路径 P,它位于 e 的端点之间,仅由在 π 顺序中出现在 e 之前的边组成。然而,将 e 定义为根据 π 的第一条边,其中 F'_{i-1} 和 F_i 不同,意味着路径 P 的所有边也属于 F_i,因此,结合边 e 本身,在 F_i 中闭合一个循环,这是一个矛盾,因为 F_i 是一个森林,这使我们得到 $e \in E(F'_{i-1}) \backslash E(F_i)$ 的情况。由于 $e \in E(F'_{i-1})$,Kruskal 算法构造 F'_{i-1} 保证了在 E_{i-1} 中 e 的端点之间不存在路径,它只包含了在 e 之前以 π 顺序出现的边(因为这样一条路径的每条边 e' 在算法考虑时都会被添加到 F'_{i-1} 中,除非 F'_{i-1} 已经包含了在这一点上 e' 的端点之间的一条路径,这条路径由比 e' 出现在 π

中的更早的边组成)。如果 $e \in E_i$,那么根据 $e \notin E(F_i)$ 以及 F_i 是 (V, E_i) 的最小权值生成树的事实,我们可以得到 F_i 必定包含一条路径,这条路径在 e 的端点之间,仅由重不超过 e 的边组成。然而,这些边必须以 π 的顺序出现在 e 之前,这与我们之前的观察相矛盾,即在 E_{i-1} 中,e 的端点不能通过一条出现在 π 中 e 之前的边的路径连接。类似地,如果 $e \notin E_i$,那么我们得到对于某个 $1 \leqslant j \leqslant p_i$,我们必须有 $e \in E_{i-1,j}/F_{i,j}$,因为 $F_{i,j}$ 是 $(V, E_{i-1,j})$ 的最小权值生成树,这意味着 $F_{i-1,j}$ 包含了一条路径,从 e 的端点到 j,仅由重不超过 e 的边组成。因为所有这些边都属于 E_i,它们都以 π 的顺序出现在 e 之前,这条路径的存在又一次导致了矛盾,原因与之前一样。

对每个整数 $1 \leqslant i \leqslant k$,结合引理 17 - 1 的保证,得到推论 17 - 1。

推论 17 - 1:如果算法 17 - 1 终止,G 连通,则算法的输出为 G 的最小权值生成树。

证明:回想一下,$E = E_0$,因此,(V, E_0) 是连接的。通过对每个整数 $1 \leqslant i \leqslant k$ 重复应用引理 17 - 1,这意味着 (V, E_k) 也是连通的。现在我们用 T 来表示算法 17 - 1 的输出。算法选择 T 作为 (V, E_k) 的最小权值生成林。由于 (V, E_k) 是连通的,这意味着 T 是一棵生成树。此外,由于 F_k 也是 (V, E_k) 的最小权值生成林,因此与 T 的权值相同,我们得到

$$w(T) = w(F_k) = w(F_{k-1}) = \cdots = w(F_0)$$

由于引理 17 - 1 可知,除第一个等式外的所有等式都成立。因此,生成树 T 是 G 的最小权值生成树,因为它的权值与最小权值生成森林 F_0 相同。

我们分析算法 17 - 1 的下一个目标,即限制它执行的迭代次数,特别是显示它终止。这是由练习 17 - 1 完成的,它表明算法 17 - 1 的每次迭代都通过显著减少 E_i 的大小来取得进展(回想一下,我们假设是 $M \geqslant 3n$)。

练习 17 - 1:说明对于每个 $i \geqslant 1$,如果算法 17 - 1 至少执行 i 次迭代,则 $|E_i| \leqslant (2n/M) \cdot |E_{i-1}|$,并解释为什么这意味着算法 17 - 1 的迭代次数少于 $\log_{M/(2n)} m + 1$ 次。

注意,推论 17 - 1 和练习 17 - 1 一起表明,算法 17 - 1 总是输出 G 的最小权值生成树,这就是我们想要说明的。正如所承诺的,我们现在将讨论算法 17 - 1 作为一个 Map-Reduce 算法的实现。考虑算法的第 i 次迭代对于某个 $1 \leqslant i \leqslant k$。在这个迭代的开始,边以某种方式在机器之间划分。让我们用 S_i 表示在这一点上有任何边的机器的集合。为了计算 p_i,S_i 的机器需要确定 $|E_{i-1}|$。为了做到这一点,S_i 的每台机器将它拥有的边的数量转发给一台计数器,该计数器使用下一次 Map-Reduce 迭代来计算 $|E_{i-1}|$(通过将它得到的所有值相加),并将 $|E_{i-1}|$ 发回给 S_i 的所有机器。一旦 S_i 的机器知道了 $|E_{i-1}|$,它就可以计算 p_i,并将其边随机划分到 $E_{i-1,1}$,$E_{i-1,2}, \cdots, E_{i-1,p_i}$。然后,对于每个 $1 \leqslant j \leqslant p_i$,$E_{i-1,j}$ 的所有边被转发到一台机器 $L(i,j)$,该机器使用该集合通过顺序算法(如 Kruskal 算法)计算出最小权值生成森

林 $F_{i,j}$。此时，$E_i = \bigcup\limits_{j=1}^{p_i} F_{i,j}$ 的所有边在机器 $L(i,1),L(i,2),\cdots,L(i,p_i)$ 上，因此就完成了算法 17 - 1 的第 i 次迭代。

可以观察到，上面描述的实现算法 17 - 1 迭代的过程也可以用来检测该迭代是否应该从那里开始，因为 S_i 的每台机器在这个过程中都学习了 $|E_{i-1}|$，因此，可以将其与 M 进行比较，如果 $|E_{i-1}|$ 不大于 M，这意味着我们应该实际计算算法的输出，而不是进行另一次迭代，然后将 $|E_{i-1}|$ 的所有边转发给单机 $L(i,1)$，由单机 $L(i,1)$ 根据这些边计算算法 17 - 1 的输出 T。

练习 17 - 2：以更正式的方式编写上述算法实现的详细信息。特别是，指定传输的确切消息在每个迭代中的机器之间。

上述算法 17 - 1 的实现是非常自然的，但实际上，它可能会导致非常高的机器空间复杂度和时间复杂度。要了解为什么会出现这种情况，请注意，在算法的第一次迭代中，图形的每一条边都出现在自己的输入机器中，并且这些机器中的每一台都将消息转发给计数器机器。因此，计数器机器必须存储和处理消息，如果图形密集，则可能需要 $\Omega(n^2)$ 的空间和时间。为了解决这个问题，我们需要在算法中添加一个预处理步骤，将图的边转发到相对较少的机器上。更具体地说，在预处理步骤中，每个有边 (u,v) 的输入机器都将这条边转发给机器 $L(u)$。不难看出，添加此预处理步骤不会破坏上述算法 17 - 1 的实现。在本节的其余部分中，我们将分析此预处理步骤实现的性能度量，我们将看到，添加预处理步骤使我们能够保证良好的机器时间复杂度和空间复杂度。

由练习 17 - 2 的解决方案给出的实现的正式描述中，可以看到该算法所需的 Map-Reduce 迭代次数仅为

$$3(k+1)+2 = O(\log_{M/(2n)} m) = O(\log_{M/(2n)} n)$$

因为实现的三个 Map-Reduce 迭代在算法 17 - 1 的每次迭代中重复一次，并且在检测算法是否应该终止时重复一次，而且在此基础上，算法仅使用两个额外的 Map-Reduce 迭代：一个用于预处理，另一个用于计算输出 T。为了研究算法 17 - 1 的其他性能度量，我们首先需要限制每台机器可能接收的信息量。除了输入机器之外，实现中还有三种机器：名为 $L(i,j)$ 的机器，其中 i 和 j 都是整数，名为 $L(u)$ 表示顶点 u 的机器以及计数器。下面将分别处理这几类机器。

观察 17 - 1：对于每个顶点 $u \in E$，机器 $L(u)$ 最多能得到 n 条边。

证明：在预处理步骤中，只有以 u 为端点之一的边可以被发送到 $L(u)$。现在的观察结果如下，因为包括 u 在内的每个节点的度数都以 $n-1$ 为上限。

引理 17 - 2：固定算法 17 - 1 的某个迭代 i，算法在此迭代之前做出的所有随机决策和一个整数值 $1 \leqslant j \leqslant p_i$。然后，即使是以我们已经确定的所有随机决定为条件，具有至少是概率 $1 - O(e^{-n})$ 机器 $L(i,j)$ 得到最多 $2M$ 条边。

证明：直观地说，引理成立的原因是 p_i 的选择保证了每台机器在期望中最多能

得到 M 条边,机器在实际操作中得到的边的数量应该非常集中于它的期望,因为每条边都是独立分配的。

更正式的说法是,E_{i-1} 的每条边都以 $1/p_i$ 的概率独立传输到机器 $L(i,j)$。因此,如果我们用 X 表示以 $L(i,j)$ 结尾的边的数量,那么 X 的分布就像 $B(|E_{i-1}|, 1/p_i)$。因此,由切尔诺夫界和 $M \cdot p_i \geqslant |E_{i-1}|$ 的事实,我们得到

$$\Pr[X>2M]=\Pr\left[X>\frac{2M \cdot p_i}{|E_{i-1}|} \cdot E[X]\right] \leqslant e^{-\left(\frac{2M \cdot p_i}{|E_{i-1}|}-1\right) \cdot \frac{E[X]}{3}}$$

$$=e^{-\left(2M-\frac{|E_{i-1}|}{p_i}\right)/3} \leqslant e^{-M/3} \leqslant e^{-n}$$

其中,最后两个不等式来自我们的假设 $M \geqslant 3n$。

推论 17-2:在概率为 $1-O(ne^{-n}\log n)$ 的情况下,所有名称为 $L(i,j)$ 的机器都能得到最多 $2M$ 条边。

证明:引理 17-2 表明,对于算法 17-1 的每次迭代 i,基于前几次迭代中做出的随机决策,每个给定的机器 $L(i,j)$ 以 $1-O(e^{-n})$ 的概率获得最多 $2M$ 条边。因此,通过并界,在相同的假设条件下,我们得到某台机器 $L(i,j)$ 在第 i 次迭代中得到大于 $2M$ 条边的概率最多为

$$p_i \cdot O(e^{-n})=\left\lceil \frac{|E_{i-1}|}{M} \right\rceil \cdot O(e^{-n}) \leqslant \left\lceil \frac{n^2}{n} \right\rceil \cdot O(e^{-n})=O(ne^{-n})$$

不等式 e 是由我们假设 $M \geqslant 3n$ 和观察到图 G 中边数 m 上限为 n^2 得出的。现在我们注意到,由于我们获得了适用于之前迭代中随机决策选择的概率上限,总概率法则允许我们删除条件。因此,对于固定的 i,任意机器 $L(i,j)$ 获得超过 $2M$ 条边的概率无条件下最多为 $O(ne^{-n})$。再次使用并界,现在可以得到任何名称为 $L(i,j)$ 形式的机器获得超过 $2M$ 条边的概率最多为

(该算法可能具有的最大迭代次数) $\cdot O(ne^{-n})=O(\log_{M/(2n)} n) \cdot O(ne^{-n})$
$$=O(ne^{-n}\log n)$$

其中,最后一个等式再次来自假设 $M \geqslant 3n$。

引理 17-3:在算法 17-1 的每次迭代中,计数器机器最多从 $O(n)$ 台机器中获取值。

证明:首先观察到,在算法 17-1 的第一次迭代中,计数器机器只能从名称为 $L(u)$ 的机器获取某些顶点 u 的值。因为只有 n 台这样的机器,所以在此迭代期间,它们只向计数器发送 n 个值。因此,在其余的证明中,我们只需要考虑算法 17-1 的其他迭代。

在算法 17-1 的第 $i \geqslant 2$ 次迭代的开始,有边的机器的数量为 p_{i-1}(具体来说,这是机器 $L(i-1,1),L(i-1,2),\cdots,L(i-1,p_{i-1})$)。由于这些机器中的每一台都在

迭代期间向计数器机器发送一个值,因此计数器机器在迭代期间接收到的消息数量为

$$p_{i-1}=\left\lceil\frac{|E_{i-2}|}{M}\right\rceil\leqslant\frac{n^2}{3n}+1=O(n)$$

练习 17 - 3:利用每台机器接收到的信息量的上限(即观察 17 - 1、推论 17 - 2 和引理 17 - 3 给出的上限),证明算法 17 - 1 的机器时间和空间复杂度以高概率(即当 n 趋于无穷时,概率趋于 1)均最多为 $O(M \log n)$。

为了限制算法 17 - 1 的总空间复杂度,我们注意到该算法不会显著地复制它获得的数据。换句话说,每一条边在任何时间点上都只保留在单个机器上。因此,存储这些边所需的空间始终被 $O(m \log n)$ 上限所限制。此外,算法 17 - 1 仅使用用于发送和接收计数器的空间。在每次迭代中只能有 $m+1$ 个这样的计数器,因为只有至少有一条边的机器才会向计数器发送计数器,每个计数器的数值最多为 n^2,因此,可以使用 $O(\log n)$ 位存储。因此,存储这些计数器所需的总空间再次为 $O(m \log n)$,因此,算法 17 - 1 的总空间复杂度受此表达式的限制。

现在我们来确定算法 17 - 1 所做的功。注意,算法 17 - 1 使用的每台机器的时间复杂度要么与它得到的边和计数器的数量呈线性关系,要么与它所得到的边组成的图中找到最小权重生成森林所需的时间呈线性关系。因此,如果使用 Kruskal 算法来寻找最小权重生成林,那么得到 m' 条边的机器的时间复杂度为 $O(m' \log m') = O(m' \log n)$。结合上面的观察,所有的机器在算法 17 - 1 的一次迭代中只能得到 $O(m)$ 条边和计数器,这意味着算法 17 - 1 在每次迭代中都能得到 $O(m \log n)$ 条边。现在使用在上面证明的这个算法的迭代次数的界,我们得到它在整个执行过程中所做的功的上界为 $O(m \log n \log_{M/(2n)} n) = O(m \log n \log_{M/n} n)$ 次迭代。

定理 17 - 1 总结了我们已经证明的算法 17 - 1 的性质。

定理 17 - 1:算法 17 - 1 是一种寻找最小权值生成树的 Map-Reduce 算法,该算法有很高的概率使用 $O(\log_{M/n} n)$ 次迭代,$O(M \cdot \log n)$ 机器时间复杂度和空间复杂度,$O(m \cdot \log n \log_{M/n} n)$ 工作和 $O(m \cdot \log n)$ 总空间复杂度。

我们想提请读者注意关于定理 17 - 1 的两条备注,如下:

• 对定理 17 - 1 中机器时间复杂度和工作的分析是基于这样的假设,即该算法使用 Kruskal 算法来寻找最小权值生成林。如果将更快的算法用于此目的,则算法 17 - 1 的机器时间复杂度和工作量复杂度都可以有所改善。

• 回想一下,M 被直观地定义为我们的目标机器空间复杂度。定理 17 - 1 表明,算法 17 - 1 的机器空间复杂度确实是这个目标复杂度的上限,达到 $O(\log n)$ 因子。改变目标机器空间复杂度 M 可以在算法 17 - 1 的不同性能度量之间进行权衡。特别地,如果设 M 为 $3n$(允许的最小值),那么该算法只使用 $O(n \log n)$ 的机器时间和空间,但需要 $O(\log n)$ 的迭代和 $O(m \log^2 n)$ 的工作。相反,如果 M 设为 $3n^{1+\epsilon}$ 对

于某个常数 $\varepsilon > 0$，然后迭代次数变成一个常数，工作减少到 $O(m \log n)$，则机器的时间复杂度和空间复杂度增加到 $O(n^{1+\varepsilon} \log n)$。

练习 17 - 4：算法 17 - 1 是一种随机算法。描述一种在保持其性能度量不受影响的情况下降低其随机性的方法。**提示**：算法 17 - 1 仅使用随机性来有效地重新分配边缘，以保证每台机器高概率获得 $O(M)$ 条边缘。为了解决此问题，找到一个具有属性且与算法 17 - 1 使用的随机方案一样的有效的替代确定性重新分配方案。

17.2　三角形列表

在本章考虑的第二个问题是三角形列表问题。这个问题的算法得到一个图，并列出其中所有的三角形。例如，根据图 17.1 中的图，算法应该输出图中出现的 3 个三角形，分别是 $\{a, b, c\}$、$\{a, c, d\}$ 和 $\{c, d, e\}$。三角形列表问题与图的三角形计数问题密切相关，我们在第 8 章中研究过这个问题。这两个问题在社交网络的研究中都有应用，通常可以通过简单地计算前一个算法产生的三角形数量，将三角形列表算法转换为计算三角形的算法。

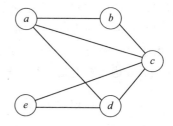

图 17.1　一个有三个三角形的图：$\{a, b, c\}$、$\{a, c, d\}$ 和 $\{c, d, e\}$

对于三角形列表问题，给出了一个非常简单自然的非映射约简算法，如算法 17 - 2 所示。该算法简单地枚举图中每个不同顶点的可能三元组，然后输出碰巧是三角形的三元组。我们可以证实这个算法确实只输出图形的每个三角形一次，并且它在 $O(n^3)$ 的时间内运行，因为它的每个循环最多迭代 n 次。

算法 17 - 2：简单三角形列表 (V, E)

1. 假设 V 是一个数组（如果不是，那么可以在 $O(n)$ 时间内构造一个包含所有顶点的数组）。

2. 对于 $i = 1$ 到 n：

3. 　　对于 $j = i + 1$ 到 n：

4. 　　　　对于 $k = j + 1$ 到 n：

5. 　　　　　　如果 $V[i]$、$V[j]$ 和 $V[k]$ 之间的三条可能边都存在，则，

6. 　　　　　　　　将三角形 $\{V[i], V[j], V[k]\}$ 添加到图中的三角形列表中。

尽管算法 17 - 2 很简单，但其时间复杂度对时间的依赖性却是最优的，因为一个有 n 个顶点的图可能有 $\Theta(n^3)$ 个三角形，因此，这是列出所有三角形所需的最小时间。然而，我们可以观察到，只有非常密集的图才能有如此多的三角形，这为在稀疏图中计算三角形的更快算法提供了可能。引理 17 - 4 通过定义一个有 m 条边的图可能拥有的三角形数量的上限，使这种直观的观察更加具体。

引理 17 - 4: 一个有 m 条边的图 $G=(V,E)$ 最多包含 $O(m^{3/2})$ 个三角形。

证明: 在这个证明中,我们说 G 的一个顶点是高度顶点,如果它的度是 $\sqrt{m}$ 或更多,否则,我们说它是一个低度顶点。利用这个定义,我们可以把 G 的三角形分成两类,如果三角形只包含高度顶点,则属于第一种类型,否则属于第二种类型。

我们注意到,G 中只有 $2\sqrt{m}$ 个高度顶点,因为所有顶点的总度为 $2m$。因此,第一种类型的三角形(即只包含这些顶点的三角形)的数量上限为

$$O((2\sqrt{m})^3)=O(m^{3/2})$$

现在让我们来考虑第二类三角形。我们在逻辑上将每个这样的三角形指定给它所包含的一个低阶顶点(第二种类型的三角形根据定义包含这样的顶点)。我们可以观察到,顶点 u 参与的三角形的数量上限为 $(\deg(u))^2$,因为这个表达式限制了将 u 的邻居分组成对的方式的数量,因此,$(\deg(u))^2$ 也限制了逻辑指定的三角形的数量。由于第二种类型的每个三角形在逻辑上都指定给某个低度顶点,因此我们可以通过如下表达式来确定该类型三角形的数量上限,即

$$\sum_{\substack{v \in V \\ \deg(v)<\sqrt{m}}} (\deg(v))^2 \leqslant \sqrt{m} \cdot \sum_{\substack{v \in V \\ \deg(v)<\sqrt{m}}} \deg(v) \leqslant \sqrt{m} \cdot 2m = O(m^{3/2})$$

这就完成了引理的证明,因为我们已经证明了第一类三角形的数量也是由相同的渐近表达式上界的。

练习 17 - 5: 通过描述一个有 m 条边和 $\Omega(m^{3/2})$ 三角形的图,证明引理 17 - 4 是紧的。此外,证明对于任意足够多的 n 个顶点,这样的图存在。

在引理 17 - 4 的保证下,询问是否存在时间复杂度与该引理的保证相匹配的三角形列表算法是有趣的。很明显,算法 17 - 2 不具有这个属性,因为对于每个给定的输入,它的时间复杂度是 $\Theta(n^3)$。然而,这种独立于实例的时间复杂度部分是由于算法 17 - 2 的天真设计。例如,即使 $V[i]$ 和 $V[j]$ 之间没有边,算法 17 - 2 仍继续枚举 $V[k]$ 的许多可能选项,并检查每一个选项 $\{V[i],V[j],V[k]\}$ 是否为三角形。算法 17 - 3 是算法 17 - 2 的另一种实现,其目的是利用这种情况提高速度。

算法 17 - 3 的确切时间复杂度取决于枚举数组 V 中出现在 u 后面的所有邻居的方法。然而,为了简单起见,这里假设每个顶点都有这些邻居的列表。为了直观地理解算法 17 - 3 的时间复杂度,假设在输入图为星形图的情况下进行研究。回想一下,星形图是一种只有一个顶点(称为星形的中心)的图,该顶点通过边与所有其他顶点相连,且没有其他额外的边。

算法 17 - 3: 更快的三角列表 (V,E)

1. 假设 V 是一个数组(如果不是,那么可以在 $O(n)$ 时间内构造一个包含所有顶点的数组)。

2. 对于每个顶点 $u \in V$:

3. 　对于 V 中出现在 u 之后的 u 的每个邻居 v：

4. 　　对于 V 之后出现的 u 的每个邻居 w：

5. 　　　如果 v 和 w 之间有一条边，那么，

6. 　　　　将三角形 $\{u,v,w\}$ 添加到图中的三角形列表中。

如果星点的中心恰好位于数组 V 的末端，则算法 17-3 的时间复杂度为 $\Theta(n)=\Theta(m)$，因为在数组 V 中，每个顶点后面的邻居都很少；相反，如果星点的中心出现在 V 阵的开头，那么星点中心的数组中有 $\Theta(n)$ 相邻的恒星出现，导致时间复杂度的量级为 $\Theta(n^2)$，远远大于 $O(m^{3/2})=O(n^{3/2})$。

从以上讨论可以看出，当星点高度中心出现在数组 V 末端时，算法 17-3 的表现非常好，但当这个高度顶点出现在 V 的早期时，表现会更差。这直观地表明，根据度对 V 中的顶点进行排序可能是有益的，因为这意味着低阶顶点会出现在 V 的开头，而高阶顶点会出现在 V 的结尾。在练习 17-6 中，要求您证明这个直观的建议确实有效，并且它允许算法 17-3 的时间复杂度大致匹配引理 17-4 所隐含的范围。

练习 17-6：证明当 V 按其顶点的度数排序时，算法 17-3 的运行时间为 $O(n+m^{3/2})$。**提示**：使用引理 17-4 的证明思想。

在这一点上，我们想使用在上述讨论中发展的思想来获得一个好的三角形列表的 Map-Reduce 算法。通常，我们假设图的每条边最初位于不同的输入机器。对于每个顶点 u，我们也用 $M(u)$ 表示一台机器，它负责迭代，对应于从算法 17-3 的第 2 行开始的循环的 u。在该算法的第一次 Map-Reduce 迭代中，每一台有一条边 $e=(u,v)$ 的输入机器都将这条边转发给负责它的两个端点的机器，即机器 $M(u)$ 和 $M(v)$。此外，输入机器还将 e 转发给 $M(u,v)$ 和 $M(v,u)$ 机器，它们的角色将在后面解释。

注意，在这一点上，每台机器 $M(u)$ 都可以访问所有到达顶点 u 的边。在第二次迭代中，每台机器 $M(u)$ 使用该信息计算 u 的度，并将该信息转发给 u 的每一个邻居。我们可以观察到，在第二次迭代之后，机器 $M(u)$ 知道 u 的每个邻居的度，因此，可以根据它们组成的集合和顶点 u 本身的度对它们进行排序。理想情况下，我们希望在第三次迭代中使用这个顺序，而不是在算法 17-3 中使用数组 V 的顺序。然而，为了做到这一点，我们需要这个顺序在所有机器上保持一致，即如果 w 和 x 都是 u 和 v 的邻居，那么 $M(u)$ 和 $M(v)$ 构造的阶要么 w 都排在 x 之前，要么 x 都排在 w 之前。为了保证这种情况，我们需要定义一种更复杂的方法来比较顶点，而不是简单地根据它们的度来比较。具体来说，给定两个顶点 u 和 v，我们说 $u \prec$（先于）v，

- 如果 $\deg(u)<\deg(v)$；
- 或者如果 $\deg(v)=\deg(w)$，且 u 的标号小于 v（我们假设这些标号是用数字表示的）。

不难看出，比较运算符 $\prec$ 是可传递的，而且，对于每两个顶点 $u \neq v$，我们要么有

$u \prec v$,要么有 $v \prec u$(但不是两者都有)。因此,这个操作符定义了顶点的顺序,可以使用这个操作符定义的顺序来代替算法 17-3 中数组 V 的顺序。相应地,在第三次 Map-Reduce 迭代中,每台机器 $M(u)$ 扫描 u 的所有邻居对 v 和 w,使 $u \prec v \prec w$,然后向机器 $M(v,w)$ 发送消息表示 $\{u,v,w\}$ 是一个可疑的三角形。注意,在这一点,机器 $L(u)$ 知道边 (u,v) 和 (u,w) 都存在,所以当边 (v,w) 存在时,可疑的三角形 $\{u,v,w\}$ 就是一个实三角形。

在算法的第四个也是最后一个 Map-Reduce 迭代中,每台机器 $M(v,w)$ 做以下工作:如果这台机器在第一次迭代中从输入机器中获得了一条边 (v,w),那么这条边 (v,w) 存在,因此,$M(v,w)$ 接收到的每个可疑三角形 $\{u,v,w\}$ 都是一个实三角形,并且也应该这样报道;否则,边 (v,w) 不存在,因此,任何到达 $M(v,w)$ 的可疑三角形都应该被简单地丢弃。

练习 17-7:详细解释如何在 Map-Reduce 模型中实现上述算法。特别是,解释每一条的确切信息机器应该在每次迭代中发送。

现在讨论上述 Map-Reduce 算法的性能度量。首先,很明显,该算法使用了四次 Map-Reduce 迭代。此外,练习 17-6 的解可以很容易地调整来表明该算法所做的工作是 $O(m^{3/2})$(**注**:确保你明白为什么会这样。特别要注意的是,与练习 17-6 不同的是,Map-Reduce 算法所做的工作并不依赖于 n。这是一个事实的结果,即一个不在任何边中出现的顶点在 Map-Reduce 算法的输入中完全缺失了)。练习 17-8 要求分析算法的其他性能度量。

练习 17-8:证明上述用于三角形计数的 Map-Reduce 算法的机器时间复杂度为 $O(m)$,空间复杂度为 $O(n \log n)$,总空间复杂度为 $O(m^{3/2} \log n)$。

定理 17-2 总结了上述用于三角形计数的 Map-Reduce 算法的特性。

定理 17-2:存在一种用于三角形计数的 Map-Reduce 算法,该算法使用四次迭代,做 $O(m^{3/2})$ 工作,机器时间复杂度和空间复杂度分别为 $O(m)$ 和 $O(n \log n)$,总空间复杂度为 $O(m^{3/2} \log n)$。

17.3　文献说明

Lattanzi 等人(2011)首先提出了本章描述的最小权重生成树问题的映射约简算法(算法 17-1)。该算法基于一种过滤技术,该技术是本章中提出的一种设计图问题的 Map-Reduce 算法的通用技术。除上述算法外,本章还包括基于滤波技术的最大匹配、近似最大权值匹配、近似最小顶点和边覆盖以及最小割集的算法。

本章针对三角形列表提出的离线(非 Map-Reduce)算法(算法 17-3)可以追溯到 Schank 和 Wagner(2005)的工作。Suri 和 Vassilvitskii(2011)将该算法改编为 Map Reduce 框架,作为在 Map Reduce 框架中提出两种三角形列表算法工作的一部分。如上所述,引理 17-4 表明算法 17-3 的时间复杂度本质上是最优的,因为它大致匹配一个图可能具有的最大三角形数。然而,值得注意的是,这并不是简单的三角形计数问题,因为已知的算法更快(Alon 等人(1997))。

[1] Alon N,Yuster R,Zwick U. Finding and Counting Given Length Cycles. Algorithmica,1997,17(3):209 - 223.

[2] Lattanzi S,Moseley B,Suri S,et al. Filtering:A Method for Solving Graph Problems in MapReduce. In Proceedings of the 23rd Annual ACM Symposium on Parallelism in Algorithms and Architectures (SPAA),2011:85 - 94.

[3] Schank T,Wagner D. Finding,Counting and Listing All Triangles in Large Graphs,an Experimental Study. In Proceedings on the 4th International Workshop on Experimental and Efficient Algorithms (WEA),2005:606 - 609.

[4] Suri S,Vassilvitskii S. Counting Triangles and the Curse of the Last Reducer. In Proceedings of the 20th International Conference on World Wide Web (WWW),2011:607 - 614.

练习解析

练习 17 - 1 解析

对于每 $1 \leqslant j \leqslant p_i$,森林 $F_{i,j}$ 最多包含 $n-1$ 条边,因为它是一个有 n 个顶点的森林。因此,

$$|E_i| = \left| \bigcup_{j=1}^{p_i} E(F_{i,j}) \right| = \sum_{i=1}^{p_i} |E(F_{i,j})| \leqslant p_i n = \lceil |E_{i-1}|/M \rceil \cdot n$$
$$\leqslant 2(|E_{i-1}|/M) \cdot n = (2n/M) \cdot |E_{i-1}| \tag{17.1}$$

其中第二个等式成立,因为森林 $F_{i,1},F_{i,2},\cdots,F_{i,p_i}$ 是边不相交的;第二个不等式成立,因为算法 17 - 1 开始第 i 次迭代,意味着 E_{i-1} 的大小至少为 M。

现在让我们解释为什么不等式(17.1)意味着算法 17 - 1 执行的迭代次数的上限。以矛盾的方式假设算法 17 - 1 至少执行 $\hat{1} = \lceil \log_{M/(2n)} m + 1 \rceil$ 次迭代。然后,通过反复应用不等式(17.1)得到

$$|E_{\hat{1}-1}| \leqslant (2n/M)^{\hat{1}-1} \cdot |E_0| \leqslant (2n/M)^{\log_{M/(2n)} m} \cdot |E_0| = \frac{|E_0|}{m} = \frac{|E|}{m} = 1$$

然而,这意味着 $|E_{\hat{1}-1}| \leqslant M$(因为我们假设 $M \geqslant 3n$),因此,与我们假设的算法从 $\hat{1}$ 开始迭代的假设相矛盾。

练习 17 - 2 解析

算法 17 - 1 的 Map-Reduce 实现重复应用以下三个 Map-Reduce 迭代。注意,执行这些 Map-Reduce 迭代中第一个迭代的代码的机器会停止算法,并在从上一个

Map-Reduce 迭代中获得消息"terminate"时生成输出。还可以验证只有一台机器（对于某些 i，命名为 $L(i,1)$）获得消息"terminate"，因此，算法总是输出单个森林。

迭代 1：计算本机器在上次 Map-Reduce 迭代结束时得到的 G 的边缘的最小权值生成林 F（如果这是第一次迭代，那么这台机器必须是一台获得 G 的一条边的输入机器，在这种情况下，计算森林 F 正好包含这条边）。如果机器在前一次迭代结束时也得到了消息"terminate"，那么此时停止算法并输出森林 F；否则，将此机器的名称和森林 F 的边数转发给名为"counter"的机器。此外，为了保留 F 的边，将 F 的边传递到当前机器中。

迭代 2：在这个迭代中，除了"counter"之外的每台机器都只是通过将这个林 F 的边缘转发给自己来保留它在上一个迭代中计算的林。计数器机器有一个机器列表和一个数字列表，然后它将得到的所有数字相加（将所有林中的边数相加），并将此总和转发给它得到名称的所有机器。

迭代 3：设 t 为从计数器机器中得到的值，计算 $p=\lceil t/M \rceil$。另外，按照下面的方法确定 i：如果这台机器有一个形式为 $L(i,j)$ 的名称，那么从这个名称中使用 i 的值；否则，这台机器是输入机器，使 $i=0$。然后，对于每条边 $e \in E(F)$，在 1 和 p 之间一致独立地选择一个整数 j_e，在 1 和 p 之间，将 e 转发给机器 $L(i+1,j_e)$。如果 $p=1$，也将消息"terminate"转发给 $L(i+1,1)$（注意，在这种情况下，$L(i+1,1)$ 接收到所有仍然被算法保留的边）。

练习 17-3 解析

在这个解中，我们假设每台 $L(i,j)$ 形式的机器最多能得到 $2M$ 条边，根据推论 17-2，这是高概率发生的。

观察到算法 17-1 的每一台输入机器都接收到一条边，然后只需要将这条边发送给相应的机器，形式为 $L(u)$。因此，输入机器所需的空间就是存储一条边所需的空间，即 $O(\log n)$，机器所需的时间是恒定的。

现在考虑一个机器，它的名字是 $L(u)$ 或 $L(i,j)$ 的一种形式。通过观察 17-1 和上面的假设，这样一台机器最多可以得到 $2M$ 条边。此外，机器获得 p_i 值，这是一个最多为 n 的数值。因此，机器获得的所有信息都可以存储在 $O(M\log n)$ 空间中。由于该机器不需要大量额外的空间来进行计算，这也是该机器使用的空间复杂度。最后，我们观察到机器的时间复杂度的上限为 $O(M\log n)$，因为机器所做的计算主要由计算包含机器边缘的图的最小权重生成森林所需的时间所决定，使用 Kruskal 算法可以在 $O(\min\{M,m\}\log \min\{M,m\})=O(M\log n)$ 时间内完成。

计数器仍有待考虑。每次这台机器都收到信息，根据引理 17-3，它最多得到 n 条消息。由于这些消息中的每一条都是边的计数，它们的值最多为 n^2。因此，该机器获得的所有值都可以存储在 $O(n\log n)$ 空间中，它们的和也可以存储在 $O(n\log n)$ 空间中，即计数器计算的值。我们还观察到，计数器的时间复杂度与它所获得的消息数是线性的，因此，它的上限是 $O(n)$。

综上所述,我们得出在我们的假设下,算法 17-1 的机器空间复杂度和时间复杂度分别是

$$\max\{O(\log n),O(M\log n),O(n\log n)\}=O(M\log n)$$

和

$$\max\{O(1),O(M\log n),O(n)\}=O(M\log n)$$

练习 17-4 解析

算法 17-1 在第 i 次迭代中使用随机性将集合 E_{i-1} 划分为几个子集,每个子集包含 $O(M)$ 条边。出于这一目的,使用随机性是很自然的,因为算法在迭代开始之前没有对 E_{i-1} 的边缘在机器之间的划分方式进行任何假设。然而,我们可以观察到算法 17-1 的实现给出了每台机器中存储的边数的自然上限 n。因此,通过将这些机器分组到一个给定大小的组中,然后将这些机器的所有边合并到一个组中,我们可以确定地将 E_{i-1} 划分为几个大小为 $O(M)$ 的集合。

下面是一个基于上述思想的 Map-Reduce 算法。该算法从预处理迭代开始,与算法 17-1 的实现中的预处理迭代类似,但是将输入边 (u,v) 发送给机器 $L(0,u)$ 而不是 $L(u)$。假设每个顶点 u 都由 1 到 n 之间的一个数字表示,因此,对于 1 到 n 之间的每个整数 j,在这个预处理迭代中获得边的机器是机器 $L(0,j)$。

预处理迭代(由输入机器执行):将输入边 (u,v) 发送到机器 $L(0,u)$ 上。

在预处理迭代之后,算法重复执行下一次迭代,直到其中一台机器停止执行。直观地说,这个迭代对应于算法 17-1 实现中的三个 Map-Reduce 迭代。我们注意到,我们可以将这三个迭代合并为一个迭代,因为当前的算法可以基于 i 计算有边的机器的数量的边界,这就消除了计算 p_i 的需要。

重复迭代:设 $L(i,j)$ 为该机器的名称,计算该机器在前一次迭代结束时得到的 G 的边缘的最小权值生成林 F。如果 $i\geqslant\log_{M/(2n)} n$,此时停止算法并输出森林 F;否则,将 F 的边转发到 $L(i+1,\lceil jn/M\rceil)$。

上述 Map-Reduce 算法的分析与算法 17-1 的分析非常相似。因此,我们只证明其中的每台机器得到 $O(M)$ 条边,并且在最多 $O(\log_{M/(n)} n)$ 次 Map-Reduce 迭代后输出一个森林 F。

引理 17-5:每台机器 $L(i,j)$ 得到 $O(M)$ 条边。

证明:对于 $i=0$,引理成立,因为机器 $L(0,u)$ 只得到与 u 相关的边,并且这样的边最多有 n 条。现在考虑一个整数 $i\geqslant 1$,再考虑任意一台机器 $L(i,j)$。这台机器只能从机器 $L(i-1,j')$ 得到边,这样

$$\lceil j'n/M\rceil=j$$

可以看到,这样的机器只能有 $\lceil M/n\rceil$ 台。此外,每台机器转发到 $L(i,j)$ 的边数上限为 n,因为每台机器转发一个森林。因此,$L(i,j)$ 收到的边数最多为 $\lceil M/n\rceil\cdot$

$n \leqslant M+n=O(M)$。

引理 17-6：上述 Map-Reduce 算法在 $O(\log_{M/(n)} n)$ 次 Map-Reduce 迭代后停止，并输出单个森林。

证明：很明显，除了预处理迭代外，Map-Reduce 算法恰好执行 $1+\lceil \log_{M/(2n)} n \rceil = O(\log_{M/(n)} n)$ 次迭代。因此，我们集中证明引理的另一部分。

考虑在算法执行过程中出现任意一台机器 $L(i,j)$。如果这台机器传递边，则它传递边到机器 $L(i+1,\lceil jn/M \rceil)$。我们注意到，当 $j \leqslant M/n$ 时，数字 $\lceil jn/M \rceil$ 是 1，且上限为

$$jn/M+1=(j+M/n)/(M/n) \leqslant j/(M/(2n))$$

因此，当 j 的值较大时机器 $L(i,j)$ 将获得边缘。当 $i=0$ 时该机器获得的 j 值的范围为 1 到 n 的整数，随着 i 增加，除非它的大小已经被 M/n 上界限制，否则每次增加 1 就会减少 $M/(2n)$ 的倍数，因此，对于 $i \geqslant \log_{M/(2n)} n$（因此，当算法停止时），只有一台机器 $L(i,j)$ 有边缘。

练习 17-5 解析

设 n' 为 $n'(n'-1)/2 \leqslant m$ 的最大整数，并且假设 m 足够大来保证 $n' \geqslant 3$（由于这个练习只要求我们得到一个三角形为 $\Omega(m)$ 的图，因此只要考虑 m 值足够大就足够了）。

现在考虑一个任意图，它包含 n' 个顶点和 m 条边的团。显然，就可以找到任意大的 n 的图形。只要我们允许一些顶点的度数为 0。另外，由于定义 $n'(n'+1)>2m$，因此图的团内三角形的个数为

$$\frac{n'(n'-1)(n'-2)}{6} \geqslant \frac{n'(n'+1)^2}{48} \geqslant \frac{[n'(n'+1)]^{3/2}}{48} > \frac{m^{3/2}}{24} = O(m^{3/2})$$

练习 17-6 解析

给定一个顶点 $u \in V$，设 $N(u)$ 是数组 V 中出现在 u 之后的 u 的邻居集合。注意，既然假设 V 是有序的，那么 $N(u)$ 中的顶点的度数必须至少与 u 的度数相同。我们说，就像引理 17-4 的证明一样，如果一个顶点的度至少是 $\sqrt{m}$，那么它就是高度顶点，而低度顶点则不然。

我们的下一个目标是证明不等式

$$|N(u)| \leqslant \min\{2\deg(u), 2\sqrt{m}\} \tag{17.2}$$

如果 u 是一个低度顶点，那么这个不等式成立，因为 $N(u)$ 只包含 u 的邻居，意味着 $|N(u)| \leqslant \deg(u) < \sqrt{m}$；否则，$u$ 是一个高度顶点，$N(u)$ 中的每个顶点的度必须至少为 $\deg(u) \geqslant \sqrt{m}$。由于所有顶点的总度数为 $2m$，这意味着 $|N(u)| \leqslant 2\sqrt{m} \leqslant 2 \cdot \deg(u)$，因此，不等式 (17.2) 在这种情况下也成立。

至此，我们已经证明不等式 (17.2) 对于每个顶点 $u \in V$ 成立，所以还需要解释为什

么它暗示了引理。对于每个顶点 $u \in V$,算法 17-3 所做的功的阶是 $1 + (|N(u)|)^2$,因为它检查 $N(u)$ 中每一对 v, w 的顶点。因此,该算法的总时间复杂度为

$$\sum_{u \in V} [1 + (|N(u)|)^2] \leqslant \sum_{u \in V} [1 + 4\sqrt{m} \cdot \deg(u)] = n + 4\sqrt{m} \cdot \sum_{u \in V} \deg(u)$$
$$= n + 4\sqrt{m} \cdot 2m = O(n + m^{3/2})$$

练习 17-7 解析

下面是一个在 Map Reduce 模型中详细实现的算法练习前的描述。

迭代 1: 每一台接收到边 (u, v) 的输入机器都将这条边转发给机器 $M(u, v)$ 和 $M(v, u)$。此外,它还将顶点 u 转发给 $M(v)$,顶点 v 转发给 $M(u)$。

迭代 2: 每台机器的名称为 $M(u, v)$,在之前的迭代中接收到一条边,就把这个信息转发给它自己。现在考虑一个机器,它的名称为 $M(u)$。每一台这样的机器都从之前的迭代中得到一个顶点 u 的邻居列表。在这个迭代中,这个机器通过计算它的邻居来确定 $\deg(u)$,并将 $(u, \deg(u))$ 对转发给 u 的每一个邻居和它自己,这样在下一次迭代中,它将对 $M(u)$ 本身可用。

迭代 3: 每台机器的名称为 $M(u, v)$,并且在之前的迭代中接收到一条边,将这个信息再次转发给它自己。现在考虑一个机器,它的名称为 $M(u)$。每一个这样的机器都是从之前的迭代对 $(v, \deg(v))$ 中得到的,对于每一个顶点 v,要么是 u 本身,要么是 u 的邻居。在这个迭代中,这个机器找到出现在 u 之后的相邻 u 的集合 $N'(u)$,根据操作符 $\prec$ 定义的顺序(我们注意到这是可以做到的,因为 $M(u)$ 可以访问 u 的度数以及 u 的所有邻居的度数)。然后,对于 $N'(u)$ 中每一对 v, w 的顶点,机器将节点 u 转发给 $M(v, w)$。

迭代 4: 对于每一台名称为 $M(u, v)$ 的机器,如果这台机器从之前的迭代中得到一条边,并且至少有一个单独的顶点,那么对于它接收到的每个单独的顶点 w,它输出三角形 $\{u, v, w\}$。

练习 17-8 解析

我们将算法的四次迭代依次考虑如下:

- 在第一次迭代中,每台输入机器将其获得的边或其中的一部分转发给四台机器。这需要 $O(1)$ 的时间和 $O(\log n)$ 的空间,这是存储一条边所需的空间(我们假设一个顶点可以用 $O(\log n)$ 的空间存储)。在这个迭代中,所有机器使用的总空间复杂度是 $O(m \log n)$,因为有 m 台输入机器,每台机器对应输入图的每条边。

- 在第二次迭代中,机器名为 $M(u, v)$ 的机器只是把它们得到的边传递给它们自己,这需要 $O(1)$ 的时间,每台机器需要 $O(\log n)$ 的空间,总共需要 $O(m \log n)$ 空间。名称为 $M(u)$ 的机器必须存储其顶点的所有邻居,计算它们的数量,并将得到的度发送给负责这些邻居的机器。每台机器可能需要 $O(n \log n)$ 的空间和 $O(m)$ 的时间。注意,这里我们把一个顶点的度限制为 n,用于分析空间复杂度,把度限制为 m,

用于分析时间复杂度。所有这些机器的空间复杂度是 $O(\log n)$ 乘以图中所有顶点的度数之和，也就是 $2m$，所以它是 $O(m \log n)$。把这两种机器的数值加起来，我们得到了这个迭代机器的时间复杂度和空间复杂度分别为 $O(m)$ 和 $O(n \log n)$，以及总的空间复杂度为 $O(m \log n)$。

• 在第三次迭代中，以 $M(u,v)$ 的形式命名的机器再次简单地将它们得到的边缘传递给它们自己，这需要每台机器 $O(1)$ 的时间和 $O(\log n)$ 的空间，总共 $O(m \log n)$ 的空间。以 $M(u)$ 的形式命名的机器必须存储 u 的邻居以及这些邻居的度数，然后根据 $\prec$ 列出所有大于 u 的邻居对。每台机器需要 $O(n \log n)$ 的空间，总共需要 $O(m \log n)$ 的空间（因为图中所有顶点的度数总和为 $2m$）。

确定每台机器所需的时间要稍微复杂一些。对于度为 $\sqrt{m}$ 的顶点 u，所需时间不大于 $O((\deg(u))^2) = O(m)$。现在考虑一个顶点 u，其度数至少为 $\sqrt{m}$。由于最多可以有 $2\sqrt{m}$ 个度为 $\sqrt{m}$ 及以上的顶点，根据 $\prec$，u 的邻居只能有 $2\sqrt{m}$ 个出现在 u 后面。因此，$M(u)$ 的机器时间复杂度上界为 $O((\sqrt{m})^2) = O(m)$。

把我们得到的两种机器的数值加起来，我们在这个迭代机器中得到了时间复杂度和空间复杂度分别为 $O(m)$ 和 $O(n \log n)$，总空间复杂度为 $O(m \log n)$。

• 在最后的迭代中，每台机器 $M(u,v)$ 都可能从每台机器 $M(w)$ 获得一条大小为 $O(\log n)$ 的消息。因此，它使用 $O(n \log n)$ 的空间。对于每一条这样的消息，机器必须输出一个三角形，这需要 $O(m)$ 的时间，因为每一台发送消息给 $M(u,v)$ 的机器 $M(w)$ 都必须与一个非零度的顶点 w 相关联。所有 $M(u,v)$ 台机器所需的总空间复杂度为 $O((m+t) \log n)$，其中 t 是可疑三角形的个数，因为每台得到 t' 个嫌疑三角形的机器 $M(u,v)$ 需要 $O((1+t') \log n)$ 空间。可以证明引理 17-4 的证明也适用于可疑三角形，因此，$t = O(m^{3/2})$，这意味着迭代的总空间复杂度为 $O(m^{3/2} \log n)$。

上面的分析解决了这个问题，因为它表明算法在每个给定的迭代中都遵循这个问题指定的机器时间复杂度、空间复杂度以及总空间复杂度。

第 18 章　局部敏感哈希

互联网搜索引擎为一个查询找到许多结果。通常,其中一些结果与其他结果几乎是重复的(**注**:这一现象的两个常见例子是一个站点,它在多个镜像和站点上,与相同课程的不同音节相对应)。鉴于此,大多数搜索引擎都会试图消除几乎重复的搜索结果,以避免产生非常重复的输出。要做到这一点,搜索引擎必须能够检测到相似的成对结果。现在考虑一下网上购物服务。这类服务通常试图向用户推荐商品,最简单的方法之一是将一个用户购买的商品推荐给其他具有相似品位的用户。然而,要使用这种策略,在线购物服务必须能够检测到过去购买过类似商品的成对用户,因此可以假设他们具有相似的品位。

搜索引擎和在线购物服务在上述场景中需要执行的任务只是更一般问题的两个示例,即根据某种相似性度量在集合中查找相似的元素对。这个一般问题是非常基本的,除了上面两个例子之外,它还包含了许多其他的实际问题。因此,许多研究都致力于解决这个非平凡的问题。在本章中,我们将介绍一种有趣的技术,称为局部敏感哈希。

应该注意的是,本章的主题与 Map-Reduce 并不特别相关(尽管本章是本书 Map-Reduce 部分的成员)。然而,由于局部敏感哈希技术在大数据场景中的实用性,它通常在实践中使用 Map-Reduce 算法实现。

18.1　主　旨

给定一个集合 S,要找到 S 中相似的元素对,最简单的方法就是简单地比较 S 中的每一对元素。不幸的是,这个简单的策略需要 $\Theta(|S|^2)$ 比较,因此,当集合 S 很大时是不实用的。为了加快寻找相似元素的过程,我们需要一种能够快速找到相似元素对的 oracle 数据库。然后,我们可以只比较这些可能对中的元素,并找出它们中哪些是真正相似的。

用于此目的的 oracle 数据库应该有两个(有些矛盾的)属性。首先,我们希望它输出少量的假阳性对(假阳性对是一对远端元素,oracle 数据库将其标记为可能相似)。此属性很重要,因为我们会对 oracle 数据库生成的每一对进行比较,因此,只有在 oracle 数据库没有将太多对标记为可能相似时,oracle 数据库的使用才可能导致显著加速。我们希望 oracle 数据库具有的第二个属性是:它应该有很少的假阴性对(假阴性是一对相似的元素,oracle 数据库不会将其标记为相似)。我们需要这个属性来保证通过使用 oracle 数据库获得的加速不会以丢失太多的相似对为代价。

获得上述数据库的一种方法是通过一个局部敏感哈希函数族。这样的一个族是一组从 S 到某个范围的哈希函数,它有直观的属性:对于任何两个给定的元素 e_1,$e_2 \in S$,从族中随机抽取的哈希函数将 e_1 和 e_2 映射到同一范围项的概率与 e_1 和 e_2 之间的距离有关。为了使这个定义更具体,让我们为每一个实数 c 定义函数 $f_c(x) = \lceil (x-c)/10 \rceil$,那么,函数 $F = \{f_c | c \in [0,10)\}$ 的集合可以看作是一个从实数映射到整数的哈希函数族。练习 18-1 表明,从 F 均匀随机绘制的哈希函数将两个实数映射到同一个整数的概率随着数字之间距离的增加而减小,因此,表明 F 是一个局部敏感的哈希函数族。(注:我们想强调的是,"局部敏感哈希函数族"是一个直观的概念,没有正式的定义。然而,有一个正式的方法来衡量这样一个族的质量,我们将在 18.3 节介绍它。)

练习 18-1:证明对于任意两个给定的数字 x_1 和 x_2,如果 f 是一个从 F 中均匀随机抽取的哈希函数,那么

$$\Pr[f(x_1) = f(x_2)] = \max\left\{0, 1 - \frac{|x_1 - x_2|}{10}\right\}$$

给定一个对局部敏感的哈希函数族 F,我们可以通过从 F 中选择一个一致随机的函数 f,然后将它应用到 S 的所有元素上,来构造上面描述的那种 oracle。oracle 然后报告一对 S 元素,当且仅当这对元素的两个元素都被 f 映射到相同的范围项时,它们可能是相似的。这个过程通常非常有效,而且,当两个元素 $e_1, e_2 \in S$ 被 f 映射到同一范围项的概率依赖于它们彼此之间的距离,类似于图 18.1 给出的 S 形曲线时,它会导致很少的假阳性和假阴性。

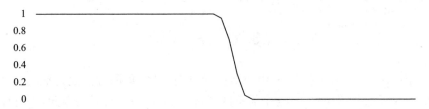

注:彼此接近的元素很可能被映射到相同的范围项,相距很远的元素不太可能被映射到相同的范围项目中,这两个区域之间的"过渡区域"很小。

图 18.1　两个元素 $e_1, e_2 \in S$ 的距离之间的理想关系,以及它们被来自局部敏感散列函数族的随机函数映射到相同范围项的概率

不幸的是,大多数对局部敏感的哈希函数族的自然构造不会产生如此好的概率对距离的依赖性。在典型情况下,存在概率既不接近 0 也不接近 1 的重要距离范围。例如,练习 18-1 中研究的哈希函数族中的随机函数将两个实数 x_1 和 x_2 映射为同一个整数的概率随 x_1 和 x_2 之间的距离线性下降,当这个距离恰好在 [0,10] 范围内时。在 18.3 节中,我们将看到一种放大局部敏感哈希函数族的方法,并使它们的行为更像图 18.1 中给出的曲线。然而,在进行此放大之前,我们在 18.2 节中介绍了一

些局部敏感哈希函数族的示例。

18.2　局部敏感哈希函数族的示例

在本节中,我们将考虑一些距离度量(即度量对象之间距离的方法),并为这些度量提供适当的局部敏感哈希函数族。我们考虑的第一个距离度量是向量之间的汉明距离。给定两个向量 x、y 和 n 个坐标,x 和 y 之间的汉明距离(我们用 $\mathrm{dist}_H(x,y)$ 表示)定义为 x 和 y 不同的坐标的个数。例如,$x=(0,0,1,1,0)$,$y=(1,0,1,0,0)$,那么 x 和 y 之间的汉明距离是 2,因为向量 $(0,0,1,1,0)$ 和 $(1,0,1,0,0)$ 在两个坐标(第一个和第四个)上不同。

我们将 f_i 表示为一个函数,它给定具有 n 个坐标的向量,输出该向量的第 i 个坐标,令 $F_H=\{f_i|1\leqslant i\leqslant n\}$。练习 18-2 要求证明 F_H 是相对于汉明距离的局部敏感哈希函数族。

练习 18-2:证明对于 n 个坐标的两个向量 x 和 y,以及一致随机函数 $f_i\in F_H$,成立 $\Pr[f_i(x)=f_i(y)]=1-\mathrm{dist}_H(x,y)/n$。

汉明距离度量是为具有相同坐标数的任意两个向量定义的。向量的另一种距离度量称为角距离,定义于具有内积的向量空间中的非零向量。为了使这个距离度量的表示简单,我们将限制在 $\mathbf{R}^n$ 中的非零向量,回想一下,$\mathbf{R}^n$ 由 n 个坐标的向量组成,它们的每个坐标都是实数。对于这样的向量,两个向量之间的角距离就是它们之间的夹角。让我们用 $\mathrm{dist}_\theta(x,y)$ 表示向量 x 和 y 之间的角距离。

为了设计角距离的局部敏感哈希函数族,我们观察到,对于两个向量 x 和 y 与任意第三个向量 z 之间有一个小夹角,x 和 z 之间的夹角接近 y 和 z 之间的夹角总是正确的(见图 18.2)。更正式地说,我们有以下不等式:

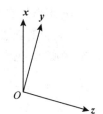

注:x 和 z 之间的夹角与 y 和 z 之间的夹角相似。

图 18.2　两个向量 x 和 y 与第三个向量 z 有一个小角度

$$|\mathrm{dist}_\theta(x,z)-\mathrm{dist}_\theta(y,z)|\leqslant\mathrm{dist}_\theta(x,y)$$

(注:上述不等式等价于三角形不等式。)

这个观察结果提出了一种有趣的方法来检查两个向量 x 和 y 之间是否有一个小夹角:选取一个均匀随机方向的向量 z,检查 $\mathrm{dist}_\theta(x,z)$ 恰巧是小值与 $\mathrm{dist}_\theta(y,z)$ 恰巧是小值是否存在相关性。可以使用如下的哈希函数族来实现这个想法。对于每个向量 z,我们定义

$$f_z(x)=\begin{cases}1,&\mathrm{dist}_\theta(x,z)\geqslant90°\\0,&其他\end{cases}$$

那么,哈希函数族是 $F_\theta = \{f_z | z$ 是 $\mathbf{R}^n$ 中的一个单位长度向量$\}$。这个哈希函数族是局部敏感的,并且服从

$$\Pr[f_z(\boldsymbol{x}) = f_z(\boldsymbol{y})] = 1 - \frac{\text{dist}_\theta(\boldsymbol{x}, \boldsymbol{y})}{180°} \tag{18.1}$$

对于任意两个非零向量 $\boldsymbol{x}, \boldsymbol{y} \in \mathbf{R}^n$ 和从 F_θ 均匀随机抽取的函数 f_z。练习 18-3 要求证明这个对 $\mathbf{R}^2$ 成立。

练习 18-3:证明等式(18.1),当 $\boldsymbol{x}$ 和 $\boldsymbol{y}$ 是 $\mathbf{R}^2$ 中的任意非零向量,f_z 是 F_θ 中的一致随机函数时成立。

现在考虑集合之间的距离度量,称为 Jaccard(雅卡)距离。两个非空集 S_1 和 S_2 之间的 Jaccard 距离定义为 $S_1 \bigcup S_2$ 中不属于这两个集合的元素的分数。更正式地说,S_1 和 S_2 之间的 Jaccard 距离 $\text{dist}_J(S_1, S_2)$ 为

$$\text{dist}_J(S_1, S_2) = 1 - \frac{|S_1 \bigcap S_2|}{|S_1 \bigcup S_2|}$$

Jaccard 距离在实践中非常有用,因为集合是一种非常通用的抽象,可以捕获许多实际对象。特别是,Jaccard 距离通常用于确定文档之间的距离(但要使此距离度量对本应用程序有意义,必须仔细选择用于将每个文档转换为一个集合的方法)。

由 Jaccard 距离的定义可以看出,$1 - \text{dist}_J(S_1, S_2)$ 等于 $S_1 \bigcup S_2$ 中的某个随机元素属于这两个集合的交点的概率。下面是将观察结果转换为哈希函数族的一种自然方法。设 N 为底集,包含所有可能的元素。然后,对于每个元素 $e \in N$,我们定义一个函数:

$$f_e(S) = \begin{cases} 1, & e \in S \\ 0, & \text{其他} \end{cases}$$

设 $F_{J'} = \{f_e | e \in N\}$ 是包含所有这些函数的哈希函数族。不幸的是,练习 18-4 表明 $F_{J'}$ 不是一个很好的局部敏感族,因为概率 $\Pr[f_e(S_1) = f_e(S_2)]$ 强烈依赖于 $S_1 \bigcup S_2$ 的大小(这使得这个哈希函数族将小集合视为彼此很接近,即使它们的 Jaccard 距离相当大)。

练习 18-4:证明对于任意两个非空集 S_1 和 S_2,以及一致随机函数 $f_e \in F_{J'}$,下式成立:

$$\Pr[f_e(S_1) = f_e(S_2)] = 1 - \frac{|S_1 \bigcup S_2| \cdot \text{dist}_J(S_1, S_2)}{|N|}$$

直观地说,哈希函数族 $F_{J'}$ 不能成为一个良好的局部敏感函数族是因为元素 e 是 N 的随机元素,而不是 $S_1 \bigcup S_2$ 的随机元素,这对于小集合来说有很大的不同。因此,为了获得更好的局部敏感哈希函数族,我们需要使族中的每个函数表现得好像它

是由 $S_1 \cup S_2$ 中的某个元素定义的一样。这看起来可能是一个不可能完成的任务，因为家族的功能并没有根据特定的一对集合来定义。然而，可以通过为每一个可能的排列 $\pi(N)$ 创建一个哈希函数来解决这个困难，使与置换 π 相关的函数 f_π 的行为就像由 $S_1 \cup S_2$ 的第一个元素根据置换 π 定义的一样。更具体地说，我们为每一个置换 π 定义一个函数 $f_\pi(S)$，它的值是根据置换 π 得到的 S 的第一个元素。现在定义哈希函数族 $F_J = \{f_\pi \mid \pi \text{ 是 } N \text{ 的一个排列}\}$。由练习 18-5 可知，该族的功能具有上述直观行为，且家族本身具有局部敏感性。

练习 18-5： 观察到，对于每两个集合 S_1、S_2 和一个排列 $\pi(N)$，当且仅当 $S_1 \cup S_2$ 根据排列 π 的第一个元素也出现在这两个集合的交点上时，$f_\pi(S_1) = f_\pi(S_2)$。然后，用这个观察结果来证明

$$\Pr[f_\pi(S_1) = f_\pi(S_2)] = 1 - \text{dist}_J(S_1, S_2)$$

当 f_π 是从 F_J 中一致随机选取的时。

18.3　放大局部敏感哈希函数族

如上所述，在局部敏感哈希函数族的大多数自然示例（包括迄今为止看到的所有示例）中，两个元素映射到同一范围项的概率随着元素之间距离的增加以中等速率降低。这与理想情况（见图 18.1）非常不同，在理想情况下，接近元素的概率接近 1，当元素变得稍微不接近时，概率迅速下降到大约 0。

在本节中，我们提出了一种方法来放大局部敏感的哈希函数族，使它们的行为更接近理想。为了做到这一点，我们需要对这些家族的质量进行正式的定义。我们说一个哈希函数族 F 是 (d_1, d_2, p_1, p_2)-敏感的，对于 $d_1 < d_2$ 和 $p_1 > p_2$，如果

- $\Pr[f(e_1) = f(e_2)] \geqslant p_1$，对于任意距离不超过 d_1 的一对元素 e_1 和 e_2，以及随机哈希函数 $f \in F$。
- $\Pr[f(e_1) = f(e_2)] \leqslant p_2$，对于任意一对彼此距离至少为 d_2 的元素 e_1 和 e_2，且随机哈希函数 $f \in F$。

练习 18-6： 证明 18.2 节定义的哈希函数族 F_J 是 $(1/5, 2/5, 4/5, 3/5)$-敏感的。

现在，我们准备描述两个放大操作，它们可以应用于哈希函数族，以改进其参数。这些操作中的第一个是"AND-构造"。给定 (d_1, d_2, p_1, p_2)-敏感的哈希函数族 F 和整数 r，F 的 "r-AND-构造"是一个哈希函数族 G，定义如下：对于每一个 r（不一定是不同的）函数集合 $f_1, f_2, \cdots, f_r \in F$，族 G 包含一个函数

$$g_{f_1, f_2, \cdots, f_r}(x) = (f_1(x), f_2(x), \cdots, f_r(x))$$

更直观地说，G 的每个函数都对应于 F 的 r 函数，当且仅当 F 的所有 r 函数都返回 e_1 和 e_2 的相同范围项，它返回两个元素 e_1 和 e_2 的相同范围项。

练习 18 - 7：证明 G 是 (d_1, d_2, p_1^r, p_2^r)-敏感的。

"AND-结构"减少了两个元素映射到同一范围项的概率，而不管它们之间的距离如何。然而，对于彼此相距较远的元素，减少的幅度更大。从数学上讲，由练习 18 - 7 可以看出 p_1^r/p_2^r 的比值随 r 的增大而增大（回想一下 $p_1 \geqslant p_2$）。然而，为了得到一个接近理想的局部敏感哈希函数族，我们需要一种方法来再次增加相互接近的元素被映射到相同范围项的概率。第二个增强操作，称为 OR-结构，用于此目的。

给定一个 (d_1, d_2, p_1, p_2)-敏感哈希函数族 F 和一个整数 r，F 的 r-OR-结构是一个哈希函数族 G，定义如下：对于每一个 r（不一定是不同的）函数集合 f_1，$f_2, \cdots, f_r \in F$，族 G 包含一个函数

$$g_{f_1, f_2, \cdots, f_r}(x) = (f_1(x), f_2(x), \cdots, f_r(x))$$

与由 $g_{f_1, f_2, \cdots, f_r}$ 产生的两个 r 元组，当且仅当它们至少在一个坐标上一致，被认为是相等的（**注**：这里定义的相等操作是不寻常的，因为它不是可传递的。这对于本节中所做的理论分析很好，但会使这些想法的实施更加复杂。练习 18 - 9 的解决方案中对该问题进行了一些讨论）。从直观上讲，OR-结构与 AND-结构非常相似，唯一的区别是，现在函数 $g \in G$ 对应于 r 函数 $f_1, f_2, \cdots, f_r \in F$ 对两个元素 u 和 v 输出相同的范围项，当且仅当函数 $f_1, f_2, \cdots, f_r$ 为两个元素输出相同的范围项。

练习 18 - 8：证明 r-OR-结构 G 是 $(d_1, d_2, 1-(1-p_1)^r, 1-(1-p_2)^r)$-敏感的。

正如所承诺的，OR-结构增加了任意一对元素被映射到同一范围项的概率。然而，对于接近的元素，这种增加更为显著，这是由 $(1-p_1)^r/(1-p_2)^r$ 是 r 的递减函数这一数学事实所证明的。因此，OR-结构可以用来抵消 AND-结构对紧密元素的影响。

为了使 AND-结构和 OR-结构的使用更容易理解，现在用一个具体的例子来演示它。回想一下 18.2 节中描述的用于集合之间 Jaccard 距离的局部敏感哈希函数族。练习 18 - 5 表明对于一致随机函数 $f \in F_J$，f 将距离为 d 的两个集合 S_1 和 S_2 映射到同一范围项的概率为 $1-d$。图 18.3(a) 描述了距离和被映射到同一范围项的概率之间的线性关系。根据练习 18 - 6，族 F_J 是 $(1/5, 2/5, 4/5, 3/5)$-敏感的。因此，如果我们认为距离小于 $1/5$ 的集合为"近"，距离大于 $2/5$ 的集合为"远"，那么近集比远集更有可能被映射到相同的范围项，但不是很多。

现在使用 AND-结构和 OR-结构来增加将近集和远集映射到同一范围项的概率之间的差距。首先，用 F' 表示 F_J 的 20-AND-结构。使用练习 18 - 7，可以证明 F' 是 $(1/5, 2/5, 0.011\ 5, 0.000\ 036\ 6)$-敏感的（验证一下！）。因此，近集被映射到同一范围项目的概率现在是远集的相应概率的 300 多倍。然而即使非常接近的集合也不太可能被 F' 映射到相同的范围项，如图 18.3(b) 所示，它描述了一对集合被 F' 映射到同一范围项的概率作为集合之间距离的函数。为了解决这个问题，考虑 F' 的 400-OR-结构。用 F'' 表示这个 400-OR-结构。使用练习 18 - 8 可以证明 F'' 是 $(1/5, 2/5, 0.99, 0.015)$-敏感的（也验证一下！），这意味着接近的集合有 0.99 的概率

被 F'' 映射到相同的范围项,对于远集合的情况,这个概率下降到 0.015。图 18.3(c)
给出了 F'' 的良好属性的图形演示,它描述了一对集合被 F'' 的随机函数映射到同一
范围项的概率,作为集合之间距离的函数。我们可以注意到,图 18.3(c)中图形的形
状与图 18.1 中描述的理想形状相似。

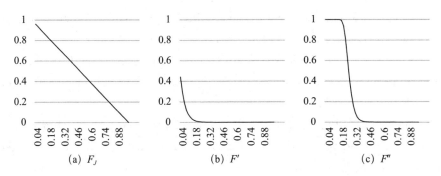

图 18.3　两个集合被映射到同一范围项的概率,作为集合之间距离的函数,
有来自 F_J、F' 和 F'' 的随机哈希函数

练习 18-9:下面是一个自然的 Map-Reduce 过程,它使用局部敏感的哈希函数
族 F 来查找怀疑彼此接近的输入元素对。

1. 中央机器从 F 中提取一个均匀随机函数 f,这个函数被分配到所有的输入机器上。

2. 每台输入机器将 f 应用到它得到的元素 e 上,然后将 e 转发到名为 $f(e)$ 的机器上。

3. 每个名为 M 的非输入机器都会得到 f 映射到 M 的所有元素。所有这些元
素都被报告为怀疑彼此接近(因为它们都被 f 映射到相同的范围项 M)。

本练习的以下部分将讨论上述过程的一些实施细节。

(a) 讨论将由中央机器绘制的随机函数 f 分配到所有输入机器的最佳方法。

(b) 上面的程序假设 f 的两个输出当且仅当它们相同时被认为是相等的。不幸
的是,对于 OR-结构来说并非如此。建议一种方法使得该过程也适用于通过 OR-
构造获得的哈希函数族 F。

18.4　文献说明

Indyk 和 Motwani(1998)以及 Gionis 等人(1999)首先提出了局部敏感哈希函数
族的概念,以及使用(d_1,d_2,p_1,p_2)-敏感来量化它们的正式方法。这些成果还指
出,在第 3.4.2 节中描述的哈希函数族对于 Jaccard 距离是局部敏感的。这个哈希函
数族通常被称为 Min-Hashing(最小哈希),它首先由 Broder 等人(1997,1998)提
出。上面描述的局部敏感的角距离哈希函数族是 Charkiar(2002)提出的。这项研究
还提出了另一种常见的距离测量方法,即地球移动距离。

关于局部敏感哈希的更多信息,包括 3.4.3 节中描述的 AND-结构和 OR-结

构,可以在 Leskovec(2014)中找到。

[1] Broder A Z,Charikar M,Frieze A M,et al. Min-wise Independent Permutations. In Proceedings of the 30th ACM Symposium on Theory of Computing (STOC),1998:327 - 336.

[2] Broder A Z,Glassman S C,Manasse M S,et al. Syntactic Clustering of the Web. Computer Networks,1997,29(8 - 13):1157 - 1166.

[3] Charikar M S. Similarity Estimation Techniques from Rounding Algorithms. In Proceedings of the 34th ACM Symposium on Theory of Computing (STOC),2002:380 - 388.

[4] Gionis A,Indyk P,Motwani R. Similarity Search in high Dimensions via Hashing. In Proceedings of the 25th International Conference on Very LargeData Bases (VLDB),1999:518 - 529.

[5] Indyk P,Motwani R. Approximate Nearest Neighbor:Towards Removing the Curse of Dimensionality. In Proceedings of the 30th ACM Symposium on Theory of Computing (STOC),1998:604 - 613.

[6] Leskovec J,Rajaraman A,Ullman J D. Finding Similar Items. Mining of Massive Datasets,2014:73 - 130.

练习解析

练习 18 - 1 解析
设 c 是范围$[0,10)$上的一个均匀随机值,则族 F 的定义暗示着

$$\Pr[f(x_1)=f(x_2)]=\Pr[f_c(x_1)=f_c(x_2)]=\Pr\left[\left\lceil\frac{x_1-c}{10}\right\rceil=\left\lceil\frac{x_2-c}{10}\right\rceil\right]$$

为了理解事件$\lceil(x_1-c)/10\rceil=\lceil(x_2-c)/10\rceil$,假设实线被划分为不相交的范围$(10i,10(i+1)]$,对于任意整数 i。给定这个分区,最后一个事件可以被解释为x_1-c 和 x_2-c 在相同范围内结束的事件。如果$|x_1-x_2|\geqslant10$,那么这永远不会发生,因为 x_1-c 和 x_2-c 之间的距离是$|x_1-x_2|$,且每个范围的长度是 10。因此,$|x_1-x_2|<10$ 的情况仍有待考虑。在这种情况下,当事件$\lceil(x_1-c)/10\rceil=\lceil(x_2-c)/10\rceil$发生时,当且仅当包含它的范围内的 x_1-c 的位置与范围的末端至少有$|x_1-x_2|$的距离。注意,c 的分布保证了 x_1-c 与包含它的范围的末端的距离是从范围$(0,10]$中均匀随机的一个数字。因此,它至少大于等于$|x_1-x_2|$的概率为

$$1-\frac{|x_1-x_2|}{10-0}=1-\frac{|x_1-x_2|}{10}$$

练习 18 – 2 解析

观察 $f_i(\boldsymbol{x}) = f_i(\boldsymbol{y})$，当且仅当向量 $\boldsymbol{x}$ 和 $\boldsymbol{y}$ 在第 i 个坐标上一致。因此,当 f_i 是从 F_H 中均匀随机地选取时(这意味着 i 从 1 到 n 之间的整数中均匀随机选取),我们得到

$$\Pr[f_i(\boldsymbol{x}) = f_i(\boldsymbol{y})] = \frac{\sharp\ x\ 和\ y\ 的坐标相同}{n}$$

$$= \frac{n - \mathrm{dint}_H(\boldsymbol{x}, \boldsymbol{y})}{n} = 1 - \frac{\mathrm{dint}_H(\boldsymbol{x}, \boldsymbol{y})}{n}$$

练习 18 – 3 解析

图 18.4 描绘了向量 $\boldsymbol{x}$ 和 $\boldsymbol{y}$ 以及两个区域,每个区域都围绕着这些向量,其中每个向量 $\boldsymbol{z}$ 周围的区域包括所有与 $\boldsymbol{z}$ 的角度最大为 90° 的向量。我们用 $N(\boldsymbol{x})$ 表示 $\boldsymbol{x}$ 周围的区域,用 $N(\boldsymbol{y})$ 表示 $\boldsymbol{y}$ 周围的区域。我们注意到,$f_z(\boldsymbol{x}) = f_z(\boldsymbol{y})$,当且仅当向量 $\boldsymbol{z}$ 在这两个区域内或不在这两个区域内。因此,

$$\Pr[f_z(\boldsymbol{x}) = f_z(\boldsymbol{y})]$$

$$= \frac{\{\text{angular size of } N(\boldsymbol{x}) \bigcap N(\boldsymbol{y})\} + \{\text{angular size of } \mathbf{R}^2 \backslash (N(\boldsymbol{x}) \bigcap N(\boldsymbol{y}))\}}{360°}$$

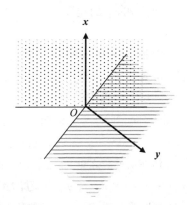

注:在向量 $\boldsymbol{x}$ 周围有一个区域,用点标记,其中包括所有与 $\boldsymbol{x}$ 的角度最大为 90° 的向量。类似地,在 $\boldsymbol{y}$ 周围有一个区域标记了包含所有向量的线,它们相对于 $\boldsymbol{y}$ 的角度最大为 90°。

图 18.4　$\mathbf{R}^2$ 中的向量 $\boldsymbol{x}$ 和 $\boldsymbol{y}$

现在把最后一个等式中的两个角大小与 $\mathrm{dist}_\theta(\boldsymbol{x}, \boldsymbol{y})$ 联系起来。因为向量 $\boldsymbol{x}$ 和 $\boldsymbol{y}$ 的夹角是 $\mathrm{dist}_\theta(\boldsymbol{x}, \boldsymbol{y})$,$N(\boldsymbol{x})$ 与 $N(\boldsymbol{y})$ 的交点角大小为 $180° - \mathrm{dist}_\theta(\boldsymbol{x}, \boldsymbol{y})$。使用包含和排除原则,意味着

$$\{\text{angular size of } \mathbf{R}^2 \backslash (N(\boldsymbol{x}) \bigcup N(\boldsymbol{y}))\}$$

$$= \{\text{angular size of } \mathbf{R}^2\} - \{\text{angular size of } N(\boldsymbol{x})\} -$$

$$\{\text{angular size of } N(\boldsymbol{y})\} + \{\text{angular size of } N(\boldsymbol{x}) \bigcap N(\boldsymbol{y})\}$$

$$= 360° - 180° - 180° + (180° - \text{dist}_\theta(\boldsymbol{x}, \boldsymbol{y})) = 180° - \text{dist}_\theta(\boldsymbol{x}, \boldsymbol{y})$$

综合以上所有方程,我们得到

$$\Pr[f_z(\boldsymbol{x}) = f_z(\boldsymbol{y})] = \frac{[180° - \text{dist}_\theta(\boldsymbol{x}, \boldsymbol{y})] + [180° - \text{dist}_\theta(\boldsymbol{x}, \boldsymbol{y})]}{360°}$$

$$= 1 - \frac{\text{dist}_\theta(\boldsymbol{x}, \boldsymbol{y})}{180°}$$

练习 18-4 解析

注意,$f_e(S_1) = f_e(S_2)$,当且仅当 e 属于这两个集合,或者不属于其中任何一个集合。因此,

$$\Pr[f_e(S_1) = f_e(S_2)] = \Pr[e \in S_1 \bigcap S_2] + \Pr[e \notin S_1 \bigcup S_2]$$

$$= \frac{|S_1 \bigcap S_2|}{|N|} + \left(1 - \frac{|S_1 \bigcup S_2|}{|N|}\right) = 1 - \frac{|S_1 \bigcup S_2| \cdot \text{dist}_J(S_1, S_2)}{|N|}$$

要确认最后一个等式成立,请加入 dist_J 的定义。

练习 18-5 解析

回想一下,$f_\pi(S_1)$ 是 S_1 中根据 π 排列的第一个元素,而 $f_\pi(S_2)$ 是 S_2 中根据 π 排列的第一个元素。因此,如果 $f_\pi(S_1) = f_\pi(S_2)$,那么元素 $f_\pi(S_1)$ 是 $S_1 \bigcap S_2$ 中的一个元素,它出现在 π 中 $S_1 \bigcup S_2$ 的所有其他元素之前。这证明了练习第一部分的一个方向。为了证明另一个方向,我们需要证明如果根据 π,$S_1 \bigcup S_2$ 中的第一个元素 e 属于 $S_1 \bigcap S_2$,则 $f_\pi(S_1) = f_\pi(S_2)$。因此,假设是这种情况,并注意到这特别意味 e 是 S_1 中出现在任何其他 S_1 元素之前的元素,在 π 中。因此,$f_\pi(S_1) = e$,同样得到 $f_\pi(S_2) = e$,因此 $f_\pi(S_1) = e = f_\pi(S_2)$。练习的第二部分仍有待解决。由于 π 在这部分的练习中是 N 的均匀随机排列,一个对称性论证表明 $S_1 \bigcup S_2$ 根据 π(形式上由 $f_\pi(S_1 \bigcup S_2)$ 给出)的第一个元素是 $S_1 \bigcup S_2$ 的一个一致随机元素。因此,

$$\Pr[f_\pi(S_1) = f_\pi(S_2)] = \Pr[f_\pi(S_1 \bigcup S_2) \in S_1 \bigcap S_2]$$

$$= \frac{|S_1 \bigcap S_2|}{|S_1 \bigcup S_2|} = 1 - \text{dist}_J(S_1, S_2)$$

练习 18-6 解析

回想一下练习 18-5,对于 Jaccard 距离为 d 的两个集合 S_1 和 S_2,对于来自 F_J 的随机哈希函数 f,它认为 $\Pr[f(S_1) = f(S_2)] = 1 - d$。因此,对于 $d \leq d_1 = 1/5$,我们得到

$$\Pr[f(S_1)=f(S_2)]=1-d\geqslant 1-1/5=4/5=p_1$$

同样,对于 $d\geqslant d_2=2/5$,我们得到

$$\Pr[f(S_1)=f(S_2)]=1-d\leqslant 1-2/5=3/5=p_2$$

练习 18-7 解析

考虑一对距离最大为 d_1 的元素 e_1 和 e_2。由于 F 是 (d_1,d_2,p_1,p_2)-敏感的,对于一致随机函数 $f\in F$,$\Pr[f(e_1)=f(e_2)]\geqslant p_1$。现在考虑一致随机函数 $g\in G$。因为 G 包含一个函数,对于来自 F 的每 r 个(不一定是不同的)函数。g 的一致随机选择意味着它与来自 F 的 r 个一致随机函数 $f_1,f_2,\cdots,f_r$ 相关。因此,

$$\Pr[g(e_1)=g(e_2)]=\Pr[\forall_{1\leqslant i\leqslant r}f_i(e_1)=f_i(e_2)]$$
$$=\prod_{i=1}^{r}\Pr[f(e_1)=f(e_2)]$$
$$\geqslant \prod_{i=1}^{r}p_1=p_1^r \tag{18.2}$$

当 e_1 和 e_2 是距离至少为 d_2 的两个元素,且 g 是来自 G 的一致随机函数时,$\Pr[g(e_1)=g(e_2)]\leqslant p_2^r$ 还有待证明。然而,这个不等式的证明与不等式(18.2)的证明非常相似,因此省略。

练习 18-8 解析

本练习的解与练习 18-7 的解非常相似。然而,为了完整性,我们重复以下必要的论点:

考虑一对距离最大为 d_1 的元素 e_1 和 e_2。由于 F 是 (d_1,d_2,p_1,p_2)-敏感的,对于一致随机函数 $f\in F$,$\Pr[f(e_1)=f(e_2)]\geqslant p_1$。现在考虑一个一致随机函数 $g\in G$。由于 G 包含了来自 F 的 r 个(不一定是不同的)函数,g 的随机选择意味着它与从 F 中选择的 r 个一致随机函数 $f_1,f_2,\cdots,f_r$ 相关。因此,

$$\Pr[g(e_1)=g(e_1)]=\Pr[\exists_{1\leqslant i\leqslant r}f_i(e_1)=f_i(e_1)]$$
$$=1-\Pr[\forall_{1\leqslant i\leqslant r}f_i(e_1)\neq f_i(e_1)]$$
$$=1-\prod_{i=1}^{r}(1-\Pr[f_i(e_1)=f_i(e_2)])$$
$$\geqslant 1-\prod_{i=1}^{r}(1-p_1)=1-(1-p_1)^r \tag{18.3}$$

当 e_1 和 e_2 是距离至少为 d_2 的两个元素,且 g 是来自 G 的一个一致随机函数时,$\Pr[g(e_1)=g(e_2)]\leqslant 1-(1-p_2)^r$ 还有待证明。然而,这个不等式的证明与不等式(18.3)的证明非常相似,因此省略。

练习 18-9 解析

(a) 分配函数 f 的最自然的方法是通过以下两次 Map-Reduce 迭代方法。在第

一次迭代中,每个输入机器将其名称转发给预先设计的中央机器。然后,在第二次迭代中,中央机器转发 f 给所有输入机器。不幸的是,按原样使用这种自然方法可能会导致大量的机器时间复杂度和空间复杂度,因为它需要中央机器存储所有输入机器的名称,并将函数 f 发送给所有机器。为了解决这个问题,有必要在多台机器之间分割中央机器的工作。更具体地说,对于每个内部节点,我们将使用包含 k 个级别和 d 个子节点的机器组成的树 T。树的根是中心机器,然后使用 $k-1$ 次 Map-Reduce 迭代将 f 沿着树 T 转发到叶子机器。一旦函数 f 到达叶子,所有的输入机器都将它们的名字转发给 T 的随机叶子,每一个得到输入机器名称的叶节点都会将函数 f 转发给这些机器。

注意,在上述建议的解决方案下,树的内部节点只需要将 f 转发给 T 中的子节点,因此,只要 d 保持适度,具有较小的机器时间复杂度。此外,树的每一片叶都得到大约 n/d^{k-1} 个输入机器的名称,其中 n 是元素的数量,因此,当 d^{k-1} 接近 n 时,具有较小的机器时间复杂度和空间复杂度。结合这些观察结果,我们得到,当 $d^{k-1}=\Theta(n)$ 且 d 很小时,所建议的解决方案会导致较小的机器时间复杂度和空间复杂度。虽然这些要求有些矛盾,但通过设置 $k=\Theta(\log n)$,它们可以保持一致(即使我们想让 d 为常数)。

上述段落描述和分析建议解决方案的方式相当非正式。对于感兴趣的读者,我们注意到在第 16 章中练习 16-2 的解决方案中对一种非常类似的技术进行了更正式的研究。

(b) 练习中描述的过程将每个元素 e 转发到 f 映射到的范围项 $f(e)$,然后检测两个元素映射到相同的范围项,注意它们在同一台机器上结束。正如练习所指出的,只有当范围项完全相同时被认为相等时,这种方法才会起作用,而在 OR-结构中则不是这样。

作为 r-OR-结构获得的哈希函数族的范围由 r 元组组成,如果两个元组在某个坐标上一致,则认为两个元组是相等的。因此,检测两个元组相等等同于检测它们对于某些坐标的值相同。这建议对练习中描述的程序进行以下修改:我们不将映射到 r 元组 $(t_1,t_2,\cdots,t_r)$ 的元素 e 转发到名为 $(t_1,t_2,\cdots,t_r)$ 的机器,对于每个 $1\leqslant i\leqslant t$,我们将它转发给名为 (i,t_i) 的 r 台机器。然后,每个有多个元素的机器 (i,t) 都可以知道所有这些元素对应的元组在其元组的第 i 个坐标处的值都是 t,因此,可以将所有这些元素声明为可疑的接近。

这种方法的一个缺点是,如果一对元素的元组在多个坐标上一致,则可能多次将其声明为怀疑接近。如果这是有问题的,那么可以使用以下技巧解决它。如果一台机器 (i,t) 检测到一对元素 e_1 和 e_2 可能很接近,它应该将消息转发给一台名为 (e_1,e_2) 的机器。然后,在下一次迭代中,得到一条或多条消息的每台机器 (e_1,e_2) 将报告 e_1 和 e_2 疑似接近。这保证了,以一个额外的迭代为代价,每对元素最多报告一次,被认为是接近的。